"十三五"国家重点出版物出版规划项目
面向可持续发展的土建类工程教育丛书

房屋建筑学

主　编　金　虹
副主编　黄　锰　孙伟斌
参　编　席天宇　秦　鑫　吉　军
　　　　凌　薇　宋海宏　邵　腾

机械工业出版社

本书依据现行国家标准和相关的法规、政策，结合当代建筑技术的最新成果，系统介绍了民用建筑的平面设计，剖面设计，建筑体型和立面设计，民用建筑构造设计的基本原理、设计方法与实际工程应用；结合建筑业的热点，介绍了装配式建筑的结构体系、构件类型及节点构造；针对工业建筑的特点，简要介绍了工业建筑的平面设计、剖面设计、立面和建筑体型设计、厂房建筑构造。本书共分14章，主要内容包括：绪论，建筑平面设计，建筑剖面设计，建筑体型与立面设计，民用建筑构造概论，基础和地下室，墙体，楼（板）层、地层，楼梯、台阶、坡道，屋面，门窗，变形缝，装配式建筑构造，工业建筑设计概述。

本书可作为土木工程、工程管理、工程造价、建筑环境与能源应用工程等土木建筑类专业的课程教材，也可作为从事建筑设计、建筑施工的工程技术人员的参考书。

图书在版编目（CIP）数据

房屋建筑学/金虹主编. —北京：机械工业出版社，2020.1（2024.6重印）

（面向可持续发展的土建类工程教育丛书）

"十三五"国家重点出版物出版规划项目

ISBN 978-7-111-64471-2

Ⅰ.①房… Ⅱ.①金… Ⅲ.①房屋建筑学-高等学校-教材 Ⅳ.①TU22

中国版本图书馆 CIP 数据核字（2020）第 005993 号

机械工业出版社（北京市百万庄大街 22 号 邮政编码 100037）

策划编辑：林 辉 责任编辑：林 辉 于伟蓉
责任校对：王明欣 封面设计：张 静
责任印制：常天培

天津嘉恒印务有限公司印刷

2024 年 6 月第 1 版第 8 次印刷

184mm×260mm・21.5 印张・530 千字

标准书号：ISBN 978-7-111-64471-2

定价：59.00 元

电话服务　　　　　　　　　网络服务

客服电话：010-88361066　　机 工 官 网：www.cmpbook.com

　　　　　010-88379833　　机 工 官 博：weibo.com/cmp1952

　　　　　010-68326294　　金 书 网：www.golden-book.com

封底无防伪标均为盗版　　机工教育服务网：www.cmpedu.com

前　言

　　房屋建筑学课程既是土木建筑类专业的必修课程，又是非建筑学专业唯一的介绍建筑学相关知识的专业基础课，在土木建筑类专业课教学中有其重要的意义。该课程的特点是：内容丰富，涉及民用建筑与工业建筑设计原理、建筑构造、建筑物理等；内容以叙述为主、计算少，结论具有多元化的特点；随着建筑材料的发展及建筑施工技术的不断进步，建筑构造做法也在不断变化；内容涉及国家标准和相关的法规、政策多。但目前大多数高校在该课程教学中安排的学时有限；学生缺乏实践经验，对该课程所学知识的感性认识偏少，对该课程知识理解存在障碍；随着建筑新材料及新技术的不断涌现、相关标准规范的不断修订，导致教材中的许多做法无法适应市场变化，使得教与学皆感许多不便。

　　哈尔滨工业大学自创立之初就具有工程教育特色和国际化办学传统，多年来哈尔滨工业大学着力改革和创新专业人才培养模式，探索培养全球一体化建筑设计市场需要的高质量、国际化工程技术人才的新途径、新方法，并取得了卓有成效的进展。其中，房屋建筑学作为土木工程大平台的公共技术基础课，始终是我们教学改革的重点。我们完成的"房屋建筑学及相关课程教学改革与教材研究"曾获得黑龙江省高等学校教学成果一等奖。随着新材料、新技术和施工方式的不断涌现，我们又完成了"985工程"（2010—2013年）建设项目子项目"面向土木工程大平台的房屋建筑学系列公共技术基础课教学基地与课程建设"。

　　本书在汲取了其他同类教材优点的基础上，根据以往的教学经验以及新版教学大纲，进行了进一步的内容删减与凝练，重点放在民用建筑的平面设计、剖面设计、建筑体型和立面设计、民用建筑构造设计的基本原理与设计方法等方面，同时结合目前建筑业的热点，补充了装配式建筑的相关内容。本书的编写主要依据国家现行标准和相关的法规与政策以及当代建筑技术的发展状况，书中的设计案例、构造做法以及相应的图示等均来自当代建筑科技的最新成果。

　　本书由哈尔滨工业大学金虹任主编，哈尔滨工业大学黄锰、哈尔滨理工大学孙伟斌任副主编。本书的编写分工如下：第1、5章由金虹编写，第2、4章由黄锰编写，第3章由哈尔滨工业大学席天宇、西北工业大学邵腾编写，第6章由黑龙江科技大学秦鑫编写，第7章由席天宇编写，第8、9章由孙伟斌编写，第10章由哈尔滨工业大学凌薇编写，第11、14章由大理大学吉军编写，第12章由东北林业大学宋海宏编写，第13章由邵腾编写。

　　由于编者水平有限，书中难免会有不足之处，希望广大读者提出宝贵意见，以便我们进一步修改完善。

编　者

目 录

第1章

绪　　论

学习目标

了解建筑的分类，掌握建筑设计的依据，明确建筑设计的程序与内容。

房屋建筑学是土木建筑系列课程中一门内容广泛的综合性专业基础课。它涉及建筑功能、建筑艺术、工程技术、建筑经济等多方面，具体内容主要包括建筑平面设计、建筑剖面设计、建筑体型与立面设计、建筑构造以及工业化建筑等。

■ 1.1　建筑的分类

建筑物是供人们进行生产、生活等活动的房屋或场所。例如，民用建筑、工业建筑、农业建筑等。老子对"建筑物"的解析："埏埴以为器，当其无，有器之用。凿户牖以为室，当其无，有室之用。"这也是对建筑物概念最清晰、最直接的表述。

1. 按使用性质分类

（1）民用建筑　民用建筑，即非生产性建筑，其分类因目的不同而有多种分法，如按功能、防火、等级、规模、收费等不同要求有不同的分法。按使用功能不同可分为居住建筑和公共建筑两大类。

1）居住建筑（图1-1）。居住建筑主要是指提供人们居住生活使用的建筑物，如住宅、

图1-1　居住建筑实例

宿舍、公寓、别墅等。

2）公共建筑（图1-2）。公共建筑是供人们进行各种公共活动（办公、学习、购物、医疗以及娱乐健身等）的建筑，如办公建筑、科教建筑、博览建筑、观演建筑、餐饮建筑、商业建筑、体育建筑、医疗建筑、交通建筑等。

图1-2　公共建筑实例

（2）工业建筑　工业建筑，即生产性建筑，是指从事工业生产和为生产服务的建筑物，如厂房、动力建筑、仓库等，如图1-3所示。

图1-3　工业建筑实例

（3）农业建筑　农业建筑，即农副业生产建筑，是指供农、牧业生产和加工使用或直接为农牧业生产服务的建筑，如温室、畜禽饲养场、水产品养殖场、农副产品加工厂、粮仓等，如图1-4所示。

2. 按建筑的层数或总高度分类

（1）民用建筑　依据 GB 50352—2019《民用建筑设计统一标准》，民用建筑按地上建筑高度或层数进行分类应符合下列规定：

1）建筑高度不大于 27.0m 的住宅建筑、建筑高度不大于 24.0m 的公共建筑及建筑高度大于 24.0m 的单层公共建筑为低层或多层民用建筑。

图 1-4 农业建筑实例

2）建筑高度大于 27.0m 的住宅建筑和建筑高度大于 24.0m 的非单层公共建筑，且高度不大于 100.0m 的，为高层民用建筑。

3）建筑高度大于 100.0m 为超高层建筑。

注：建筑防火设计应符合 GB 50016—2014《建筑设计防火规范》（2018 年版）有关建筑高度和层数计算的规定。

（2）工业建筑（厂房） 依据《建筑设计防火规范》，工业建筑按地上建筑高度或层数进行分类应符合下列规定：

1）层数为 1 层的工业厂房为单层厂房。

2）2 层及 2 层以上，且建筑高度不超过 24m 的厂房为多层厂房。

3）建筑高度大于 24m 的非单层厂房、仓库为高层厂房。

3. 按建筑结构及主要承重材料分类

（1）钢筋混凝土结构 钢筋混凝土结构的承重构件，如梁、板、柱、墙、屋架等，是由钢筋和混凝土两大材料构成；其围护构件是由轻质砖或其他砌体做成的。钢筋混凝土结构是建筑工程中应用最为广泛的结构形式之一，其特点是结构的适应性强、可建造成各种形态、抗震性及耐久性好等。钢筋混凝土结构建筑如图 1-5 所示。

图 1-5 钢筋混凝土结构建筑

（2）砌体结构　砌体结构是以砖、石、混凝土等各种砌体为主体的结构的统称，一般用于多层建筑。这类建筑物的竖向承重构件采用砌块，水平承重构件采用钢筋混凝土楼板、屋顶板，也有少量的屋顶采用木屋架。这类建筑物的层数一般在 6 层以下，造价低、抗震性差，开间、进深及层高都受限制。砌体结构建筑如图 1-6 所示。

图 1-6　砌体结构建筑

（3）钢结构　钢结构是一种高强度、韧性好的结构，这类建筑物的主要承重构件均是由钢材构成，其建筑成本高，适用于高层、大跨度或者荷载较大的建筑。钢结构建筑如图 1-7 所示。

（4）木结构　木结构建筑是用木材建造或者以木材为主要受力构件的建筑物。这类建筑物的层数一般较低，通常在 3 层以下。我国现存最高、最古的一座木构塔式建筑——应县木塔，如图 1-8 所示。

（5）其他结构建筑　其他结构建筑包括生土建筑（图 1-9a）、膜建筑（图 1-9b）、钢筋-混凝土组合结构或混合结构建筑等。我国高层混合结构实例如图 1-9c~f 所示。

图 1-7　埃菲尔铁塔（$H=321m$，巴黎，1889）

图 1-8　应县木塔（释迦塔）

图 1-9 其他结构建筑

a) 我国客家生土建筑 b) 膜建筑 c) 天津 117 大厦 d) 深圳平安 e) 上海中心 f) 广州东塔

$H = 597\text{m}$ $H = 597\text{m}$ $H = 580\text{m}$ $H = 518.15\text{m}$

4. 按建筑物的施工方法分类

施工方法是指建造建筑物时所采用的方法。

（1）现浇现砌式建筑 这种建筑物的主要承重构件均是在施工现场浇筑或砌筑而成。现浇混凝土结构建筑施工实例如图 1-10 所示。

（2）装配式建筑 由预制部品部件在工地装配而成的建筑。装配式建筑施工实例如图 1-11 所示。

（3）大模板建筑 大模板建筑通常是指用工具式大型模板现浇钢筋混凝土墙体或楼板的一种建筑。大模板建筑施工实例如图 1-12 所示。

（4）滑模建筑 滑模建筑系指用滑升模板现浇混凝土墙体的一种建筑。滑模现浇墙的原理是利用墙体内承受钢筋作支承杆，由液压千斤顶逐层提升模板，随升随浇混凝土，直至

图 1-10　现浇混凝土结构建筑施工实例

整个墙体完成连续浇筑。滑模建筑施工实例如图 1-13 所示。

图 1-11　装配式建筑施工实例

图 1-12　大模板建筑施工实例

图 1-13　滑模建筑施工实例

（5）升板建筑　升板建筑是指利用房屋自身的柱子作导杆，将预制楼板和屋面板提升就位的一种建筑。升板建筑施工示例如图1-14所示。

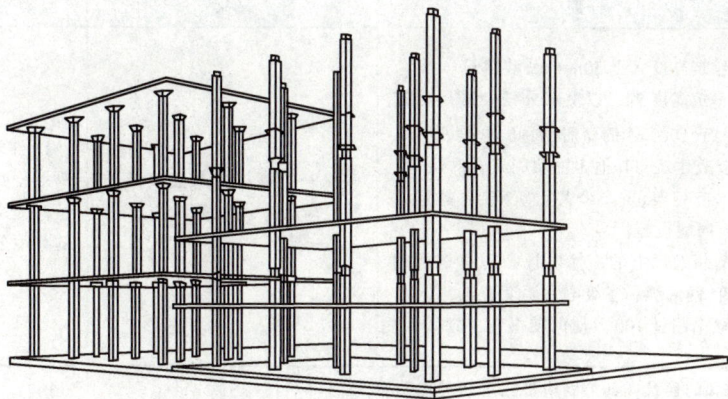

图1-14　升板建筑施工示例

5. 按建筑物的设计使用年限划分

我国现行《民用建筑设计统一标准》对民用建筑的设计使用年限的规定见表1-1。

表1-1　设计使用年限分类

类别	设计使用年限/年	建筑类别
1	5	临时性建筑
2	25	易于替换结构构件的建筑
3	50	普通建筑和构筑物
4	100	纪念性建筑和特别重要的建筑

若建设单位提出更高要求，也可按建设单位的要求确定。

6. 按建筑物的耐火等级划分

耐火等级是衡量建筑物耐火程度的分级标度。它由组成建筑物构件的燃烧性能和耐火极限来确定，是现行《建筑设计防火规范》中规定的最基本的防火技术措施之一。在建筑设计中，应对建筑的防火与安全给予足够的重视，特别是在选择结构材料和构造做法上，应根据其性质分别对待。现行《建筑设计防火规范》把建筑物的耐火等级划分成四级，其中性质重要的或规模较大的建筑，通常按一、二级耐火等级进行设计；大量性或一般的建筑按二、三级耐火等级设计；次要或临时建筑按建筑四级耐火等级设计。

《建筑设计防火规范》中规定，民用建筑根据其建筑高度和层数可分为单、多层民用建筑和高层民用建筑。高层民用建筑根据其建筑高度、使用功能和楼层的建筑面积可分为一类和二类。民用建筑的分类应符合表1-2的规定。

表1-2　民用建筑的分类

名称	高层民用建筑		单、多层民用建筑
	一类	二类	
住宅建筑	建筑高度大于54m的住宅建筑（包括设置商业服务网点的住宅建筑）	建筑高度大于27m，但不大于54m的住宅建筑（包括设置商业服务网点的住宅建筑）	建筑高度不大于27m的住宅建筑（包括设置商业服务网点的住宅建筑）

（续）

名称	高层民用建筑		单、多层民用建筑
	一类	二类	
公共建筑	1. 建筑高度大于 50m 的公共建筑 2. 建筑高度 24m 以上部分任一楼层建筑面积大于 1000m^2 的商店、展览、电信、邮政、财贸金融建筑和其他多种功能组合的建筑 3. 医疗建筑、重要公共建筑、独立建造的老年人照料设施 4. 省级及以上的广播电视和防灾指挥调度建筑、网局级和省级电力调度建筑 5. 藏书超过 100 万册的图书馆、书库	除一类高层公共建筑外的其他高层公共建筑	1. 建筑高度大于 24m 的单层公共建筑 2. 建筑高度不大于 24m 的其他公共建筑

注：1. 表中未列入的建筑，其类别应根据本表类比确定。

2. 除《建筑设计防火规范》另有规定外，宿舍、公寓等非住宅类居住建筑的防火要求，应符合规范有关公共建筑的规定。

3. 除《建筑设计防火规范》另有规定外，裙房的防火要求应符合规范有关高层民用建筑的规定。

民用建筑的耐火等级应根据其建筑高度、使用功能、重要性和火灾扑救难度等确定，并应符合下列规定：

1）地下或半地下建筑（室）和一类高层建筑的耐火等级不应低于一级。

2）单、多层重要公共建筑和二类高层建筑的耐火等级不应低于二级。

■ 1.2 建筑设计的依据

建筑设计除需要满足业主的设计委托、规划审批文件、国家相关的法律法规的要求外，还应以下因素为依据。

1.2.1 建筑功能

人类建造房屋是为了满足生活、工作、娱乐等各种使用要求的，我们称之为建筑功能。建筑功能主要有基本功能和使用功能，使用功能又分为主要使用功能和辅助使用功能。建筑的基本功能包括保温隔热，隔声防噪，防风、雨、雪、火等，这是人类对建筑物最基本的要求。任何建筑物都是人们为了满足某种具体的需求而建造的，据此形成不同类型的建筑，我们称之为建筑的使用功能。例如，住宅是满足人们生活居住的需求，商店是满足人的购物需求，而工业厂房则是为了满足生产的要求。各类建筑的基本功能是相近的，而其使用功能则是多种多样的，由此产生了多种不同的建筑类型。建筑功能往往会对建筑的平面空间构成、空间尺度、建筑形象、结构体系等产生直接影响，另外，各类建筑的建筑功能随着社会的发展和物质文化水平的提高也会有不同的要求。不论何种建筑，其设计必须满足建筑的基本功能和使用功能的要求，建筑功能是决定建筑设计的第一重要因素。

1.2.2 人体和人体活动所需的空间尺度

在建筑设计中，首先必须满足的就是人体和人体活动的空间尺度要求。建筑是为人服务的，因此建筑中的空间尺度与细部尺寸都应以人体尺寸及人体活动所需要的空间为主要依据，同时还应考虑人体的心理空间及精神上的需求。我国人体基本尺寸和人体基本动作尺度如图1-15所示，人体活动空间尺度如图1-16所示。

人体基本尺寸

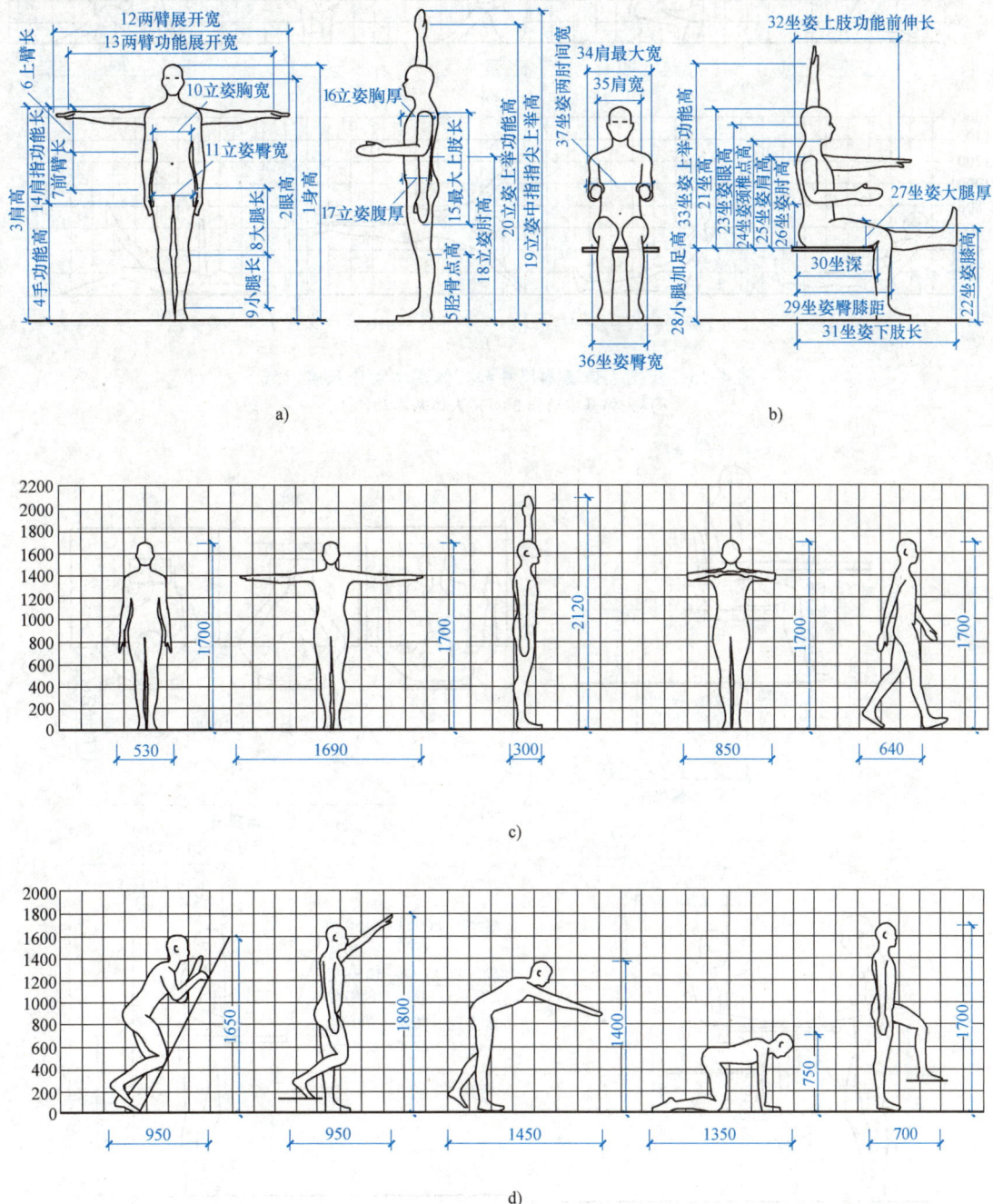

a)   b)

c)

d)

图1-15 我国人体基本尺寸和人体基本动作尺度

a）立姿　b）坐姿　c）人体基本动作1　d）人体基本动作2

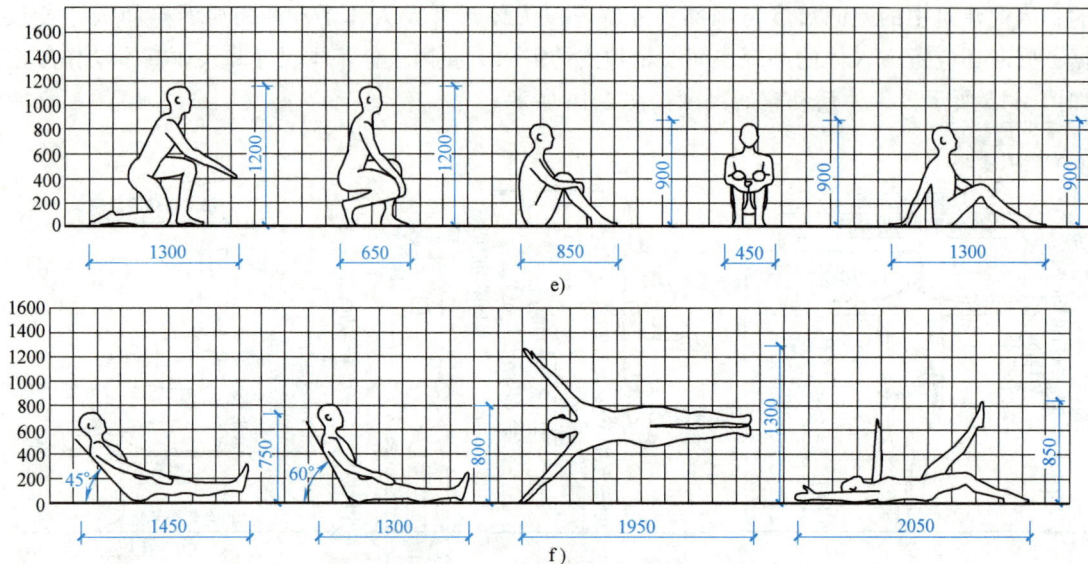

图 1-15 我国人体基本尺寸和人体基本动作尺度（续）

e）人体基本动作 3 f）人体基本动作 4

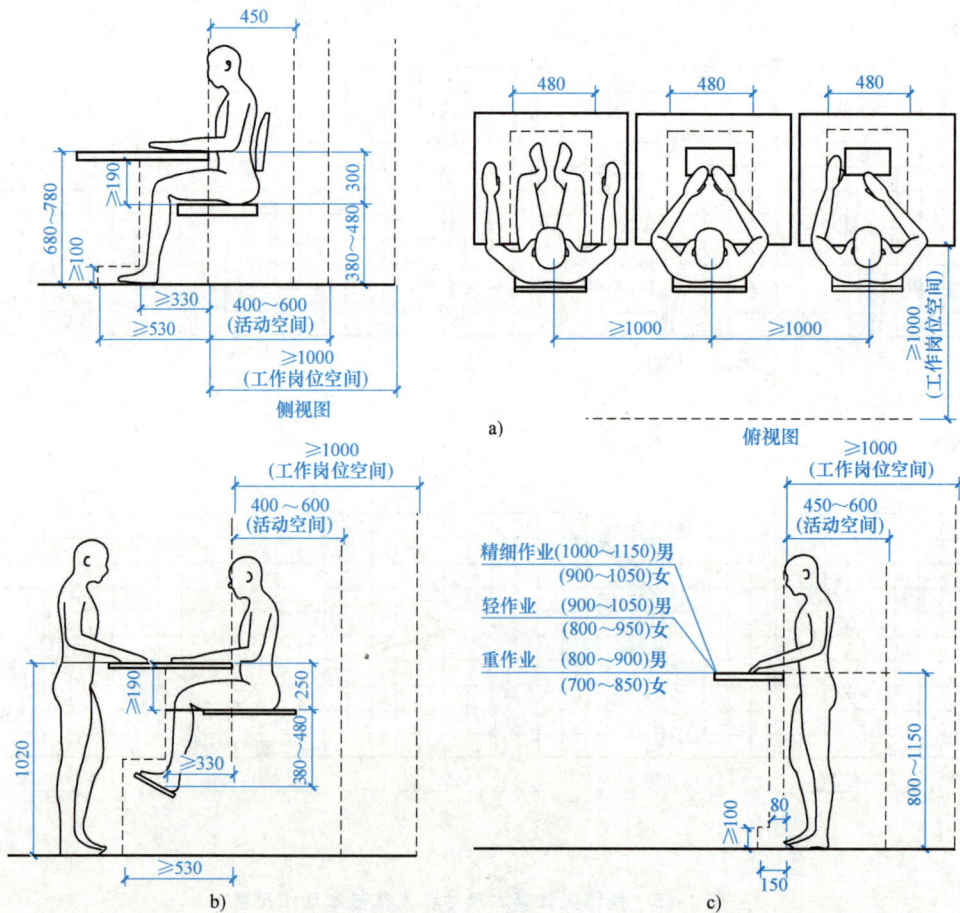

图 1-16 人体活动空间尺度

a）坐姿工作位（如阅读、书写等工作） b）立姿-坐姿工作位 c）立姿工作位

1.2.3 家具、设备所需的空间

　　人类的生活、学习和工作都伴有必要的家具和设备，因此家具和设备的尺寸以及人们在使用家具和设备时的活动空间，是确定建筑物房间使用面积的重要依据。家具与设备因房屋建筑的性质和功能的不同而不同，随着科技的进步以及现代生活的发展，家具与设备也在发生变化。图 1-17 所示为人体各种坐姿及坐具基本尺寸，表 1-3 ~ 表 1-5 为舒适性坐具参考尺寸、办公坐具参考尺寸以及扶手参考尺寸，图 1-18 和图 1-19 所示为卧具尺寸与储藏类家具尺寸，表 1-6 ~ 表 1-8 为单人床、双人床、儿童床的尺寸，表 1-9 和表 1-10 为储藏家具进深尺寸和储藏家具搁板、抽斗、门的立面尺寸。

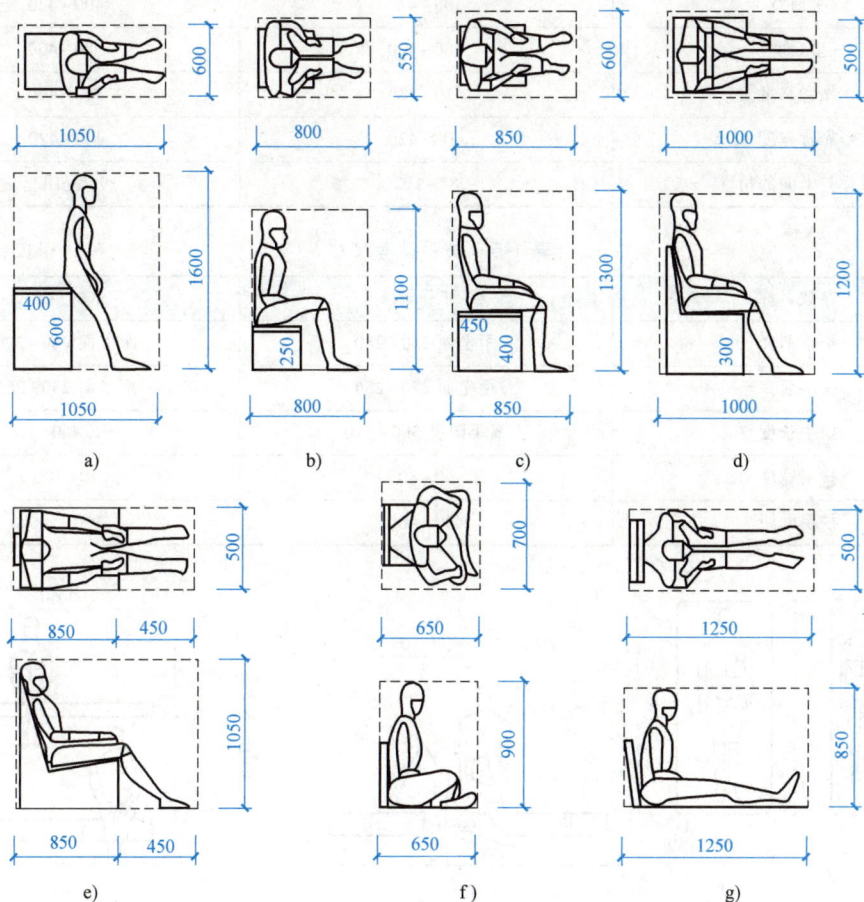

图 1-17　人体各种坐姿及坐具基本尺寸

a）高凳　b）矮凳　c）工作椅　d）休息椅　e）斜躺休息椅　f）席地坐 1　g）席地坐 2

表 1-3　舒适性坐具参考尺寸　　　　　　　　　　（单位：mm）

参数名称	男子	女子
坐高	340 ~ 360	320 ~ 340
坐深	450 ~ 500	450 ~ 500
坐宽	450 ~ 500	440 ~ 480

（续）

参数名称	男子	女子
靠背高度	480~500	470~490
靠背与坐面的角度	112°~120°	112°~120°

表 1-4　办公坐具参考尺寸　　　　　　　　　（单位：mm）

参数名称	男子	女子
坐高	410~430	390~410
坐深	400~420	380~400
坐前宽	400~420	400~420
坐后宽	380~400	380~400
靠背高度	410~420	390~400
靠背宽度	400~420	400~420
靠背与坐面的角度	98°~102°	98°~102°

表 1-5　扶手参考尺寸　　　　　　　　　　　（单位：mm）

参数名称	工作椅	休息椅
扶手前高	距坐面 250~280	距坐面 260~290
扶手后高	距坐面 220~250	距坐面 230~260
扶手长度	最小限度 300~320	400
扶手宽度	60~80	60~100
扶手间距	440~460	460~500

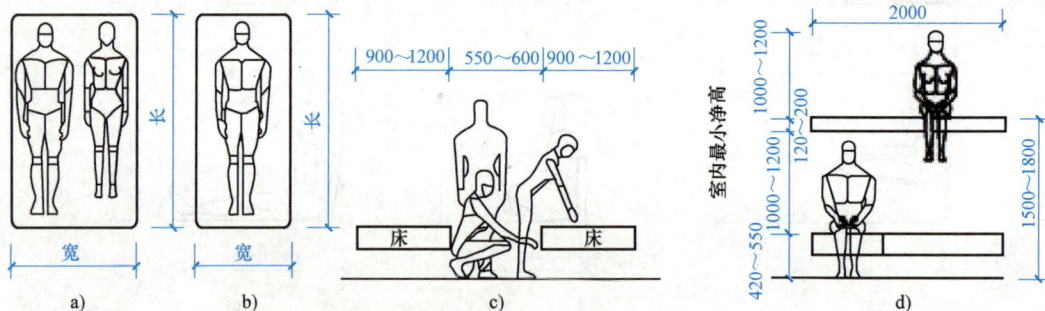

图 1-18　卧具尺寸

a）双人床　b）单人床　c）双床尺寸　d）成人上下床尺寸

表 1-6　单人床尺寸　　　　　　　　　　　（单位：mm）

规格	床长	床宽	床面高
大	2000	1200~1500	480
中	1920	900~1200	440
小	1850	800	420

表 1-7 双人床尺寸 （单位：mm）

规格	床长	床宽	床面高
大	2000	1500~1800	480
中	1920	1350~1500	440
小	1850	1250~1350	420

表 1-8 儿童床尺寸 （单位：mm）

年龄	床长	床宽	床面高	栏杆高
5~6 岁	1100~1350	600~700	400~300	900~500
4~5 岁	1050~1250	550~650	400~250	900~450
3~4 岁	900~1200	550~600	220	400
2~3 岁	900	550	600	1000

表 1-9 储藏家具进深尺寸 （单位：mm）

家具名称	进深	家具名称	进深
双开门书柜	380	吊柜	300
单开门书柜	380	书柜	300
推拉门书柜	400	西服柜	600
橱柜	620	整理柜	450
物品柜	300~600	衣柜	450~600
洗物池、调理台	550~600	镜台柜	450

表 1-10 储藏家具搁板、抽斗、门的立面尺寸

	搁板			抽斗			侧开门		下翻门		玻璃推拉门	
	适用范围	舒适范围		适用范围	舒适范围		适用范围	舒适范围	适用范围	舒适范围	适用范围	舒适范围
		立	坐		立	坐						
2100												
1900												
1700												
1500												
1300												
1100												
900												
700												
500												
300												
100												
尺寸标定位置	搁板上缘			抽斗上缘			把手		门下缘		拉手	

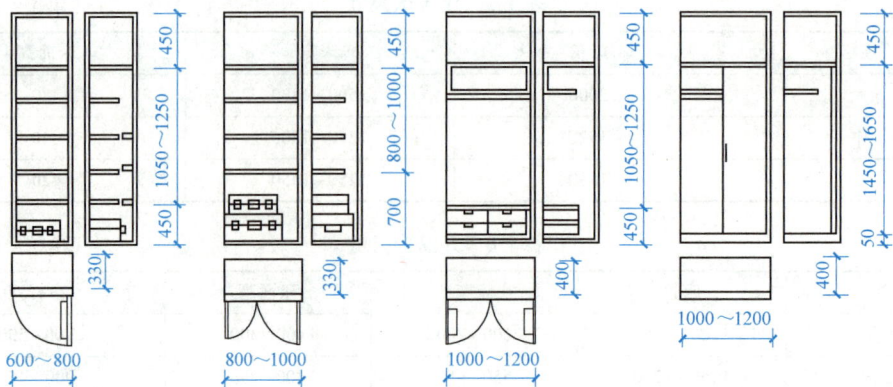

图 1-19　储藏类家具尺寸

1.2.4　自然条件

建筑物置于自然界之中，受到自然界各种因素的影响。因此，建筑设计应处理好建筑与自然环境的关系，以适应当地气候与环境条件。

1. 气象条件

温度、湿度、日照、雨雪、风向、风速等气象条件是建筑设计的重要依据，对建筑设计有较大的影响。建筑物中的保温隔热设计、通风采光设计、防水排水设计以及建筑物体型组合等均与气象条件有关。因此，在设计前应收集当地气象资料，作为设计依据。例如：炎热地区，房屋设计应考虑隔热、通风和遮阳等问题，建筑处理也较为开敞；寒冷地区房屋应围合、封闭、向阳，减少外围护结构的散热，以利于建筑保温；雨量较大的地区应注意屋顶形式与屋面排水方案的选择，以及屋面防水构造的处理；另外，建筑物的间距与朝向，应考虑当地日照情况和冬季主导风向等因素。可见，不同的气象条件对建筑有不同的要求，设计时应根据当地气候特征进行适应气候的设计。《民用建筑设计统一标准》规定，建筑气候分区对建筑的基本要求应符合表 1-11 的规定；GB 50176—2016《民用建筑热工设计规范》将建筑热工设计区划分两级。建筑热工设计一级区划指标及设计原则见表 1-12。建筑热工设计二级区划指标及设计要求应符合表 1-13 的规定。

表 1-11　不同区划对建筑的基本要求

建筑气候区划名称	热工区划名称	建筑气候区划主要指标	建筑基本要求
Ⅰ	ⅠA ⅠB ⅠC ⅠD 严寒地区	1 月平均气温≤-10℃ 7 月平均气温≤25℃ 7 月平均相对湿度≥50%	1. 建筑物必须充分满足冬季保温、防寒、防冻等要求 2. ⅠA、ⅠB 区应防止冻土、积雪对建筑物的危害 3. ⅠB、ⅠC、ⅠD 区的西部，建筑物应防冰雹、防风沙
Ⅱ	ⅡA ⅡB 寒冷地区	1 月平均气温-10~0℃ 7 月平均气温 18~28℃	1. 建筑物应满足冬季保温、防寒、防冻等要求，夏季部分地区应兼顾防热 2. ⅡA 区建筑物应防热、防潮、防暴风雨、沿海地带应防盐雾侵蚀

（续）

建筑气候区划名称	热工区划名称	建筑气候区划主要指标	建筑基本要求
Ⅲ	ⅢA ⅢB ⅢC 夏热冬冷地区	1月平均气温 0~10℃ 7月平均气温 25~30℃	1. 建筑物应满足夏季防热、遮阳、通风降温要求，并应兼顾冬季防寒 2. 建筑物应满足防雨、防潮、防洪、防雷电等要求 3. ⅢA区应防台风、暴雨袭击及盐雾侵蚀 4. ⅢB、ⅢC区北部冬季积雪地区建筑物的屋面应有防积雪危害的措施
Ⅳ	ⅣA ⅣB 夏热冬暖地区	1月平均气温>10℃ 7月平均气温 25~29℃	1. 建筑物必须满足夏季遮阳、通风、防热要求 2. 建筑物应防暴雨、防潮、防洪、防雷电 3. ⅣA区应防台风、暴雨袭击及盐雾侵蚀
Ⅴ	ⅤA ⅤB 温和地区	1月平均气温 0~13℃ 7月平均气温 18~25℃	1. 建筑物应满足防雨和通风要求 2. ⅤA区建筑物应注意防寒，ⅤB区应特别注意防雷电
Ⅵ	ⅥA ⅥB 严寒地区 ⅥC 寒冷地区	1月平均气温-22~0℃ 7月平均气温<18℃	1. 建筑物应充分满足保温、防寒、防冻的要求 2. ⅥA、ⅥB区应防冻土对建筑物地基及地下管道的影响，并应特别注意防风沙 3. ⅥC区的东部，建筑物应防雷电
Ⅶ	ⅦA ⅦB ⅦC 严寒地区 ⅦD 寒冷地区	1月平均气温-20℃~-5℃ 7月平均气温≥18℃ 7月平均相对湿度<50%	1. 建筑物必须充分满足保温、防寒、防冻的要求 2. 除ⅦD区外，应防冻土对建筑物地基及地下管道的危害 3. ⅦB区建筑物应特别注意积雪的危害 4. ⅦC区建筑物应特别注意防风沙，夏季兼顾防热 5. ⅦD区建筑物应注意夏季防热，吐鲁番盆地应特别注意隔热、降温

表 1-12　建筑热工设计一级区划指标及设计原则

一级区划名称	区划指标		设计原则
	主要指标	辅助指标	
严寒地区（1）	$t_{\min \cdot m} \leqslant -10℃$	$145 \leqslant d_{\leqslant 5}$	必须充分满足冬季保温要求，一般可以不考虑夏季防热
寒冷地区（2）	$-10℃ < t_{\min \cdot m} \leqslant 0℃$	$90 \leqslant d_{\leqslant 5} < 145$	应满足冬季保温要求，部分地区兼顾夏季防热
夏热冬冷地区（3）	$0℃ < t_{\min \cdot m} \leqslant 10℃$ $25℃ < t_{\max \cdot m} \leqslant 30℃$	$0 \leqslant d_{\leqslant 5} < 90$ $40 \leqslant d_{\geqslant 25} < 110$	必须满足夏季防热要求，适当兼顾冬季保温
夏热冬暖地区（4）	$10℃ < t_{\min \cdot m}$ $25℃ < t_{\max \cdot m} \leqslant 29℃$	$100 \leqslant d_{\geqslant 25} < 200$	必须充分满足夏季防热要求，一般可不考虑冬季保温
温和地区（5）	$0℃ < t_{\min \cdot m} \leqslant 13℃$ $18℃ < t_{\max \cdot m} \leqslant 25℃$	$0 \leqslant d_{\leqslant 5} < 90$	部分地区应考虑冬季保温，一般可不考虑夏季防热

注：1. 本表取自《民用建筑热工设计规范》。
　　2. 表中 $t_{\min \cdot m}$ 为最冷月平均温度，$t_{\max \cdot m}$ 为最热月平均温度，$d_{\leqslant 5}$ 为日平均温度≤5℃的天数，$d_{\geqslant 25}$ 为日平均温度≥25℃的天数。

表 1-13　建筑热工设计二级区划指标及设计要求

二级区划名称	区划指标		设计要求
严寒 A 区（1A）	$6000 \leq HDD18$		冬季保温要求极高，必须满足保温设计要求，不考虑防热设计
严寒 B 区（1B）	$5000 \leq HDD18 < 6000$		冬季保温要求非常高，必须满足保温设计要求，不考虑防热设计
严寒 C 区（1C）	$3800 \leq HDD18 < 5000$		必须满足保温设计要求，可不考虑防热设计
寒冷 A 区（2A）	$2000 \leq HDD18 < 3800$	$CDD26 \leq 90$	应满足保温设计要求，可不考虑防热设计
寒冷 B 区（2B）		$CDD26 > 90$	应满足保温设计要求，宜满足隔热设计要求，兼顾自然通风、遮阳设计
夏热冬冷 A 区（3A）	$1200 \leq HDD18 < 2000$		应满足保温、隔热设计要求，重视自然通风、遮阳设计
夏热冬冷 B 区（3B）	$700 \leq HDD18 < 1200$		应满足隔热、保温设计要求，强调自然通风、遮阳设计
夏热冬暖 A 区（4A）	$500 \leq HDD18 < 700$		应满足隔热设计要求，宜满足保温设计要求，强调自然通风、遮阳设计
夏热冬暖 B 区（4B）	$HDD18 < 500$		应满足隔热设计要求，可不考虑保温设计，强调自然通风、遮阳设计
温和 A 区（5A）	$CDD26 < 10$	$700 \leq HDD18 < 2000$	应满足冬季保温设计要求，可不考虑防热设计
温和 B 区（5B）		$HDD18 < 700$	宜满足冬季保温设计要求，可不考虑防热设计

注：1. 表中 $HDD18$ 为以 18℃ 为基准的采暖度日数，$CDD26$ 为以 26℃ 为基准的空调度日数。
　　2. 全国主要城市的二级区属应符合《民用建筑热工设计规范》的规定。

2. 地形、水文地质及地震强度

基地地形、地质构造、土壤特性和地耐力的大小，对建筑物的平面组合、建筑剖面、建筑体型、建筑构造和结构布置等都有明显的影响。建筑设计应依据基地地形，顺势而为。例如：对于坡度较陡的地形，应使建筑结合地形错层建造；当遇到复杂的地质条件时，建筑构造和基础的设置应采取相应的措施。

水文条件是指地下水位的高低及地下水的性质，它们会直接影响到建筑基础及地下室。因此，工程中会根据当地的水文条件确定是否对建筑采用相应的防水和防腐蚀措施。

地震烈度表示地震对地表及工程建筑物影响的强弱程度。在烈度为 6 度及 6 度以下地区，地震对建筑物的损坏影响较小；9 度以上的地区，地震破坏强度较大，从经济因素及耗用材料考虑，除特殊情况外，一般应尽可能避免在此处建造建筑物。当建筑位于 7、8、9 度地震烈度的地区时，应考虑房屋的抗震设防，并且根据 GB 50011—2010《建筑抗震设计规范》及 GB 18306—2015《中国地震动参数区划图》的规定做相应的抗震设计。

1.2.5　建筑技术

建筑技术是推动建筑发展的动力，是使建筑物由图纸付诸实施的根本保证。在一定程度上，建筑方案的实现与否，主要取决于工程结构和技术手段的发展水平。正是由于新材料、新技术的不断出现，才得以使高层、超高层、大空间等多种复杂建筑类型成为可能。因此，建筑师应根据当地的施工技术水平、建筑材料等来确定建筑方案，尽量做到因地制宜，就地取材。超越现有技术水平的设计方案再完美也是脱离实际的。

1.2.6 城市规划

城市规划是为了实现一定时期内城市的经济和社会发展目标，确定城市性质、规模和发展方向，合理利用城市土地，协调城市空间布局和各项建设所做的综合部署和具体安排。它是一定时期内城市发展的蓝图，也是城市建设和管理的依据，在确保城市空间资源的有效配置和土地合理利用的基础上，是实现城市经济和社会发展目标的重要手段之一。它对建筑设计具有控制和指导作用。单体建筑的设计不能脱离总体规划而孤立进行，单体建筑形式要受到群体建筑风格的制约，它必须在满足城市规划要求的基础上来设计。

1.2.7 文化与审美

建筑具有双重性，既是物质的，又是精神的，是实用与审美相结合的产物。建筑一方面具有物质性使用功能，如居住、学习、工作、购物、公共交往等；另一方面，它又要满足人们对美的渴望，塑造美好形象。一些重要的公共建筑在审美方面甚至占有重要的地位。因此，建筑设计还应考虑当地文化与审美，满足使用者的审美需求。

1.2.8 有关标准与规范

建筑类的标准与规范是建筑设计必须遵守的准则和依据，它们体现着国家的现行政策和经济技术水平。建筑设计必须根据设计项目的性质、内容，依据有关的建筑标准、规范完成设计工作。国家和行业的强制性标准要求建筑设计既不能违反国家的工程建设标准的强制性条文和各类设计技术规范，还应遵守相关的地方性法规和其他规范性文件。

1. 建筑设计规范和标准

建筑设计规范、标准种类很多，除 GB/T 50001—2017《房屋建筑制图统一标准》、GB/T 50104—2010《建筑制图标准》、GB 50352—2019《民用建筑设计统一标准》、GB 50016—2014《建筑设计防火规范》（2018 年版）、GB/T 50002—2013《建筑模数协调标准》等基本的标准和规范外，各类建筑如住宅、学校、旅馆、商店等都有其相应的规范，如 GB 50096—2011《住宅设计规范》、GB 50099—2011《中小学校设计规范》、JGJ 62—2014《旅馆建筑设计规范》等，设计人员必须遵守各种规范与标准来完成设计工作。常用规范标准见表 1-14。

表 1-14 常用规范标准（部分）

序号	规 范 名 称	编 号
1	民用建筑设计统一标准	GB 50352—2019
2	建筑设计防火规范	GB 50016—2014（2018 年版）
3	城市居住区规划设计标准	GB 50180—2018
4	民用建筑热工设计规范	GB 50176—2016
5	建筑抗震设计规范	GB 50011—2010（2016 年版）
6	中国地震动参数区划图	GB 18306—2015
7	房屋建筑制图统一标准	GB/T 50001—2017
8	建筑制图标准	GB/T 50104—2010

（续）

序号	规 范 名 称	编 号
9	建筑模数协调标准	GB/T 50002—2013
10	住宅设计规范	GB 50096—2011
11	中小学校设计规范	GB 50099—2011
12	旅馆建筑设计规范	JGJ 62—2014
13	图书馆建筑设计规范	JGJ 38—2015
14	综合医院建筑设计规范	GB 51039—2014
15	剧场建筑设计规范	JGJ 57—2016
16	商店建筑设计规范	JGJ 48—2014
17	办公建筑设计规范	JGJ 67—2016
18	严寒和寒冷地区居住建筑节能设计标准	JGJ 26—2018
19	建筑地基基础设计规范	GB 50007—2011
20	地下工程防水技术规范	GB 50108—2008
21	建筑节能工程施工质量验收规范	GB 50411—2017
22	建筑外门窗气密性、水密、抗风压性能分级及检测方法	GB/T 7106—2008
23	装配式建筑评价标准	GB/T 51129—2017
24	混凝土结构设计规范	GB/T 50010—2010
25	装配式混凝土结构连接节点构造（楼盖和楼梯）	15G 310—1
26	装配式混凝土结构连接节点构造（剪力墙）	15G 310—2
27	厂房建筑模数协调标准	GB/T 50006—2010
28	工业企业设计卫生标准	GBZ 1—2010
29	建筑工程建筑面积计算规范	GB/T 50353—2013
30	总图制图标准	GB/T 50103—2010
31	砌体结构设计规范	GB/T 50003—2016
32	饮食建筑设计标准	JGJ 64—2017
33	公共建筑节能设计标准	GB 50189—2015
34	预制钢筋混凝土阳台板、空调板及女儿墙	15G 368—1
35	屋面工程技术规范	GB 50345—2012
36	建筑屋面雨水排水系统技术工程	CJJ 142—2014
37	坡屋面工程技术规范	GB 50693—2011
38	装配式混凝土结构技术规程	JGJ 1—2014
39	装配式混凝土建筑技术标准	GB/T 51231—2016
40	装配式木结构建筑技术标准	GB/T 51233—2016
41	装配式钢结构建筑技术标准	GB/T 51232—2016

2. 建筑模数

为了推进房屋建筑工业化，实现建筑或部件的尺寸和安装位置的模数协调，使建筑制品、建筑构配件具有较大的通用性和互换性，以加快建筑建造速度，提高施工质量和效率，降低建筑造价，我国制定了《建筑模数协调标准》。

模数协调主要实现以下目标：

1）实现建筑的设计、制造、施工安装等活动的互相协调。

2）能对建筑各部位尺寸进行分割，并确定各部件的尺寸和边界条件。

3）优选某种类型的标准化方式，使得标准化部件的种类最优。

4）有利于部件的互换性。

5）有利于建筑部件的定位和安装，协调建筑部件与功能空间之间的尺寸关系。

《建筑模数协调标准》规定，基本模数的数值应为 100mm，其符号为 M，即 1M = 100mm。整个建筑物和建筑物的一部分以及建筑部件的模数化尺寸，应是基本模数的倍数。

导出模数分为扩大模数和分模数，其基数应符合：扩大模数基数应为 2M、3M、6M、9M、12M、……；分模数基数应为 M/10、M/5、M/2。

建筑物的开间或柱距，进深或跨度，梁、板、隔墙和门窗洞口宽度等分部件的截面尺寸宜采用水平基本模数和水平扩大模数数列，且水平扩大模数数列宜采用 $2n$M、$3n$M（n 为自然数）。

建筑物的高度、层高和门窗洞口高度等宜采用竖向基本模数和竖向扩大模数数列，且竖向扩大模数数列宜采用 nM。

构造节点和分部件的接口尺寸等宜采用分模数数列，且分模数数列宜采用 M/10、M/5、M/2。

1.3 建筑设计的程序与内容

前面已经论述，在房屋的建设过程中，要经过许多环节，其中编制设计文件是工程建设中不可缺少的重要一环。设计工作阶段包括建筑设计、结构设计和设备设计等几部分，各部分之间既有分工又密切配合。

建筑设计一般应分为方案设计、初步设计和施工图设计三个阶段。对于技术要求相对简单的民用建筑工程，当有关主管部门在初步设计阶段没有审查要求，且合同中没有做初步设计的约定时，可在方案设计审批后直接进入施工图设计。在设计中应因地制宜正确选用国家、行业和地方建筑标准设计，并在设计文件的图纸目录或施工图设计说明中注明所应用图集的名称。

以下就设计的各个阶段的设计内容和要求加以说明。

1.3.1 设计前的准备工作

在一项建筑设计开始之前，应该做到以下三个环节：熟悉建筑设计任务书，收集基础资料，以及前期的调查研究。做好这些准备工作后，才能开始复杂而细致的设计工作。

1. 熟悉建筑设计任务书

建筑设计任务书一般包括以下内容：

1）拟建项目的要求、建筑面积、房间组成和面积分配。

2）建设基地的范围，周围建筑、道路、环境和地形图。

3）供电、给水排水、供暖和空调设备的要求，以及水源、电源等各种工程管网的借用许可文件。

4）设计期限和项目建设进程要求。

5）有关建设投资方面的问题等。

2. 收集基础资料

收集必要的基础资料，并进行整理和分析。这些资料包括：

1）国家和所在地区的有关政策、法规与标准。

2）所在地区的气候资料，地形地质和水文资料。

3）水、暖、电、通信等设备管线资料。

3. 调查研究

需要调研的内容有：

1）使用单位对拟建建筑物的使用要求。

2）对实际的建设场地进行踏勘，了解场地及其周围环境的现状。

3）当地建材及构配件的供应情况和施工技术条件等。

4）当地建筑传统经验和建筑风格等。

5）当地城乡建设及规划管理等部门的要求。

1.3.2 方案设计

这个阶段的主要任务是提出设计方案，即根据建筑设计任务书的要求和收集到的基础资料，结合基地环境，综合考虑技术经济条件和建筑的要求，对建筑总体布置、空间组合进行合理的安排，提出两个或多个方案供建设单位选择。

方案设计文件，应满足编制初步设计文件的需要，以及方案审批或报批的需要。建筑方案设计文件包括以下内容。

1. 建筑设计说明

1）概述场地区位、现状特点和周边环境情况及地质地貌特征，详尽阐述总体方案的构思意图和布局特点，以及在竖向设计、交通组织、防火设计、景观绿化、环境保护等方面所采取的具体措施。建筑改造设计还应说明原有建筑和古树名木保留、利用、改造（改建）方面的总体设想。

2）建筑方案的设计构思和特点。

3）建筑与城市空间关系、建筑群体和单体的空间处理、平面和剖面关系、立面造型和环境营造、环境分析（如日照、通风、采光）、立面主要材质色彩等。

4）建筑的功能布局和内部交通组织，包括各种出入口，楼梯、电梯、自动扶梯等垂直交通运输设施的布置。

5）建筑防火设计，包括总体消防、建筑单体的防火分区、安全疏散等设计原则。

6）无障碍设计简要说明。

7）当建筑在声学、建筑光学、建筑安全防护与维护、电磁波屏蔽以及人防地下室等方面有特殊要求时，应做相应说明。

8）建筑节能设计说明，包括：设计依据，项目所在地的气候分区及建筑分类；概述建筑节能设计及围护结构节能措施。

9）当项目按绿色建筑要求建设时，应有绿色建筑设计说明。包括：设计依据；项目绿色建筑设计的目标和定位；概述绿色设计的主要策略。

10）当项目按装配式建筑要求建设时，应有装配式建筑设计说明。包括：设计依据；项目装配式建筑设计的目标和定位；概述装配式建筑设计的主要技术措施。

2. 建筑设计图纸

（1）总平面设计

1）场地的区域位置。

2）场地的范围（用地和建筑物各角点的坐标或定位尺寸）。

3）场地及周边环境，包括：原有及规划的城市道路和建筑物，用地性质或建筑性质、层数等，场地内需保留的建筑物、构筑物、古树名木、历史文化遗存，现有地形与标高、水体、不良地质情况等。

4）场地内拟建道路、停车场、广场、绿地及建筑物的布置，并表示出主要建筑物、构筑物与各类控制线（用地红线、道路红线、建筑控制线等）、相邻建筑物之间的距离及建筑物总尺寸，基地出入口与城市道路交叉口之间的距离。

5）拟建主要建筑物的名称、出入口位置、层数、建筑高度、设计标高，以及主要道路、广场的控制标高。

6）指北针或风玫瑰图、比例。

7）根据需要绘制下列反映方案特性的分析图：

功能分区、空间组合及景观分析、交通分析（人流及车流的组织、停车场的布置及停车泊位数量等）、消防分析、地形分析、竖向设计分析、绿地布置、日照分析、分期建设等。

（2）平面图

1）平面的总尺寸，开间、进深尺寸，结构受力体系中的柱网、承重墙位置和尺寸（也可用比例尺表示）。

2）各主要使用房间的名称。

3）各层楼地面标高、屋面标高。

4）首层平面图应标明剖切线位置和编号，并应标示指北针。

5）必要时绘制主要用房的放大平面和室内布置。

6）图纸名称、比例或比例尺。

（3）立面图

1）体现建筑造型的特点，选择绘制有代表性的立面。

2）各主要部位和最高点的标高、主体建筑的总高度。

3）当与相邻建筑（或既有建筑）有直接关系时，应绘制相邻或既有建筑的局部立面图。

4）图纸名称、比例或比例尺。

（4）剖面图

1）剖面应剖在楼梯、门厅、高度和层数不同、空间关系比较复杂的部位。

2）各层标高及室外地面标高，建筑的总高度。

3）当遇有高度控制时，标明建筑最高点的标高。

4）剖面编号、比例或比例尺。

1.3.3 初步设计

在初步设计阶段，建筑专业设计文件应包括设计说明书和设计图纸。各部分设计文件内容及编制深度应满足以下要求。

1. 设计说明书

设计说明书包括以下内容：

（1）总平面设计说明　主要有设计依据及基础资料、场地概述、总平面布置、交通组织、主要技术经济指标表（表1-15）等。

表1-15　民用建筑主要技术经济指标表

序号	名　称	单位	数量	备　注
（1）	总用地面积	hm²		
（2）	总建筑面积	m²		地上、地下部分应分列，不同功能性质部分应分列
（3）	建筑基底总面积	hm²		
（4）	道路广场总面积	hm²		含停车场面积
（5）	绿地总面积	hm²		可加注公共绿地面积
（6）	容积率			（2）/（1）
（7）	建筑密度	%		（3）/（1）
（8）	绿地率	%		（5）/（1）
（9）	机动车停车泊位数	辆		室内、室外应分列
（10）	非机动车停放数量	辆		

注：1. 当工程项目（如城市居住区）有相应的规划设计规范时，技术经济指标的内容应按相应规范要求执行。
　　2. 计算容积率时，通常不包括±0.00以下的地下建筑面积。

（2）建筑设计说明

1）设计依据。包括：设计任务书和其他依据性资料中与建筑专业有关的主要内容；设计所执行的主要法规和所采用的主要标准；项目批复文件、审查意见等的名称和文号。

2）设计概述。

① 表述建筑的主要特征，如建筑总面积、建筑占地面积，建筑层数和总高，建筑防火类别、耐火等级，设计使用年限，地震基本烈度，主要结构选型，人防类别、面积和防护等级，地下室防水等级，屋面防水等级等。

② 概述建筑物使用功能和工艺要求。

③ 简述建筑的功能分区、平面布局、立面造型及与周围环境的关系。

④ 简述建筑的交通组织、垂直交通设施（楼梯、电梯、自动扶梯）的布局，以及所采用的电梯、自动扶梯的功能、数量和吨位、速度等参数。

⑤ 建筑防火设计，包括总体消防、建筑单体的防火分区、安全疏散、疏散宽度计算和防火构造等。

⑥ 无障碍设计，包括基地总体上、建筑单体内的各种无障碍设施要求等。

⑦ 人防设计，包括人防面积、设置部位、人防类别、防护等级、防护单元数量等。

⑧ 当建筑在声学、光学、安全防护与维护、电磁波屏蔽等方面有特殊要求时，应说明所采取的特殊技术措施。

⑨ 主要的技术经济指标，包括能反映建筑工程规模的总建筑面积，以及诸如住宅的套型和套数、旅馆的房间数和床位数、医院的病床数、车库的停车位数量等。

⑩ 简述建筑的外立面用料及色彩、屋面构造及用料、内部装修使用的材料等。

⑪ 对具有特殊防护要求的门窗做必要的说明。

3）对需分期建设的工程，说明分期建设内容和对续建、扩建的设想及相关措施。

4）幕墙工程和金属、玻璃、膜结构等特殊屋面工程（说明节能、抗风压、气密性、水密性、防水、防火、防护、隔声的设计要求，饰面材质色彩、涂层等主要的技术要求）及其他需要专项设计、制作的工程内容的必要说明。

5）需提请审批时解决的问题或确定的事项以及其他需要说明的问题。

6）建筑节能设计说明。

① 设计依据。

② 项目所在地的气候分区、建筑分类及围护结构的热工性能限值。

③ 简述建筑的节能设计，确定体形系数⊖（按不同气候区要求）、窗墙面积比、屋顶透光部分比等主要参数，明确屋面、外墙（非透光幕墙）、外窗（透光幕墙）等围护结构的热工性能及节能构造措施。

7）当项目按绿色建筑要求建设时，应有绿色建筑设计说明。

① 设计依据。

② 绿色建筑设计的目标和定位。

③ 评价与建筑专业相关的绿色建筑技术选项及相应的指标、做法说明。

④ 简述相关绿色建筑设计的技术措施。

8）当项目按装配式建筑要求建设时，应有装配式建筑设计和内装专项说明。

① 设计依据。

② 装配式建筑设计的项目特点和定位。

③ 装配式建筑评价与建筑专业相关的装配式建筑技术选项。

④ 简述相关装配式建筑设计的技术措施。

2. 设计图纸

设计图纸包括总平面图、各层平面图、主要方向立面图、主要部位的剖面图，根据设计任务的需要，可能辅以建筑透视图或建筑模型。

（1）总平面图　总平面图常用比例为 1∶500～1∶2000。设计文件编制深度如下：

1）场地范围的测量坐标（或定位尺寸）、道路红线、建筑控制线、用地红线。

2）场地四邻原有及规划的道路、绿化带等的位置（主要坐标或定位尺寸）和主要建筑物及构筑物的位置、名称、层数、间距。

3）建筑物、构筑物的位置（人防工程、地下车库、油库、贮水池等隐蔽工程用虚线表示）与各类控制线的距离，其中主要建筑物与构筑物应标注坐标（或定位尺寸）、与相邻建

⊖ 体形系数是指建筑物与室外大气接触的外表面积与其所包围的体积之比，单位为 1/m，外表面积不包括地面和不供暖楼梯间等公共空间内墙及户门的面积。

筑物之间的距离及建筑物总尺寸、名称（或编号）、层数。

4）道路、广场的主要坐标（或定位尺寸），停车场及停车位、消防车道及高层建筑消防扑救场地的布置，必要时加绘交通流线示意。

5）绿化、景观及休闲设施的布置示意，并表示出护坡、挡土墙、排水沟等。

6）指北针或风玫瑰图。

7）主要技术经济指标表。

8）说明栏内注写：尺寸单位、比例、地形图的测绘单位、日期，坐标及高程系统名称（如为场地建筑坐标网时，应说明其与测量坐标网的换算关系），补充图例及其他必要的说明等。

（2）平面图　这部分是初步设计的主要内容之一，它包括建筑物的平面和空间的组合方式、部分室内家具和设备的布置等。常用比例为 1：100～1：200。设计文件编制深度如下：

1）标明承重结构的轴线、轴线编号、定位尺寸和总尺寸，注明各空间的名称和门窗编号，住宅标注套型内卧室、起居室（厅）、厨房、卫生间等空间的使用面积。

2）绘出主要结构和建筑构配件，如非承重墙、壁柱、门窗（幕墙）、天窗、楼梯、电梯、自动扶梯、中庭（及其上空）、夹层、平台、阳台、雨篷、台阶、坡道、散水明沟等的位置；当围护结构为幕墙时，应标明幕墙与主体结构的定位关系。

3）表示主要建筑设备的位置，如水池、卫生器具等与设备专业有关的设备的位置。

4）表示建筑平面或空间的防火分区和面积以及安全疏散的内容，宜单独成图。

5）标明室内、室外地面设计标高及地上、地下各层楼地面标高。

6）首层平面标注剖切线位置、编号及指北针。

7）绘出有特殊要求或标准的厅、室的室内布置，如家具的布置等；也可根据需要选择绘制标准层、标准单元或标准间的放大平面图及室内布置图。

8）图纸名称、比例。

（3）立面图　应选择绘制主要立面，常用比例为 1：100～1：200。设计文件编制深度如下：

1）两端的轴线和编号。

2）立面外轮廓及主要结构和建筑部件的可见部分，如门窗、幕墙、雨篷、檐口、屋顶、平台、栏杆、坡道、台阶和主要装饰线脚等。

3）平、剖面未能表示的屋顶、屋顶高耸物、檐口、室外地面等处主要标高或高度。

4）主要可见部位的饰面用料。

5）图纸名称、比例。

（4）剖面图　剖面应剖在楼梯、门厅、层高或层数不同、内外空间比较复杂的部位（如中庭与邻近的楼层或错层部位），剖面图应准确、清楚地绘示出剖到或看到的各相关部分内容，并应表示：

1）主要内、外承重墙、柱的轴线，轴线编号。

2）主要结构和建筑构造部件，如：地面、楼板、屋顶、檐口、女儿墙、吊顶、梁、柱、内外门窗、天窗、楼梯、电梯、平台、雨篷、阳台、地沟、地坑、台阶、坡道等。

3）各层楼地面和室外标高，以及建筑的总高度，各楼层之间尺寸及其他必需的尺寸等。

4）图纸名称、比例。

（5）其他 根据需要绘制局部的平面放大图或节点详图。

1.3.4 施工图设计

施工图设计是在技术设计、初步设计的基础上进行编制的。在施工图设计阶段，通过各专业的不断协调，设计师进一步完善全部细部尺寸和标高、细部节点构造做法及所用材料，并配有详细的设计说明。施工图设计文件应满足设备材料采购、非标准设备制作和施工的需要。建筑专业设计文件应包括图纸目录、设计说明、设计图（总平面图、平面图、立面图、剖面图及详图）、计算书。

1. 图纸目录

在图纸目录中，应先列绘制的图纸，后列选用的标准图和重复利用图。

2. 设计说明

（1）项目概况 项目概况的内容一般应包括建筑名称、建设地点、建设单位、建筑面积、建筑基底面积、项目设计规模等级、设计使用年限、建筑层数和建筑高度、建筑防火分类和耐火等级、人防工程类别和防护等级、人防建筑面积、屋面防水等级、地下室防水等级、主要结构类型、抗震设防烈度等，以及能反映建筑规模的主要技术经济指标，如住宅的套型和套数（包括套型总建筑面积等）、旅馆的客房间数和床位数、医院的床位数、车库的停车泊位数等。

（2）设计标高 设计标高应说明工程的相对标高与总图绝对标高的关系。

（3）用料说明和室内外装修

1）墙体、墙身防潮层、地下室防水、屋面、外墙面、勒脚、散水、台阶、坡道等处的材料和做法，墙体、保温等主要材料的性能要求，可用文字说明或部分文字说明，部分直接在图上引注或加注索引号，其中应包括节能材料的说明。

2）室内装修部分除用文字说明以外，也可用表格形式表达（表1-16），在表上填写相应的做法或代号；较复杂或较高级的民用建筑应另行委托室内装修设计；凡属二次装修的部分，可不列装修做法表和进行室内施工图设计，但对原建筑设计、结构和设备设计有较大改动时，应征得原设计单位和设计人员的同意。

表 1-16 室内装修做法表

部位 名称	楼、地面	踢脚板	墙裙	内墙面	顶棚	备注
门厅						
走廊						

注：表列项目可增减。

（4）做法及构造说明 对采用新技术、新材料和新工艺的做法说明及对特殊建筑造型和必要的建筑构造的说明。

（5）门窗设计说明 门窗表（可用门窗表表示，见表1-17）及对门窗性能（防火、隔声、防护、抗风压、保温、隔热、气密性、水密性等）、窗框材质和颜色、玻璃品种和规格、五金件等的设计要求。

表1-17 门窗表

类别	设计编号	洞口尺寸/mm		樘数	采用标准图集及编号		备注
		宽	高		图集代号	编号	
门							
窗							

注：1. 采用非标准图集的门窗应绘制门窗立面图及开启方式。
  2. 单独的门窗表应加注门窗的性能参数、型材类别、玻璃种类及热工性能。

（6）建筑防火设计说明 包括总体消防、建筑单体的防火分区、安全疏散、疏散人数和宽度计算、防火构造、消防救援窗设置等。

（7）无障碍设计说明 包括基地总体上、建筑单体内的各种无障碍设施要求等。

（8）建筑节能设计说明

1）设计依据。

2）项目所在地的气候分区、建筑分类及围护结构的热工性能限值。

3）建筑的节能设计概况、围护结构的屋面、外墙、外窗、架空或外挑楼板、分户墙和户间楼板等构造组成和节能技术措施，明确外门、外窗和建筑幕墙的气密性等级。

4）建筑体形系数计算（按不同气候分区城市的要求）、窗墙面积比（包括屋顶透光部分面积）计算和围护结构热工性能计算，确定设计值。

（9）其他需要说明的问题

3. 总平面图

总平面图常用比例为1:500~1:2000。设计文件编制深度如下：

1）场地范围的测量坐标（或定位尺寸），道路红线、建筑控制线、用地红线等的位置。

2）场地四邻原有及规划的道路、绿化带等的位置（主要坐标或定位尺寸），周边场地用地性质以及主要建筑物、构筑物、地下建筑物等的位置、名称、性质、层数。

3）建筑物、构筑物（人防工程、地下车库、油库、贮水池等隐蔽工程以虚线表示）的名称或编号、层数、定位（坐标或相互关系尺寸）。

4）广场、停车场、运动场地、道路、围墙、无障碍设施、排水沟、挡土墙、护坡等的定位（坐标或相互关系尺寸）。如有消防车道和扑救场地，需注明。

5）指北针或风玫瑰图。

6）注明尺寸单位、比例、建筑正负零的绝对标高、坐标及高程系统（如为场地建筑坐标网时，应注明与测量坐标网的相互关系）等。

4. 平面图

在初步设计的基础上，应进一步标明各部分的详细尺寸。平面图的常用比例1:100~

1：200。设计文件编制深度如下：

1）承重墙、柱及其定位轴线和轴线编号，轴线总尺寸（或外包总尺寸）、轴线间尺寸（柱距、跨度）、门窗洞口尺寸、分段尺寸。

2）内外门窗位置、编号，门的开启方向，注明房间名称或编号，库房（储藏）注明储存物品的火灾危险性类别。

3）墙身厚度（包括承重墙和非承重墙），柱与壁柱截面尺寸（必要时）及其与轴线关系尺寸；当围护结构为幕墙时，标明幕墙与主体结构的定位关系及平面凹凸变化的轮廓尺寸；玻璃幕墙部分标注立面分格间距的中心尺寸。

4）变形缝位置、尺寸及做法索引。

5）主要建筑设备和固定家具的位置及相关做法索引，如卫生器具、雨水管、水池、台、橱、柜、隔断等。

6）电梯、自动扶梯、自动步道及传送带（注明规格）、楼梯（爬梯）位置，以及楼梯上下方向示意和编号索引。

7）主要结构和建筑构造部件的位置、尺寸和做法索引，如中庭、天窗、地沟、地坑、重要设备或设备基础的位置尺寸，以及各种平台、夹层、人孔、阳台、雨篷、台阶、坡道、散水、明沟等。

8）楼地面预留孔洞和通气管道、管线竖井、烟囱、垃圾道等位置、尺寸和做法索引，以及墙体预留洞的位置、尺寸与标高或高度等。

9）车库的停车位、无障碍车位和通行路线。

10）特殊工艺要求的土建配合尺寸、工业建筑中的地面荷载，以及起重设备的起重量、行车轨距和轨顶标高等。

11）建筑中用于检修维护的天桥、栅顶、马道等的位置、尺寸、材料和做法索引。

12）室外地面标高、首层地面标高、各楼层标高、地下室各层标高。

13）首层平面标注剖切线位置、编号及指北针或风玫瑰。

14）有关平面节点详图或详图索引号。

15）每层建筑面积、防火分区面积、防火分区分隔位置及安全出口位置示意，图中标注计算疏散宽度及最远疏散点到达安全出口的距离（宜单独成图）；当整层仅为一个防火分区，可不注防火分区面积，或以示意图（简图）形式在各层平面中表示。

16）住宅平面图中标注各房间使用面积、阳台面积。

17）屋面平面应有女儿墙、檐口、天沟、坡度、坡向、雨水口、屋脊（分水线）、变形缝、楼梯间、水箱间、电梯机房、天窗及挡风板、屋面上人孔、检修梯、室外消防楼梯、出屋面管道井及其他构筑物，必要的详图索引号、标高等；表述内容单一的屋面可缩小比例绘制。

18）根据工程性质及复杂程度，必要时可绘制局部放大平面图。

19）建筑平面较长较大时，可分区绘制，但必须在各分区平面图适当位置上绘出分区组合示意图，并明显表示本分区部位编号。

20）图纸名称、比例。

5. 立面图

绘制各个方向的立面图，常用比例1：100～1：200。设计文件编制深度如下：

1）两端轴线编号，立面转折较复杂时可用展开立面表示，但应准确注明转角处的轴线编号。

2）立面外轮廓及主要结构和建筑构造部件的位置，如女儿墙顶、檐口、柱、变形缝、室外楼梯和垂直爬梯、室外空调机搁板、外遮阳构件、阳台、栏杆、台阶、坡道、花台、雨篷、烟囱、勒脚、门窗、幕墙、洞口、门头、雨水管，以及其他装饰构件、线脚和粉刷分格线等。当为预制构件或成品部件时，按照建筑制图标准规定的不同图例示意，装配式建筑立面应反映出预制构件的分块拼缝，包括拼缝分布位置及宽度等。

3）建筑的总高度、楼层位置辅助线、楼层数、楼层层高和标高，以及关键控制标高的标注，如女儿墙或檐口标高等；外墙的留洞应注尺寸与标高或高度尺寸（宽×高×深，以及定位关系尺寸）。

4）平、剖面未能表示出来的屋顶、檐口、女儿墙、窗台以及其他装饰构件、线脚等的标高或尺寸。

5）在平面图上表达不清的窗编号。

6）各部分装饰用料、色彩的名称或代号。

7）剖面图上无法表达的构造节点详图索引。

8）图纸名称、比例。

各个方向的立面应绘制齐全，但差异小、左右对称的立面可简略；内部院落或看不到的局部立面，可在相关剖面图上表示，当剖面图未能表示完全时，则需单独绘出。

6. 剖面图

剖面图常用比例 1：100~1：200。设计文件编制深度如下：

1）剖视位置应选在楼梯、门厅、层高不同、层数不同、内外部空间比较复杂等具有代表性的部位；建筑空间局部不同处以及平面、立面均表达不清的部位，可绘制局部剖面。

2）墙、柱、轴线和轴线编号。

3）剖切到或可见的主要结构和建筑构造部件，如室外地面、底层地（楼）面、地坑、地沟、各层楼板、夹层、平台、吊顶、屋架、屋顶、出屋顶烟囱、天窗、挡风板、檐口、女儿墙、幕墙、爬梯、门、窗、外遮阳构件、楼梯、台阶、坡道、散水、平台、阳台、雨篷、洞口及其他装修等可见的内容。

4）高度尺寸，包括外部尺寸和内部尺寸两方面。

外部尺寸：门、窗、洞口高度、层间高度、室内外高差、女儿墙高度、阳台栏杆高度、总高度。内部尺寸：地坑（沟）深度、隔断、内窗、洞口、平台、吊顶等。

5）标高，这里指主要结构和建筑构造部件的标高，如室内地面、楼面（含地下室）、平台、雨棚、吊顶、屋面板、屋面檐口、女儿墙顶、高出屋面的建筑物、构筑物及其他屋面特殊构件等的标高，室外地面标高。

6）节点构造详图索引号。

7）图纸名称、比例。

7. 详图

详图指的是在平面、立面、剖面中未能清楚表示出来而需要放大绘制的建筑细部详图，设计文件编制深度如下：

1）内外墙、屋面等节点，绘出不同构造层次，表达节能设计内容，标注各材料名称及具体技术要求，注明细部和厚度尺寸等。

2）楼梯、电梯、厨房、卫生间、阳台、管沟、设备基础等局部平面放大和构造详图，注明相关的轴线和轴线编号以及细部尺寸、设施的布置和定位、相互的构造关系及具体技术要求等，应提供预制外墙构件之间拼缝防水和保温的构造做法。

3）其他需要表示的建筑部位及构配件详图。

4）室内外装饰方面的构造、线脚、图案等，标注材料及细部尺寸、与主体结构的连接等。

5）门、窗、幕墙绘制立面图，标注洞口和分格尺寸，对开启位置、面积大小和开启方式以及用料材质、颜色等做出规定和标注。

6）对另行专项委托的幕墙工程和金属、玻璃、膜结构等特殊屋面工程及特殊门窗等，应标注构件定位及建筑控制尺寸。

8. 计算书

建筑节能计算书应包括以下内容：

1）根据不同气候区的要求进行建筑的体形系数计算。

2）根据建筑类别，计算各单一立面外窗（包括透光幕墙）窗墙面积比、屋顶透光部分面积比，确定外窗（包括透光幕墙）、屋顶透光部分的热工性能满足规范的限值要求。

3）根据不同气候区城市的要求对屋面、外墙（包括非透光幕墙）、底面接触室外空气的架空或外挑楼板等围护结构部位进行热工性能计算。

4）当规范允许的个别限值超过要求时，需进行围护结构热工性能的权衡判断，使围护结构总体热工性能满足节能要求。

此外，还要根据工程性质和特点，提出进行视线、声学、安全疏散等方面的计算依据、技术要求。

本 章 小 结

1. 建筑按使用功能可分为民用建筑、工业建筑和农业建筑；根据其地上建筑高度和层数又可分为低层建筑、多层建筑、高层建筑和超高层建筑；按建筑的主要承重材料分钢筋混凝土结构建筑、砌体结构建筑、钢结构建筑、木结构建筑等；按建筑物的施工方法分为现浇现砌式建筑、装配式建筑、大模板建筑、滑模建筑、升板建筑；按建筑的结构体系又可分为混合结构建筑、框架结构建筑、空间结构建筑、现浇剪力墙结构建筑、框架-剪力墙结构建筑、框架-筒体结构建筑、筒中筒及成束筒结构建筑等。

2. 建筑设计的依据是：建筑功能、人体和人体活动所需的空间尺度、家具与设备所需的空间、自然条件、建筑技术、城市规划、文化与审美、有关标准与规范等。

3. 在建筑设计开始之前，应该做到以下三个环节：熟悉建筑设计任务书，收集基础资料，前期的调查研究。

4. 建筑设计一般应分为方案设计、初步设计和施工图设计三个阶段。

习　　题

1. 简述影响建筑设计的主要因素。

2. 建筑物按其使用性质通常分为哪几类？

3. 建筑物按层数或地上建筑高度分为哪几类？

4. 建筑物按建筑结构及主要承重材料分为哪几类？

5. 建筑物按耐火等级可分几类？

6. 建筑物按设计使用年限可分为几类？

7. 初步设计内容及设计文件有哪些？

8. 简述建筑专业方案设计的内容。

9. 简述初步设计阶段建筑专业设计文件的内容及编制深度。

10. 简述施工图设计阶段建筑专业设计文件的内容及编制深度。

第2章

建筑平面设计

学习目标

了解建筑平面的整体概念、主要内容与特点，掌握建筑平面的组成部分及其要求；了解建筑平面设计各组成部分的影响因素，掌握不同建筑类型及其平面功能的概念。掌握房间面积的确定因素：家具设备、人体活动、交通面积。平面形状应满足功能，需要考虑结构、施工、造型、美观等因素。交通流线应满足使用、疏散和采光要求，设备设施形式、位置、数量应满足使用和美观。了解影响平面组合的因素是面积规模、结构类型、围合体系、功能分区，交通流线、辅助功能等方面。

■ 2.1　平面设计概述

2.1.1　平面设计的内容

建筑是由若干个单体空间按照一定的秩序和规律组合起来的有机整体，其过程是由实体物料形成界面，用以围合包裹从而形成空间。建筑设计图纸包括平面图、立面图、剖面图、节点大样图等，以投影图的方式来表示，用于创意、分析和表达建筑物的各种特性。一般建筑设计方案都会从平面入手，其后进行立面、剖面和节点详图设计。在建筑方案设计阶段，需要综合统筹考虑平面、立面、剖面三者的关系，按完整的三度空间概念去整体把握，通过修改深化完善，来完成一个好的建筑设计。建筑平面、立面、剖面是一个完整设计内容中的不同表达角度，是同一体物的三视图表达，它们之间是严格按照空间关系对照联系的统一体。

建筑平面设计是整个建筑设计中的重要组成部分，主要是解决不同建筑类型的功能使用问题，它涉及建筑内各组成部分的面积规模、功能分区、交通组织、房间形状等方面，还会影响建筑空间的组合，直接关联到建筑剖面设计、立面设计、详图设计等。建筑平面设计对建筑方案的确定起着决定作用，是建筑设计的基础，其特点是：直观易读、功能对应性多、技术关联性强，用于评判建筑规模的合理性、功能的实用性、结构与围护体系的技术性、交通的便利性和设备的保障性，是评判建筑满足使用需求的程度、建造标准、空间效果的依据。建筑平面设计直接关系到建筑物最终能否满足功能要求、是否达到预期的使用效果。平面图一般用 N 层平面来命名，如一层平面图（首层平面图）；按使用部位命名，如阁楼层平面图、夹层平面图等；复杂异型空间一般用标高来命名，如 6.000 标高平面。

一般来说，建筑平面设计主要根据面积指标、结构类型、平面功能要求等，进行以下几个部分的设计内容：房间平面形式及其尺度、功能空间布局、交通流线、辅助设施等。建筑设计平面图的组成示例如图 2-1 所示。

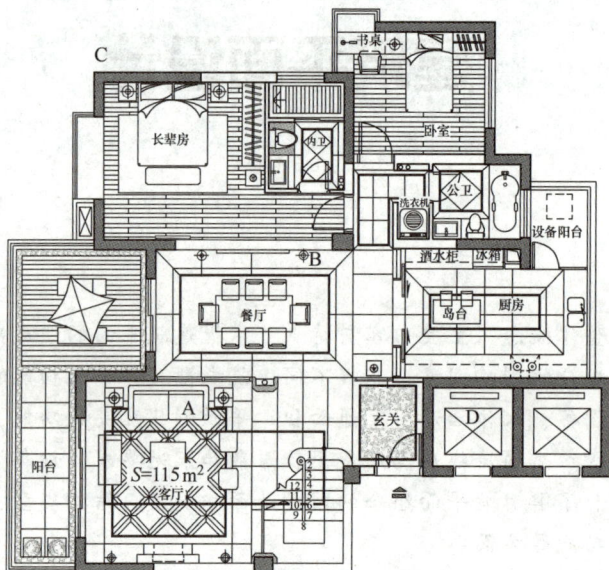

图 2-1　建筑设计平面图的组成

A—建筑面积　B—结构类型　C—围合体系　D—设备管井

（1）面积规模　该部分是建筑平面中的核心内容。建筑分为单层、多层和高层，设计一定的建筑面积，由于层数不同，会带来完全不同的建筑平面，因此设计条件也千差万别，这是平面设计的出发点。不同类型的建筑物有其各自适合的面积范围，如较大面积的平面因涉及疏散、采光、通风等因素，其设计条件更为复杂。

（2）结构类型　不同的受力形式和建造方式决定了不同的结构类型，例如，框架结构平面是以确定结构柱网为主，而砌体结构平面则是优先考虑承重墙的位置。在进行建筑平面设计时，需要综合考虑结构形式与建筑空间和平面之间的关系，建筑平面与建筑结构需要有机配合，其内容包括在平面设计中推敲结构的合理性、安全性、经济性和结构形式带来的空间影响。民用建筑的结构类型，一般按照受力特征来划分，包括框架结构、砌体结构和空间结构三种。

（3）围合体系　建筑物的围合体系是建筑内外分隔的界面，由屋面、外墙、门窗等组成，能够遮蔽外界恶劣气候的侵袭，同时也起到保温、隔热、隔声等作用，从而保证使用人群的安全性和私密性。围合体系是依据结构类型确定的，在建筑平面中体现为墙体和门窗的位置。

（4）辅助空间　该部分是建筑平面中的保障部分，包括设备、电梯、管井等用房，需要同其他专业人员配合。

（5）功能分区　该部分是建筑平面中的重要内容，要求科学合理地把不同使用功能的区域或房间进行合理安排，满足互不干扰、工艺流程和使用心理等方面需求，包括内外分区、动静分区、洁污分区等。

（6）交通联系　该部分是建筑平面中的组构骨架，同样涉及效能、安全、行为等要素。这一部分是确立建筑内部与外部之间、区域之间、房间之间的相互联系的方式，包括各类建筑物中的门厅、过厅、楼梯、走廊、坡道以及电梯和自动扶梯等。功能分区与交通联系如图2-2所示。

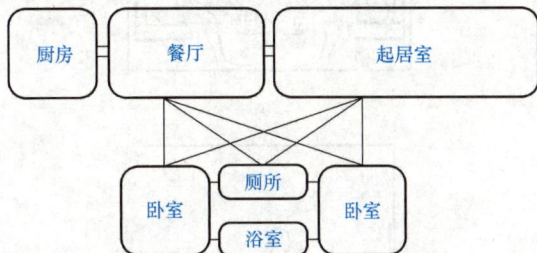

图2-2　功能分区与交通联系

2.1.2　平面设计的依据

1. 标准规范

建筑设计规范也称建筑设计标准规范，指国家或有关部门对基本建设设计所规定的各项技术标准。它是各类工程设计的基本依据，是建筑设计标准化的重要组成部分，是工程建设技术管理中的一项重要基础工作。建筑平面设计必须贯彻国家及地方有关工程建设的政策和法令，应符合国家现行的建筑工程建设标准、设计规范和制图标准以及确定投资的有关指标、定额和费用标准规定。建筑方案设计的内容和深度应符合有关规定的要求。其内容一般包括：应用范围及建筑分级要求；建筑总平面设计指标；不同用途的建筑设计指标和主要数据；保证使用的有关规定；卫生保健要求；主要技术经济指标等。设计标准规范按管理级别和使用范围，可分为国家、部门、省自治区和设计单位四级。建筑设计常用的规范见表1-14。

2. 人体工学

建筑所形成的空间和器物为人所用，因而人体各部分的尺寸及其各类行为活动所需的空间尺寸，是决定建筑开间、进深、层高、器物大小的基本尺度。基本尺寸还包括人体的平均高度、宽度、蹲高、坐高、弯腰、举手、携带行李、牵带小孩以至于残疾人拄手拐、坐轮椅所需的活动空间尺寸等。这些重要的基本尺寸是建筑平面设计的最初依据。除了那些因为宗教、政治以及艺术原因需要夸张、夸大的尺度外，都会以人体尺度为依据来决定建筑尺寸。家具的尺度也是决定建筑空间的重要因素，如床铺、书桌、餐桌、凳、椅、沙发、柜橱这些基本家具的尺寸，需要与人的活动配合起来，留出人使用家具和搬运家具所需的空间。人体活动所需的空间如图1-15、图1-16所示。

3. 行为心理

建筑平面设计在使用功能上要充分满足室内活动、家具摆放、设备安置及使用维护的要求，同时还需要符合人的行为心理和习惯，不同平面适合的行为心理不同，但普遍共性的需求是安全感、趋光性、近地性和亲水性等。平面设计还涉及空间的开放性、私密性、连接性和参与度等问题。不同使用行为所需的最小空间尺寸如图2-3所示。

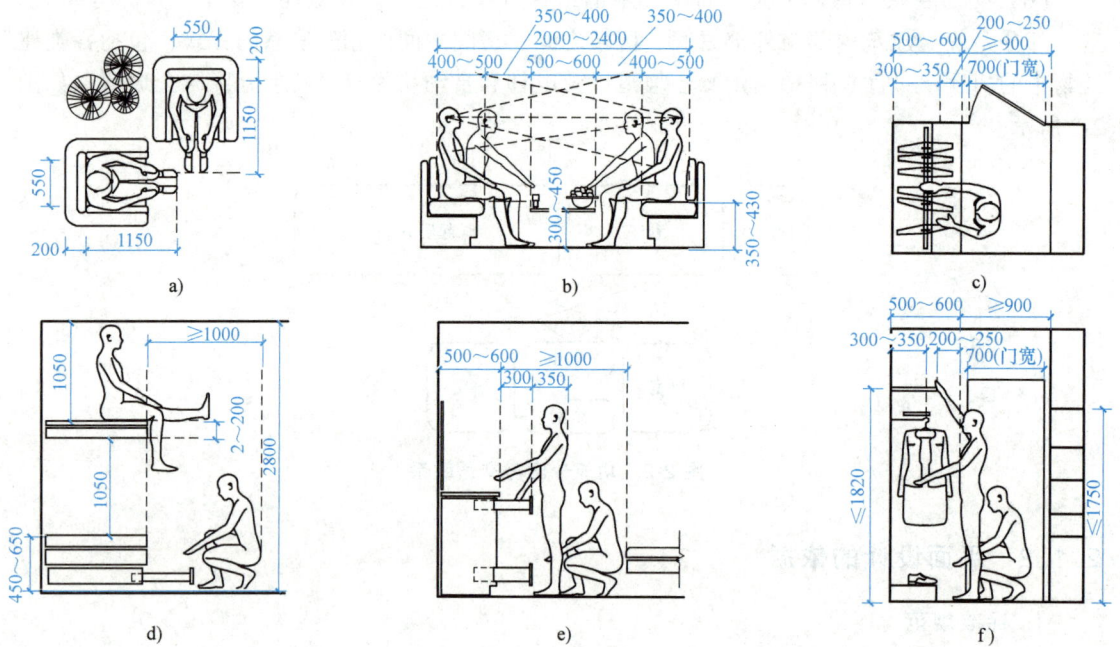

图 2-3 不同使用行为所需的最小空间尺寸

a)、b) 交往空间 c)、d) 储存空间 e)、f) 就寝空间

平面的规模、大小、形状对人的行为心理也会产生影响，进而影响人的行为效率、场所体验和个性情绪等。例如，连续的空间平面会使人疲倦劳累，有节奏变化的空间平面会减少疲倦、增加趣味等；在狭窄的空间，人会产生不安，同样小空间也会带来亲切的尺度感；矩形平面静态稳定，圆形平面围合流畅，曲线平面连贯变异等。设计还需要结合使用者的差异性，不同地区、民族的使用习惯、空间偏好差异很大，因此平面设计需要进行合理的安排布置。不同平面形状空间的特征属性如图 2-4 所示。

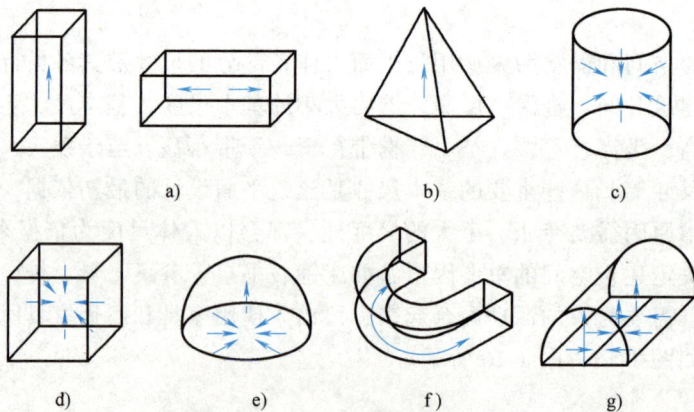

图 2-4 不同平面形状空间的特征属性

a) 长方体空间有明显的方向性，水平长方体有舒展感，垂直长方体有上升感 b) 三角锥形空间有强烈上升感
c) 圆柱形空间有向心团聚感 d) 正六面体空间各向均衡具有庄重严谨的静态 e) 球形空间有内聚性，
有强烈封闭压堵感 f) 环形空间具有明显的指向性和流动感 g) 拱形剖面空间有沿轴线集聚的内向性

4. 技术性和经济性要求

建筑平面设计应以技术条件的限制为依据。合理的结构布置，适当的建筑材料、设备、构造工艺，设施要满足相应的功能要求；有特殊工艺要求的，应先做工艺技术设计，后进行方案深化设计，如医院的中心手术室、宴会厅的中心厨房等。技术要求主要涉及结构、给水排水、电气和暖通各专业，不能突破各专业的规范限制，对于水暖电专业来说需要留足管井的面积；有抗震要求或沉降变形的建筑的转角处、交界处的平面需要断开、单独处理，因为不适合布置连续的大空间；有隔振降噪要求的平面，需要做隔振间或阻尼间等。尤其是平面的消防设计，楼梯间的个数、位置和走廊长度等许多技术限制，都是平面设计需要充分考虑的。不同的建筑类型的专业技术限制有所侧重，如剧场观众厅平面的形状和布置，要结合声学声场计算的结果确定；体育馆的平面形状要结合多种流线、赛事类型、视线起坡、视线设计的编排综合确定等。

平面设计是建筑方案形成的基础，应考虑相应的经济性要求，提高经济效益、节约用地、提高平面使用率等。具体有如下几方面表现：

（1）选用合理高效的平面局。一般来说，建筑平面形状越简单，其单位造价就越低。相同建筑面积的单位造价，由低到高的顺序是正方形、矩形、L 形、工字形和复杂不规则形。例如：L 形建筑比矩形建筑综合造价增加了约 5%。

（2）选择适合的平面结构形式。建筑结构形式主要有：砌体结构、混凝土框架结构、钢框架结构。影响结构选型的主要因素是：建筑类型、功能、规模和造价。一般来说，平面使用系数从高到低依次为钢框架结构、混凝土框架结构、砌体结构。结构体系可以有效地降低建筑造价，获得显著的经济效益。建筑师应该同结构工程师配合，在确定方案之初，就选择优化结构形式。通过合理的功能布局来避免结构转换，避免不必要的投资。

（3）考虑综合的平面空间效益。在平面中加大房屋进深可以节约用地；采用大开间的经济意义在于布置灵活，日后建筑可改性好；卫生间的布置方式可能影响建筑的节水设计；塔楼如选用圆形平面，不但对抗震有利，而且可以减少热流失，降低顶部风压，增加自然通风换气，有利于建筑节能。混凝土梁改成空腹桁架或钢桁架，虽然结构造价提高了，但是设备管线得以从中穿过，加大了空间净高或降低了层高，综合效益大大提高了。空间的经济性是与平面使用效率有关的，通过分析各使用空间的相互关系以及联系，合理地安排平面布局，充分挖掘空间的潜力，创造出灵活适用、经济合理、使用高效的建筑。

对于住宅建筑来说，体现建筑平面的经济性指标有：

① 建筑平面系数，也称建筑系数，或称 K 值，指使用面积占建筑面积的比例，一般用百分比表示。

② 住宅平面得房率，是指套内建筑面积与套型建筑面积的比例。

5. 平面面积与形式

平面功能和内容是建筑设计的重要依据。不同的功能要求不同的建筑面积与之相适应，同时决定了一定的平面形式。

（1）建筑面积概述 建筑面积作为一个技术经济指标被用于建设工程中的各个领域、贯穿于建筑过程的各个阶段，它是指以平方米为单位计算建筑物结构外围的水平面积的实物量化指标，是反映建筑物建筑规模的技术参数，是一项基础性指标。面积有如下定义：

1）建筑面积：指建筑物长度、宽度的外包尺寸的乘积再乘以层数。它由使用面积、辅助面积和结构面积组成。

2）使用面积：指建筑物各层平面中直接为生产或生活使用的净面积的总和。

3）辅助面积：指建筑物各层平面为辅助生产或生活活动所占的净面积的总和，如居住建筑中的楼梯、走道、厕所、厨房等。

4）结构面积：指建筑物各层平面中的墙、柱等结构所占面积的总和。

建筑规模一般是指建设的全部设计生产能力、效益或投资总规模，具体内容包括建筑面积、层数、层高、结构类型、占地面积等。建筑规模与建筑平面的关系依据不同的建筑类型是有很大的差别的。例如单层大跨度的体育馆，其建筑平面基本等同于建筑面积，而对于高层建筑的塔楼来说，其面积是 N 倍的标准层面积，N 为建筑层数。对于复杂空间、曲面空间、异型空间来说，其建筑面积需要单独设计测绘。

建筑类型是依据建筑的使用特点和国家规范标准确定的不同的建筑种类总称。不同类型的建筑在建筑平面设计中可以集中反映体现，平面图可以帮助我们在面积规模、功能分区、交通流线、辅助空间处理等方面进行综合分析。建筑平面在确定了面积、规模和类型后，需要进一步确定组成房间的面积、平面形状和尺寸等三个基本方面。

（2）房间面积指标　建筑的面积规模，由建筑的使用人数、标准等级和投资情况综合确定，在立项和可行性研究阶段会有面积估算，一般具有一定比例的弹性。不同建筑类型的估算指标不同，如设计学校幼儿园，会以班为单位进行估算，比如 12 班、18 班等；设计宾馆、养老院、医院住院部，会以床位作为基本单元进行测算，指标是 $25m^2$/床；设计停车库则以车位为单位，基本指标是 $45m^2$/车位等。以上不同的指标是用于估算总的建筑面积，而不是实际设计的图纸面积。例如，$900m^2$ 的停车库，估算指标是 $45m^2$/车位，就是按 20 辆车进行设计，其中包括了车道等附属面积。

房间的面积指标，由该房间的使用人数、运行方式、建造标准以及家具设备的尺寸、数量来决定。房间的面积可以分为以下几个部分：室内活动容纳人数及其相应所需要的面积；依据室内活动容纳人数，满足相应疏散要求的室内交通面积；家具、设备设施所占用的面积；不同标准预留出的系数调整面积。图 2-5 所示为教室平面及使用示意图。

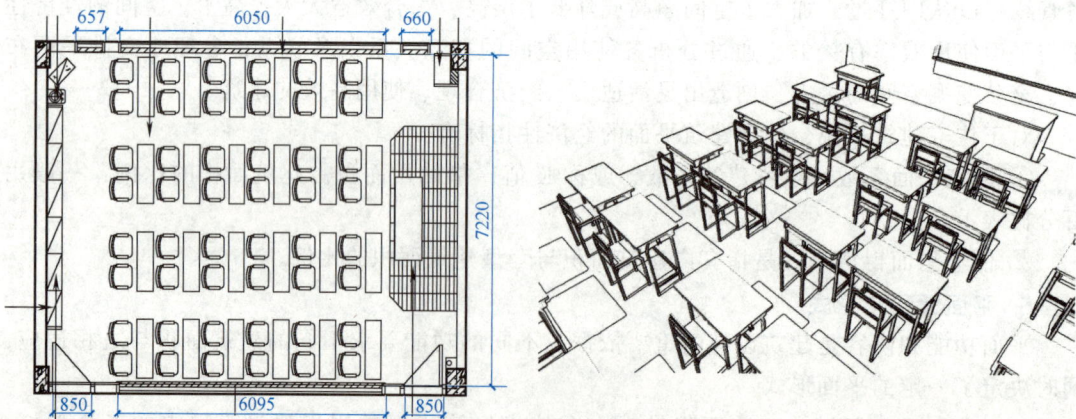

图 2-5　教室平面及使用示意图

对使用人数固定的建筑来说，房间使用面积的大小主要依据主要功能和使用人数来确定。许多类型的建筑也是依据人数来确定等级的。例如：体育馆观众席超过 8000 人的为大型体育馆，少于3000人的为小型体育馆，3000～8000人的为中型体育馆。房间使用人数多，家具、活动空间及交通面积就多；同样，房间的功能要求、舒适度标准不同，其所需要的家具类型、设备规格、质量标准等方面差异就很大，满足要求的相应面积也会随之增减。我国有关部门及各地区制定了一系列面积定额指标（表2-1），根据房间的容纳人数及面积定额，可以推导出房间的总面积。

表 2-1 民用建筑房间面积定额参考指标

项目　　建筑类型	房间名称	面积定额/(m²/人)	备注
中小学	普通教室	1～1.2	小学取下限
办公楼	一般办公室	3.5	不包括走道
	会议室	0.5	无会议桌
		2.3	有会议桌
铁路旅客站	普通候车室	1.1～1.3	
图书馆	普通阅览室	1.8～2.5	4～6座双面阅览桌

使用人数不固定或有潮汐人流的建筑，如飞机场、高铁站有节庆高峰，体育馆、影剧院有赛事演艺的头尾高峰等，在确定这一类房间面积时，设计人员应根据设计任务书的要求，参照调研已建成的同类建筑并进行研究，再借助于计算机专业软件进行人流疏散模拟研究，最终科学合理地确定其面积。

（3）房间平面形式　同等面积的平面具有多种形状可供选择。房间平面形状直接影响到使用性能和人的观感体验。房间平面形状确定受多种因素的影响，在满足整体创意的前提下，还应满足人活动的行为特点、心理安全、绿色健康的需求，满足家具、设备、设施的布置方式，满足声学、采光、通风等要求；在此基础上还要考虑结构选型、材料构造、施工工艺等技术性要求和经济性要求。平面形式直接导致不同的空间体验和装饰效果，因此平面形式选择需要综合考虑设置。

建筑平面要满足房间的基本功能，要符合空间结构、室内环境、造型、组合等要求。图2-6所示是不同形状的影剧院观众厅平面举例，这些使用功能相同但形状不同的平面各具特点。矩形平面结构简单，声场分布较均匀；扇形平面由于侧墙倾斜，声音能均匀的分散到大厅的各个区域；钟形平面介于矩形和扇形之间，声音分布均匀；六角形平面声音分布均匀，但屋盖结构复杂；圆形平面空间变化丰富，但可能会出现声聚焦现象，需要增加技术手段进行处理。

建筑平面还需要满足房间的其他功能，综合考虑如采光照明、通风换气以及结构布局等。矩形平面体型简单，墙面平直，便于家具和设备的安排，能充分利用室内面积，平面组合有较大的灵活性，能充分利用天然采光，经济性好。同时，矩形平面结构布置简单，便于施工，单元化的房间统一开间和进深，有利于建筑构件标准化。矩形平面房间长宽比一般不超过2∶1，需要根据使用功能来确定合理的长宽比例关系。

面积和形状相同的平面，也可能有多种布置方式，以中小学40座普通矩形教室为例，可以有长短轴布置黑板的两种模式，如图2-7所示。

普通教室以满足视听质量要求为主，在不能保证均好性的情况下，应降低减少差异性。因此，座位的排列不能太远太偏，一般要求离黑板最远的座位不大于8.5m，边座和黑板面远端夹角控制在不小于30°，第一排座位与黑板的距离为2m左右。在上述范围内，结合桌

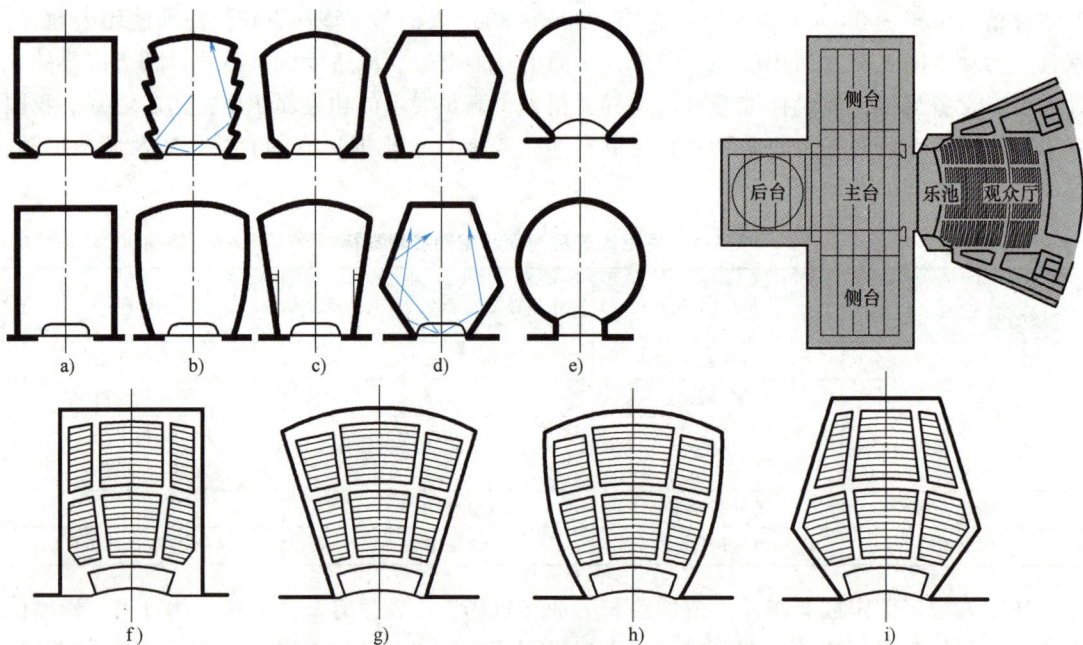

图 2-6　观众厅的平面、剧场分区与布置示意图

a）矩形　b）钟形　c）扇形　d）六角形　e）圆形　f）矩形座位布置
g）钟形座位布置　h）扇形座位布置　i）六角形座位布置

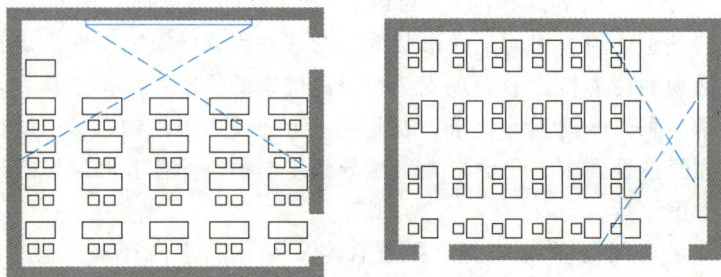

图 2-7　教室平面的两种布局

椅的尺寸和排列方式，根据不同年龄段学生的活动尺度，确定排距和桌子间通道宽度，基本上可以满足普通教室的视听活动和通行等方面要求。图 2-8 所示是从视听要求考虑的教室平面的几种布置方案。

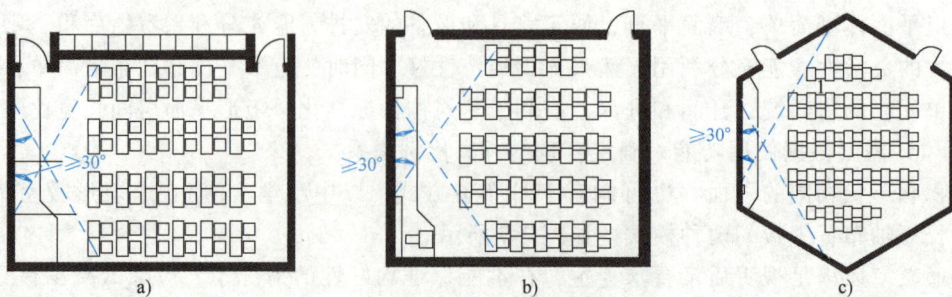

图 2-8　满足视听要求的教室平面布置方式

a）矩形平面　b）方形平面　c）六角形平面

（4）房间平面尺寸　房间尺寸是控制建筑平面的基本构成指标，例如，宾馆的标准间、教学楼的教室、住宅的户内面积等。矩形房间尺寸一般包括开间和进深两个概念：开间常常是由一个或多个组成，进深一般和采光照进的深浅有关。在确定了房间面积和形状之后，进而确定合适的房间尺寸。在相同面积的情况下，房间平面尺寸可多种多样，如图2-9所示是卧室的开间和进深。

卧室的平面尺寸应考虑床的大小，床与家具的相互关系，提高床的布置灵活性。主卧室要求床能两个方向布置，一般开间常取3300～3600mm，深度方向应考虑横竖两个方向布置，两张床时中间能放一个床头柜，一般进深取4200～4500mm。小卧室考虑床竖放能开一扇门或床头柜，开间尺寸一般取2700～3000mm。

教室、观众厅等的平面尺寸除满足家具设备布置及人们活动要求外，还应保证有良好的视、听条件。如图2-10所示是教室桌椅布置方式，为使前排不致太偏，后排座位不致太远，必须根据有关要求，合理排列座位，确定合适的房间尺寸，并结合桌椅设备布置、学生活动要求进行设计。

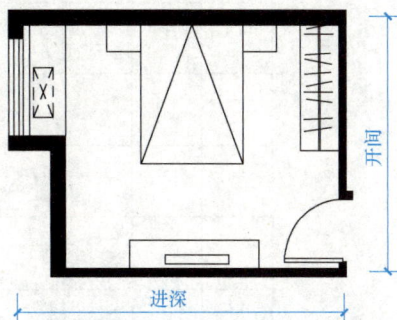

图2-9　卧室的开间和进深

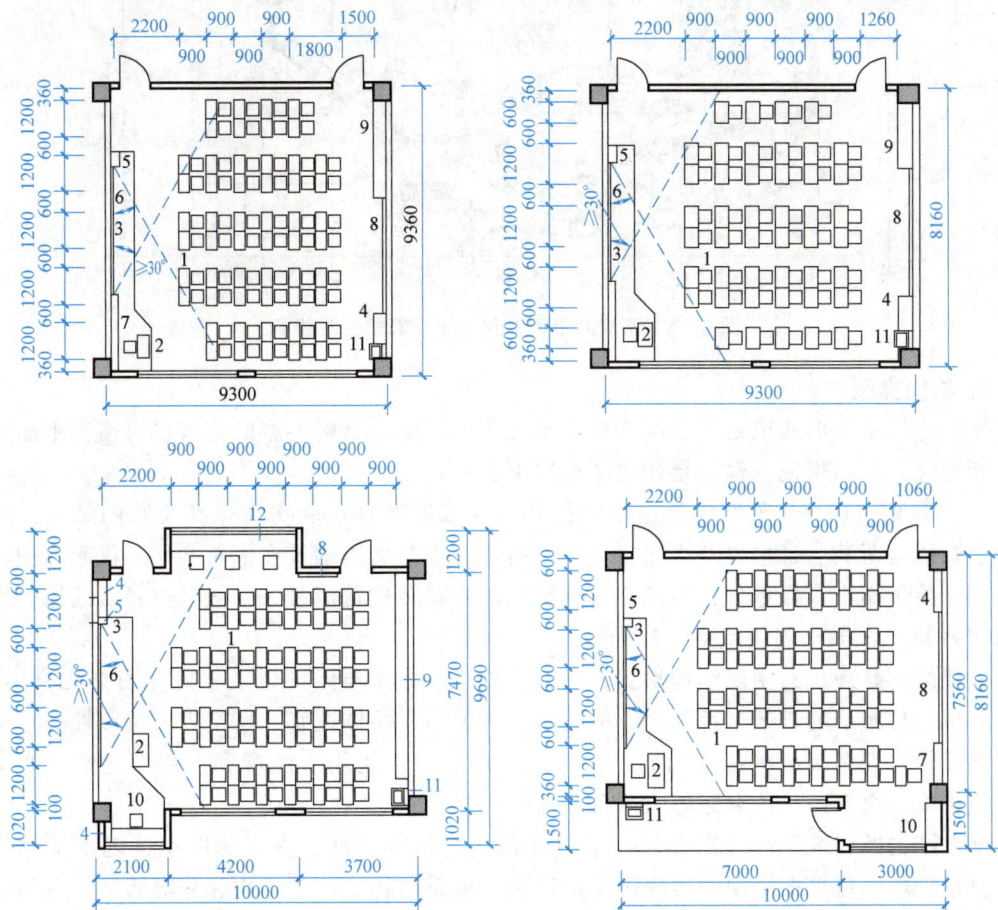

图2-10　教室桌椅布置方式

不规则房间尺寸则参照几何原理进行确定。例如：圆形、椭圆形、多边形需要确定圆心和半径；自由形需要用多个坐标确定，也可用网格线确定，或是由计算机模型生成坐标确定，如图 2-11 所示。

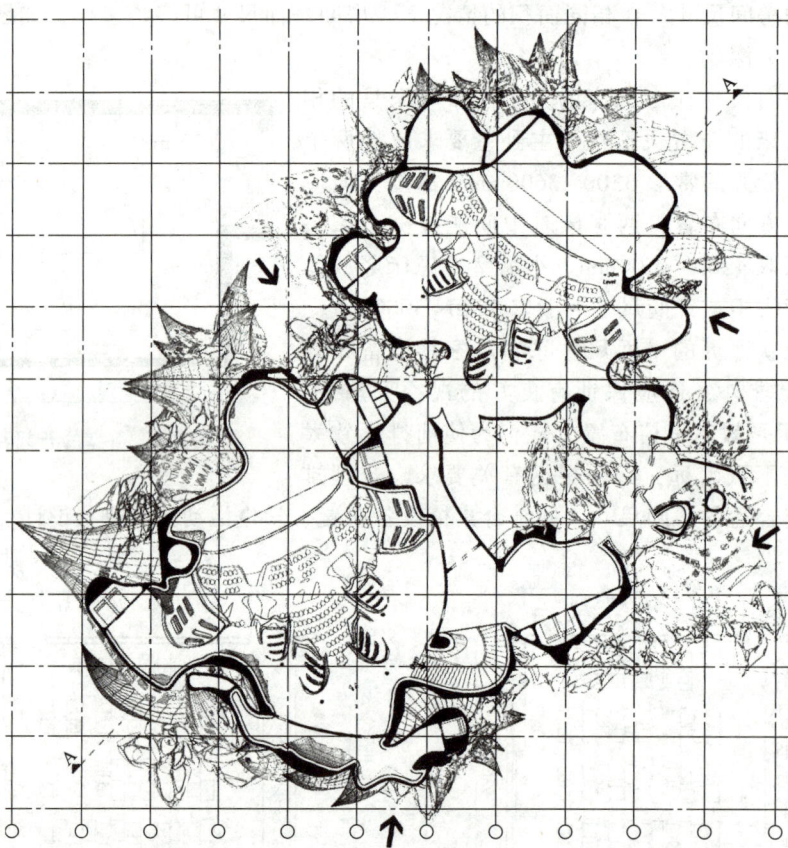

图 2-11　不规则平面的尺寸由计算机生成坐标

6. 结构类型

不同建筑结构形式决定了不同的建筑平面类型。同一结构类型的建筑也有多种平面形式与之相适应。总的来说，建筑结构主要有以下三种：

（1）框架结构　框架结构是由梁和柱共同组成框架来承受房屋全部荷载的结构，建筑荷载包括风雪荷载、自重以及人、家具、设备重力等。墙体砌筑在框架之间，仅起围护和分隔作用，除负担本身自重外，不承受其他荷载。为减轻建筑荷载，一般采用轻质墙体，如用泡沫（陶粒）混凝土砌块或空心砖砌筑。

框架结构是现行的主要结构形式，其特征是承重体系与围护体系分离（图 2-12）。建筑由梁、板、柱组成的骨架来承重，它的特点是强度高、整体性好，刚度大、抗震性好，同时建造速度较快。框架结构使空间布局更灵活自由，它广泛用于高层和大跨度建筑，如摩天楼、飞机场、火车站、体育馆等大型公共建筑。

框架结构的建筑平面（图 2-13）应首先确定合适的柱网，在平面图中体现承重体系和围护体系分离。在平面绘制中体现出围护结构、承重结构、填充结构和分隔墙体，有的还需要进一步体现出保温层、装饰层等附加层次。

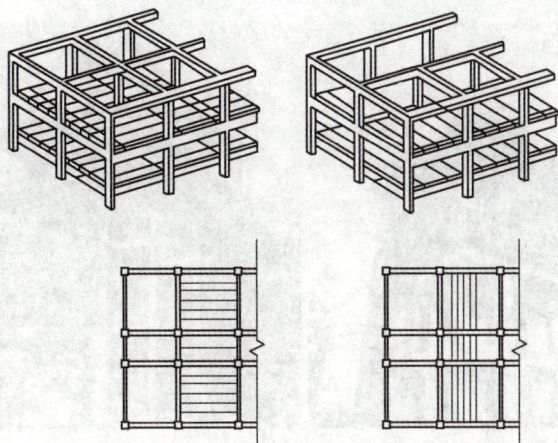

图 2-12　框架结构

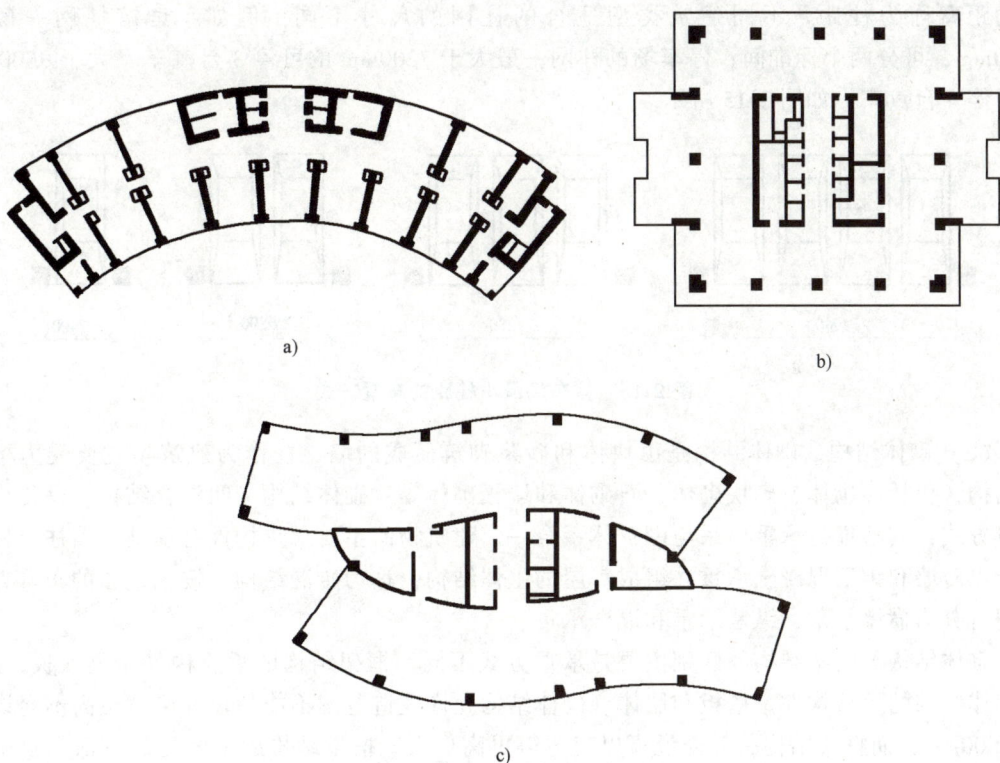

a)

b)

c)

图 2-13　框架体系在平面中的表示方式

a) 宾馆　b) 办公楼　c) 酒店

　　建筑平面在设计时需要考虑采用何种框架结构，一般来说框架结构可分为钢筋混凝土框架和钢结构框架（图 2-14）。钢结构框架平面，结构柱子更少，柱距更大，因此平面布置更加灵活，空间开敞度大，改造性好。钢结构梁柱构件的尺寸较混凝土构件尺寸大大减小，可做到柱距更大，梁截面更小，这直接影响到建筑的空间效果。一般超高、超大、超重的建筑结构，会与剪力墙体系配合应用。

　　选用框架结构的建筑平面设计，首先应研究设定柱网，即柱子的平面布置方式。柱网之

图 2-14　钢筋混凝土框架和钢结构框架

间的距离称为柱距。不同建筑类型适合的柱网的尺寸不同，例如：宾馆柱网一般为8400mm，可分两个标准间；停车场的柱网一般大于7200mm的可停3台汽车，大于9600mm的可停4台汽车，如图2-15所示。

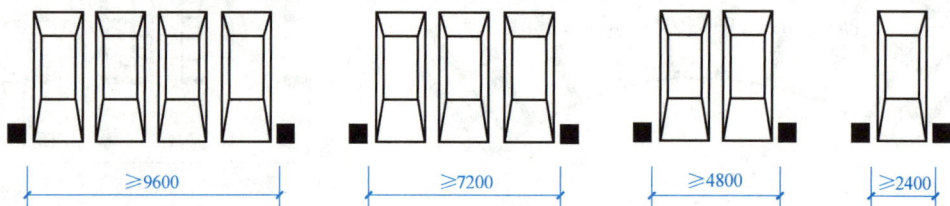

≥9600　　≥7200　　≥4800　　≥2400

图 2-15　停车场最小柱距的布置方式

（2）砌体结构　砌体结构是由块体和砂浆砌筑而成的墙、柱作为建筑物主要受力构件的结构，包括砖砌体、砌块砌体、石砌体和墙板砌体等。砌体结构又叫混合结构，是传统的砌筑方式，其特征是承重体系与围护体系合一。建筑物的主要承重构件有基础、墙柱、楼板等。以砖墙和钢筋混凝土承重并组成房屋的主体结构，称为砖混结构，按承重墙的布置方式不同可分为横墙承重，纵墙承重和混合承重。

砌体结构与框架结构的区别主要是承重方式不同。框架结构的承重构件是梁、板、柱，而砌体结构的承重构件是楼板和墙体。砌体结构允许建造范围不能超过6层，层高不允许超过3600mm，而框架结构一般来说可以建造得更高更大。框架结构的平面更趋灵活，自由度较大，二次改造的自由度较大。在建筑的抗震等级上，同样达到的等级，框架结构在经济性、施工方式上更具优势。一般来说框架结构的综合优点要大于砌体结构。

1）横墙承重：是以横墙作为承重墙，将梁或板搭在横墙上，纵墙不受力（仅承受自重）仅起分隔和围护作用，如图2-16a所示。由于横墙较多，建筑物整体刚度和抗震性能较好，纵外墙开窗较灵活。缺点是房间开间受限于楼板跨度，房间布局灵活性差。这种布置方式适合于小开间的单元重复式建筑，如宾馆、住宅、办公楼等。

2）纵墙承重：是以纵墙作为承重墙，梁或楼板搭在纵墙上，横墙不承重，如图2-16b所示。纵墙承重的平面布局较灵活，横墙可以采用轻质墙，以节约面积，但建筑的整体刚度和抗震效果较横墙承重差。解决办法是在一定距离内设置刚性横墙，增加拉结。由于受板长的影响，房间进深不宜太大，外墙开窗也受到一定的影响，这种布置方式常用于教室、会议室等。

3）混合承重：是采用上述两种方式结合，如图 2-16c、d 所示。建筑平面布局可以更为灵活、建筑物整体刚度好、适应性强；缺点是增加了板型和梁的高度，使建筑空间净高受到影响，局部增加造价。在混合结构布置时，要尽量使房间进深统一，减少楼板类型，上下承重墙体要对齐，如有大房间可单独设置在顶层。同时考虑到建筑物整体刚度均匀，门窗洞口的大小要满足墙体受力要求。混合承重方式在砌筑结构中较为普遍，如图 2-17 所示。

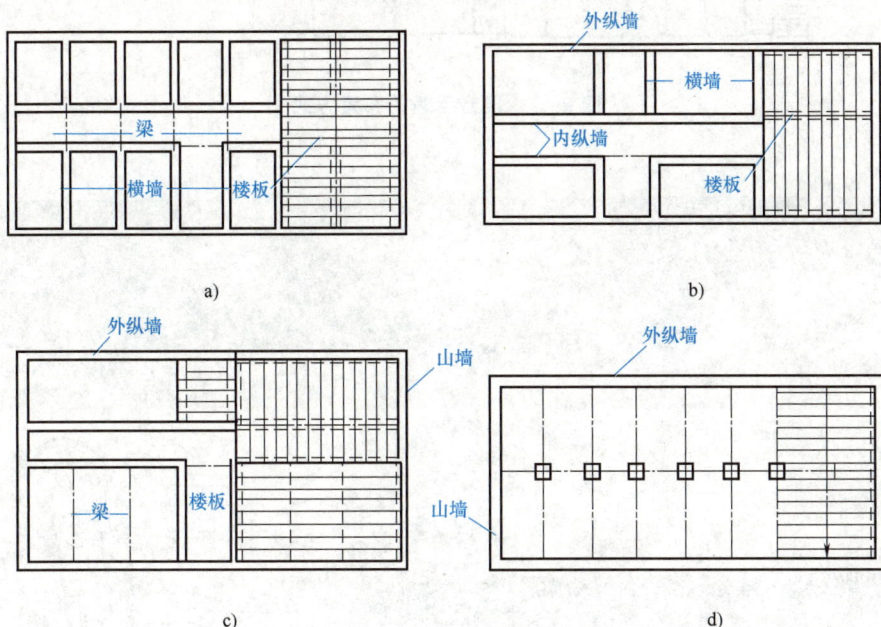

图 2-16 砌体结构的布置方式

（3）空间结构 空间结构的平面设计较常规结构复杂，往往需要多个不同标高的平面来表达。空间结构由于是三维变化，因此不同标高横切面的平面差异很大，但应以保证主要使用功能的平面为主。空间结构的形态与建筑平面图如图 2-18 所示。

空间平面适合借助于虚拟的数字模型，在虚拟模型中确定方案和表达，比如运用 BIM 模型进行设计。空间结构适合应用于较大规模和较大面积的建筑，对数字化图纸、材料、施工方法要求高。空间结构内外连续，空间丰富、变化复杂，创造出了异于常规的建筑形象。空间结构包括：悬索结构、薄壳结构、拱结构、桁架结构、空间网架结构等。

7. 围合界面

在建筑平面设计中，建筑的围合界面包括墙体和门窗，它们体现为对空间功能的划分围合、内外分隔，是建筑空间的边界。墙体在建筑平面中的类型体现，主要包括以下几个方面：体现建筑结构是承重墙还是非承重墙，体现材料是实体墙（砌块、板材）还是玻璃幕墙，体现为功能性（保温、隔热）还是装饰性（干挂、抹灰），体现室内不同部分的划分和

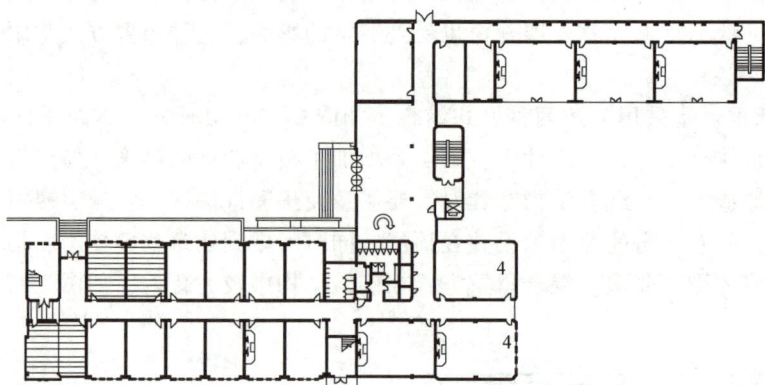

图 2-17　混合承重的布置方式

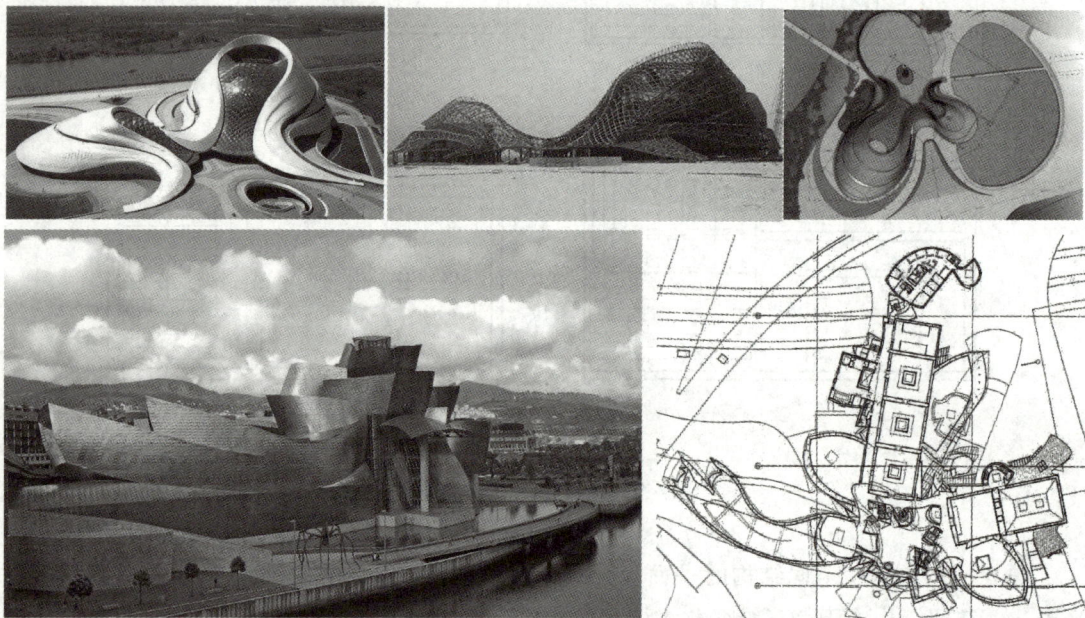

图 2-18　空间结构的形态与建筑平面图

效果等。墙厚度，因其功能作用、所处位置、使用材料不同，具有一定的差异。一般来说，砌体承重体系较框架结构空间灵活性、开放性、可变性等均差。平面绘制时，应能区分内外墙、承重墙和非承重墙，涉及玻璃幕墙、装饰表皮等墙体也在平面中有所区分。各类建筑的墙厚要求，是由视觉效果、综合性能和节能计算来确定的。门窗作为围合界面的重要组成部分，同时还兼具采光、通风、交通、疏散等功能。

（1）平面中门的表达

1）门的位置类型。门位置的确定应在满足交通顺畅、符合人行为习惯的基本前提下，尽量考虑缩短室内交通路线，保留较为完整的活动区域和完整的供摆放家具及设备、陈设品的区域和墙面。不同住宅门的平面布置方式如图 2-19 所示。

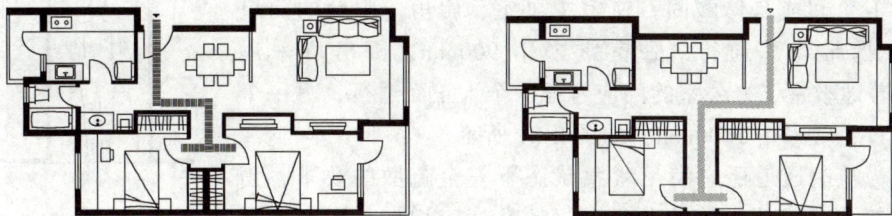

图 2-19 不同住宅门的平面布置方式

房间多个门分散设置时增加了室内交通面积，破坏了使用区域的完整性，使墙面中断不连续，而集中设置时又容易相互妨碍和碰撞，所以设计时需要充分给予协调。另外，用于安全疏散使用的门，在平面分布上应使疏散人流均匀通畅，两个以上的门应分别设置于房间的两端，如图 2-20 所示。在寒冷地区，由于门的冷风渗透作用极强，因此应避免设置于不利朝向，如北、东北、西北向等，也不应设置在漏风处，这一点与热带地区设计有些不同，应当注意。

图 2-20 有疏散要求的门的布置举例
a）观众厅 b）实验室

门的开启方式包括：平开门、推拉门、旋转门、上翻门、卷帘门等。一般无特殊要求时，常采用最经济的平开门。平开门的门扇开启后应贴向墙面，或开向较短一侧的侧墙。当平开门的位置在墙中间时，最好使门轴置于进入方向的左侧，外开门时，使门顺时针方向开启。用于安全疏散的平开门应向疏散方向开启，并且要注意开启后的门扇不应影响疏散。没有特殊情况，所有平开门均应方便地开启至 90°，如需要追求特殊的使用效果或为了采取使用空间而采用推拉门，则应注意它的适用范围。一般来说，推拉门不太适合频繁开关和人流量很大的地方，尤其不适合用作紧急疏散门，推拉门密闭性较差，不适合保温隔声要求高的场所。转门的通行能力是很有限的，不能当作紧急疏散门，使用时必须在其相邻处设有平开门供紧急疏散和搬运物品之用。

2）门的疏散宽度。门的最小宽度是由通过该门的人流量、家具及设备等物品的大小来决定的。单股人流通行最小宽度取 550~600mm，单人侧身通行需要 300mm 宽，因此门的最小宽度一般为 650~700mm，常用于住宅中的卫生间或是储藏间。住宅中卧室、厨房、阳台的门应考虑一人携带物品通行，卧室常采用 900mm，厨房可采用 800mm；普通教室、办公室的门应考虑一个人正面通行，另一个人侧身通过，常采用 1000mm，如图 2-21 所示。

门作为疏散通道还应满足紧急状态下安全疏散的要求，当室内面积较大，活动人数较多时，门的宽度应增加，国家现行规范中关于门宽度的指标见表 2-2~表 2-4。公共建筑中疏散楼梯外门及走道除应按百人宽度指标计算宽度外，还应满足最小净宽度的要求。房间门较集中时，应如图 2-22 所示的方式来布置。

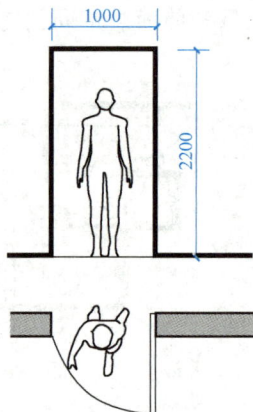

图 2-21 房间门的尺寸

表 2-2 厂房及民用建筑底层疏散外门、疏散楼梯①和走道的宽度②指标

(单位：m/百人)

宽度指标 / 层数	建筑类别 / 耐火等级	民用建筑			厂房③
		一、二级	三级	四级	
单、多层④⑤⑥	一、二层	0.65	0.75	1.00	0.60
	三层	0.75	1.00	—	0.80
	四层	1.00	1.25	—	1.00
高层⑦		1.00			

① 每层疏散楼梯的总宽度可按本表计算，当每层人数不等时，其总宽度可分层计算，下层楼梯的总宽度按其上层人数最多一层的人数计算。

② 疏散楼梯和走道的宽度应为净宽。

③ 当使用人数少于 50 人时，楼梯、走道和门的最小宽度可适当减小，但门的最小宽度不应小于 800mm。

④ 每层疏散门和走道的总宽度应按本表规定计算。

⑤ 单、多层建筑底层外门的总宽度应按该层以上人数最多的一层人数计算，不供楼上人员疏散的外门可按本层人数计算。

⑥ 底层外门总宽度应按该层或该层以上人数最多的一层人数计算；不供楼上人员疏散的外门，可按本层人数计算。

⑦ 高层建筑物各层走道的宽度应按其通过人数每 100 人不小于 1000mm 计算，建筑物底层外门的总宽度应按人数最多的一层每 100 人不小于 1000mm 计算，但外门和走道的最小宽度均不应小于本表的规定。

表 2-3 观众厅疏散宽度指标

(单位：m/百人)

建筑类别		影院、剧院、礼堂		体育馆		
		≤2500 座	≤1200 座	3000~5000 座	5001~10000 座	10001~20000 座
耐火等级		一、二级	三级	一、二级	一、二级	一、二级
门和走道	平坡地面	0.65	0.85	0.43	0.37	0.32
	阶梯地面	0.75	1.00	0.50	0.43	0.37
楼梯		0.75	1.00	0.50	0.43	0.37

注：1. 适用于观众厅的疏散内门和观众厅外的疏散外门，为楼梯和走道的宽度。厅内疏散走道宽度应不小于 0.60m/百人，且每一走道最小净宽度不应小于 0.80m。

2. 高层建筑内的观众厅的疏散出口和厅外走道阶梯地面的总宽度不应小于 0.8m/百人，平坡地面应按 0.65m/百人计算，且每一走道净宽不应小于 1.40m。

3. 观众厅横走道之间的座位排数不宜超过 20 排，纵走道之间每排座位不超过 22 个，体育馆每排不宜超过 26 个。当前后排座间的排距不小于 0.90m 时，可增加 1.0 倍，但不得超过 50 个，仅一侧有纵走道时，座位数减半。

表2-4　高层公共建筑内楼梯间的首层疏散门、首层疏散外门、疏散走道和疏散楼梯的最小净宽

(单位：m)

建筑类别	楼梯间的首层疏散门、首层疏散外门	走道		疏散楼梯
		单面布房	双面布房	
高层医疗建筑	1.30	1.40	1.50	1.30
其他高层公共建筑	1.20	1.30	1.40	1.20

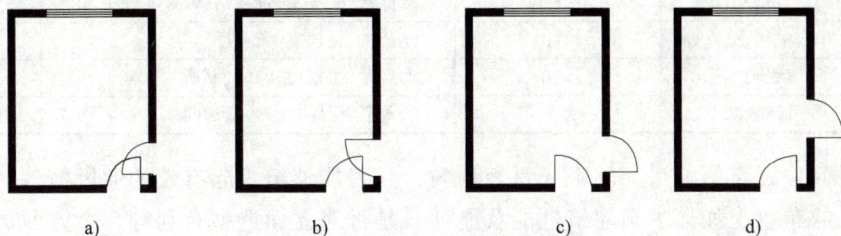

图2-22　房间门较集中时的布置举例

a)、b)　不正确　　c)、d)　正确

确定房间尺寸，还需要考虑结构布置的合理性和施工的方便性，以及符合建筑模数协调统一的要求，符合建筑工业化和产业化标准，尽量减少构件的类型和规格，同时使梁板构件符合经济跨度要求。对于公共开放的大面积房间，如教室、会议室、餐厅等，应尽量统一开间尺寸，减少构件类型，并符合3M要求。例如，在住宅设计中，居室开间尺寸一般取3000mm、3300mm、3600mm，进深尺寸一般取4500mm、4800mm、5100mm；办公用房的开间一般取3600mm、3900mm、4200mm，进深尺寸一般取5100mm、5400mm、6000mm；中小学教室开间一般取9000mm，进深一般取6300mm、6600mm、6900mm。

门的数量应当满足正常情况下的使用要求，同时满足紧急疏散时的宽度要求。公共建筑中一般房间面积不超过60m²，且人数不超过50人时，可设一个门，若超过该规定时，应根据《建筑设计防火规范》（2018年版）要求增设房间门。位于走道近端的房间（托儿所、幼儿园除外）内由最远一点到房门口的直线距离不超过14m，且人数不超过80人时，也可设一个向外开启的门，但门的净宽不应小于1400mm。门的数量与门的宽度有关，设计时可以将门的总宽度分成若干小门，也可适当集中，做几个相对宽大一些的门，从而使门的数量得到调整。

（2）平面中窗的表达　窗作为建筑的外围护结构组成之一，其功能为采光、景观、通风以及必要的立面美观效果。采光面积和窗的大小根据室内采光标准、通风要求、窗外景观、建筑节能来考虑。在建筑物层高确定的情况下，房间的窗宽在很大程度上决定了窗的大小。采光方面，窗的大小直接影响室内照度是否满足要求。不同建筑的各类房间的照度要求不同，这是由室内使用效果来确定的。由于影响室内照度强弱的因素主要是窗户面积的大小，因此，通常以窗口透光部分的面积和房间地面面积的比，即采光面积比，来初步确定或校验室内面积的大小，表2-5是民用建筑中根据房间使用性质确定的采光等级和窗地面积比。有特殊需要的房间，有时为了取得良好的通风效果，往往加大开窗面积。景观方面，一般来说在房间面向景观源时，窗的位置和面积需要结合景观，特别是风景区、养老、酒店类型的建筑尤为重要。通风方面，依据自然新风量进行计算，对于被动式建筑优先考虑自然风的通风换气。在节能方面，窗在不同朝向的开启应结合能耗损耗，控制好窗墙比，以免窗户过大，不利于建筑节能。

表 2-5 民用建筑采光等级

采光等级	视觉工作特征		房间名称	窗地面积比
	工作或活动要求精确程度	要求识别的最小尺寸/mm		
Ⅰ	极精密	<0.2	绘图室、制图室、画廊、手术室	1/3 ~ 1/5
Ⅱ	精密	0.2 ~ 1	阅览室、医务室、健身房、专业实验室	1/4 ~ 1/6
Ⅲ	中精密	1 ~ 10	办公室、会议室、营业厅	1/6 ~ 1/8
Ⅳ	粗糙	>10	观众厅、居室、盥洗室、厕所	1/8 ~ 1/10
Ⅴ	极粗糙	不做规定	贮藏室、门厅、走廊、楼梯间	1/10 以下

窗的平面位置会影响房间的采光是否均匀，是否能够组织起有效的通风换气，是否影响家具及设备的布置，如何平衡建筑性能及能耗，是否对立面造型有利等几个方面。

通常将窗居中布置于房间的外墙上，其位置主要是保证获得均匀的光照，同时需要考虑室内空间的使用效果，比如窗上和两侧预留窗帘收展位置，窗下预留有可能安装散热器的位置（非地热采暖地区）。有时居中窗位会使两边的墙都小于摆放家具所需要的尺度，也可以将窗位设置偏向一边，便于布置家具。此外，为了避免眩光干扰和其他要求，也会使窗位设置偏向一边。

室内自然通风效果主要依靠窗的位置、大小和开启方式，窗与门或其他窗位通直对应，可以形成室内风廊，有利于提高通风效率和保障室内气流通畅，如图 2-23 所示。

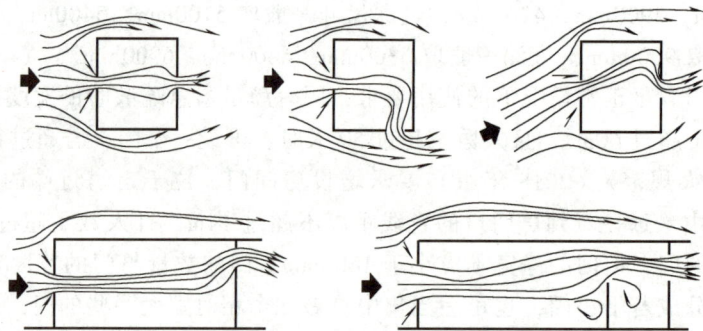

图 2-23 窗位置对室内气流影响

窗在平面中的类型包括：正常窗、高侧窗、落地窗、转角窗等。依据窗不同类型的特性，进行合理的平面布置。高侧窗避开了人正常视点，卫生间、浴室等会选择高侧窗以保障隐私；美术馆选择高侧窗既可以提供展示墙面；又避免了直射光和炫光；落地窗视线开阔，一般面向好的景观和朝向；转角窗空间富于变化，对建筑的外立面具有一定的装饰作用等。

窗的位置、大小和开启方式，对立面形态影响很大，主要是涉及立面的虚实对比、色调深浅、光影关系和反射变化。在平面设计时，应依据平面所处环境、使用功能、投资标准等条件，综合确定采光、通风、景观和节能等因素。

一般房间多采用单侧或双侧采光，因此，房间的进深常受到采光的限制。为保证室内采光的要求，单侧采光时进深不大于窗上口至地面距离的两倍，双侧采光时进深较单侧采光时可增大一倍。窗位置对室内采光影响如图 2-24 所示。

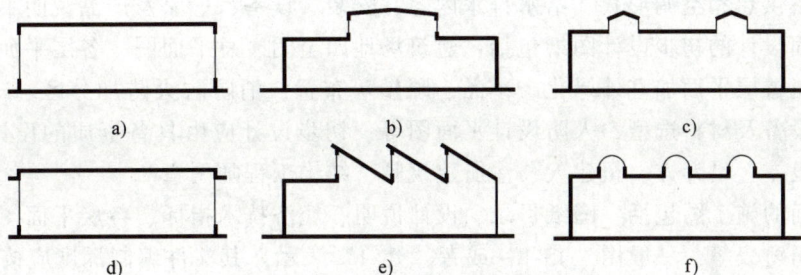

图2-24 窗位置对室内采光影响

a）无遮阳的侧窗 b）侧天窗采光 c）多个侧天窗采光 d）有遮阳的侧窗 e）锯齿天窗采光 f）凸天窗顶部采光

2.1.3 平面设计的过程

建筑平面的设计过程与整体设计过程同步，包括：熟悉任务书→平面概念设计→平面初步设计→平面施工图设计。

1. 概念与方案阶段

熟悉任务书并对平面设计的面积规模进行详细的指标分解，明确建筑各组成部分的面积比例、房间的组成、个数以及具体的面积标准。平面设计是判断推敲建筑技术条件保障、功能分区、交通流线、设备设施等的基础性工作。

概念方案设计是依据设计任务书内容，对设计任务进行初期的构思创意，处于设计启动和着手阶段。对建筑平面而言，首先需要对设计任务进行定性定位，从设计地段的基地环境入手，依据设计理念形成初步的意向方案，进而提出大致合理可行的平面方案。通常是首先考虑总平面和一层平面，解决建筑总体的环境问题和内外关系，这是建筑落地的前提保证。平面的概念方案不仅仅是考虑本层平面，还应考虑与其他层平面的关联关系；平面的概念方案也不仅仅是考虑平面问题，还应考虑立面、剖面、细节等问题，即从平面入手以平面为基底，进行方案的整体通盘考虑。

概念方案阶段借助的方法主要有气泡图、草图和模型等。概念方案允许具有一定的模糊性和不确定性，但也需要具有明确的方向性和可深化的现实性。气泡图、草图和模型等手段用于建筑师构思、讨论交流、审批沟通等，其特点是：表达形式多样，思维发散，充满灵活性和变化性，而且对设计深度要求弹性比较大。概念方案的过程是思维加工的过程，是从无形到有形的物化过程。概念方案的思维类似黑箱思维和菱形思维，既是由感性模糊向理性清晰的过渡，又是思维由发散到聚合的过程。平面的概念方案阶段性成果包括理念、图纸、效果等几部分。概念方案阶段需要绘制总平面图和建筑专业图纸，结构、给水排水、电气、暖通及空调、投资估算等专业只需简述设计内容，或者在平面中标出，必要时配以简图即可。建筑方案设计可以由业主或投资方直接委托设计单位进行，也可以采取竞标的方式进行，设计竞标应按有关管理办法执行。

2. 深化与表达阶段

初步设计阶段的建筑平面设计反映的是方案的细化、指标化、技术落实情况，规范符合情况等内容，在面积规模上尽量满足设计任务书的要求，应能确定结构类型和结构形式，确定材料、构造和工艺做法，如是否是装配式施工等，功能分区基本完善、交通流线基本合理，确定设备供热和空调形式、给水排水内容，安装、设备、厂家及产品说明书等。

建筑平面设计的初步设计图纸包括：建筑场地四至图、总平面图、各层平面图；环境设计方面的建筑首层平面加室外绿化、小品、雕塑等布置；消防防火防烟分区、疏散平面图、各工种主要设备及材料选型；人防设计平面图等。初步设计应由具备资质的设计单位提供，一般加盖建设方、设计方、报建人、注册建筑师、结构工程师图章。

建筑平面的施工图包括：图纸目录、设计说明、经济技术指标、各层平面图，多个平面节点详图和门窗表等，一般用"JS-1"或者"建-1"表示。其文件编制深度应按相关规范要求执行。施工图设计文件应经过严格的校审，经各级设计人员签字后，方能提出。施工图设计文件应满足以下要求：能据此审查报批，能据此编制施工图预算；能据此安排材料、设备订货和非标准设备的制作；能据此进行施工和安装；能据此进行工程验收、备案存档。

2.2 平面设计的主要功能

2.2.1 平面设计的功能类型

1. 主要使用功能

建筑主要使用功能是建筑平面设计的核心，不同的建筑类型其核心使用要求不同，但都需要围绕着该使用功能进行设计，这是评价建筑设计质量水平的关键。不同功能的设计条件千差万别，例如：剧场建筑中的观众厅，体育场馆中的比赛大厅等，需要提供比赛演出空间和高质量的视听环境，对平面的大小、形状、界面和空间组织方式都有具体详细的要求，平面还要能够保障工艺技术和各类设备的安装配置，因此其平面设计既要求有艺术创意的构思，也要求具备工程技术的内容；教学楼、图书馆的主要使用功能是阅览室、标准教室、实验室，特点是单元式重复空间较多，这些空间的主要使用功能是满足光照、防噪、疏散等要求；而对于居住类建筑来说，其主要使用功能是满足起居室和卧室的安全卫生、绿色健康的需求。

主要使用功能设计的任务，是依据建筑类型、使用功能、工程技术等，分析、推敲和确定该空间的使用合理性、舒适度、满意度等，满足设备设施的设置分配，遵循合理工程技术逻辑，结合周围的环境特征，组织成为一个合理的建筑平面。目前各种类型的建筑，依据其主要使用功能进行平面设计，这在编纂的多种规范标准中，有详细明确的规定，如国家行业标准《图书馆建筑设计规范》《剧场建筑设计规范》《综合医院建筑设计规范》等。

2. 次要使用功能

次要使用功能是围绕主要使用功能设置的，为主要使用功能服务，是建筑平面中的必要组成部分。设计时，一般是先确定主要使用功能，然后再确定次要使用功能。次要使用功能不是指功能不重要，而是明确其从属作用。国外也有提出服务空间和被服务空间的概念，次要使用功能就是相当于服务空间，是为被服务空间服务的。例如：剧场观众大厅给技术配套的灯光室、音响室等，给舞台配套的服装间、化妆间、道具间等，给观众配套的售卖厅、休息厅等。这一系列的空间是需要与主要使用功能相配合的，体现为区域、位置、联系等方面的便捷性。设计时首先确定主要使用功能平面的规模、标准、形态，继而进行次要使用功能平面的设计，以保障两者的匹配和融合。

此外，常规建筑的次要使用功能还包括：公共建筑中的卫生间、贮藏室，住宅中的厨房、浴室、厕所以及各种电气、水暖等设备用房。我国颁布了《民用建筑设计统一标准》，其中对一系列的次要功能做出了规定。

3. 辅助使用功能

辅助使用功能一般是指：交通联系部分；建筑之间的转换交接部分；建筑内部封闭的管道井、设备间、排烟道等管路部分。

交通联系部分包括建筑内部与外部之间、楼房之间、房间之间的相互联系的部分，即各类建筑物中的楼梯、走廊、坡道，还包括门厅、过厅以及电梯厅和自动扶梯等。

转换和交接部分包括楼房之间的连廊、平台和区域之间的中庭、边庭等共享空间，以及非功能性的造型空间等。

管路部分则是建筑功能中的保障部分，分别针对给水排水、供暖空调通风、配电、消防等设备，一般设计中会隐藏设置，集中设置，也有结合屋顶、地下等部位统一设置。不同设计标准其空间占比也会不同，一般来说高标准的设计中这些面积也会增加。例如：星级酒店的卫生间会增配检修间；采用同层排水的高级住宅、公寓，会增加相应的水平排水空间。

4. 平面功能组合

除了上述划分以外，建筑平面功能也可以综合利用，例如，利用交通空间作为展廊，利用门厅和过厅作为休息区，利用廊下楼梯下空间作为景观区、卫生间、储存间等情况。

不同使用性质的建筑其使用功能各不相同，这种要求很大程度上取决于各种房间按功能要求的组合上。合理的功能分区是将建筑物若干部分按不同的使用要求进行分类，并根据它们之间的关系加以划分，使之分区明确，联系方便。例如：学校教学楼设计中，虽然教室、办公室、实验室本身的面积大小、形状、门窗布置均满足使用要求，但它们之间的相互关系及走廊、门厅、楼梯的布置不合理，就会造成使用不便、相互干扰，影响使用。

在分析功能关系时，常借助功能分析图来分析建筑功能及各部分的相互关系。例如：单元式住宅的平面是由起居室、卧室、厨房、卫生间及阳台组成，这些房间在使用上要相互联系，设计时可以用不同大小的方块图形代替其位置，再用直线表示其相互关系，就形成了住宅的单元功能分析图，如图 2-25 所示。

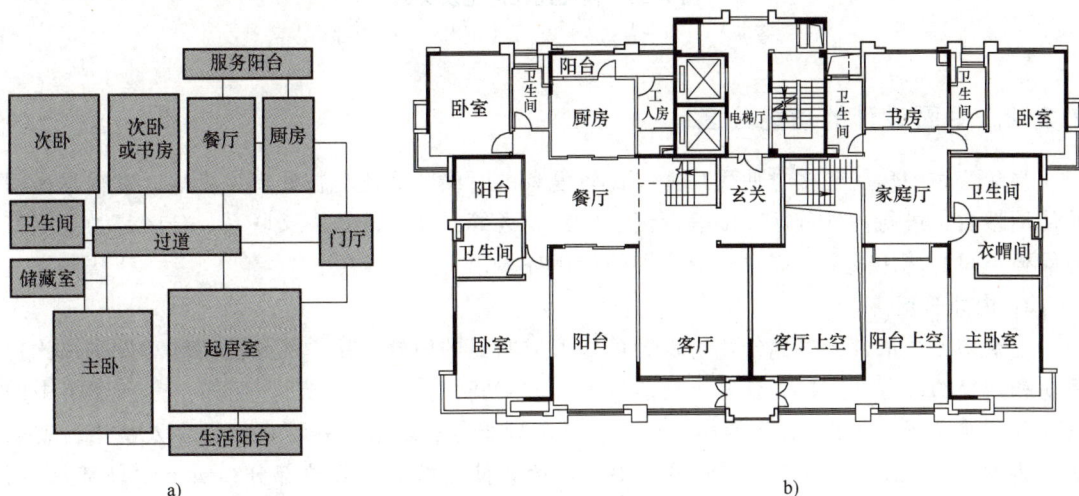

a)　　　　　　　　　　　　　　b)

图 2-25　住宅功能分析图及平面图

a) 功能分析图　b) 单元平面图

围绕功能分析图，根据建筑物不同使用特征进行以下几个方面分析：

建筑的各组成部分按使用性质划分，存在着主次关系，在平面组合时分清主次、合理安排。例如：居住建筑中，卧室和起居室是主要使用房间，而卫生间、厨房等是次要使用房间；教学楼中，教室是主要使用房间，办公室、厕所是次要使用房间。其他的建筑类型如商业建筑、医院建筑都可以按主次关系进行分类，如图2-26所示。平面组合需要明确各个房间的使用要求，合理安排它们在平面中的位置。主要使用房间布置在朝向较好的位置，具有良好的通风采光条件；主要活动的房间，应靠近主要出入口，方便疏散，人流导向明确；次要房间可布置在条件较差的位置。

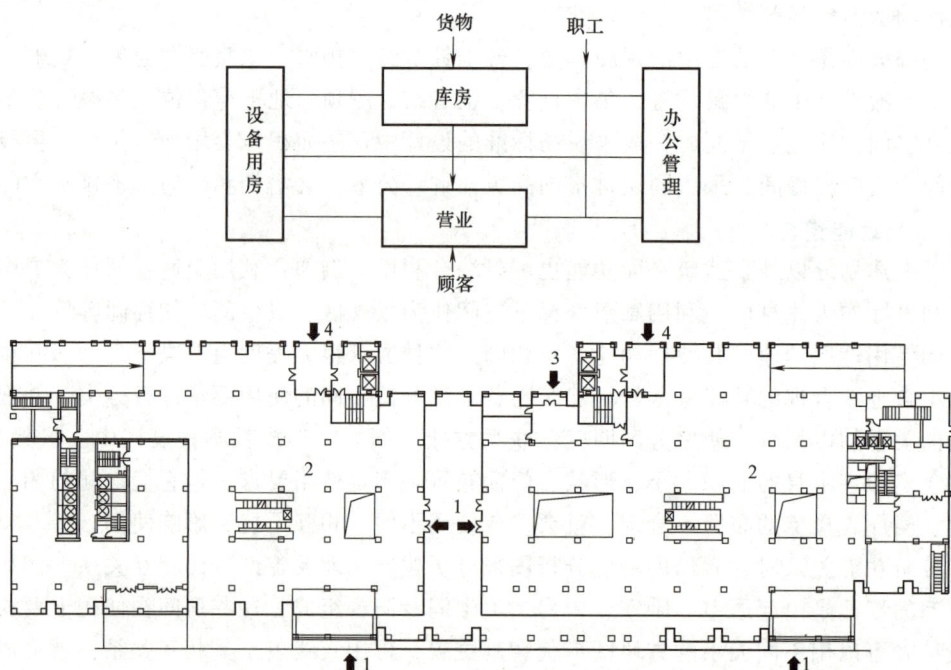

图2-26　商业建筑的主次关系
1—顾客出入口　2—营业厅　3—职工出入口　4—货物出入口

2.2.2　平面设计的功能分区

当建筑物中房间较多、使用功能又比较复杂的时候，为避免彼此产生影响，常根据房间的使用性质，进行内外分区、动静分区、洁污分区等，使其既分隔又联系。分区是为了更好地保障空间的使用效果，提供相对完善的使用环境。

1. 内外分区

建筑物各组成部分根据使用特点，可以形成明显的内外关系。那些使用时对外联系比较密切和频繁的部分，直接为外来人员服务的开放空间，称为"外部"。例如：食堂建筑中的餐厅部分就属于"外部"，而厨房部分主要是起到服务和配给，并不直接供客人使用，就属于"内部"。再如：图书馆的平面设计中，供读者使用的阅览开放部分，属于"外部"，而管理人员工作区域、书库区域等不向读者开放，属于"内部"。类似的还有博物馆、展览馆中的研究区、馆藏区等。也有按照邻街远近和使用流线，将内外分区进一步定义为"开放区—半开放区—半私密区—私密区"的做法。

建筑邻街路的部分，一般设置为"外部"，便于对外服务；反向一侧设置为"内部"，安静便于管理。考虑内外部的朝向采光以及邻路的便捷性，应该尽量把餐厅布置在地段靠外侧，临近道路，便于人群的集散，厨房布置在地段的内侧，便于隐蔽原料和垃圾的进出。

内外部之间要有必要的隔离和过渡。对于大型建筑来说，南方设置庭院、北方设置中庭是常用的做法；中小型建筑一般设置过厅、回廊以及过渡性的使用房间进行转换。内外部空间需要安排各自的出入口。例如：大型超市、厨房的进出货物口，图书馆业务用房的办公出入口等。

在平面设计中，应明确内外部空间的建造标准和使用差异。一般外部区域是主要服务区和特色表达区，空间高大，层次丰富，投资标准较高，而内部区域则以经济实用为主，注重效益和效率，空间充分利用，避免浪费。

2. 动静分区

同一栋建筑的不同区域的使用需求有时是相互矛盾的。例如：学校建筑中的教室需要安静无噪声干扰，而音乐舞蹈教室则是需要能够满足唱歌跳舞的需求，两者在布局安排时，需要充分考虑用距离和缓冲来隔离。同样，在社区活动中心建筑中，一类是棋牌室、球类活动等房间，可以称为"动区"，另一类是阅览室、茶室等房间，可以称为"静区"，这两类房间需要分开布置。房间布置结合动静分区设计时，既要考虑节省利用有效面积，同时应考虑彼此互不干扰的使用效果，这是平面设计分区中应充分重视和考虑的问题。

动静分区一般常用的手段是用距离隔离。例如：音乐教室设置在建筑的尽端，或是单独体量游离出建筑主体。如果不具备设置尽端的条件，还可以设置缓冲过渡区域或房间，如利用走廊、库房、机房、卫生间等辅助空间。此外，大型公建也有用挑高空间，如利用中庭、共享空间作为隔离，实现区域之间的动静分区。

3. 洁污分区

一些综合类的建筑或是有特殊使用需求的建筑，涉及清洁区域与污染区域等流程的平面，需要依据功能进行必要的洁污分区。例如，医院的平面设计要求将清洁区与污染区加以分隔开，有的部门还要求做到严格的分区和分流。在宏观流程上要依据医院的使用功能，在设计中处理好医疗版块流程之间的关联，如门诊、急诊、急救、儿科、妇产科、传染科、病房废弃物供应、污水处理间等出入口的设置，它们对宏观流程有引导和限制作用；在微观流程上从医护条件与运行入手，具体从医生、病人、技工、设备、机房、控制、清洗、消毒、储存、使用等之间的关系出发，来研究医疗流程与洁污分区之间的关系。

确定建筑平面的洁污分区，应首先确定洁污流程，从流程出发来确定其洁污分区。从总平面布局上，确定区域版块间的洁污分区、建筑各区域内的平面洁污分区与分流、特殊功能房间洁污分离。从这三个方面来研究建筑的洁污流程设计。

进行洁污分区设计的基本原则是：将满足建筑使用活动顺序及过程作为分区设计的依据，为各部分的使用营造功能性的环境；通过注重人流、物流、空气流、三废排放、空间的布局及流线的组合，将整个建筑空间划分成若干个单元领域；通过各种特殊的建筑处理手段，减少建筑内的传播感染。开放区、位置好的区域优先保障建筑的主要功能，适合作"洁区"；隐蔽背静的区域适合作"污区"，一般设置在邻辅路、次要出入口、主导风向下风向、临近排污处理管线等处，如实验室的三废排放处理，医院废弃物间、污水处理间，食堂的垃圾转运间等。

2.2.3　平面设计的功能组合

1. 组合的类型

建筑物除了有满足使用要求的各种房间外，还需要有交通联系部分把各个房间之间以及室内外之间联系起来。建筑内部交通联系部分包括：水平交通空间，如走廊、过廊、门廊等；垂直交通空间，如楼梯、电梯、坡道等。一幢建筑物是否适用，除主要使用房间和辅助房间本身及其位置是否合适外，很大程度上取决于主要使用房间和辅助房间与交通联系部分相互位置是否合理，以及是否使用方便。

对于交通联系部分的基本设计要求包括以下几点：

1）交通路线简洁明确，通行顺畅。

2）紧急疏散时人流组织良好，安全迅速。

3）满足必要的采光、通风要求。

4）在满足使用要求前提下，尽量减少交通联系部分的面积，以节省投资。

建筑各组成部分的使用性质不同，房间之间存在着明显的先后顺序，如医院建筑中"挂号→候诊→诊断→理疗→划价→交费→取药"，宾馆建筑中"入住→办理→行李→客房→用餐"，车站建筑中的"问讯→售票→候车→检票→进入站台上车"以及出站时经过检查出站等。在平面设计时，要很好地考虑这些流程顺序，使建筑适合使用要求。流线组织合理与否，直接影响平面设计是否合理，当一个建筑有多种流线时，要特别注意使各种流线简洁、通畅、尽量避免相互交叉干扰，如图 2-27～图 2-29 所示。

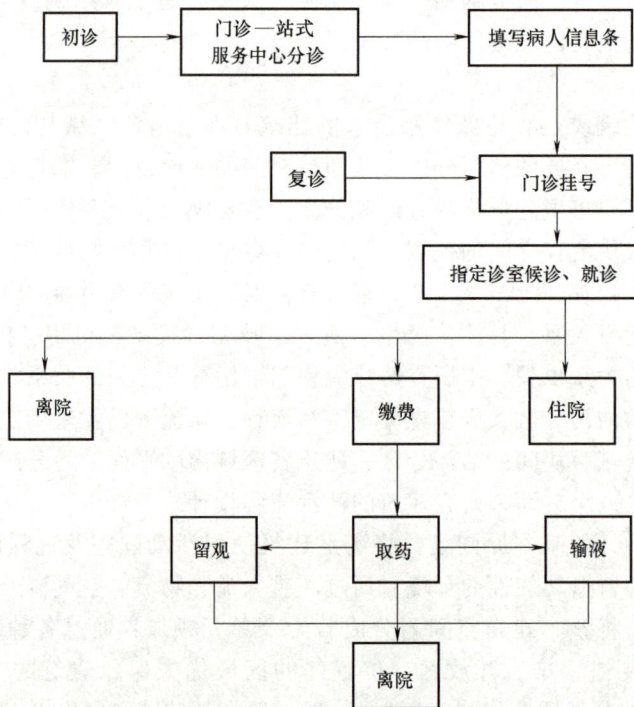

图 2-27　医院的交通流线

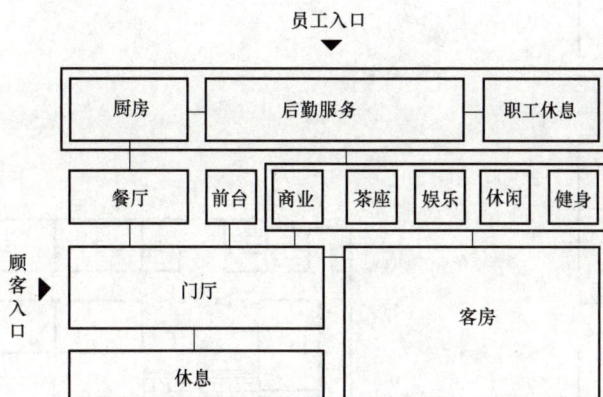

图 2-28 宾馆的交通流线

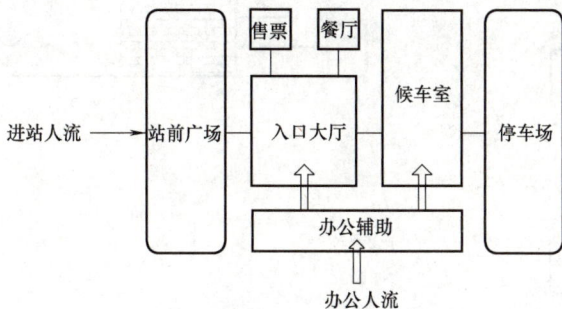

图 2-29 公路客运站的交通流线

（1）并联式组合 并联式组合又称为连廊式组合，就是用走道把使用房间连接起来，各房间沿走道一侧或两侧布置。特点是使用房间与交通部分明确分开，各房间相对独立，房间门直接开向走道，通过走道相互联系。连廊式组合有单外廊、双外廊、单内廊、双内廊等几种形式，如图 2-30 所示。

外廊式走道基本上可以保证主要房间有好的朝向，并可获得较好的采光和通风。南走廊对房间具有遮阳作用，多用于南方地区。但外廊式走道布局走廊占比较高，不够经济。内廊式走道各房间沿走道两侧布置，平面紧凑，占地面积小，节约用地，外墙较短，有利于节约能源，对寒冷地区建筑有利。内廊式走道布局走廊一侧的房间朝向较好，另一侧房间的朝向较差，但在组合中可把楼梯、卫生间、库房等房间布置在较差一侧，也不影响建筑使用。

（2）串联式组合 串联式组合是房间与房间之间相互穿套，因此又称穿套式。原则是按使用上的流线先后顺序而定，其特点是将使用面积和交通面积融为一体，平面紧凑，面积利用率高，这种组合方式也称为串联式。如图 2-31 所示为展览馆建筑的平面组合实例。

（3）集中式组合 集中式组合又称大厅式组合，是以公共活动的大厅为主穿插布置辅助房间。这种组合的特点是主体空间使用人数多、面积大、层高大。而其他使用房间服务于大厅，而且面积较小，但与大厅保持一定的联系，如火车站、体育馆、影剧院等，如图 2-32 所示。

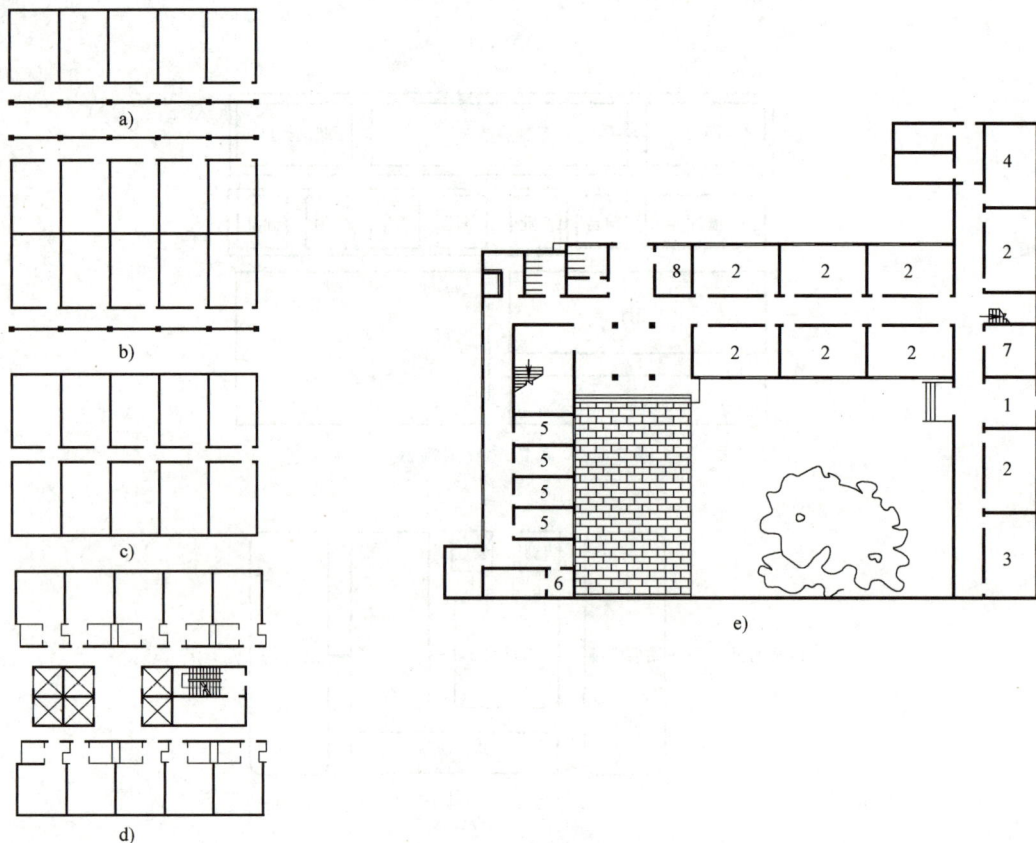

图 2-30　连廊式组合

a）单外廊　b）双外廊　c）单内廊　d）双内廊　e）内外廊组合

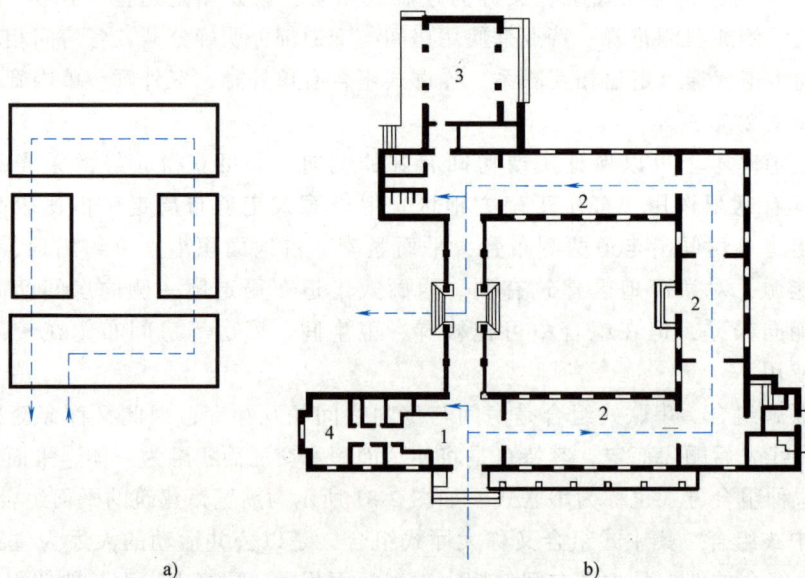

图 2-31　串联式组合展览馆

a）串联式空间组合示意　b）鲁迅陈列馆平面图

1—门厅　2—陈列室　3—讲演厅　4—办公室

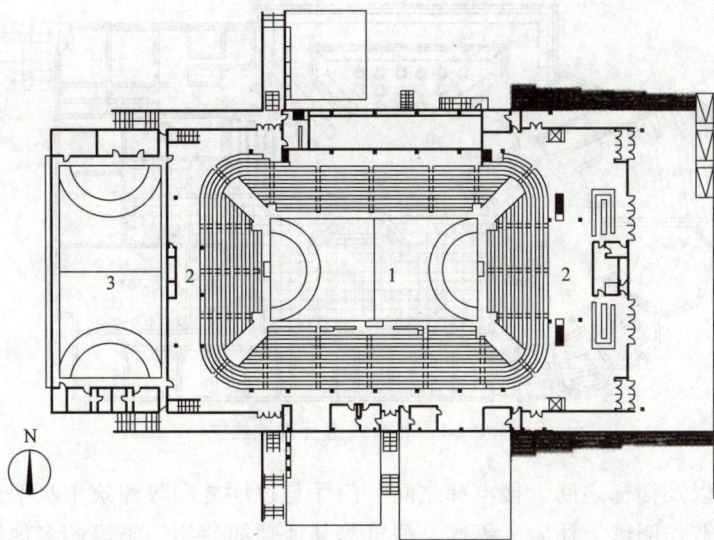

图 2-32 集中式组合体育馆
1—比赛场地 2—观众厅 3—练习场地

（4）单元式组合 将相同、相似或关系密切的房间组合在一起，成为一个相对独立的整体，称为单元。再将几个单元按功能环境等要求沿水平竖直方向重复组合而成为一栋建筑便称之为单元组合。这种组合的特点是功能分区明确，单元之间相对独立、组合布置灵活、适应性强，同时减少了设计、施工工作量。在宾馆、住宅、幼儿园等建筑中，单元式组合比较常见，如图 2-33 所示。

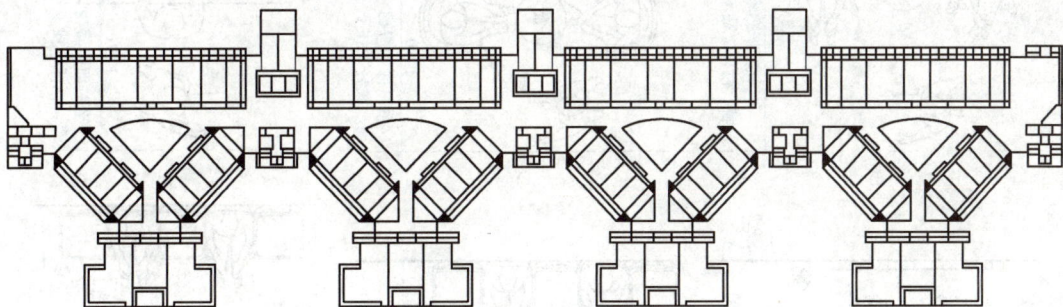

图 2-33 单元式组合

（5）混合式组合 在一些综合建筑中，由于功能上的要求，往往存在多种组合方式，这种组合称之为混合式组合。设计中往往会根据实际需要，不拘于形式，重在满足使用功能，具有适应性强、灵活性大的特点。图 2-34 所示为剧院建筑混合式组合平面图，门厅和咖啡厅形成套间式组合，大厅与周边的附属建筑形成大厅式组合，后台部分演员化妆、服装、道具形成走道式组合。

2. 走廊的平面设计

走廊又称走道、过道，通常用于解决房间与房间、房间与楼梯、房间与电梯、房间与门

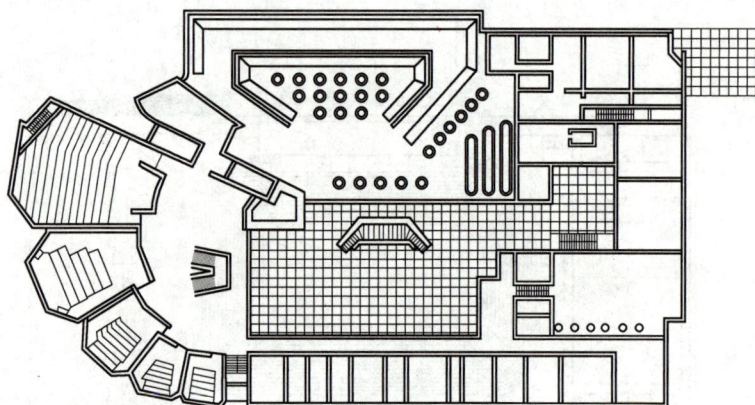

图 2-34 混合式组合剧院建筑

厅、房间与过厅以及楼梯之间、楼电梯之间、门厅与过厅之间等建筑中水平方向的联系与疏散问题。走廊可兼作阅读、休闲、等候、展览等其他功能使用。走廊的多种活动的尺寸如图2-35 所示。

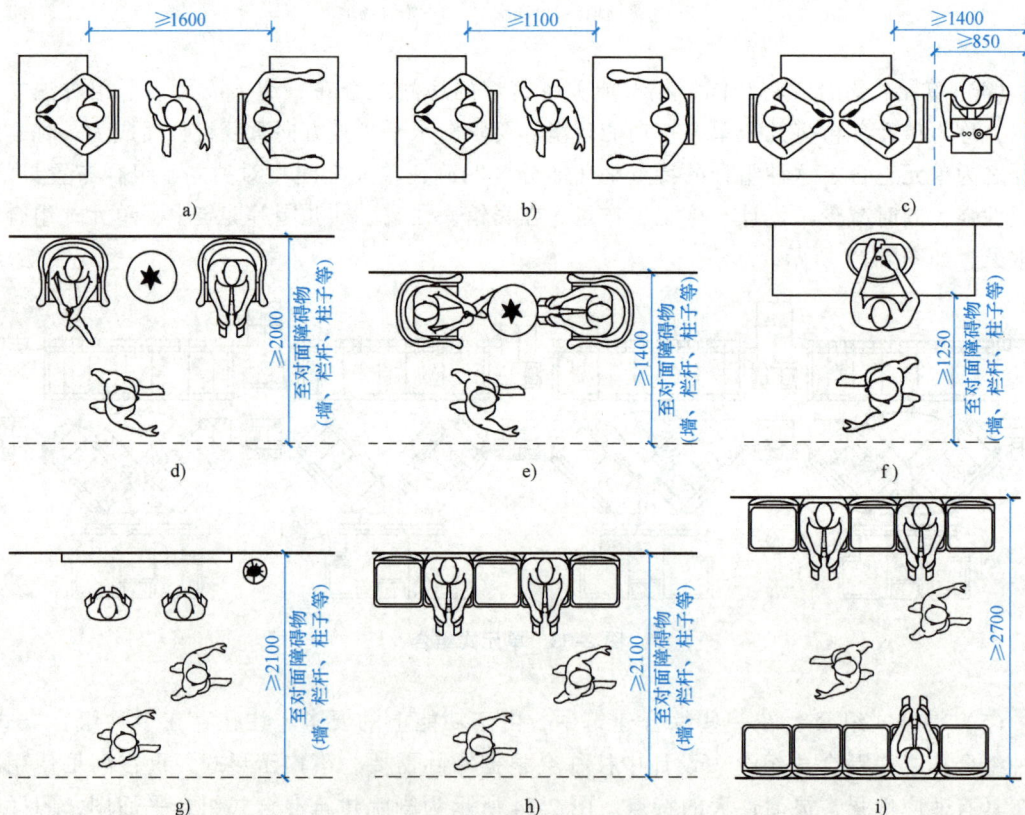

图 2-35 走廊的多种活动的尺寸

a）阅读或办公空间中的走道 b）阅读或办公空间中的走道 c）餐厅中的服务通道 d）带休闲功能的走道
e）带休闲功能的走道 f）洗手池边的走道 g）带展示功能的走道（双股人流）
h）带等待功能的走道（双股人流） i）带等待功能的走道（双股人流）

按走道的使用性质不同可以分为以下三种：

1）完全为交通需要而设置的走道，如办公楼、旅馆等建筑走道。

2）主要作为交通联系同时也兼有其他功能的走道，如教学楼中的走道，除作为学生课间休息，还可布置陈列橱窗；医院门诊部走道除作为交通联系外，可兼作候诊，如图2-36所示。

3）多种功能综合使用的走道，如博物馆的走道常作为展廊，如图2-37所示。

图2-36　医院候诊走道

图2-37　博物馆展示走道

不同建筑类型的走道宽度的确定因素需要综合考虑，主要根据主要功能、人流通行、安全疏散、走道性质、空间感受以及走道侧面门的开启方向等综合因素考虑。医院、实验室走道的宽度尺寸如图2-38所示。专为人行的走道宽度可根据人流股数并结合门的开启方向综合考虑。一般一股人流宽600~800mm，两股人流1200~1600mm，三股人流1800~2400mm，如图2-39所示。

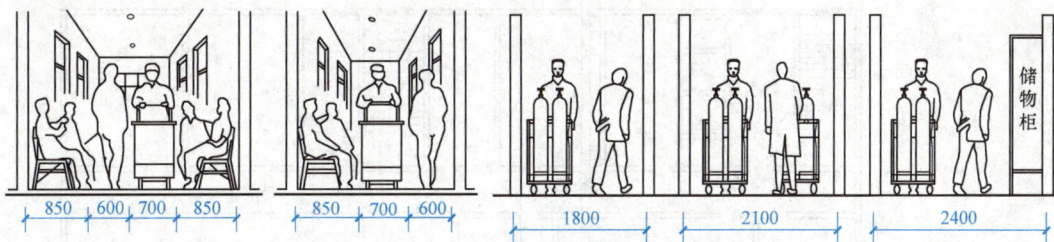

图2-38　医院、实验室走道的宽度尺寸

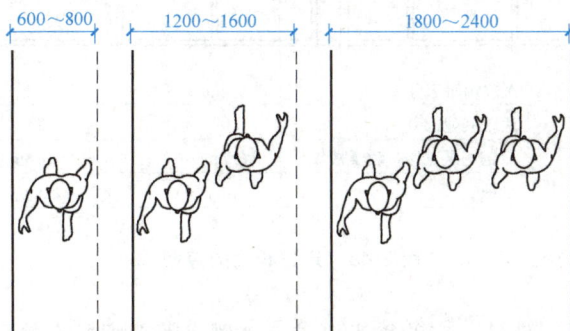

图2-39　走道交通部分尺寸示意图

对于携带物品为主，或有车流等兼有其他功能的走道，应结合实际使用功能和使用特点来确定走道的宽度。走道的宽度除满足上述要求外，还应符合安全疏散防火规范的规定，见表2-2。房间门至外出口或封闭楼梯间的最大距离见表2-6。

表2-6　直通疏散走道的房间疏散门至最近安全出口的直线距离　　（单位：m）

名　　称			位于两个安全出口之间的疏散门			位于袋形走道两侧或尽端的疏散门		
			一、二级	三级	四级	一、二级	三级	四级
托儿所、幼儿园老年人照料设施			25	20	15	20	15	10
歌舞娱乐放映游艺场所			25	20	15	9	—	—
医疗建筑	单、多层		35	30	25	20	15	10
	高层	病房部分	24	—	—	12	—	—
		其他部分	30	—	—	15	—	—
教学建筑	单、多层		35	30	25	22	20	10
	高层		30	—	—	15	—	—
高层旅馆、展览建筑			30	—	—	15	—	—
其他建筑	单、多层		40	35	25	22	20	15
	高层		40	—	—	20	—	—

走道的长度除了涉及建筑的经济性之外，还涉及安全疏散距离问题，图2-40所示为依据现行建筑防火设计规范而列出的关于限制走道长度的内容。

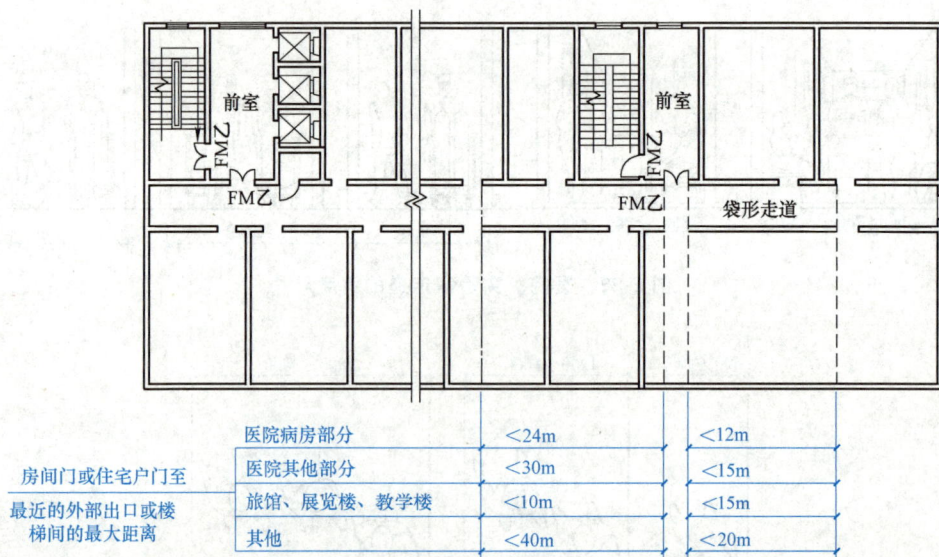

图2-40　走道长度的控制

走廊的平面设计还应满足一定的采光要求。单侧房间走廊可直接采光，易获得较好的采光通风效果。双侧房间走廊的采光和通风较差，常用的解决方法有：

1）在走廊两侧墙上开高侧窗间接采光。

2）房间门上设亮窗间接采光。

3）利用门厅、过厅及开敞的楼梯间采光。

3. 楼梯的平面设计

楼梯是解决多层建筑各层之间垂直联系及高层建筑紧急疏散的工具。楼梯的平面设计主要是根据使用要求确定合理的梯段宽度和休息平台宽度，选择适当的楼梯形式，考虑建筑物的楼梯数量及分布位置。楼梯宽度的确定原则与走道宽度的确定原则相似，主要根据使用性质、使用人数和防火规范来确定。两人通行最小宽度采用1200mm，三人通行最小宽度采用1800mm。休息平台宽度要大于或等于梯段宽度，以便做到与梯段等宽和搬运家具时方便通行。图2-41所示为楼梯梯段及平台宽度。通向走廊的开敞式楼梯的楼层平台至少保留600mm，其余可用走廊代替。

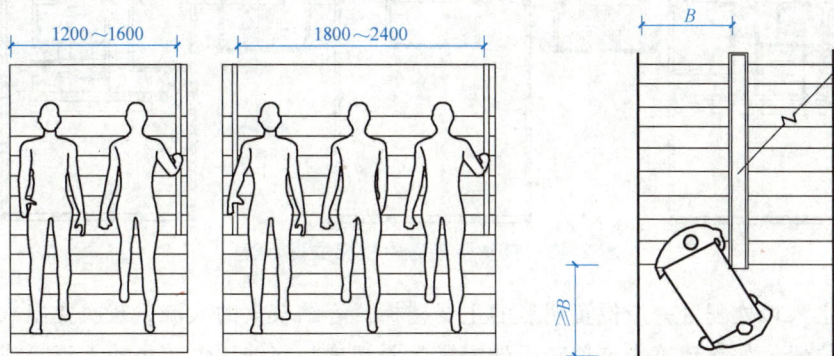

图2-41　楼梯梯段及平台宽度

楼梯平面形式的选择，应当依据其使用性质来决定。直跑楼梯有明确的方向感，空间导向明确，常给人以严肃向上的感觉。双跑楼梯是民用建筑中最常用的一种形式，它占用面积小、流线简洁、使用方便。三跑楼梯体态灵活，较开敞，适合楼梯间进深小的建筑。楼梯按使用性质分有主要楼梯、次要楼梯、消防楼梯等。不同性质的楼梯如图2-42所示。

建筑物的楼梯数量以及分布位置是建筑平面设计中非常重要的问题，楼梯数量主要根据楼层人数和紧急疏散的要求来决定的，一般设置一部楼梯时，应满足表2-7的要求。当设置两部以上的楼梯时，楼梯的分布应使整个建筑物的人流组织均匀有序、主次分明，如图2-43所示。

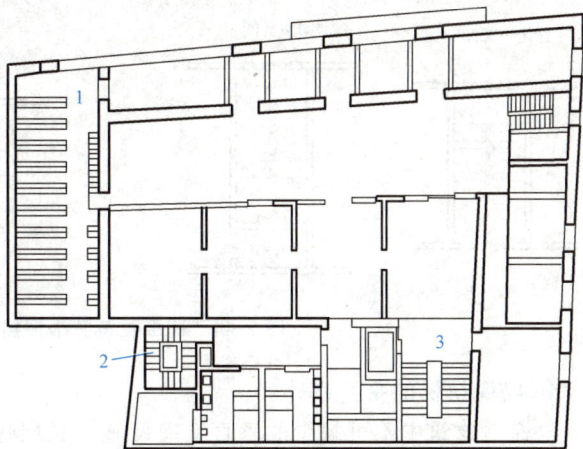

图2-42　不同性质的楼梯

1—直跑楼梯　2—次要楼梯　3—主要楼梯

表 2-7　设置一个疏散楼梯的条件

耐火等级	层数	每层最大建筑面积/m²	人　数
一、二级	二、三层	400	第二层和第三层人数之和不超过 100 人
三级	二、三层	200	第二层和第三层人数之和不超过 50 人
四级	二级	200	第二层人数不超过 30 人

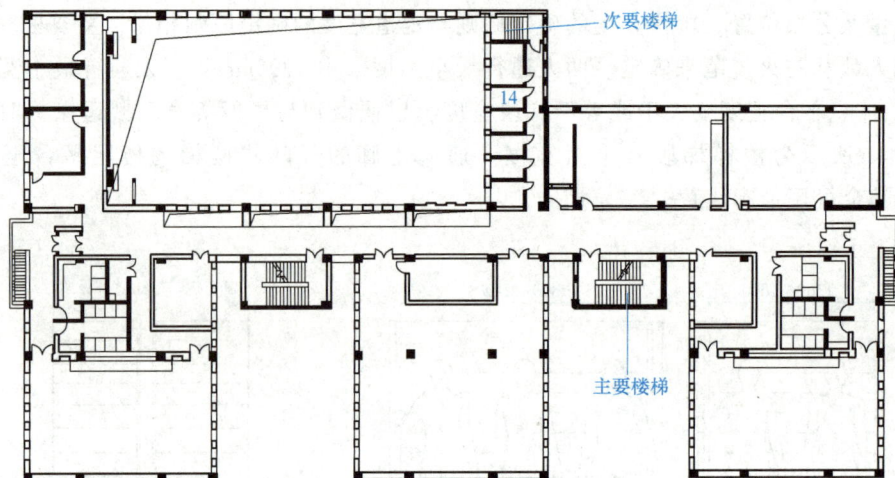

图 2-43　教学楼平面中楼梯位置示意

　　一般在主入口处配置一个位置明显的主要楼梯，容纳较大的人流。在次要出入口处或建筑物的适当位置，如在建筑物走道转折处配置次要楼梯，容纳比例较小的人流，或供紧急疏散用。

　　另外，楼梯的平面根据建筑物性质及防火规范可分为封闭式的和非封闭式两种。封闭式楼梯不如非封闭式楼梯那么容易形成装饰效果，但是，从消防安全的角度来看，封闭式楼梯的安全疏散能力明显高于非封闭式楼梯。封闭式楼梯按照不同的要求还可以设计为封闭楼梯间和更为安全的防排烟楼梯间。高层建筑防排烟楼梯和消防电梯如图 2-44 所示。

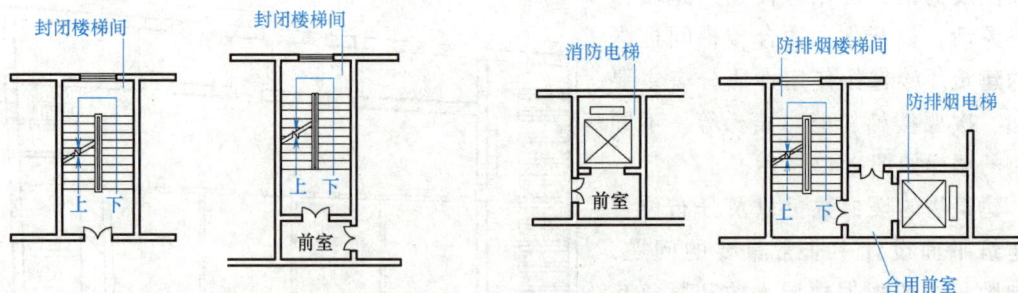

图 2-44　高层建筑防排烟楼梯和消防电梯

4. 电梯扶梯的平面设计

　　电梯是建筑中不可缺少的垂直交通设施，高层建筑的垂直交通以电梯为主。电梯间的平面设计主要应根据所选电梯类型与规格，解决电梯布置方式、电梯候梯厅设计、电梯机房设计等问题。

目前，常用的电梯种类可分以下四类：

1）乘客电梯。专用于运送乘客，它一般运行速度较高，运行平衡。

2）客货电梯。为客货兼用电梯。

3）载货电梯。专用于运送货物，有比较宽大的轿箱和较大的载重量。

4）消防电梯。消防电梯可与客梯或工作电梯兼用，但应符合消防电梯的要求。可分别设在不同的防火分区内。

5）杂物电梯。专用于一类物品运输之用，尺寸灵活，载重量也视用途而有不同，设计时可以根据具体的设计任务采取相应类型的电梯。

电梯一般设置于建筑物的垂直交通联系核心处，如果需要使用多台电梯，一般这些电梯可适当集中布置，电梯成组布置的典型平面形式如图 2-45 所示，电梯候梯厅的平面尺寸要求见表 2-8。

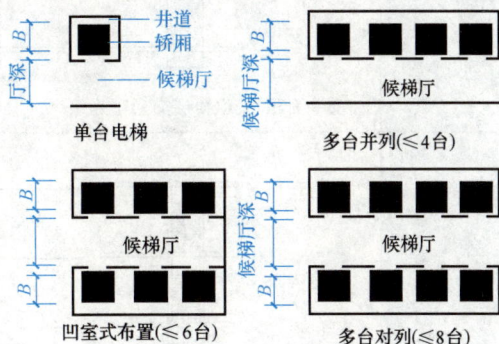

图 2-45　电梯布置与候梯厅的一般要求

表 2-8　候梯厅深度尺寸（B 为轿厢深）

电梯种类	布置形式	候梯厅深度/mm
住宅电梯	单台	$\geqslant B$
	多台并列	$\geqslant B$（梯群中最大的轿厢深度值）
乘客电梯	单台	$\geqslant 1.5B$
	多台并列	$\geqslant 1.5B$ 当梯群为四台时该尺寸应 $\geqslant 2400$
	多台并列	$\geqslant$ 对列电梯 B 之和，且 <4500
病床电梯	单台 多台并列	$\geqslant 1.5B$ $\geqslant 1.5B$
	多台对列	$\geqslant$ 对列电梯 B 之和

自动扶梯适用于具有频繁而连续人流的大型公共建筑中，如飞机场、火车站、地铁站等。自动扶梯的平面位置应选在客流最集中的地方，以方便顾客的使用。几种自动扶梯的布置形式见表 2-9。

表 2-9　几种自动扶梯的布置形式

并列排列式	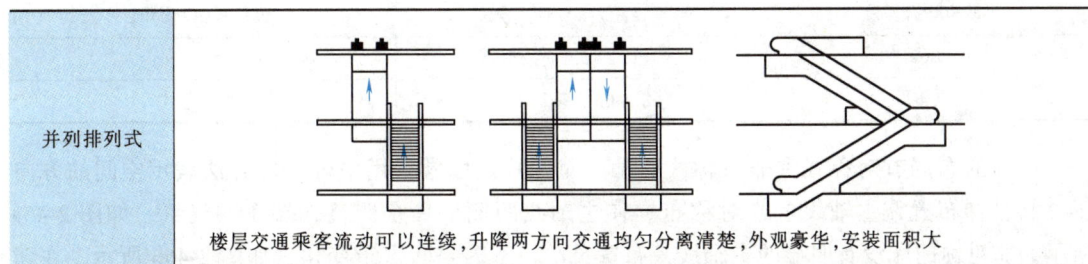
	楼层交通乘客流动可以连续,升降两方向交通均匀分离清楚,外观豪华,安装面积大

（续）

平列排列式	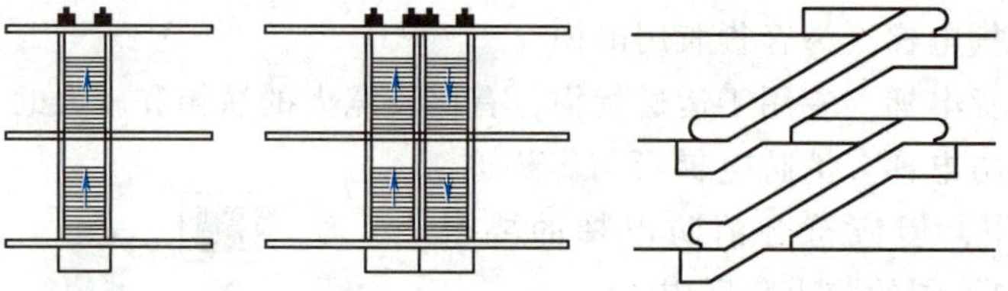 安装面积小,但楼层交通不连续	
串联排列式	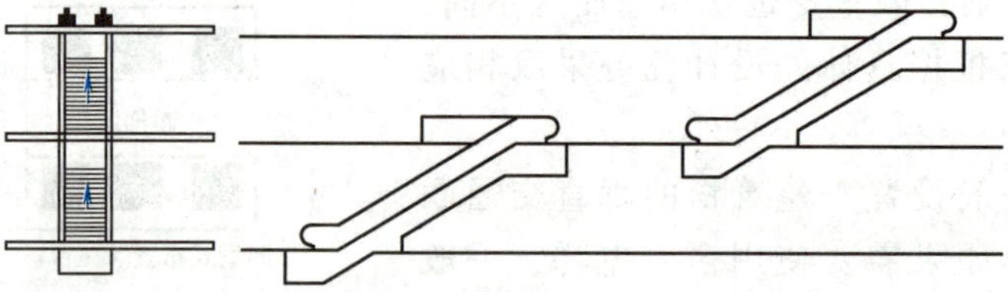 楼层交通乘客流动可以连续	
交叉排列式	乘客流动升降两方向均连续,且搭乘场远离,升降流动不发生混乱,安装面积小 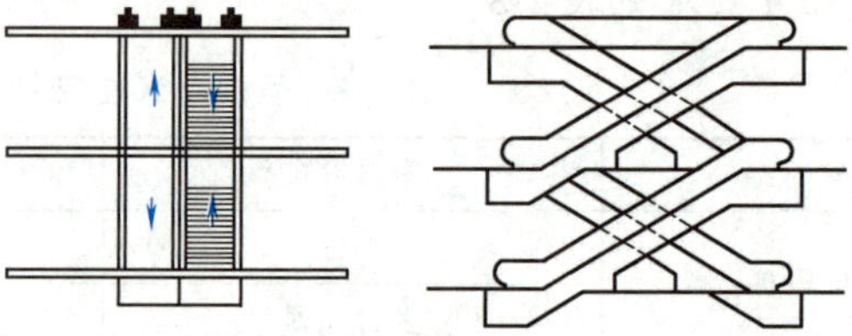	

5. 门厅的平面设计

门厅是建筑物主要出入口,是内外交通组织的重要空间,其不同空间处理可体现出不同意境和空间效果。它除了起到内外空间的过渡及交通联系之外,往往还兼有重要的空间形象和补充功能,如旅馆门厅中的总服务台和大堂休息处、医院门厅中的挂号处和取药处、学校教学楼门厅中的布告等。门厅的大小应根据不同建筑的使用要求、规模及建筑标准等因素来确定,设计时可参考有关面积定额标准,见表2-10。

表2-10　部分建筑门厅面积设计参考指标

建筑名称	面积定额	备　注
中小学校	$0.06\sim0.08m^2$/每生	
食堂	$0.08\sim0.18m^2$/每座	包括洗手、小卖
城市综合医院	$11m^2$/每日百人次	包括衣帽和询问
旅馆	$0.2\sim0.5m^2$/床	
电影院	$0.13m^2$/每个观众	

门厅的布局有对称式和非对称式两种。对称式门厅常采用中轴线的方法表示空间的方向感,将楼梯布置在主轴线上或对称布置在主轴线两侧,具有严整、端庄的气氛,如图2-46a所示。非对称门厅没有明显的中轴线,布置灵活,室内空间富于变化,如图2-46b所示。在建

a)

b)

学生流线
教师流线

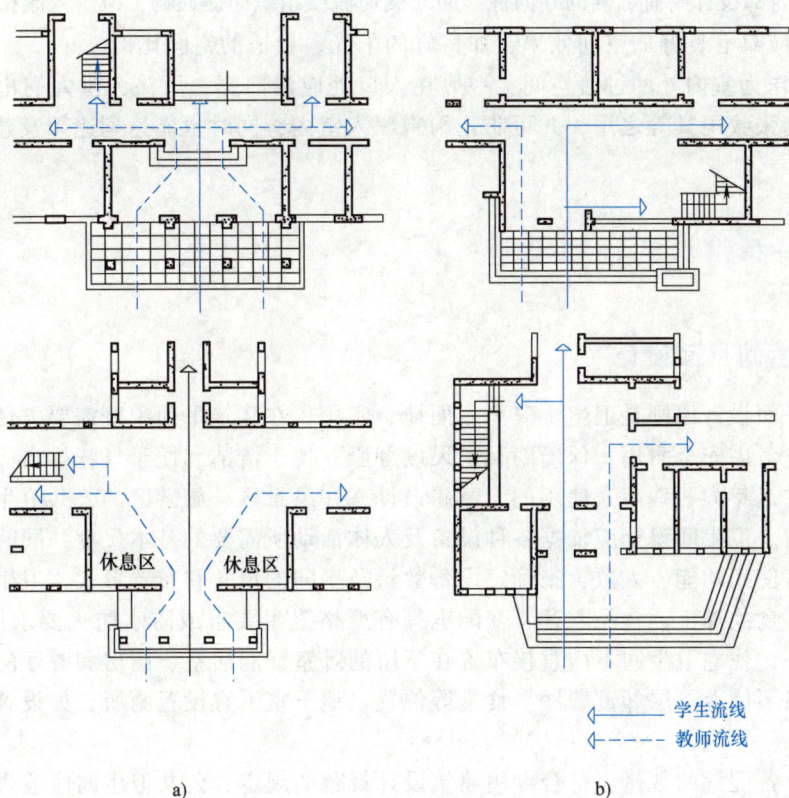

图 2-46　门厅的平面布置方式

a) 对称式　b) 非对称式

筑设计中，由于功能需要、布局的特点、建筑空间的需要等因素，常采用非对称式门厅。

门厅设计应满足以下要求：

1) 门厅是建筑的引导中心，在平面组合中应处于明显、居中和突出的位置，一般应面向主干道，使人流出入方便。图 2-47 所示的门厅在平面中心位置。

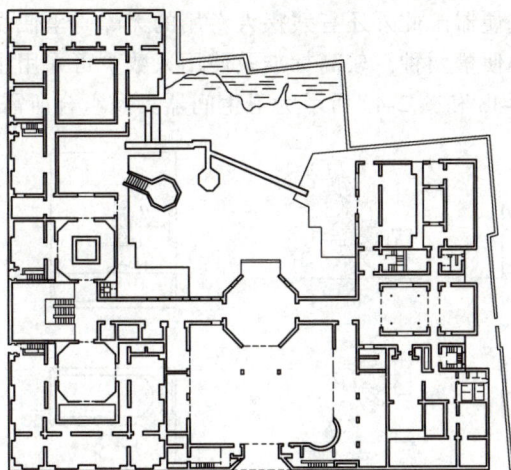

图 2-47　门厅在平面的中心位置

2）门厅内部设计要有明确的导向性，同时交通流线组织简捷通畅，减少人流相互干扰。

3）门厅应具有良好的空间效果，如良好的采光、合适的空间比例。

4）门厅作为室内外的过渡空间，一般在入口处应设门廊、雨篷，供人们出入的暂时停留及雨雪天气张收雨具等之用，并可防止雨雪飘入室内，同时也能达到遮阳及建筑美观上的要求。

■ 2.3 平面设计的辅助设施

2.3.1 卫生间平面设计

卫生间平面设计原则是卫生、安全、便捷、实用。在建筑平面中既需要方便找到，又需要适当隐蔽，考虑安全耐用、保障隐私、尺度舒服、便于清洁和便于气味排出等要求。公共建筑需要考虑老年人、残疾人使用的无障碍设计，在风景区、旅游区的公共卫生间还需要设置第三卫生间。卫生间设计应依据各种设备及人体活动所需要的基本尺度，同时需要根据所服务建筑及其使用功能、人数，来确定设备数量及房间的尺寸和布置形式。卫生间不应直接布置在餐厅、食品加工、食品贮存、变配电等有严格卫生要求或防水防火要求用房的上层；除本套住宅外，住宅卫生间不应直接布置在下层的卧室、起居室、厨房和餐厅的上层；公共建筑中卫生间不能上下层邻近餐厅、食堂等位置，地下室不宜设置厕所，如设置应考虑通风和市政排放。

卫生间设备配置的数量应符合专用建筑设计规范的规定，公共卫生间应适当加大女厕位比例；卫生间宜有天然采光和不向邻室对流的自然通风；无自然通风和严寒地区用房，宜设自然通风道；自然通风道不满足时应采用机械通风；公用卫生间男女应分别设置前室或遮挡措施；公共卫生间需要设置清洁间。

1. 卫生间设备配备

卫生间设备有大便器、小便器、洗手盆、污水池等。大便器有蹲式和坐式两种，可根据建筑标准及使用习惯分别选用。一般使用频繁的公共建筑如办公楼、医院、学校、车站等，应同时选用蹲式及坐式，它便于卫生清洁，管理方便，而标准较高。使用人数少的建筑，如旅馆、住宅等宜采用坐式便器。此外还有残疾人专用的无障碍坐便设施。

小便器有小便斗和小便槽两种。较高标准及使用人数少可采用小便斗，一般卫生间或人流较大常用小便槽。图2-48和图2-49所示为卫生间器具及组合所需的尺寸，图2-50所示为

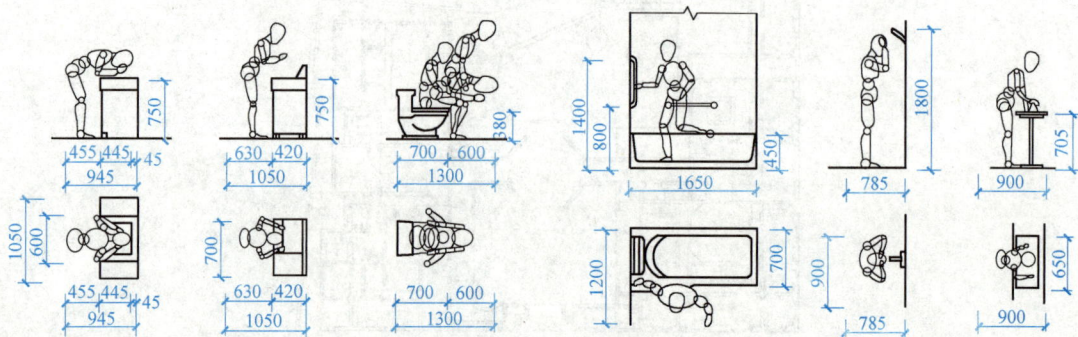

图2-48 卫生间各种器具安装尺寸

卫生间人体活动的尺寸。

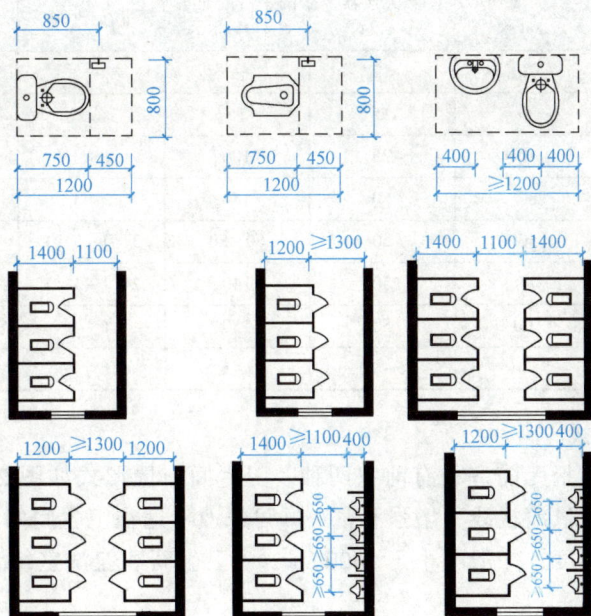

图 2-49　器具的尺寸

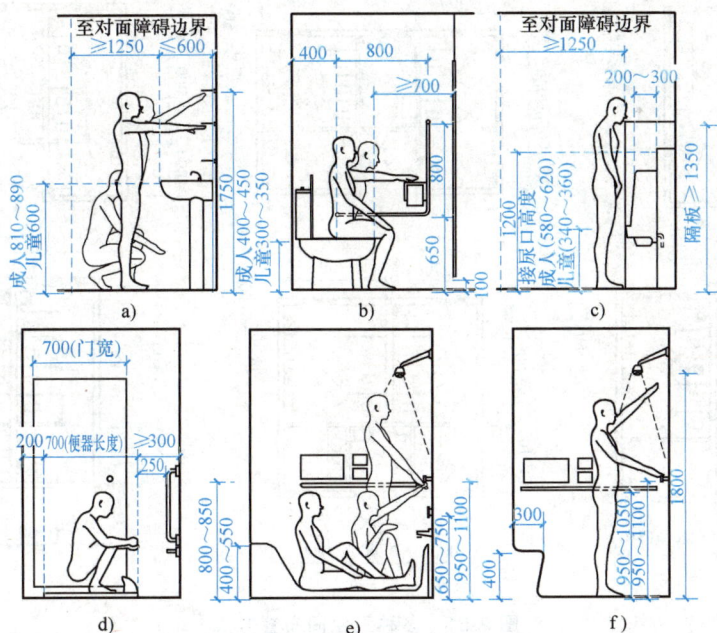

图 2-50　卫生间人体活动的尺寸

a）洗漱尺寸　b）坐便尺寸　c）小便尺寸　d）蹲便尺寸　e）洗浴尺寸　f）淋浴尺寸

　　卫生间设备的数量及小便槽的长度主要取决于使用人数、使用对象以及使用特点。一般集中使用、频繁使用的建筑，卫生器具相应多一些，实际设计中，一般民用建筑每一个卫生器具可供使用的人数可参考表 2-11。

表 2-11　部分民用建筑卫生间设备个数参考指标

建筑类型	男小便器/（人/个）	男大便器/（人/个）	女大便器/（人/个）	洗手盆或龙头/（人/个）	男女比例	备　注
旅馆	20	20	12	—	—	男女比例按设计要求
宿舍	20	20	15	15	—	男女比例按实际使用情况
中小学	40	40	25	100	1:1	小学数量应稍多
火车站	80	80	50	150	2:1	
办公楼	50	50	30	50~80	3:1~5:1	
影剧院	35	75	50	140	2:1~3:1	
门诊部	50	100	50	150	1:1	总人数按全日门诊人次计算
幼托	—	5~10	5~10	2~5	1:1	

2. 卫生间布置方式

卫生间平面形式包括无前室和有前室两种。卫生间布置形式如图 2-51 所示。有前室的卫生间可以隔绝气味、过渡视线、增强私密、并可以改善通往卫生间的走道和过厅的卫生条件。前室应有足够的深度，一般不小于 1500mm，当卫生间和盥洗室组合在一起时，盥洗室可以起到前室的作用。

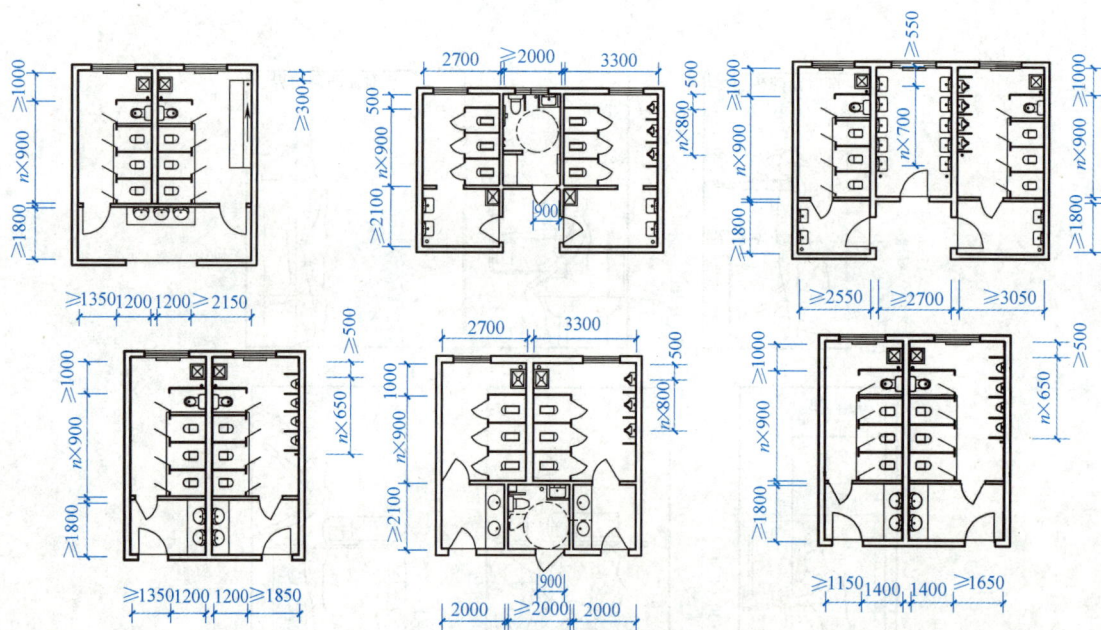

图 2-51　多种卫生间布置方式

卫生间位置在建筑平面中应处于既方便又隐蔽的位置，并与走廊、大厅有较方便的联系。面积较大、使用人数较多的卫生间应有良好的采光和通风，以保证空气清新。在确定卫生间位置时，还要考虑到尽可能节约管线。在多层建筑中，卫生间尽可能上下对应，以利用上下水和安装水表。在平面内也尽可能把卫生间、盥洗室等尽量组合在一起。

2.3.2　浴室、盥洗室平面设计

浴室、盥洗室平面设计原则是：安全防滑、保障隐私、尺度宜人、便于保洁、除湿防锈。浴室、盥洗室不应直接布置在餐厅、食品加工、食品贮存、变配电等有严格卫生要求或防水防火要求用房的上层；除本套住宅外，住宅浴室、盥洗室不应直接布置在下层的卧室、起居室、厨房和餐厅的上层；卫生设备配置的数量应符合专用建筑设计规范的规定。浴室、盥洗室宜有天然采光，一般采用高侧窗或镀膜玻璃，宜有不向邻室对流的自然通风。无自然通风和严寒地区的浴室、盥洗室宜设自然通风道；自然通风道不满足时应采用机械通风，以排除湿气减少湿度。大型公共浴室应设置机械排风系统和除湿系统。

浴室、盥洗室的主要设备有洗脸盆、污水池、沐浴器等。图 2-52 所示为浴室、盥洗室的开间与进深尺寸，图 2-53 所示是盥洗和洗浴的活动尺寸，图 2-54 所示为淋浴器布置示意。

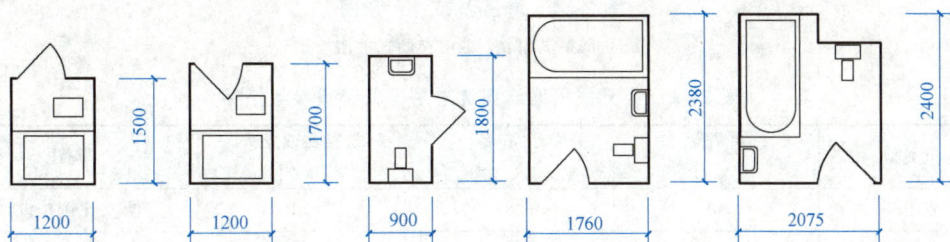

图 2-52　浴室、盥洗室的开间与进深尺寸

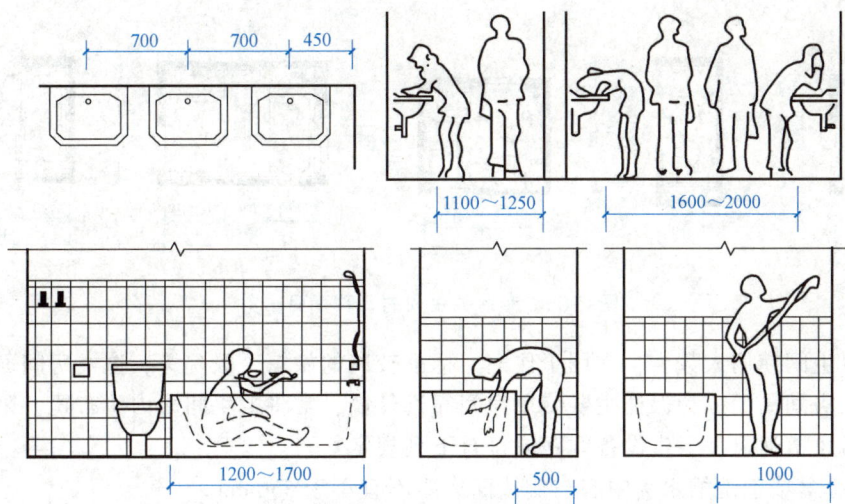

图 2-53　人体盥洗、洗浴的活动尺寸

浴室、盥洗室中洗脸盆及淋浴器数量可根据使用人数来确定，部分民用建筑盥洗室、浴室设备个数参考标准见表 2-12。在住宅建筑设计中，浴室、盥洗室与厕所布置在一起，统称为卫生间。公共建筑设计中卫生间一般仅指代厕所。

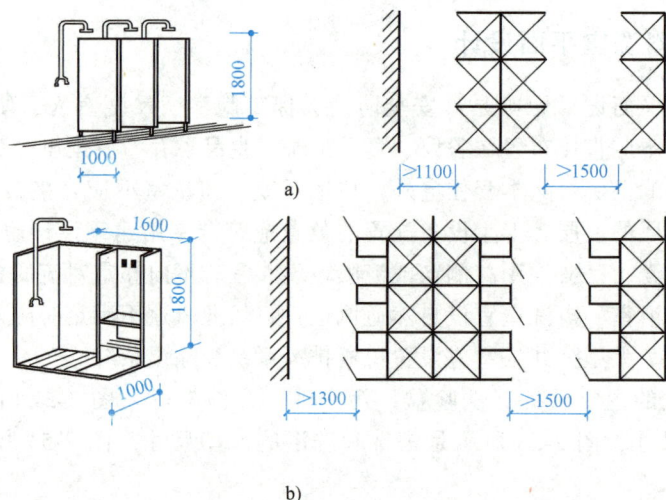

a)

b)

图 2-54 淋浴器布置示意图

a）隔断式淋浴 b）衣橱式淋浴

表 2-12 部分民用建筑盥洗淋浴设备个数参考指标

建筑类型	男浴器 /（人/个）	女浴器 /（人/个）	洗脸盆或龙头 /（人/个）	备注
旅馆	40	8	15	男女比例按设计
幼托	每班 2 个		2～5	

按使用对象不同，卫生间又可分为专用卫生间及公共卫生间，专用卫生间的几种平面布置如图 2-55 所示。

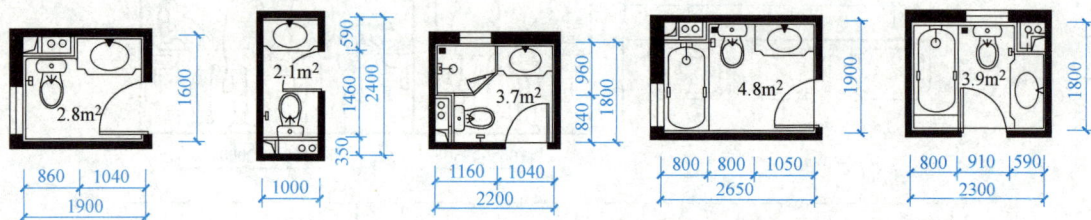

图 2-55 专用卫生间的几种平面布置

专用卫生间使用人数少，常用于住宅、标准较高的旅馆，医院等，这类房间面积小，一般均附设在房间周围。为保证主要使用房间靠近外墙，常将卫生间沿内墙布置，采用人工照明，竖直通风道通风。卫生设备间距应符合下列规定：

1）洗脸盆或盥洗槽水嘴中心与侧墙面净距不宜小于 550mm。

2）并列洗脸盆或盥洗槽水嘴中心间距不应小于 700mm。

3）单侧并列洗脸盆或盥洗槽外沿至对面墙的净距不应小于 1250m。

4）双侧并列洗脸盆或盥洗槽外沿之间的净距不应小于 1800m。

5）浴盆长边至对面墙面的净距不应小于 650mm；无障碍盆浴间短边净宽度不应小于 2000mm。

6）并列小便器的中心间距不应小于 650mm。

7）厕所隔间至对面墙面的净距：当采用内开门时不应小于1100mm，采用外开门时不应小于1300mm。

8）单侧厕所隔间至对面小便器或小便槽外沿净距，当采用内开门时不应小于1100mm，采用外开门时不应小于1300mm。

2.3.3 厨房平面设计

厨房可以分为公共服务厨房和家用厨房两大类，按照使用方式还可以分为中式厨房和西式厨房。

1. 公共服务厨房

公共服务厨房一般用于提供大型餐厅、宴会厅的饮食服务，与服务的类型流线和设备结合紧密，它的设计要求比家用厨房复杂，需要结合不同功能设备进行专门的工艺设计。

厨房区域主要包括：主食加工区，副食加工区，厨房专间，备餐区，餐用具消毒存放区。

厨房区域应按原料进入、处理、主副食加工、备餐、成品供应、餐用具洗涤消毒及存放的工艺流程合理布局，并应符合下列规定：进出物流分设，如蔬菜、肉禽、水产等工作台和清洗池不应合用，原料按区域流程不应反流；冷荤、生食、海鲜、裱花蛋糕等应在厨房专间内拼配，且厨房专间应设置洗手、消毒、更衣设施；垂直食梯应按原料成品分设。厨房区域室内净高不宜低于2500mm。天然采光时，采光洞口面积不宜小于地面面积的1/6；自然通风时，开口面积不应小于地面面积的1/10。

2. 家用厨房

家用厨房主要设于住宅、公寓之中，设计时应注意现行的有关规范，以满足最基本的使用要求，上海市DGJ 08-20—2013《住宅设计标准》（2016修订版）中有关厨房设计有以下规定：

1）由起居室、卧室、厨房和卫生间组成的住宅，厨房不应小于4m²；由兼起居室的卧室、厨房和卫生间组成的住宅，厨房不应小于5m²。

2）厨房应设机械排烟装置，炉灶应有防火安全措施，厨房应有外窗或开向走廊的窗户。采用煤或薪柴做燃料的厨房必须设置烟囱，烟囱应防止烟气回流和串烟。厨房炉灶上方应预留排气罩位置。严寒和寒冷地区厨房内应设通风道或其他通风措施。

3）厨房应直接采光，自然通风，并宜布置在套内近入口处。

4）厨房应设置炉灶、洗涤池、案台、固定式碗柜等设备或预留其位置。

5）单面布置设备的厨房净宽不应小于1500mm，双面布置设备的厨房净宽不应小于900mm。

当设计条件较好时，除达到上述要求外，还应争取更有利的平面布置，图2-56给出了

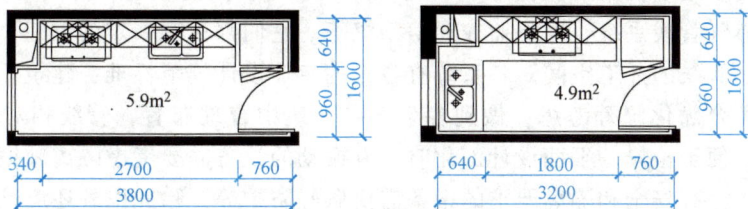

图2-56 几种常用家用厨房平面布置

几种常用家用厨房的参考平面，图 2-57 所示是人体厨房空间操作尺度，图 2-58 所示为家用厨房常用设备尺寸。

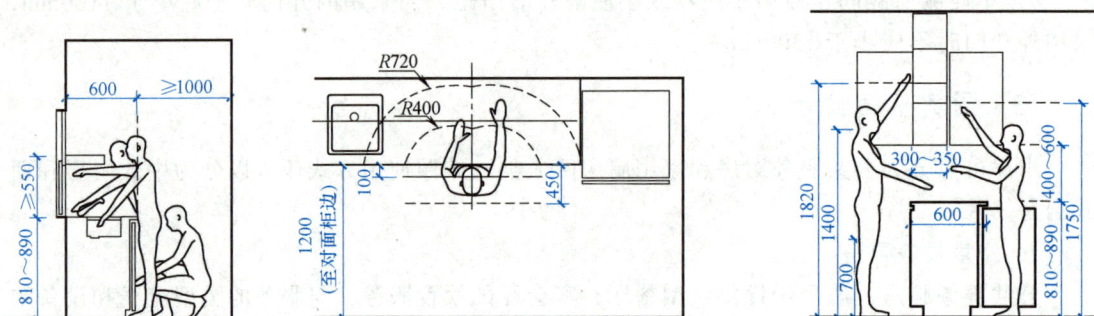

图 2-57　厨房操作空间尺度

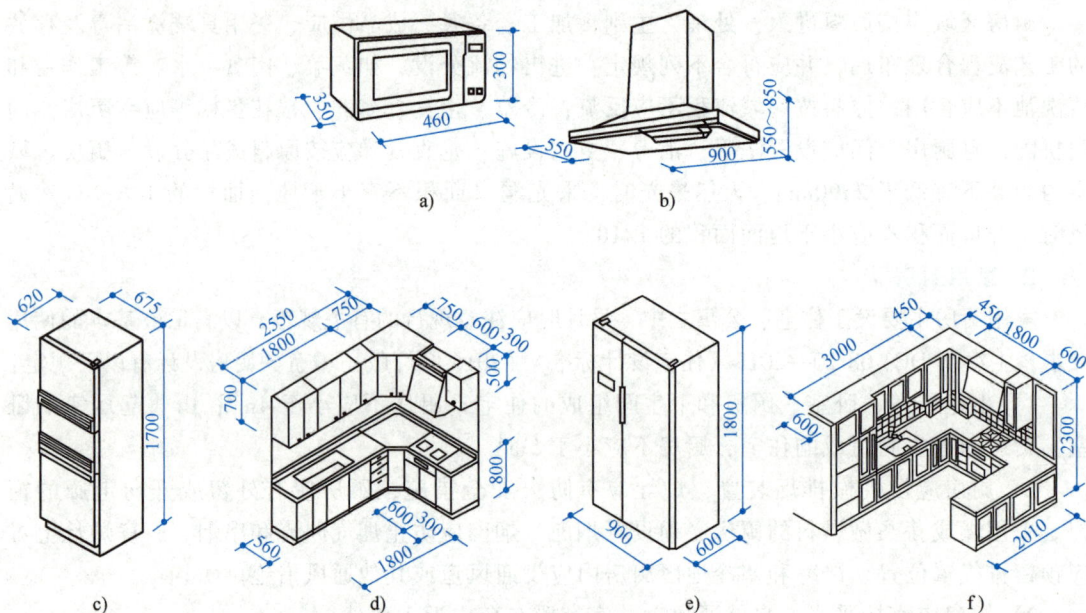

a) 　　　　　　　　 b)

c) 　　　　 d) 　　　　　 e) 　　　　 f)

图 2-58　家用厨房设备的尺寸

a) 微波炉　b) 吸油烟机　c) 冰箱　d) 转角式橱柜组合　e) 对开门冰箱　f) U形橱柜组合

2.3.4　设备管线

建筑中设备管线系统主要包括给水系统、排水系统、供暖系统、空调系统、通风系统、消防系统、天然气管线系统、网络监控通信系统等。它们都占有一定的空间，包括设备的安置及检修空间、管线的井道空间。各系统有各自的专业设计规范标准，建筑平面应与设备条件密切配合，综合优化统筹考虑，做到各系统在建筑中合理布置，管线相对集中，避免交叉，上下对位，便于检修。平面设计深化时，有振动的设备需要考虑隔离减振，有噪声的设备需要位置适当，有安全和隔离要求的设备需要做好防护等，除此以外还应该对消火栓、配电箱等设施予以一并考虑。

　　大型公共建筑和高层建筑对设备依赖程度高，设备用房和管线管井匹配的面积较大，还需要设置消防水池、水泵房、空调机房、电梯机房等。有特殊要求的设备还需要配合设备厂家的工艺技术共同完成。住宅、宾馆建筑中的设备管线，主要集中在厨卫空间，用以解决给水排水、排风、燃气等问题；门厅、走廊则解决门禁网络弱电等管线问题。图 2-59 所示为宾馆卫生间管道布置。

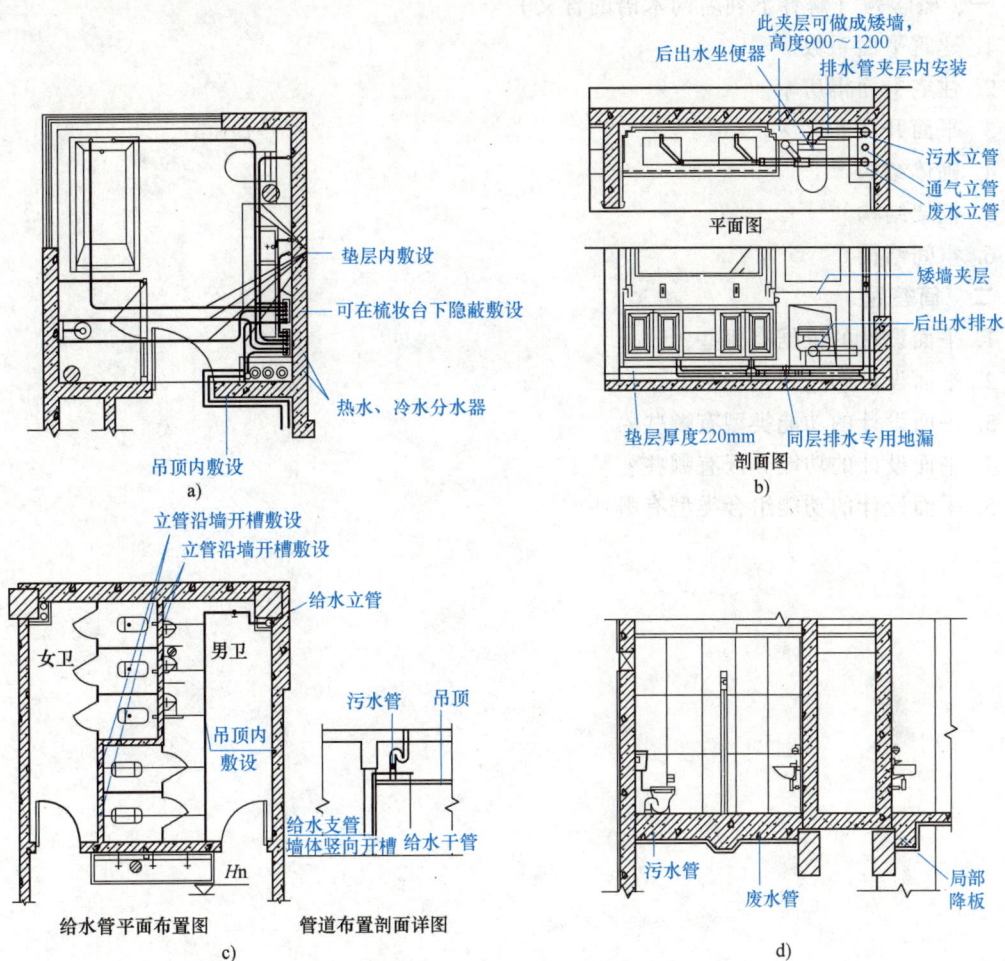

图 2-59　宾馆卫生间管道布置示意图
a) 住宅卫生间给水管道布置图（楼地面垫层内敷设）　b) 同层排水（卫生间楼地面加垫层）
c) 公共卫生间给水管平面布置图　d) 同层排水（楼地面局部降板）

本 章 小 结

　　平面设计是建筑设计的开始，是进行总图设计、立面设计、剖面设计和节点详图设计的基础。具有基础性、系统性、技术性和经济性方面的特点。在平面设计的内容和依据中，了解平面设计的出发点和一般性依据，需要重点掌握房间确定、结构类型、围合界面和设计过程；在平面设计的主要功能中，需要重点掌握功能类型、功能分区、功能组合的内容；在平面设计的辅助设施中，需要了解卫生间、浴室和厨房的平面设计知识。

习　题

一、概念题（解释下列名词术语的含义）

1. 建筑平面系数。
2. 住宅平面得房率。
3. 平面开间和进深。
4. 砌体结构。
5. 框架结构。
6. 空间结构。

二、简答题

1. 平面设计的依据有哪些？
2. 平面设计的过程是什么？
3. 平面设计的功能类型有哪些？
4. 平面设计的功能分区有哪些？
5. 平面设计的功能组合类型有哪些？

第3章

建筑剖面设计

学习目标

掌握建筑剖面设计的基本方法；熟悉建筑各部分高度和建筑层数的确定方法；了解建筑的剖面形式及其影响因素；掌握建筑空间组合的原则和方法。

■ 3.1 建筑剖面设计概述

3.1.1 建筑剖面设计的基本内容

建筑剖面设计要充分考虑建筑的使用功能、环境要求、经济条件等已知约束条件，进而分析和确定建筑物的高度、剖面形状、层数等因素，并将这些因素进行合理优化组合。建筑剖面不仅要反映竖向空间的形式、尺寸和标高，还要反映出主要构件的形式、尺寸、位置和相互关系。

建筑剖面设计是建筑设计过程中必不可少的重要环节，它与建筑平面设计相互联系、相互作用，限定了建筑物各个组成部分的三维空间尺寸，并对建筑物的造型及立面设计起到制约作用。对于剖面形状简单，房间高度尺寸变化不大的建筑物，剖面设计在平面设计完成的基础上进行，如住宅、普通教学楼、办公楼等；对于空间形状复杂，房间高度尺寸相差较大，或者有夹层及共享空间的建筑物，通常先通过剖面设计分析空间的竖向特性，再确定平面设计方案，以解决空间的功能性和艺术性问题，如体育馆、影剧院等。剖面设计主要包括以下内容：

1）确定房间的剖面形状、尺寸及比例关系。
2）确定建筑的层数和各部分的标高，如层高、净高、窗台高度、室内外地面标高等。
3）解决天然采光、自然通风、保温隔热、屋面排水及选择建筑构造方案。
4）选择主体结构与围护结构方案。
5）进行建筑竖向空间的组合，研究建筑空间的利用。

3.1.2 建筑剖面图相关知识和概念

1. 建筑剖面图的作用

建筑剖面图的主要作用是反映建筑物的层数、层高和净高、结构形式及构造、垂直交通联系和构件等。建筑剖面图的数量依据建筑物的复杂程度确定：简单的建筑可绘制1个；一般建筑不少于2个，横向、纵向各1个；对于大型复杂建筑可绘制多个；对于建筑空间局部不同处以及平面、立面均表达不清的部位，可绘制局部剖面图。

2. 剖切符号的画法和剖切位置的选择

剖切符号一律画在首层平面上，用粗实线表示，长线表示剖切位置，短线表示剖视方向，剖切符号的编号宜采用阿拉伯数字，如图3-1所示。

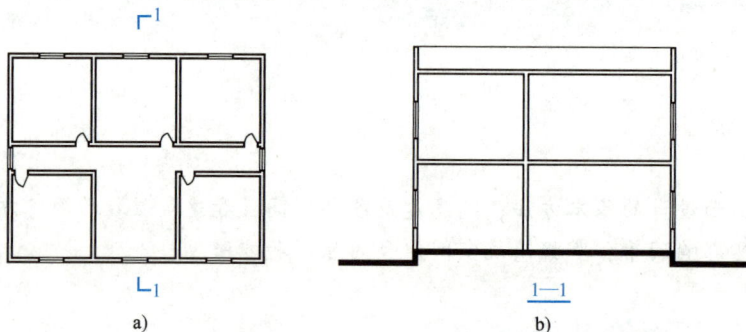

图 3-1 剖切符号画法示意图
a）剖切位置 b）1—1剖面图

建筑物的剖切位置来源于建筑平面图，一般选在平面组合中较为复杂或不易表达清楚的部位，主要包括：

1）主要入口处、大厅、门厅。

2）楼梯。

3）构造复杂处。

4）高差变化处。

3. 标高概念及各部分高度的标识方法

（1）绝对标高和相对标高 绝对标高是以一个国家或地区统一规定的基准面作为零点的标高。我国规定以青岛附近黄海的平均海平面作为绝对标高的零点。

建筑施工图一般用相对标高表达建筑空间和构件的高度。相对标高是以一栋建筑主要室内地面为基准所建立的标高体系，基准面一般标记为±0.000，在建筑施工说明中，通常应标明"±0.000相当于黄海高程××米"。

（2）建筑标高和结构标高 建筑标高，即建筑装修面处的标高，建筑施工图中的楼地面、屋顶、女儿墙等处的标高均为建筑标高。

结构标高又称毛面标高，即装修面完成前的结构面的标高。建筑施工图中一般将窗台、窗顶、梁底处的标高用结构标高表示。

■ 3.2 建筑各部分高度的确定

建筑各部分高度主要指房间净高与层高、窗台高度、室内外地面高差等。此外，由于门厅面积较大，为了改善门厅的比例关系，通常情况下需要对门厅的局部标高做特殊处理。

3.2.1　建筑的净高、层高和总高

建筑的净高是指楼面或地面至上部结构层（梁、板）底面或吊顶底面之间的垂直距离，反映了房间的有效使用高度。当楼板、屋盖的下悬构件或管道底面影响有效空间时，应按最低处垂直距离计算。层高是指上下相邻两层楼面或楼面与地面之间的垂直距离。层高和净高的标注方法如图 3-2 所示。建筑总高度根据屋面形式按不同的方法计量：建筑屋面为坡屋面时，建筑总高度为建筑室外设计地面至其檐口与屋脊的平均高度；建筑屋面为平屋面（包括有女儿墙的平屋面）时，建筑总高度应为建筑室外设计地面至其屋面面层的高度；同一座建筑有多种形式的屋面时，建筑总高度按上述方法分别计算后，取其中最大值。

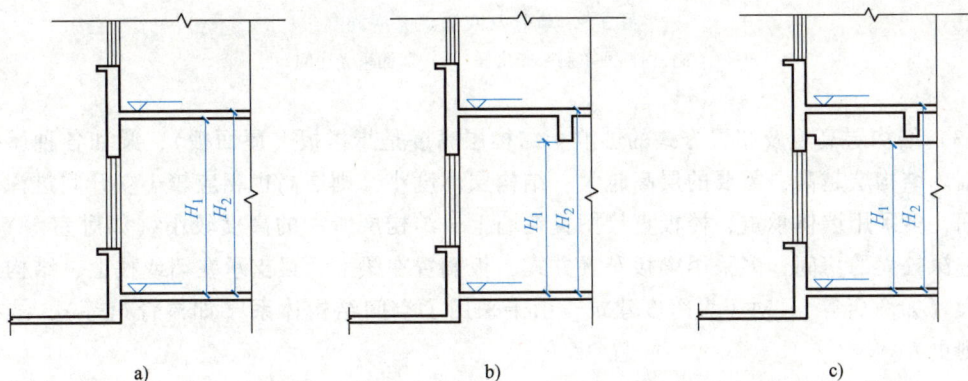

a)　　　　　　　　　　b)　　　　　　　　　　c)

图 3-2　层高和净高的标注方法

a）楼板下方不做梁或吊顶　b）楼板下方有梁　c）楼板下方做吊顶

H_1—净高　H_2—层高

通常情况下，建筑层高和净高是根据房间的使用性质、家具设备的使用要求、室内采光和通风、技术经济条件及室内空间比例等因素确定。

（1）人体活动及家具设备要求　房间净高以人伸手不触及顶棚为宜，一般应不低于 2.2m。教室同时容纳人数较多，同时考虑到空气质量的需要，净高一般取 3.3~3.6m。商店营业厅的面积较大，常做吊顶加以装饰，并需要为设备管线留出空间，底层层高常取 4.2~6.0m。学生宿舍设有双层床时，净高不应小于 3.0m，层高一般取 3.3m。演播室顶棚下装有若干灯具，为避免眩光，演播室的净高不应小于 4.5m。医院手术室的净高应考虑到手术台、无影灯及手术操作必需的空间，无影灯的装置高度一般为 3.0~3.2m，手术室的净高不应小于 3.0m。

（2）采光和通风要求　房间的高度应有利于天然采光和自然通风，以保证房间必要的卫生条件。进深越大，要求窗户上沿的位置越高，即相应房间的净高也要高一些。潮湿和炎热地区的建筑，常需要利用空气的压差来组织室内通风，如在内墙上开设高窗，或在门上设

置亮子时，房间的高度就应高一些。在公共建筑中，一些容纳人数较多的房间还必须考虑房间正常的气容量，以满足卫生要求，房间的高度也会相应增高。当房间采用单侧采光时，通常窗户上沿离地面的高度应大于房间进深长度的一半，如图 3-3a 所示；当房间允许两侧开窗时，房间的净高不小于进深的 1/4，如图 3-3b 所示。

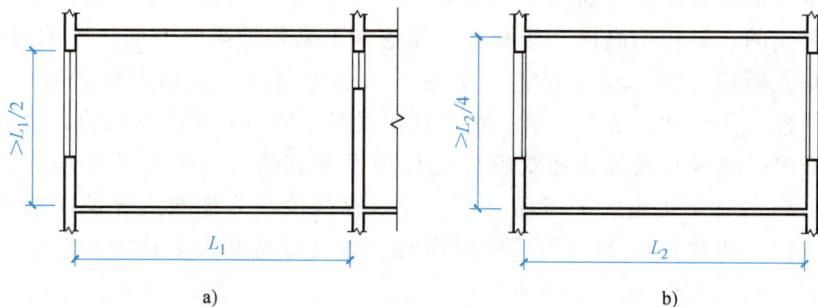

图 3-3　单侧及双侧采光房间
a）内廊式单侧采光房间　b）双侧采光房间

（3）结构层高度及布置方式的影响　结构层高度是指楼板（屋面板）、梁和各种屋架所占高度。结构层越高，需要的层高越大；结构层高度小，则层高也相应较小。开间进深较小的房间，多采用墙体承重，楼板直接搁置在墙上，结构层所占的高度较小（如卧室等）；开间、进深较大的房间，多采用梁板布置方式，板搁置在梁上，梁支承在墙或柱上，结构层高度较大（如商店等）。对于大跨度建筑，由于采用了空间结构体系（如体育馆等），结构层高度则更大。

（4）建筑经济效果　层高是影响建筑造价的重要因素之一。在满足使用要求和卫生要求的前提下，应适当降低建筑层高，减少建筑间距以节约用地，减轻建筑自重以节约材料。

（5）室内空间比例　由于不同的比例尺度对人的心理影响不同，应合理选择建筑层高以适应不同使用者的心理需求。例如：大面积空间中，高度过于低矮，会令人感觉压抑；狭小空间中，高度过高，会让人感觉急促和紧张，甚至带来神秘的气氛。建筑的使用性质不同，对空间比例的要求也不同，如住宅要求空间具有小巧、亲切的气氛；纪念性建筑则要求有高大的空间，以创造出严肃、庄重的氛围。

3.2.2　窗台高度的确定

窗台的高度一般与使用要求、家具及设备布置等有关。一般的窗台高度应满足人的活动行为，适应人的生理行为和心理行为。窗台过高，容易造成工作面照度不足，不能满足采光的基本要求，也限制了人对窗外的可视性；窗台过低，二层以上的窗口会限制人的活动行为和在心理上产生不安全感。一般工作台的高度常取 0.8m，为了使开关窗不受限制，窗台的高度往往确定为 0.9m，高出工作面 0.1m 左右，这样既能保证工作面的照度，又低于人坐姿时的视点高度。

建筑中的某些房间，为了扩大视野，丰富室内空间，常常降低窗台高度，甚至采用飘窗或落地窗。此时应注意外窗的安全性，例如，当住宅窗台高度低于0.9m时，应采取由楼地面起计算不低于0.9m的防护措施；民用建筑（除住宅外）临空窗台（凸窗）低于0.8m时应采取由楼地面起计算不应低于0.8m的防护措施。

有些特殊要求的房间，如展览建筑中的展厅、陈列室，由于墙面布置展板，为了避免眩光等不利现象，需要设置高侧窗或天窗；卫生间窗台应提高到人的站立视点以上，以满足洗浴等功能需求；托儿所、幼儿园的窗台，由于考虑到儿童的身高和家具尺寸，高度常采用0.6~0.7m。

3.2.3　室内外地面高差

为了防止室外雨水流入室内，并防止墙身受潮，建筑的室内外地面应设置高差。高差过大，室内外联系不方便，且增加建造成本；高差过小，则不利于建筑的防水防潮。通常情况下，室内外高差设置为0.45m，一般不应低于0.15m，如图3-4a所示。一些重要性建筑或纪念性建筑，为了强调其严肃性，增加庄严、雄伟的氛围，常设置大型的室外台阶来增大室内外高差以获得效果，如法院、纪念馆等，如图3-4b所示。位于特殊地形的建筑，应充分结合地形特征设置室内外高差（如山地、坡地等）如图3-4c所示。

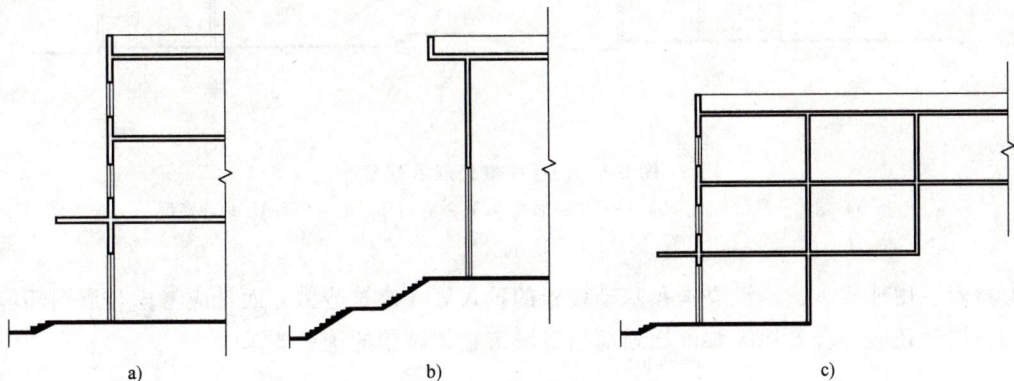

图 3-4　室内外高差的处理方法

a）室内外高差　b）室外台阶　c）结合地形的高差

3.2.4　门厅的高度处理

门厅作为室内外空间的过渡空间，面积通常较大，高度过低会产生压抑感，一般采用设计手法来改善门厅入口空间的高度。如图3-5所示，这些处理方式主要包括：增加一层的层高；将一、二层做成通高；将门厅凸出主体的建筑形成独立空间并增加高度；降低门厅处的地坪高度。

■ 3.3　建筑层数的确定

影响建筑层数的主要因素包括建筑功能、技术经济和建筑造型三个方面。建筑功能方面主要包括建筑的使用要求和防火要求；技术经济方面，应考虑相应的技术水平、施工条件、

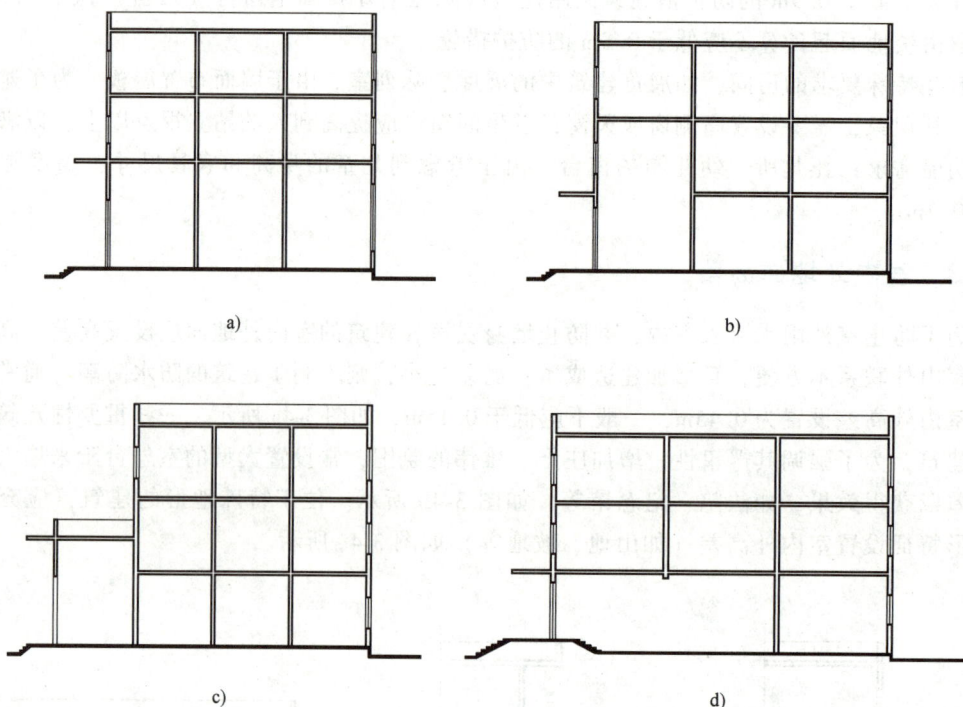

图 3-5　门厅高度处理示意图

a）增加一层的层高　b）一、二层通高　c）独立门厅　d）降低门厅地坪高度

地方材料、用地成本、建设成本和基础设施的投入等；建筑造型方面，应考虑与周围环境相协调，同时还应符合各地区城市规划部门对城市整体风貌的统一要求。

3.3.1　建筑的使用要求

建筑的用途不同，使用对象不同，对层数的要求就会有差异。例如：幼儿园设计中，考虑到幼儿的生理特点、活动特征以及必要的安全性，建筑层数不应超过 3 层；小学、中学教学楼的层数应分别控制在 4 层、5 层以内；医院门诊部的层数也不宜超过 3 层；影剧院、体育馆、车站等建筑，由于聚集的人数多，疏散时人流集中，为了保证疏散安全，应以单层或低层为主；住宅、写字楼等大量性建筑的使用人数不多，可以采用多层或高层建筑形式，并利用电梯解决垂直交通问题。

3.3.2　基地环境和城市规划要求

建筑层数的确定不能脱离一定的基地条件和环境要素。在相同建筑面积的条件下，基地面积越小，建筑层数就会相应增加。此外，还必须符合城市总体规划的要求，重视建筑与环境的关系，做到与周围建筑物、道路、绿化的协调一致，如位于历史城区或保护建筑周边的建筑物，就必须严格控制建筑体量，建筑层数以低层或多层为主。

3.3.3 建筑结构、材料和施工要求

建筑结构形式和材料是影响建筑层数的主要因素。例如，一般混合结构的建筑，墙体多采用砖或砌块，自重大、整体性差，下部墙体厚度随层数的增加而增加，故常用于建造七层及七层以下的大量性民用建筑，如住宅、宿舍、中小学教学楼、普通办公楼等。钢筋混凝土框架结构、框架-剪力墙结构、剪力墙结构及筒体结构等，由于抗水平荷载的能力增强，可用于建造高层或超高层建筑，如高层宾馆、高层办公楼、高层住宅等，其建造材料主要是钢及钢筋混凝土。而这些结构类型及所用材料不仅解决了高层建筑的结构体系和建筑材料问题，同时也解决了大空间、大跨度建筑的难题，如网架结构、薄壳结构、悬索结构等都是大跨度建筑的主要结构体系，适用于体育馆、影剧院等单层、低层大跨度建筑。此外，建筑的施工条件、起重设备、吊装能力以及施工方法等均对层数有所影响。

3.3.4 建筑防火要求

按照《建筑设计防火规范》的规定，建筑层数应根据建筑物的性质和耐火等级来确定（表3-1）。如单层、多层民用建筑，耐火等级为一、二级时，层数原则上不受限制；耐火等级为三级的建筑，层数不应超过5层；耐火等级为四级的建筑，层数不应超过2层。

表 3-1　单层、多层民用建筑的建筑层数要求

耐火等级	允许建筑高度或层数	防火分区的最大允许建筑面积/m²	备 注
一、二级	按《建筑设计防火规范》的5.1.1条确定	2500	对于体育馆、剧场的观众厅，防火分区的最大允许建筑面积可适当增加
三级	5层	1200	
四级	2层	600	

3.3.5 建筑经济性要求

无论是从单体建筑还是从建筑群体组合考量，建筑造价均与建筑层数密切相关。理论上如果增加一个楼层不影响建筑物的结构形式，单位建筑面积的成本可能会降低，如砖混结构住宅，在墙身截面尺寸不变情况下，随着层数增加，单方造价将有所降低。但达到6层以上时，由于砖墙截面尺寸的变化，层数增加使单方造价显著上升。因此，当建筑超过一定层数时，建筑层数的增多会随着结构形式的变化和公共设施（如电梯）的增加等而导致造价升高。

在建筑群体组合中，随着个体建筑层数增加，用地越集约、经济，且道路和室外管线的铺设也相应减少。例如，把一幢4层建筑与4幢单层建筑相比较，在保证日照间距的条件下，用地面积增加近2倍，如图3-6所示。

■ 3.4　房间的剖面形状

由楼（地）面、墙体及顶棚围合而成的单一建筑空间的形状可分为三大类，如图3-7所

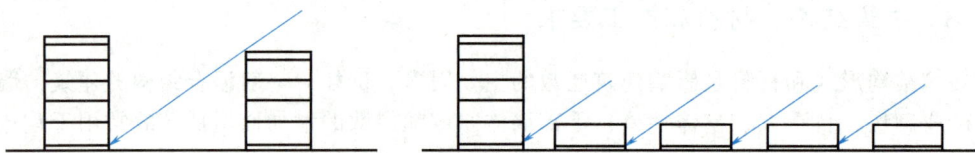

图 3-6　建筑层数与用地的关系

示。第一类为矩形空间，是普通教室、卧室、办公室等绝大部分建筑常采用的剖面形式；第二类为阶梯空间，通常是为了满足视线要求，将楼（地）面做成阶梯状或坡状，如阶梯教室等；第三类为异形空间，常用于有视听要求的空间，如报告厅、演艺厅、剧场等，不仅逐步抬高后排地面，而且根据声学要求降低台口处的顶棚高度。

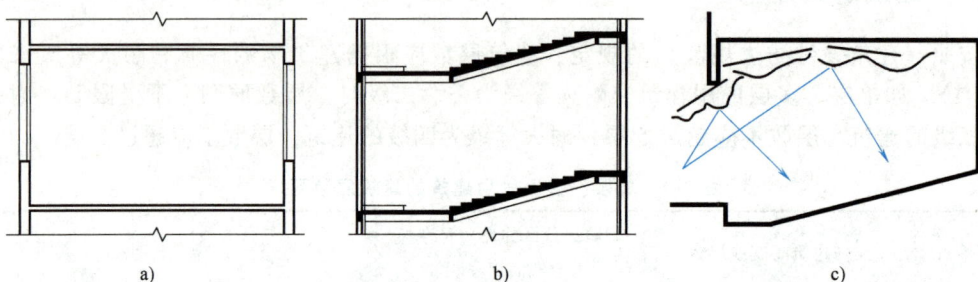

a)　　　　　　　　　　b)　　　　　　　　　　c)

图 3-7　单一建筑空间的剖面形状
a）矩形空间　b）阶梯空间　c）异形空间

　　房间剖面形状设计主要考虑三个方面的因素：建筑空间的使用功能，结构、材料和施工技术，建筑的采光通风需求。

3.4.1　建筑空间的使用功能

　　大多数建筑的剖面形式均采用矩形，如住宅、教学楼、办公楼、商店等。当建筑的使用功能有特殊需求时（如视听功能等），则应合理地设计剖面形式。

　　有视线要求的房间一般会将地面设计成起坡的形式，以使后排视线无遮挡，如阶梯教室、影院观众厅、体育馆比赛厅等。视点位置的选择、观众座席的排布方式（如对位布置、错位布置）、视线升高值等对剖面坡度均有影响，如图 3-8 所示。

　　有音质要求的房间，如观众厅、剧院、电影院、会堂等，为了使声能分布均匀，使前排听众获得良好的反射声，避免声聚焦等声缺陷的发生，会采用降低台口处顶棚高度、增加反射板或做成阶梯状顶棚等方式，从而形成不同的剖面形状，如图 3-9 所示。

3.4.2　结构、材料和施工技术

　　建筑形式的发展与建筑技术的进步密不可分，包括建筑结构技术、建筑材料、施工技术等。例如：钢筋混凝土平屋面，由于钢筋混凝土自重较大，这种结构形式限定了跨度一般不会很大；钢屋架、桁架的自重较轻，可以获得较大跨度的空间；网架结构、壳体

图 3-8　视点对起坡和视线设计的影响

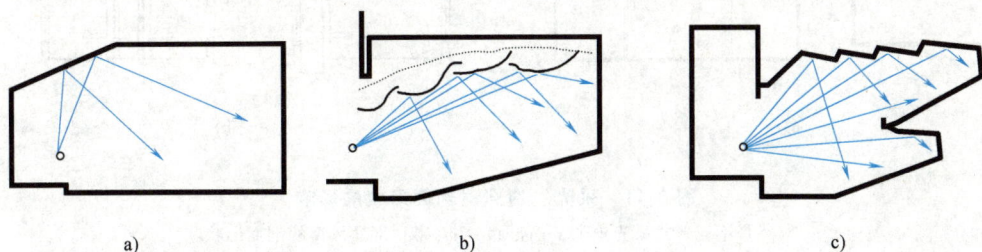

a)　　　　　　　　　b)　　　　　　　　　c)

图 3-9　有音质要求空间的剖面形状
a）降低台口处顶棚高度　b）增加反射板　b）阶梯状顶棚

结构、悬索结构等空间结构体系可以获得更大的跨度和空间，同时也创造出了丰富多彩的建筑造型。不同结构形式的剖面形状如图 3-10 所示，各种结构形式的灵活应用使剖面体现出不同的空间特征。意大利万神庙就是采用了穹顶技术和混凝土，才创造出不同于以往的建筑形式。

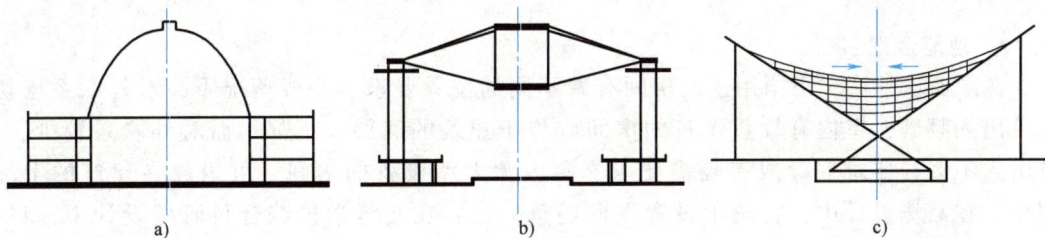

a)　　　　　　　　　b)　　　　　　　　　c)

图 3-10　不同结构形式的剖面形状
a）穹顶　b）双曲面双层悬索结构　c）双曲面交叉索网结构

3.4.3　建筑采光、通风需求

当侧窗采光不能满足室内照度需求时，需要在屋顶开设天窗。此外，对于有特殊要求的建筑（如展览馆），为减轻和消除眩光的影响，避免直射阳光损害陈列品，也会设置各种形式的采光窗，从而形成不同的剖面形状，如图 3-11a 所示。对于有通风要求的房间，还可在顶部设计不同形式的通风窗，如图 3-11b 所示。

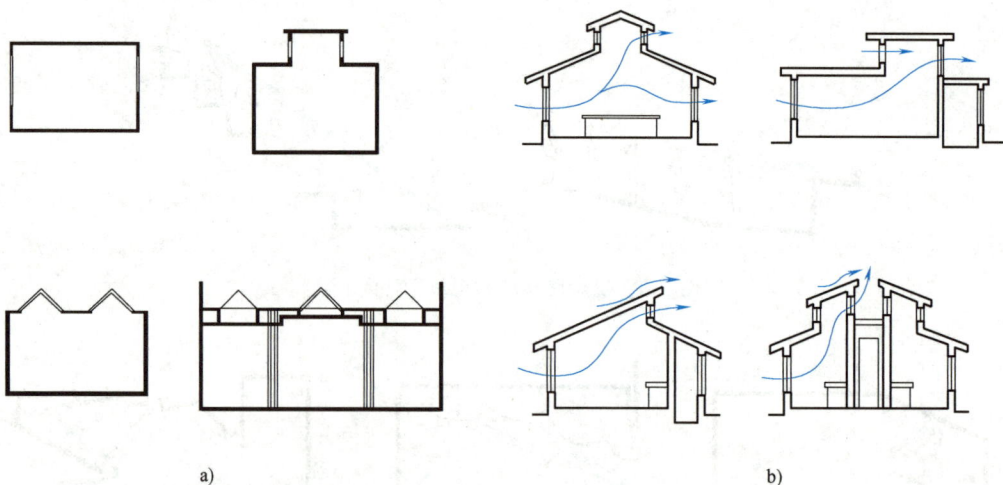

图 3-11　采光、通风对剖面形状的影响

a）带不同形式采光窗的剖面形状　b）带顶部通风窗的剖面形状

■ 3.5　建筑空间组合与利用

　　建筑空间组合是根据建筑内部的使用要求，结合基地环境等条件，通过分析建筑在水平方向和垂直方向的相互关系，将大小、高低各不相同，形状各异的空间组合起来，使之成为使用方便、结构合理、体型简洁而美观的有机整体。

3.5.1　空间组合的原则

1. 功能合理

　　在剖面设计中，不同用途的房间有着不同的位置要求。一般情况下，对外联系密切、人员出入频繁、室内有较重设备的房间应位于建筑的底层或下部；而对外联系较少、人员出入不多、要求安静或有隔离要求、室内无大型设备的房间，可以放在建筑的上部。例如：在商场设计中，将超市设置在商场负一层；在高等学校综合科研楼设计中，将接待室和有大型设备的实验室放在底层，而将使用人数较少、相对安静的研究室设置在建筑的上部。

　　建筑剖面空间组合设计还应进行合理的功能分区，保证正常使用。结合平面设计原理，以动静分区为例，在教学楼设计中，应处理好普通教室、音乐教室、舞蹈教室、活动室等使用房间的关系，在避免同层干扰的同时也要避免上下层之间干扰。

2. 结构合理

　　建筑剖面空间的组合，还应与建筑结构相适应，注意承重结构的上下关系。应尽量将小尺度空间放在下方，将大尺度空间放在上方，处理好结构构件之间的传承关系，避免出现"空中楼阁"等不合理的结构形式，避免由于结构设计不合理而导致的造价提升和技术难度增加等问题。

3.5.2　空间组合的方法

1. 高度相同或相近的空间组合

把高度相同或相近、使用性质相似、功能关系密切的房间组合在同一层，在满足室内功能要求的前提下，通过调整部分房间的高度，统一各层的楼地面标高，以利于结构布置和施工是建筑设计中的常用方法。以住宅为例，一般情况下设计时将层高统一设置为2.8m，这样既有利于结构布置，也简化了构造和施工方案（《住宅设计规范》中规定卧室、起居室的室内净高不应低于2.4m，厨房、卫生间的室内净高不应低于2.2m）。

2. 以大空间为主体的空间组合

有些建筑中主要空间的面积和高度远大于其他空间，如影剧院、体育馆等。在空间组合中应以大空间为中心，在其周围布置小空间，或将小空间布置在看台下的结构空间中，如体育馆，就是以比赛大厅为中心，将运动员休息室、更衣室、设备用房以及其他辅助空间布置在看台下，如图3-12所示。

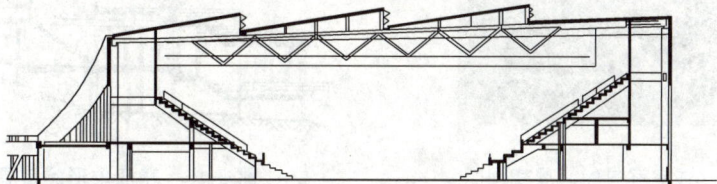

图3-12　体育馆剖面示意图

3. 以小空间为主体的空间组合

有些建筑类型以小空间为主，但其中也穿插布置少量的大空间，如教学楼中的阶梯教室、办公楼中的报告厅、商住楼中的营业厅等。一般有两种处理方式：第一种是将小空间组合形成主体，将大空间依附于主体建筑一侧，从而不受层高与结构的限制；第二种是将大、小空间上下叠合，将大空间布置在建筑的上部。这种剖面空间组合如图3-13所示。

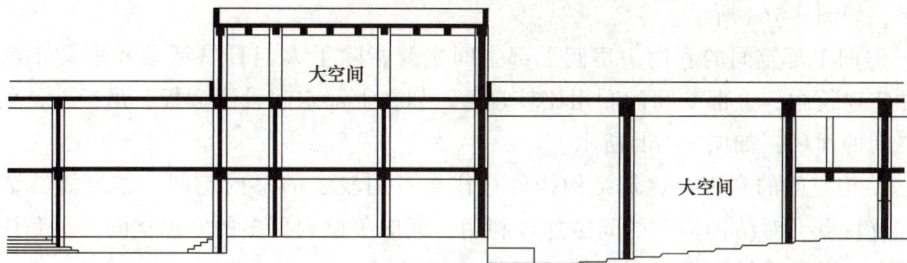

图3-13　以小空间为主体的剖面空间组合示意图

4. 综合性空间组合

综合性建筑通常由大小、高低、形状各不相同的空间构成，如文化馆建筑中电影院、餐厅、健身房等空间，与阅览室、办公室等其他空间的差异就较大；图书馆建筑中阅览室、书

85

库、办公室等用房，在空间要求上也各不相同。对于这一类复杂空间的组合，必须综合运用多种组合形式，才能满足功能及艺术性要求。

5. 错层式空间组合

有些建筑中，虽然各种功能空间的高差并不大，但为了节约空间，降低造价，将相同高度的房间集中起来分别布置，导致在不同高差空间相连接的位置出现错层。此外，在建筑设计中建筑师会特意降低或抬高某些空间的地面高度，有意创造错层高差，达到丰富建筑空间的目的。以上两种错层高差较小，一般可通过台阶的方式解决高差问题，如图 3-14 所示。

当建筑物的两部分空间高差较大，或由于地形起伏变化，造成建筑几部分楼地面高低错落时，可以利用楼梯来解决错层高差，如图 3-15 所示。

图 3-14　住宅室内的错层空间　　　　图 3-15　顺应地形的错层空间组合

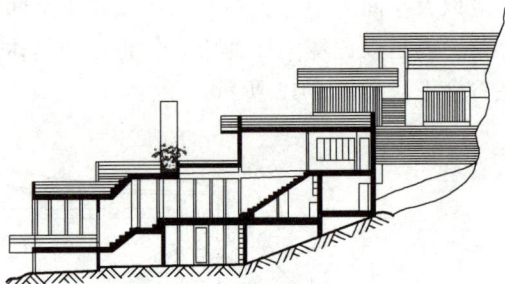

3.5.3　竖向空间的利用

建筑竖向空间的利用不但可以在不影响主体空间的基础上增加可利用的空间，还可以丰富空间的层次，其处理手法主要归纳为以下几种：

（1）夹层空间的利用　有些建筑内部空间大小很不一致，如体育馆的比赛大厅、候机楼的候机大厅等，它们的空间高度都很大，因此可采用在这些大空间中设夹层的方法形成小空间，作为辅助用房或其他功能性用房，这样既能提高大厅的利用率，又可改善室内空间的艺术效果，如图 3-16a 所示。

（2）房间上部空间的利用　房间上部空间主要指除了人们日常活动和家具布置以外的空间。住宅建筑中，上部空间的利用比较常见，如在上部空间设置搁板、吊柜等，可有效增加储藏空间的面积，如图 3-16b 所示。

（3）结构空间的利用　建筑结构构件往往会占用较多的室内空间，如果能够结合建筑结构形式及特点，对结构构件的间隙加以利用，就能争取到更多的室内空间，如利用坡屋顶的山尖部分，可以设置搁板、阁楼等，如图 3-16c 所示。

（4）走道及楼梯空间的利用　民用建筑的走道面积和宽度一般都较小，但却与其他房间的高度相同，空间浪费较大，设计时可以利用走道上部空间布置设备管道及照明线路，如图 3-16d 所示。室内楼梯的底层休息平台下，至少有半层的高度，楼梯下部空间可做家具布置处理，如开敞的置物架或储藏柜等。民用建筑中还可通过降低楼梯间首层平台下地面标高和增加第一梯段高度的方法来增加平台下的净空高度，进而将其改造为辅助用房或储藏

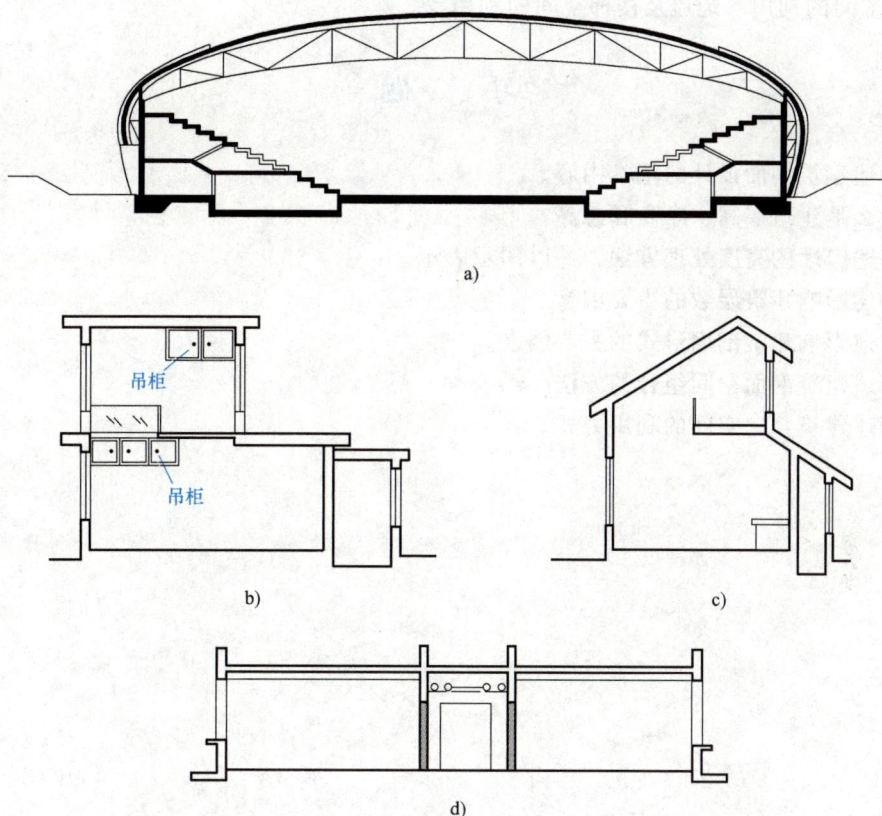

a)

吊柜

吊柜

b)   c)

d)

图 3-16 建筑竖向空间的利用

a) 夹层空间的利用 b) 上部空间的利用 c) 结构空间的利用 d) 走道上部空间作技术层

空间。

本 章 小 结

1. 建筑剖面设计是建筑设计完成过程中必不可少的重要环节，其主要内容包括：确定房间的剖面形状、尺寸及比例关系；确定建筑的层数和各部分的标高，如层高、净高、窗台高度、室内外地面标高等；解决天然采光、自然通风、保温隔热、屋面排水及选择建筑构造方案；选择主体结构与围护结构方案；进行建筑竖向空间的组合，研究建筑空间的利用。

2. 建筑各部分高度的确定主要包括：建筑的净高、层高和总高，窗台高度，室内外地面高差和门厅的高度处理等。

3. 影响建筑层数的主要因素包括：建筑的使用要求，基地环境和城市规划要求，建筑结构、材料和施工要求，建筑防火要求和建筑经济性要求等。

4. 房间剖面形状设计主要考虑三个方面的因素：建筑空间的使用功能，结构、材料和施工技术，建筑采光、通风需求。

5. 建筑剖面空间组合的原则为功能合理和结构合理。空间组合的方法包括：高度相同或相近的空间组合、以大空间为主体的空间组合、以小空间为主体的空间组合、综合性空间组合、错层式空间组合等。竖向空间的利用方式包括：夹层空间的利用、房间上部空间的利用、结构空间的利用、走道及楼梯空间的利用等。

习　题

1. 简述建筑剖面设计的基本内容。
2. 什么是建筑层高、净高和总高？
3. 简述门厅的高度处理方法，并以图示表示。
4. 简述影响建筑层数的主要因素。
5. 简述影响建筑剖面形式的主要因素。
6. 简述建筑剖面空间组合的方法。
7. 简述建筑竖向空间的利用方式。

第4章

建筑体型与立面设计

学习目标

了解建筑体型与立面设计的主要内容与特点，掌握形状原理和形式构图的一般知识。了解建筑体型与立面设计的影响因素，建筑体型与立面设计应综合考虑建筑的功能性、建筑的审美性、建筑的技术性和建筑的经济性。掌握建筑经典形式规律：统一与变化、主从与重点、对称与均衡、比例与尺度等构图法则；了解当代形式美规律：解构无序、动态自由、简约极简、表皮肌理等构图法则。掌握建筑体型组合方式和立面设计方法。

■ 4.1 建筑体型与立面设计概述

建筑外部形态设计包括体型设计和立面设计两个部分。建筑体型是指建筑物与室外大气接触的、其所包围的体积的高低大小、相互关系、组合方式等。一般是先确定建筑体型，进而依据体型确定建筑立面。建筑立面是指建筑与其外部空间直接接触的界面，以及其展现出来的形象和构成的方式，它是建筑内外空间界面处的构件及其组合方式的统称。

建筑外部形态是设计者运用建筑构图法则，使坚固、适用、经济、绿色和美观等要求有机统一的结果。丰富的建筑外部形态包含了一定的内部秩序。建筑既是工程技术产品，也是艺术创造的作品，因此它不仅要满足人们的生活、工作、娱乐、生产等物质功能要求，而且还要满足人们精神、文化方面的需要。建筑的美观问题，在一定程度上反映了社会的文化生活、精神面貌、时代特征和经济发展情况。不同分级、不同类型的建筑对艺术方面的要求不同，具有纪念性、象征性、标志性的建筑，其形象和艺术效果常常起着决定性的作用。正是建筑的这种物质和精神的双重功能属性，才使建筑的体型与立面设计显得十分重要。

一般来说，建筑立面是指建筑物面向观赏角度的可见立面，其包括除屋顶外建筑所有的外围护部分。在某些特定情况下，对于不规则形体造型的建筑来说，屋顶与墙体表现出难以区分的连续性，因此，为了特定建筑观察角度的需要，有时屋顶可作为建筑的"第五立面"出现。

4.1.1 形状要素与形式构成

形状要素分为概念要素和视觉要素，其构成规律基本相同。形状有二维形和三维体之分，任何形状都可以从二维和三维的角度去理解。概念要素是指构成形状的基本要素——点、线、面、体，任何形状都可以被分解为点、线、面、体。概念要素强调抽象性、概括性和提炼性，它排除了实物材料的特性，被称为纯形式。视觉要素是指具有色彩、质地、大小等信息的实体要素，是视觉目标的实物呈现，其中包含了点、线、面、体的抽象内容。在不同的尺度环境下，点可以看成是面、线或者体，反之亦然。点、线、面、体结合十分紧密，没有绝对的点、线、面、体，它们之间可以通过一定的方式相互转化，从而形成丰富的形态关系，如图 4-1 所示。

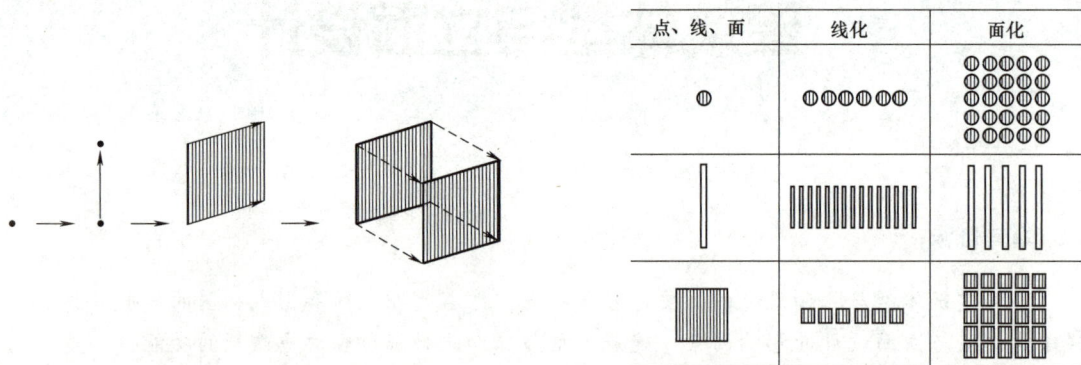

点、线、面	线化	面化

图 4-1　点线面体的转化

　　形式构成包含了平面构成和立体构成两方面内容。构成是始于近代的造型概念，其含义是指将不同或相同形态的几个以上的单元，重新组合成为一个新的单元，形式构成包括自然形态、几何形态和抽象形态。平面构成是视觉元素在二维平面内，按照美的视觉效果和力学原理进行编排和组合的，它是以理性和逻辑推理来创造形象，研究形象与形象之间的排列的方法，是理性与感性相结合的产物。平面构成探讨的是二度空间的视觉方法，其构成形式主要有重复、近似、渐变、变异、对比、集结、发射、特异、空间与矛盾空间、分割、肌理及错视等。立体构成也称为空间构成，它是以点、线、面为基本元素，以视觉为基础，力学为依据，将造型要素按照一定的构成原则，组合成有机整体的形体构成方法。常用手法有对称、连接、穿插、肌理、虚实、旋转等。立体构成广泛应用于建筑设计、产品设计和工业设计中。立体构成包括点立体构成、线立体构成、面立体构成、块立体构成和综合材质立体构成。点、线、面、体形成空间关系如图 4-2 所示。平面构成与立体构成如图 4-3 所示。

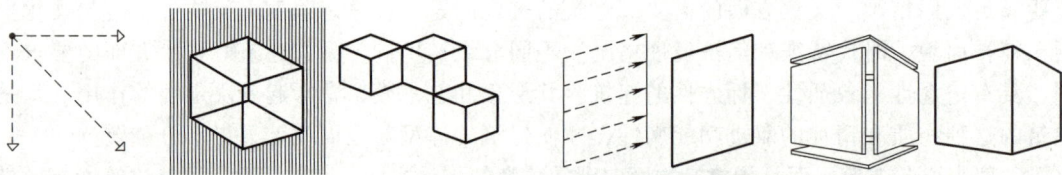

图 4-2　点、线、面、体形成空间关系

图 4-3　平面构成与立体构成

4.1.2　建筑体型与立面的要素构成

建筑形态是一种人工创造的物质形态，其体型与立面构成是在基本形态构成理论基础上，探求建筑构成的特点与规律。建筑体型与立面作为视觉要素，体现在形状、尺寸、色彩、质感、位置、方向等几个方面，同时需要考虑视觉与心理因素的影响。建筑形态构成的核心是空间构成与平面构成的外在表现。构成与建筑几何体型的关系如图4-4所示，构成与建筑自由体型的关系如图4-5所示。

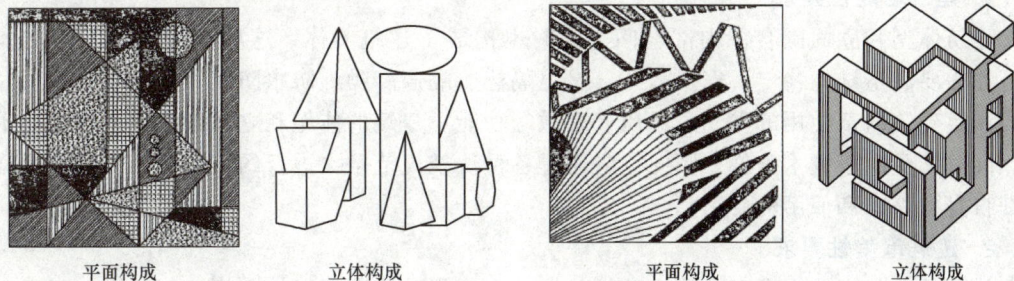

平面构成　　　　　立体构成　　　　　平面构成　　　　　立体构成

图 4-4　构成与建筑几何体型的关系

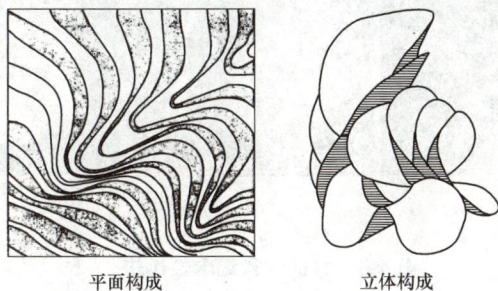

平面构成　　　　　　　　立体构成

图 4-5　构成与建筑自由体型的关系

建筑体型是空间围合体，其构成要素包括体量、高低、大小、轮廓等方面，又包含底部、顶部、转角和入口等次级结构的各类组成部分。例如，对于高层建筑来说，其体型是由裙房和塔楼组成；对于大型公共建筑来说，其体型包括主楼和配楼；对于群体建筑来说，其体型还包括一些连接体、转换体等。这些建筑组成部分之间的关系，是研究推敲建筑体型的主要内容。

建筑立面是建筑空间的视觉载体，其构成的主要元素包括屋顶、墙体、基座、门窗洞口、装饰构成等，次要元素则包括门廊、台阶、檐口、线脚、装饰符号等。

4.1.3 建筑体型与立面的设计依据

1. 建筑功能性要求

建筑体型和立面围合了内部空间，同时也构成了建筑实体。这些都包含了一些功能因素，如需要满足结构稳定、安全耐久、保温隔热、隔声降噪、防水防潮等基本功能，同时还需要满足建筑内部使用的采光、通风、疏散等功能。建筑的体型和立面依托于一系列技术条件，同时又受制于技术条件，因此，应通过各种法规规范条文进行约束和控制，使之最终满足其自身的需求和使用的要求。

2. 建筑审美性要求

建筑的外在审美需求又被称为精神功能，主要指功能实用以外的型制、装饰、寓意和非物质需求。建筑风格具有时代性和地域性，在一定程度上体现并符合建筑功能，任何建筑都是功能与形式的统一体。建筑具有历史和文化属性，标志性建筑更是时代、国家和民族的象征。建筑的外观形象要充分考虑其承载的精神和审美方面的要求。历史上，建筑作为一种巨大的物质财富，掌握在统治阶级手中，它不仅要满足统治阶级的物质功能要求，还必须反映社会占统治地位的意识形态，具有意识形态的象征功能，如图 4-6 所示。

图 4-6 象征性和纪念性建筑
a）庄严宏伟的紫禁城 b）象征胜利与纪念的凯旋门 c）高耸精美的索菲亚教堂

无论是我国的气势磅礴的紫禁城、长城，还是古埃及的金字塔、巴黎的凯旋门，都以其特有的建筑空间和艺术效果，表达了统治阶级的威严和意志。

高耸入云的教堂，经常采用的细高比例、竖向线条来表达神圣和威严，用层层拱券、陡峭尖塔等形式，暗示了宗教律条和秩序。建筑体现了人们对宗教神权的无限向往和崇拜，其精神功能的体现是建筑成败的关键。同样，对于寺庙、纪念馆、大会堂等此类建筑来说，需要传达固定的审美需求，影响其外部形式的与其说是物质功能，毋宁说是精神方面的要求。此外，建筑审美需求逐渐形成相对稳定的风格，在同一时期，不同地域、国家和民族的建筑风格迥异，深层次的问题是意识形态和文化土壤之间的差异。建筑的视觉形象体现了人群的审美偏好和接受习惯，如在建筑的色彩偏好、装饰程度、符号层次等方面存在的较大差异。

3. 建筑技术性要求

建筑是运用大量的建筑材料，通过一定的技术手段建造起来的，在很大程度上受到物质和技术条件的制约。可以说，没有将建筑构思变成物质现实的物质基础和工程技术，就谈不上建筑艺术。建筑体型和立面设计要符合工程技术逻辑，与建筑的结构形式、材质构造相配合，从而创造出技术与艺术相融合的建筑作品。

结构形式不同，会导致建筑体型和立面设计的根本性变化。不同受力特点，反映在体型和立面上也截然不同。例如：砌体结构，由于外墙要承受结构的荷载，立面开窗需要避开传力路线，开窗的自由度受到严格的限制，因而其外部形象就显得呆板厚重；框架结构由于其外墙不承重，则可以开大窗或带形窗，外部形象就显得开敞、轻巧；空间结构不仅为大型活动提供了理想的使用空间，同时各种形式的空间结构又赋予建筑极富感染力的独特外部形象。图4-7所示是不同结构类型形成的建筑外部形象。材质构造不同，会导致建筑形象差别很大。不同外饰面装饰材料的运用，其艺术表现效果明显不同，在相当程度上影响到建筑作品的外观和效果，如图4-8所示。

图 4-7　不同结构类型形成的建筑外部形象
a）砌体结构　b）框架结构　c）空间结构　d）木竹结构　e）纸筒结构　f）张拉膜结构

图 4-8　不同墙面材料类型
a）玻璃幕墙　b）砖石贴挂　c）金属表皮

　　建筑要与其周围环境进行协调，往往受到周围环境的制约和限制。城市设计就是处于城市规划和建筑单体之间的转换层次。城市设计和控制规划是建筑单体设计的上位条件，会对建筑的限高、形体、外观、颜色甚至出入口等进行法规性控制。

　　在特殊的环境中，建筑体型和立面尤其要重点对环境进行分析，如历史文化地段、遗产保护区域、山地丘陵地段等。这些外在条件直接决定了建筑的形体组合、开口、日照、朝向等形态。新建建筑不应破坏原有环境和风貌，应适应环境，有机融合，如图4-9所示。不同气候区的建筑体型和立面有着明显差异，这主要是适应当地的气候、日照、朝向、常年风向等，经多年积淀，逐渐形成的相似相近的体态特征。图4-10所示是气候条件不同的地区的建筑形状体型。

a)　　　　　　　　　　　　　b)

图 4-9　建筑形状体型适应环境

a）体育组群建筑　b）山地建筑

a)　　　　　　　　　　　　　b)

图 4-10　不同气候区的建筑形状体型

a）北方建筑体型紧凑，界面封闭　b）南方建筑体型通透，界面开放

4. 建筑经济性要求

　　建筑业是国民经济的重要物质生产部门，它与整个国家经济的发展、人民生活的改善有着密切的关系。建筑是由大量物料和人工经一定的建造时间汇聚而成的。建筑根据其等级、用途、功能确定其建造标准和投资，不同的建造标准对应着不同的选材、设备和工艺，因此

会对体型和立面产生很大影响。一般来说，大型公共建筑和复杂的空间形体在体型和立面的投入投资比例高，如选用石材、玻璃、金属幕墙等做法。大量一般性民用建筑应该考虑实用美观，要有节约意识和成本控制手段，应严格执行国家规定的建筑标准和相应的经济指标，避免过度铺张浪费。另一方面，也要防止过度的追求低造价从而导致的低标准，避免选用低廉的材料、粗制滥造的现象发生，避免造成使用性能不被满足甚至影响破坏建筑外观形象的现象发生。

4.2 建筑体型与立面的形式规律

4.2.1 经典形式规律

建筑经典形式规律是长期历史积淀形成的，其中包括古代建筑对型制、比例的严格规定。例如，古希腊罗马时期，建筑的三段式构图、对称式布局以及各部分之间的比例规定；中国宫廷建筑的奇数开间、中轴对称、斗拱模数制规定等。经典形式规律还包括各时期意识形态和人文思想的集中体现，如文艺复兴时期的建筑对称规律、中国近代中西结合的西洋式混搭风，以及建筑师群体在长期的实践中，通过自身的认识和经验，总结出来的精华。

这些规律来源于实践又用之于实际设计中，因此对于建筑体型与立面设计来说，掌握研究并充实完善这些规律是十分必要的。

1. 统一与变化

建筑形态既要有变化又要有秩序，统一包含了秩序和变化这两层意思：在统一中求变化，在变化中求统一。统一是一切形式美原则的基础，是形式美的根本规律。形式美的其他方面如韵律、节奏、主从、对比、比例、尺度等，实际上是统一与变化在各方面的体现。常见的统一有两种：

1）简单统一，是指利用基本几何形状，如长方体、正方体、球体、圆柱体、圆锥体等形体营造建筑空间。这是一种形状简单、明确肯定的统一方式。

2）多样统一，也称有机统一，是指建筑若干的组成部分既有区别又有联系，把这些部分按照一定的规律，有机组合成为一个整体。这种统一丰富而富于变化。

变化指的是要素之间的差异，包括对比变化和微差变化。在建筑设计上存在许多对比要素，如体量大小、高低，线条曲直、粗细、水平与垂直，虚与实，以及材料质感、色彩等。微差指的是不显著的差异，它反映出一种性质向另一种性质转变的连续性，如由重逐渐转变为次重和较轻。就形式美而言，这两者都是不可缺少的。对比可以借彼此之间的烘托陪衬来突出各自的特点以求得变化；微差则可以借相互之间的共同性求得和谐。没有对比会使人感到单调，但过分地强调对比以至失去了相互之间的协调一致性，则可能造成混乱。只有把这两者巧妙地结合在一起，才能达到既变化多样又和谐统一，如图4-11～4-13所示。

图4-11 包豪斯学校：统一与变化

图 4-12　建筑虚实对比的处理手法

图 4-13　对比与微差，立面和谐统一又富有变化

统一与变化缺一不可，建筑如果有统一而无变化就会产生呆板、单调、不丰富的感觉；反过来有变化而无统一，又会使建筑显得杂乱、繁琐、无秩序。两者皆无美可言。要创造美的建筑，就要学习掌握恰当地运用统一与变化这个美的最基本的法则。

2. 主从与重点

在有机统一的整体中，存在着主要和从属、重点和一般、核心和外围的差异。建筑体型与立面设计，为了达到美观、和谐、统一，必须处理好主从与重点的关系。

在体型与立面设计中应做到主从分明，这是指组成建筑体量的各要素不应平均对待、各自为政，而应当有主有从，秩序分明。同时，还应做到重点突出，确定比较引人注目的焦点、重点或核心。一幢建筑如果没有重点或中心，不仅使人感到平淡和松散，而且还会由于秩序弱化，以至失去有机统一性。

建筑体型与立面设计，应从内部空间秩序到外部体型关联入手，依照先体型组合后立面细节的顺序，处理好主与从、重点与一般的关系。设计者可采取的手法有很多，例如，对于由若干要素组合而成的整体，如果把作为主体的大体量要素置于中央突出地位，而把其他次要要素从属于主体，就可以使之成为有机统一的整体。还可以充分利用建筑功能的特点，有意识地突出其中的某个部分，并以此为重点或中心，而使其他部分明显地处于从属地位，同样可以达到主从分明，完整统一的效果，如图 4-14 所示。

3. 对称与均衡

对称是普遍存在于大自然之中的客观现象。对称是人们在长期实践中普遍接受的观念，从而被当作一种建筑美学的原则来遵循。中外建筑无论单体还是群体空间，历来都讲究对称，建筑的对称包括中心轴线，以及两侧的体型与立面部分。

图 4-14　利雅得银行：
主从分明重点突出

对称给人以静态的稳定感。由于中轴线两侧必须保持严格的制约关系，所以凡是对称的形式都能够获得统一性。中外建筑史上无数优秀的实例，都采用了对称的组合形式，获得了完整统一的形式感。中国古代的宫殿、寺庙、陵墓等建筑，通过对称布局把众多的建筑统一为一个完整的建筑群；西方建筑自古希腊罗马的神庙建筑开始，几乎都倾向于利用对称的构图手法谋求整体的统一。

均衡是指建筑物各体量在建筑构图中的左右、前后相对的轻重关系，包括建筑构图中的上下、轻重关系。均衡可以分为两大类：一类是对称形式的均衡如图 4-15 所示；另一类是非对称形式的均衡，如图 4-16 所示。前者较严谨，能给人以庄严的感觉，后者较灵活，给人以轻巧和活泼的感觉。采取哪一种形式的均衡，要综合地看建筑物的功能要求、性格特征以及地形、环境等条件。不对称均衡往往可以适应现代建筑复杂多变的功能要求，可以更灵活地适应场地环境和内部功能，因其没有严格的约束，适应性强，显得生动活泼。

图 4-15　对称均衡式建筑

图 4-16　非对称均衡式建筑

物体体型的上小下大，能形成稳定的均衡感，如图 4-17 所示。但随着现代新结构、新材料、新技术的发展，丰富了人的审美观，传统的稳定观念逐渐改变，底层架空甚至上大下小的悬臂结构逐渐被接受、喜爱，如图 4-18 所示。

图 4-17　上小下大获得稳定感

图 4-18　新材料技术使上大下小的建筑获得稳定感

4. 比例与尺度

比例是建筑体型与立面设计中用于协调建筑物尺寸的基本手段之一，是指局部和整体、局部与局部之间的数字占比关系，它是精确详密的比率概念。任何建筑，都存在着长、宽、高三个方向之间的大小关系，比例所研究的正是这三者之间的理想模型。比例是调节细部和整体服从一定的模数从而产生美感的方法。

人们在长期的生产生活实践中一直运用着比例关系，并以人体自身的尺度为中心，根据自身活动尺度总结出各种标准，体现于衣食住行的器用和工具的制造中。例如：古希腊时期就提出了世界公认的黄金分割比即 0.618：1，正是人眼的高宽视域之比，如图 4-19 所示。恰当的比例则有一种谐调的美感，成为形式美法则的重要内容。美的比例是建筑构图中一切视觉单位的大小，以及各单位间编排组合的重要因素。建筑表现是把不同的组成素材合理的编排在一起，各种素材的面积与体积大小的比例、数量多少的比例，需要符合规律，给人以美的感受，如果比例失调，就破坏了美的秩序和规律，造成作品的失败，如图 4-20 所示。

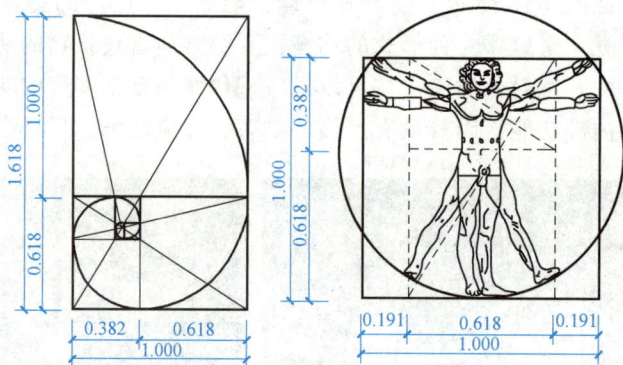

图 4-19　图形比例与数字关系

图 4-20　建筑隐含的秩序：比例与数字关系

尺度所研究的内容，是建筑整体与局部、局部与局部之间的关系，在建筑物整体与每一个组成要素之间，通过确定适当的位置、适当的尺寸以创造出优美的秩序。每一个部件应当处于恰当的范围与位置上，它不应该比实际使用的要求更大，也不应该比相对熟悉的尺寸更小，更不应该是怪异的和不相称的，而应该是合宜而恰当的。

尺度感是指人获得的感觉上、印象中的尺寸和其真实尺寸大小之间的关系。在设计中，利用一些尺寸基本不变的构件，如栏杆、扶手、踏步等，同建筑物的整体或局部做比较，将有助于获得真实正确的尺度感。尺度正确和比例协调，是使立面完整统一的重要方面。建筑的比例与尺度具有自身规则，但要根据场地性质、功能与构造工艺对其进行加减。良好的尺度可以给人舒适、和谐、完美的感受，如图 4-21 所示。

4.2.2　当代形式规律

形式美规律伴随着审美观念的发展变化而变化。在经典的形式美法则之上，发展、演绎、变异出许多新的形式美法则，表现出时代化、宽泛化、世俗化、休闲化等诸多方面，所有这些都使得传统形式规律的阈限和创造方式发生了空前的扩张与位移。形式美规律成为整

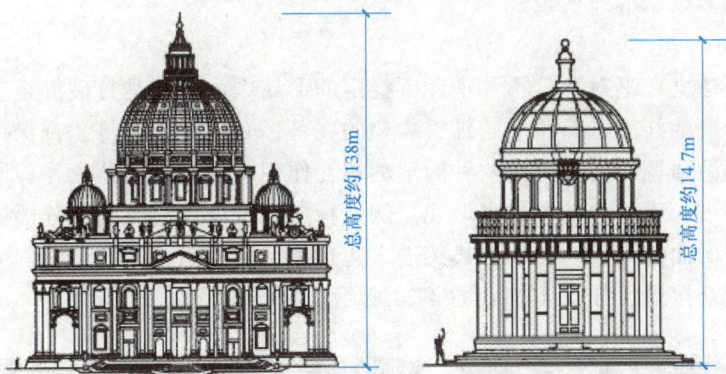

图 4-21　建筑尺度关系

个社会文化的具体实践方式和大众日常生活本身的直观形式，在建筑领域则直接体现为更为多元与包容，如反叛与超越，跨界与混搭等。具体有以下几种形式较具有代表性。

1. 解构无序

解构主义建筑是在 20 世纪 80 年代晚期开始出现的，它受哲学领域的解构主义思潮影响，属于后现代主义建筑范畴。解构是将原有的结构系统分解为组成元素，再按照个性的原则将元素重新编排，体现为破碎、零散、无序等反传统的颠覆特征。它的设计过程属于非线性设计的过程，重在颠覆经典、重构秩序，强调变形与移位，混乱与混杂，如图 4-22 所示。

图 4-22　解构主义建筑举例

解构主义脱胎于现代主义、后现代主义、立体派，简约主义及当代艺术，目的是远离甚至颠覆已有的束缚规范，譬如"形式跟随功能""形式表达结构""材料的真实"等。

计算机辅助设计在很多方面成了当代建筑设计的重要工具。对于解构主义来说，必须借助于专业的设计软件来完成数字化的模型，可以在模型中读取数据，使得数以万计的不规则的尺寸精准地呈现出来。近期发展的 BIM 模型可以保证建筑变异的体型、复杂的空间、倾斜的线条等细部得以精准地实现。

2. 动态自由

动态自由是建立在不对称、不均衡、不稳定的形式中，通常是打破静止、形成动感的设计。大自然中奔流的江河、旋转的陀螺、展翅的飞鸟、奔跑的走兽等，都保持动态自由的姿态。现代建筑理论强调时间和空间两种因素的相互作用，强调人的感觉体验所产生的巨大影响，促使建筑师去探索新的动态自由形式。例如：把建筑设计成飞鸟的外形、螺旋体型，或采用具有运动感的曲线等。动态的形式感进入建筑体型与立面设计领域，创造了全新的建筑形式，逐渐被大众接受，如图 4-23、图 4-24 所示。

图 4-23 整体动态自由的建筑

图 4-24 局部动态自由的建筑

动态自由是较复杂的形式，它不仅仅是简单的模拟自然的风气、水流、动植物等瞬间的形态，还需要处理好功能理性、技术理性和接受惯性的问题。动态自由也不是完全无序，其中具有一定的规律的变化，既可能是复杂的数学函数曲线，也可能是计算机数字化设计中的某次随机样式。动态自由往往通过构成元素的数量、形式、大小等的增加或减少，扩散或集聚，形成一定的趋势和指向性。

动态自由一般需要具备较大的建筑规模，宽松的场地环境、通常以曲线、自由线、折线等抽象要素为依托，进而附着匹配材料，形成个性化的视觉目标。

3. 简约极简

极简主义，也称为简约、极少、极限主义，是由德国建筑设计大师密斯·凡德罗提出的"Less is more"（少即是多），推衍开来，风靡 20 世纪二三十年代，广泛地涉及建筑、室内设计、家具、服装、文学、包装、摄影等众多领域，至今仍然散发着巨大魅力。极简并不是简单、简陋，而是被提炼出来的纯粹和精华，它主张形式简单、高度功能化与理性化的设计理念，看似简洁却内涵深蕴，非常适合于现代人彰显独立个性和精致品位的要求。极简主义推崇作品的内容被减少至最低限度。当物体的所有组成部分和细节，以及所有的连接都被减少或压缩至精华时，它就会拥有这种特性，这就是去掉非本质元素的结果。简约极简风格就有以下特点：

1）形式的极端简化，如使用基本形状、原色中的单色，且讲究客观性而不刻意追求风格。

2）形式中只是使用最少的基本成分和要素。

3）主张用"极少的色彩，极少的形象"简化画面，除去干扰主体的不必要的东西。

4）最低的、必需限度的、必要的极少一部分的。

建筑中的简约极简风格是作为现代主义建筑、抽象表现主义建筑的分支发展而走向极致的，如图4-25所示，其建筑风格的具体表现为：

1）建筑体块极简：基本以几何体、几何原型为主，体型简洁明了、交接关系清楚，不刻意追求复杂变化。

2）建筑色彩极简：建筑用色以素淡为主，主要是白色、灰色等，去色是简化的主要手段。

3）建筑装饰极简：基本不需要装饰、符号，如果有也是提炼到最简单最直接的形式。

4）建筑材料极简：基本使用一种材质，白墙、清水混凝土、石材是常用的选择。

图4-25 极简主义建筑举例

4. 表皮肌理

表皮肌理又称质感，是指物体表面的组织纹理结构，即各种纵横交错、高低不平、粗糙平滑的纹理变化。物体的材料不同，表面的组织、排列、构造各不相同，因而产生不同的粗糙感、光滑感、软硬感。建筑表皮肌理一方面体现为材料的表现形式；另一方面体现为不同的构造工艺。不同的材质与构造工艺可以产生各种不同的肌理效果，创造出丰富的建筑造型形式，并能加强形象的作用与感染力，如图 4-26~图 4-28 所示。肌理的构成形式有重复、渐变、发散、变异、对比等。建筑表皮肌理包含以下内容：

图 4-26　表皮材料肌理

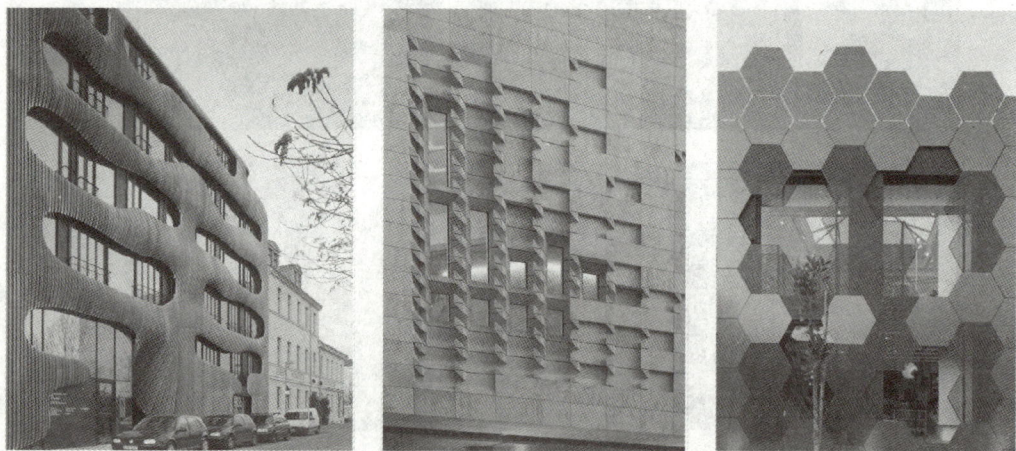

图 4-27　表皮：虚实结合的单元重复

1）触觉肌理。建筑表皮肌理给人以直观的接触感觉，如光滑、粗糙、冰冷、弹性等，在建筑的近人部分比较明显，如台阶、扶手、平台、墙面，以及其他停歇驻留的空间等。

2）视觉肌理。人们对触觉物体的长期体验和记忆，以至不必触摸，便会在视觉上感到质地的不同，称之为视觉肌理。例如：人会觉得木材的质感是温润宜人的，石材的质感是坚

图 4-28　表皮：点、线、面组合的构成变化

硬冰冷的。

3）自然肌理。这一般指自然形成的天然纹理，如木材、天然石材等没有加工所形成的肌理。

4）创造肌理。这是指由人工造就的、经过表面加工改造的一种肌理形式。它是通过雕刻、打磨、压揉等工艺，重新进行排列组合而形成的。

■ 4.3　建筑体型与立面设计方法

4.3.1　体型处理与组合

建筑体型的确定受规模、环境、风格、功能以及技术条件限制，体型确定过程是比较复杂的，体型的选择也是多种多样的，体型设计应从环境分析入手，以满足功能为前提，以技术理性为保障，整体考虑，逐步确立。单个体型的处理和多个体型的组合，是立面设计的先决条件。单个体型各部分体量关系是否恰当，多个体型之间的组合比例如何，都直接影响到建筑造型。如果处理不好，会带来先天不足，对立面设计造成很大困难，有时缺陷甚至无法补救。

1. 单个体型处理

单个体型是指整个建筑基本上是一个较完整的简单几何体型，它造型统一、完整，没有明显的主次关系，在大、中、小型建筑中都有采用。单个体型的处理手法有加法和减法：加法是对该体型进行局部的增加，空间外延和拓展，增加层次，造成高低错落，以打破原有体型。体型上附加空间、体量，或是装饰物、塔楼、门廊是常用的手段。单个体型处理，也可以借助于功能性的设备设施进行统一处理，比如利用屋顶的电梯机房，出屋面的楼梯间等，进行一并考虑。减法是对已确定的体量进行局部的挖、切、削等，造成体型的凹凸变化。常用手法是在建筑的出入口，利用凹空间形成雨棚雨搭；炎热地区多结合建筑体型的自遮阳处理，也有利用切挖形成的空间，用作休息平台和绿化休闲空间。单个体型的变化处理如图4-29 所示。

2. 多个体型组合

多个体型组合是由多个几何体块，按照一定的规律布局，有机地形成一个整体。体型组

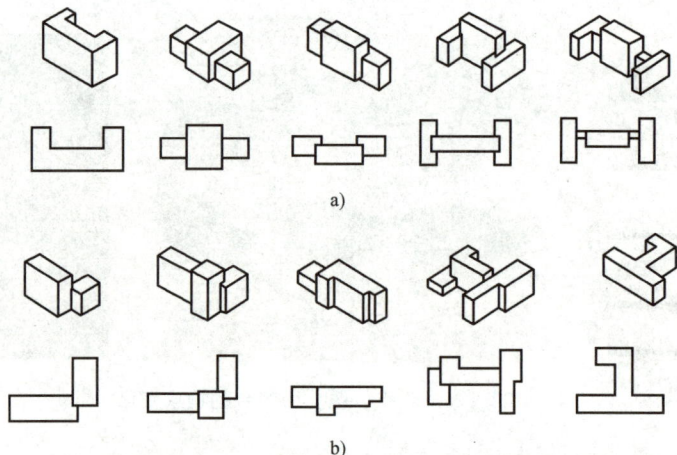

图 4-29　单个体型的变化处理

合不是若干个单个体型面积的简单相加，而是有着内在的科学严谨的系统性。由于体型间的复杂程度，因此体型组合过程是复杂而灵活多变的，不存在唯一的标准和答案。多个体型变化组合如图 4-30 所示。

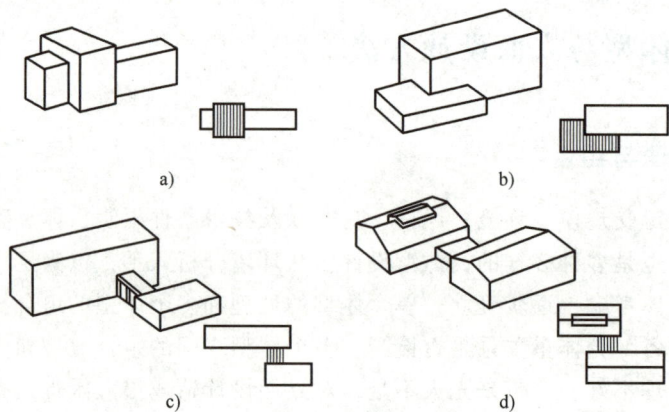

图 4-30　多个体型变化组合

a）体型直接连接　b）体型咬合交接　c）体型靠走廊连接　d）体型靠体型连接

体型组合上有大小不同、前后凹凸、高低错落等变化。组合体型一般又分为两类：一类是对称式，另一类是非对称式。对称式体型组合主从关系明确，体型比较完整统一，给人庄严、端正、均衡、严谨的感觉，如图 4-31 所示；非对称体型组合布局灵活，能充分满足功

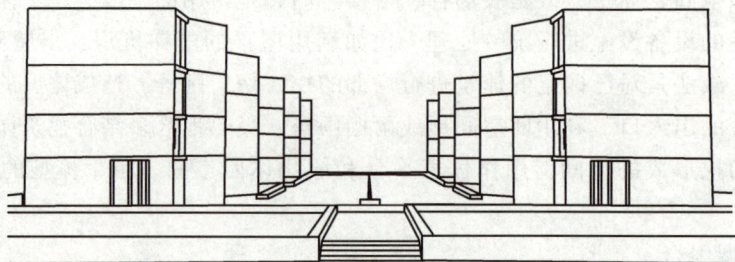

图 4-31　对称式体型组合建筑示例

能要求并和周围环境有机地结合在一起，给人以活泼、轻巧、舒展的感觉，如图 4-32 所示。体型组合中各体型之间的交接方式有：直接连接、咬合交接、连接体（走廊、过厅等）交接。

图 4-32　流水别墅：非对称体型与自然环境融合

体型组合要遵循形式构图法则，依据整体设计构思和意图，合理选择、区分对待。对外适应地域环境和基地条件，对内满足主要的使用功能，同时为进一步的立面设计做好基础铺垫工作。

4.3.2　体型重点与强化

建筑体型的重点处理与细部强化，是建筑形象设计的关键步骤。体型不但要注重各部分协调，还应在立面设计中提炼出重点部位，并进行深化处理。重点突出的体型会跃然纸上，重点部分也会成为趣味中心，令人耳目一新。这种处理还能客观反映出建筑的功能使用性质，以及主要使用部分和辅助使用部分。立面造型上的重点处理起到画龙点睛的作用，有助于突出表现建筑的性格。

建筑体型需要重点处理的部位，首先是建筑物的中心区域、顶部、出入口等视觉敏感部位，然后是转角、檐口、楼梯等部位，这些都是需要浓重笔墨的地方，如图 4-33 所示。需要注意：中心重点部位和其他重点部位应区别对待，避免主次不分。重点部位不宜过多，否则就达不到突出重点的效果。重点处理常采用的手法有：对比手法，如采用高低、大小、虚实、凹凸等对比处理；夸张的手法，如把局部尺寸加大加宽，用以突出必要的体量，或是将熟知的体型形式变异化，让人产生印象；留白的手法，如在中心区位，预留空白的区域或体型空间，这是以退为进的强化，让人对空间的变化产生印记。

a)　　　　　　　　　b)　　　　　　　　　c)

图 4-33　建筑重点部位处理
a) 转角部位的重点处理　b) 建筑顶部的重点处理　c) 建筑入口的重点处理

4.3.3 立面比例尺度

    建筑立面需要进行比例尺度方面的推敲，首先确定顶部、底部、转角等各组成、各区域的范围，确定各区域之间的比例关系，这相当于把整体划分为几个区域板块，如图 4-34 所示。区域板块划定后，进而对各区域板块包含的门窗、墙柱、阳台、雨篷、檐口、勒脚等部件进行比例和尺度关系的设计。运用建筑构图法则，恰当地确定这些部件的比例尺度、位置和使用材料，从而设计出趋于完美的建筑立面。

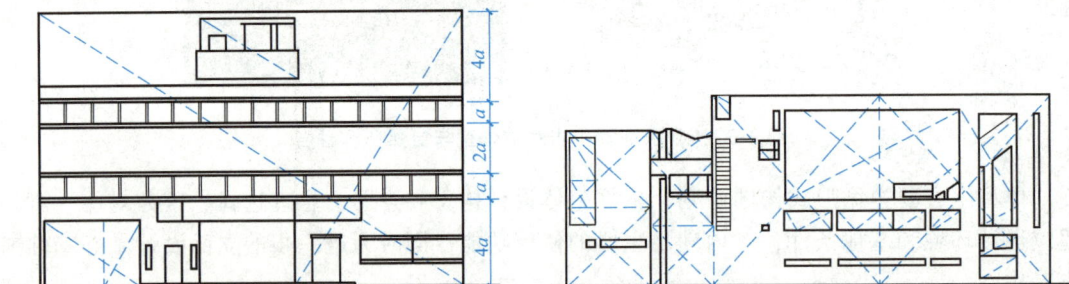

图 4-34　立面构成：划分各区域板块间的比例

    建筑物的整体以及立面的每一个构成要素都应根据建筑的功能、材料结构的性能以及构图法则而赋予合适的尺度。比例谐调，尺度正确，是使立面完整统一的重要因素。建筑物各部分的比例关系以及细部的尺度对整体效果影响很大，如果处理不好，即使整体比例很好，效果也会打折扣。这就要求设计者借助于比例尺度的构图手法、前人的经验以及早已在人们心目中留下的某种确定的尺度概念，恰当地加以运用从而获得完美的建筑形象。如图 4-35 所示，不同的划分给人的感觉是不一样的。

图 4-35　区域板块内的三种比例推敲

4.3.4　立面虚实凸凹

在建筑立面构成要素中，中庭、门窗、空廊、凹进部分，常给人以轻盈通透感，称之为"虚"；而墙体、垛柱、栏板等给人以厚重、封闭的感觉，称之为"实"，由于这些部件通常是结构支撑所不可缺少的构件，从视觉上讲也是力的象征。虚与实、凹与凸是立面设计中常采用的一种对比手法。

在立面设计中虚与实是缺一不可的辩证统一体，有如太极图中的阴阳共生，两者共同组成了完整的立面，如图 4-36 所示。缺少实的部分，整个建筑就会显得脆弱无力；没有虚的部分则会使人感到呆板、笨重、沉闷。通常南方建筑轻巧通透，外廊亭台、架空飞檐等处理，在比例上显得虚多实少；北方建筑适寒风雪，立面封闭紧凑，体型节能为主，在立面比例上显得实多虚少。

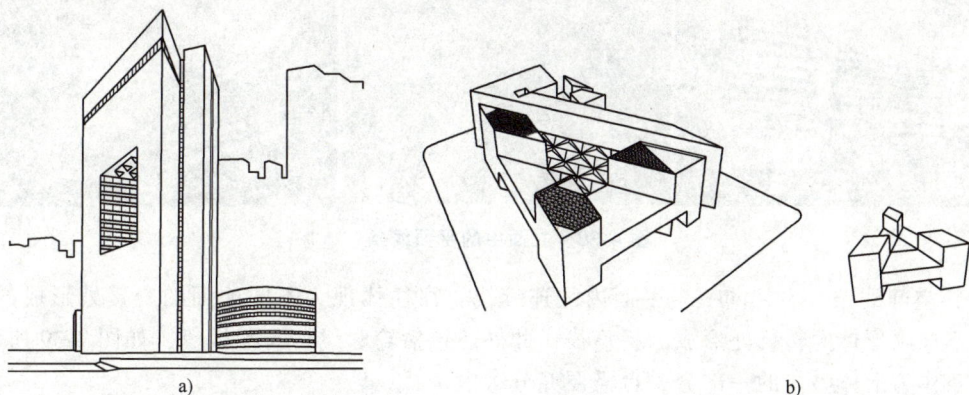

图 4-36　立面的虚实关系
a）利雅得银行　b）华盛顿美术馆

立面的虚实凸凹应该结合功能、结构及材料要求，恰当地安排利用这些虚实凹凸的构件，使它们具有一定的联系性、规律性、以获得生动的轻重明暗的对比和光影变化的效果。例如：南方建筑利用凹进的空间，可以防热防晒，同时还可以进行绿化处理，北方利用中庭共享空间，冬季可以获得更多的阳光照射，如图 4-37 所示。

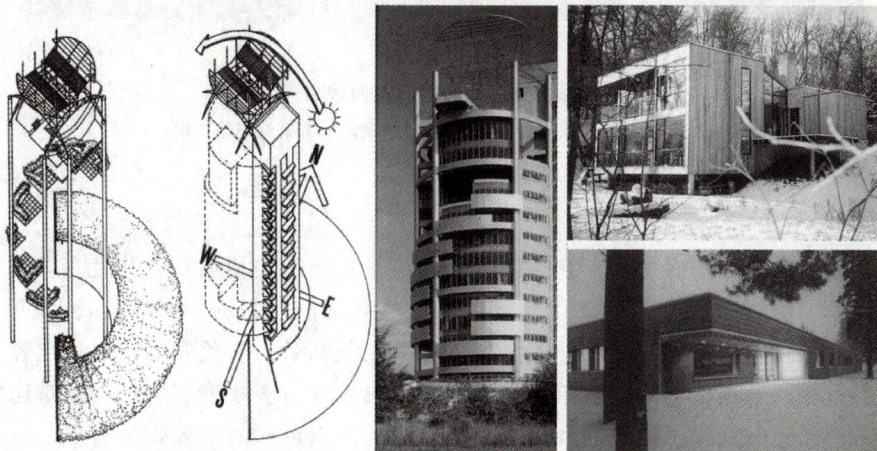

图 4-37　不同地域建筑的体型与立面虚实关系

4.3.5　立面线条划分

在建筑立面中，线条代表了不同的运动趋势，分为横向线条、竖向线条和曲线线条。横向线条使人感到舒展、平静、亲切；而竖向线条则给人挺拔、向上的感觉；曲线线条有优雅、流动、飘逸感。线条是相对而言的，也是可以与面相互转化的。比如横向带型窗，在立面整体背景下可以看作是水平线条。具体采用哪一种形式应视建筑的体型、性质及所处的环境而定，墙面线条的划分应既要反映建筑的性格，又应使各部分比例处理得当。

（1）平面线条　建筑立面上的窗、柱、窗间墙、遮阳构件等，能够层层重复，都可以作为连接成线条的要素，此外立面中的檐口、雨搭、勒脚等不可重复的构件，也可以局部处理成单独的线条装饰。不同的线条组织可以获得不同的立面效果，如图4-38所示。

图4-38　立面中的平面线条

（2）空间线条　不在同一个平面内的连续线，往往体现为不同曲面的交接处形成的脊背线、不规则形体的转折处形成的折痕线，此外还包括轮廓线、天际线等，如图4-39所示。这些线条作为形体整体的一部分，也需要充分考虑。

a)　　　　　　　　　　　　　　　　　b)

图4-39　立面中的空间线条

a）规律曲线的悉尼歌剧院　b）自由曲线的古根海姆博物馆

4.3.6　立面色彩质感

色彩质感是材料的固有特性，它直接受到建筑材料的影响和限制，并且直接作用于人的心理感受和影响情绪变化。一般来说，暖色使人感到热烈、兴奋、扩张，冷色使人感到宁静、收缩；浅色让人明快，深色又使人感到沉稳。红色刺激，灰色安静，黑色包容等。建筑不同的色彩运用，表现出不同的建筑性格和气质，或素雅清淡或浓烈鲜艳。建筑这些完全不同的偏好选择，充分反映了地域性和气候性的差异。建筑色彩的主要作用有：

1）物理作用：色彩对太阳辐射的吸收是不同的，对全空调的建筑而言，选择浅淡色调能够节能。例如，日本已规定浅色系作为墙体隔热的色调。色彩的反射系数不同，采用白黄等高反射系数的色彩能增加环境亮度。

2）装饰作用：建筑经过色彩的装点，与地面、植物、天空等背景融合在一起，构成了丰富多彩的城市环境。通过色彩的运用，建筑可以融入环境，也可以从环境中"跳跃"出来，充分显示个性。

3）情感作用：居住建筑，大多采用高明度、低彩度、偏暖的颜色，能给人带来温暖、明亮、轻松、愉悦的视觉心理感受；办公建筑为了体现理智、冷静、高效率的工作气氛，往往采用中性或偏冷的颜色，如白色、淡蓝、浅灰、灰绿等。

4）标识作用：建筑之间和同一建筑的不同部分，色彩起到区分识别作用。譬如柯布西耶设计的马赛公寓，在单元的隔墙上涂抹了各种鲜艳的颜色，既标识化也个性化。

立面色彩处理时应注意处理好统一与变化的关系，做到大同小异，并掌握好尺度。常规上是以一种颜色为主色调和基调，以取得和谐、统一的效果，局部运用其他色调以达到统一中求变化、画龙点睛的目的。色彩运用要符合建筑性格。如医院建筑宜采用给人安定、洁净感的白色或浅色调；商业建筑则常采用暖色调，以增加其热烈气氛。色彩运用要与环境有机结合，既要与周围建筑、环境气氛相协调，又要适应各地的气候条件与文化背景，如图4-40和图4-41所示。

图4-40 公共建筑的色彩组合

图4-41 居住建筑的色彩搭配

立面质感可以利用材料本身的固有特性来获得装饰效果。例如，未经磨光的天然石材可获得粗糙的质感；玻璃、金属利用自身的特性，可获得光亮与精致的质感。此外，立面还可以通过人工的方法创造某种特殊质感，比如人造石材的凿毛、拉丝等处理。在立面设计中，通常利用材料质感来加强和丰富建筑的表现力，从而创造出光彩夺目的建筑形象，如图4-42所示。

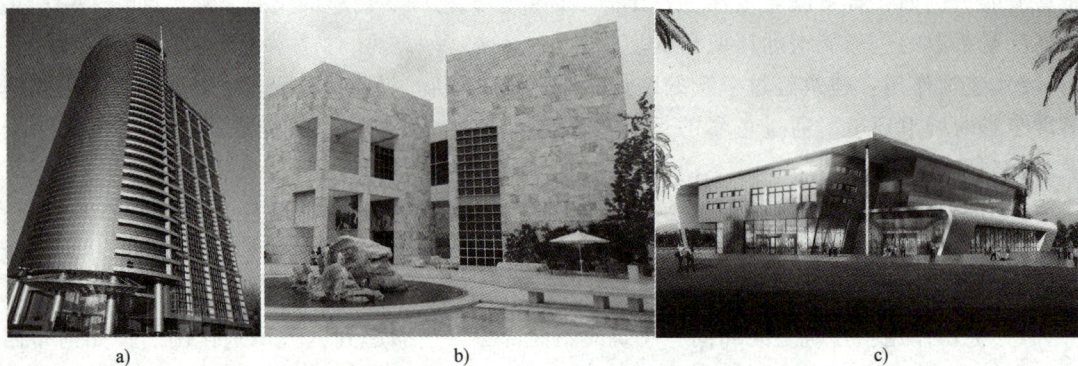

a)　　　　　　　　　b)　　　　　　　　　c)

图 4-42　居住建筑的立面质感

a）光洁的镜面镀膜玻璃　b）粗糙质感的石材　c）不同质感的组合处理

本 章 小 结

建筑体型与立面设计是建筑外观形态的载体，是建筑空间的外围护结构界面，同时也是建筑艺术造型的重要处理部位，具有功能性、审美性、技术性和经济性方面的特点。在体型与立面设计的形式规律中，掌握其设计的经典形式规律——统一与变化、主从与重点、对称与均衡、比例与尺度。掌握其设计的当代形式规律——解构无序、动态自由、简约极简、表皮肌理。掌握体型与立面设计的设计方法——体型处理与组合、体型重点强化、立面比例尺度、立面虚实凸凹、立面线条划分、立面色彩质感。

习　　题

一、概念题（解释下列名词术语的含义）

1. 点、线、面、体。
2. 黄金分割比例。
3. 极简主义。
4. 建筑体型。
5. 建筑立面。

二、简答题

1. 建筑体型与立面设计的要求有哪些？
2. 建筑体型与立面设计的经典形式规律包含哪些内容？
3. 建筑体型与立面设计的当代形式规律包含哪些内容？
4. 建筑体型与立面设计的方法有哪些？

第5章

民用建筑构造概论

学习目标

了解建筑构造研究的对象及其任务，掌握建筑物的基本组成及各部分的作用与要求，掌握影响建筑构造的因素及其设计原则。

■ 5.1　建筑构造研究的对象及其任务

建筑构造是研究建筑物各组成部分及其组合节点的构造原理和方法的科学。建筑构造设计是建筑设计不可分割的一部分，具有很强的实践性和综合性。建筑构造设计是依据各部件的功能要求及所处的部位，通过合理运用各种材料，提出相应的构造做法以及各部件之间的连接构造方法。建筑构造作为建筑设计的技术保障，自始至终贯穿于建筑设计的全过程。可以说，建筑构造设计是建筑平、立、剖面设计的继续和深入。好的构造设计可以提高建筑的耐久性，提升建筑的防潮、防水、防火等性能，改善室内物理环境，降低建筑能耗，并节省造价。

建筑构造的任务是根据建筑物的功能、建筑造型要求、建筑材料性质、结构形式、施工方法等，综合运用建筑物理、建筑结构、建筑力学、建筑材料、建筑施工以及建筑经济等有关方面的知识，根据建筑物所在的当地条件、技术经济、气候特征等，设计符合适用、安全、经济、绿色、美观、合理的构造方案，以此作为施工图设计、节点详图绘制等的依据。进行建筑构造设计时，不但要解决功能问题，而且要考虑建筑材料的选用、具体施工的方法、构配件的制造工艺、具体节点设计的可行性与经济性等。

■ 5.2　建筑物的基本组成及各部分的作用与要求

建筑物通常是由基础、墙体、楼板层、地坪层、屋顶、门窗、楼梯等几大部分所组成，如图 5-1 所示。各部分分别在不同的部位发挥着各自的作用。

1. 基础

基础是建筑物最下部的承重构件，它承受建筑物的全部荷载，并将荷载传给地基。基础必须具有足够的强度和稳定性，同时应能抵御土层中各种有害因素的作用。由于基础埋于地下，属于隐蔽工程，建成后检查和维修困难，所以应坚固稳定，安全可靠，保证足够的使用

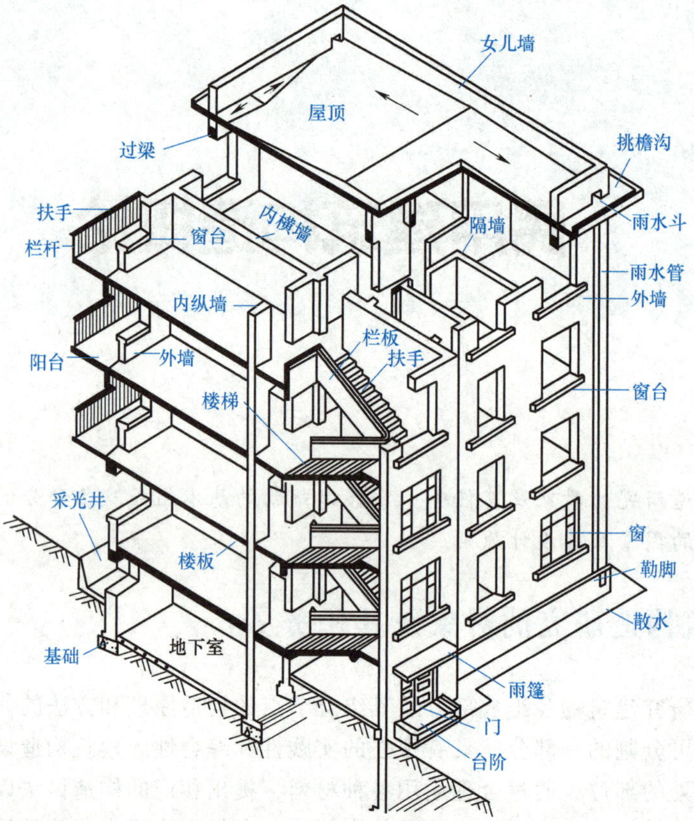

图 5-1　建筑物的基本组成

年限，此外基础尚应符合经济性要求。

2. 墙体

墙体是建筑物的竖向围护构件，在多数情况下也为承重构件，承受屋顶、楼层、楼梯等构件传来的荷载，并将这些荷载传给基础。墙作为围护构件，按其所在的位置又分为外墙和内墙。外墙分隔建筑物内外空间，抵御自然界各种因素对建筑的侵袭，是建筑节能的重点；内墙分隔建筑内部空间，使其形成独立的使用空间，且避免各空间之间的相互干扰。

墙的种类较多，在工程设计中，综合考虑围护、承重、节能、美观等因素，合理选择墙体材料、结构方案及构造做法，是建筑构造的重要任务。根据墙所处的位置和所起的作用，墙应具备足够的强度、稳定性和耐久性，并具有保温隔热、隔声防噪、防潮防水等功能。

3. 楼地层

楼地层是楼板层（楼层）和地坪层（地层）的统称。楼层和地层是建筑物水平方向的围护构件和承重构件。楼层将建筑物分隔为上下空间，承受作用其上的家具、设备、人体、隔墙等荷载及楼板自重，并将这些荷载传给墙或柱。楼层不仅为使用者提供活动平台，而且具有沿建筑物的垂直方向分隔空间的作用。同时楼层还起着墙或柱的水平支撑作用，以增加墙和柱的稳定性。楼层必须具有足够的强度和刚度，根据上下空间的特点，楼层尚应具有耐磨、隔声防噪、防潮防水等功能。

地层是建筑物底层室内地面与土壤的隔离构件，承受作用其上的荷载，并直接传给地基。地层要求具有一定的强度和刚度，并应具有耐磨、防潮防水、保温等功能。

4. 楼梯

楼梯是建筑物的垂直交通设施，其作用是供人们上下楼、疏散人流及运送物品。楼梯应具有足够的通行宽度和疏散能力，足够的强度和刚度，并具有防火、防滑、耐磨等功能。此外，考虑到楼梯自身的形式和使用特点，楼梯的安全性能应被足够重视。

楼梯一般由梯段、平台、栏杆扶手三部分组成，按其位置分为室内楼梯和室外楼梯；按其使用性质可分为主要楼梯、辅助楼梯、消防楼梯等；按其形式又可分为单跑楼梯、双跑楼梯、三跑楼梯等。

5. 屋顶

屋顶是建筑物顶部的围护构件和承重构件。屋顶需承受作用其上的全部荷载，并将这些荷载传给墙或柱，同时还需抵御自然界的雨、雪、风、太阳辐射等对建筑物的侵袭。因此，屋顶除应具备足够的强度、刚度以及耐久性外，还应具有防潮防水、保温隔热、隔声防噪等功能。同时屋顶可能有不同程度的上人、种植绿化等需求，应根据具体的屋顶功能进行相应合理的构造设计。

根据外观特征来看，屋顶形式主要有平屋顶、坡屋顶和其他形式的屋顶。例如：拱形屋顶、壳形屋顶、悬索屋顶等。其中平屋顶是广泛采用的一种屋顶形式。

6. 门窗

门和窗是建筑围护结构系统中重要的组成部分，按其所处的位置不同分为围护构件或分隔构件。门的主要功能是交通出入，以及分隔和联系室内外或室内空间，同时也兼起通风和采光作用。门的大小和数量以及开关方向是根据通行能力、使用方便和防火要求等因素决定的。窗的主要功能是采光、通风换气、观景眺望，并起到空间之间视觉联系作用，因此窗是建筑中的透明构件。门窗设计应满足不同建筑的使用功能与要求，根据其功能需求与所处位置，门窗应具有保温、隔热、隔声、防风沙、防雨雪、防火等功能。门窗的使用频率高，所以要重视其安全性能、经久耐用和美观。此外，门和窗在建筑的立面形象塑造中占有重要的地位，它们的形状、尺寸、比例、排列、色彩、造型等对建筑的整体造型有很大的影响，对于建筑立面形成虚实对比、韵律等艺术效果起着重要的作用。

以上六种构件中，基础、墙体、楼地层、屋顶等共同构成了建筑物的骨架体系，对房屋的坚固耐久性起到重要作用。外墙、门窗、屋顶、地面等又构成了房屋的外围护结构，对保证建筑室内空间的环境质量、节约能源和建筑的外形美观起着不可忽视的作用。

一栋建筑物除了以上基本构件外，根据使用要求还有一些其他构件，如阳台、雨篷、平台、台阶等。因材料、结构形式的不同，也会有各种不同的做法与要求。

■ 5.3　影响建筑构造的因素

1. 建筑的使用性质

不同使用性质的建筑对于围护结构构造有着不同的要求。通常情况下，要求建筑围护结构具有保温隔热、防潮防水、隔声防噪、防火等性能，但对于具有特殊使用要求的建筑来说，则应根据其使用性质不同而进行特殊的设计。例如：对于有特殊声学要求的音乐厅来说，需要根据厅堂音质要求来进行围护结构的构造设计；一些建筑由于自身特殊的使用性质，会产生如机械振动、化学腐蚀、噪声、各种辐射等有损于建筑使用的问题，还需要对围护结构进行相应的技术处理，以减少这些不利因素对人的身心健康的影响。因此在建筑构造设计时，应对建筑物有针对性地采取相应的构造措施，以确保建筑物的正常使用。

2. 气候条件

我国幅员辽阔，地形复杂，各地区气候相差悬殊，温湿度的变化、日照、雨雪、冰霜、风等气候条件均构成了影响建筑物构造设计的多种因素。为了使建筑构造设计适应我国不同的气候条件，做到因地制宜，《民用建筑热工设计规范》将我国划分为五个建筑热工设计气候区域——严寒地区、寒冷地区、夏热冬冷地区、夏热冬暖地区和温和地区，建筑围护结构应依据各地区的气候条件及设计要求进行设计。例如：我国北方严寒地区气候冬季严寒漫长，其建筑围护结构应以冬季保温为主；夏热冬暖地区温高湿重，建筑围护结构则应以夏季防热为主；在降雨多和降雪量大的地区，为了减轻积雪的重量和压力，以及快速排泄雨水，房顶应采用坡屋顶以加快泄水和减少屋顶积雪。各气候区建筑围护结构设计原则见表5-1。

表5-1　各气候区建筑围护结构设计原则

气候分区	设计原则
严寒、寒冷地区	必须满足冬季保温的要求；避免出现热桥，防止围护结构内表面结露；优先采用外保温技术；宜避免凸窗和屋顶天窗，外窗或幕墙面积不应过大；部分寒冷地区适当兼顾夏季防热
夏热冬冷地区	应满足夏季防热，兼顾冬季保温，设置遮阳措施，优先采用活动外遮阳
夏热冬暖地区	应满足夏季防热要求；宜优先采用活动或固定外遮阳设施；围护结构的外表面宜采用浅色饰面材料
温和地区	应注意冬季保温；设置遮阳措施

3. 外力作用及人为因素的影响

作用在建筑物上的外力称为荷载，荷载分为恒荷载（如结构自重）、活荷载（如人、家具、风雪等）、偶然荷载（如爆炸力、撞击力等）三类。荷载的大小是建筑构造设计的重要依据，决定了结构的形式以及构件的用料、形状和尺寸。在构造设计中，荷载、地震以及风力等对建筑的影响不可忽视，应采取相应的措施，以保证建筑物的安全和正常使用。

建筑是为人服务的，在使用的过程中，会产生一些由于人为因素而导致的事故或问题，如火灾、机械振动、噪声等，因此建筑构造需采取相应的防火、防振和隔声等相应措施。

4. 物质技术条件

物质技术条件是实现建筑设计的物质基础和技术手段，是使建筑物由图纸付诸实施的根本保证。建筑形式与空间的塑造，主要取决于工程结构和技术手段的发展水平。正是由于新材料、新技术的不断出现，才得以使高层、超高层、大空间等复杂建筑形式成为可能，使建筑设计进入一个崭新的阶段。因此建筑构造设计应充分考虑物质技术条件，适应新材料、新技术的发展变化。

5. 经济水平

一幢建筑物从无到有需要耗费大量的人力、物力和财力，需要相当大的基本投资，因此，经济因素始终是影响建筑设计的重要因素。脱离经济因素的建筑设计只能是纸上谈兵，难以付诸实施。建筑设计应根据建筑物的等级与国家指定的相应的经济指标，结合建造者本身的经济能力来进行。建筑构造作为建筑设计不可分割的一部分，必须重点考虑其经济效益，在确保工程质量的前提下，尽量降低建造过程中的材料、能源和劳动力消耗，同时又要有利于降低使用过程中产生的维护和管理费用；根据建筑物的不同等级和质量标准，选择与之相匹配的经济合理的材料和构造方式。

6. 相关法规、标准及方针政策

建筑类法规及规范是由政府授权机构所提出的建筑物安全、质量、功能等方面的最低标准要求，综合了建筑科学、技术和实践经验的相关成果，反复论证、讨论、修改并审查定稿，经有关单位认定，由国务院有关部委批准颁发，作为全国建筑领域共同遵守的准则。建筑物的构造设计必须遵循我国各种建筑类规范、标准及相关的方针政策，例如《严寒和寒冷地区居住建筑节能设计标准》就对围护结构的热工性能及构造做法有相应的规定。

■ 5.4　建筑构造设计原则

1. 保证结构坚固安全

建筑是百年大计，建筑安全关系到人民生命和财产的安全，而结构安全又是建筑安全中的重中之重。因此，建筑构造首先应保证建筑物的结构安全。建筑构造设计应根据荷载大小、结构的要求等确定构件的尺寸，并对各部件（如墙体、屋面、楼地层、楼梯、挑檐、阳台、雨篷、门窗等）之间的连接构造给出具体做法，使构件与构件之间的连接坚固耐久，从而确保建筑使用时的安全与稳定。此外，还应从抗震要求出发，合理选择结构类型，加强构件和构件连接的整体性，同时应处理好细部构造。

2. 营造舒适室内环境

建筑室内环境关系到人的生理和心理健康，良好的声、光、热环境，可以使人神清气爽、舒适健康。不同使用功能的建筑对室内环境的要求是不同的，例如：精密仪器车间要求恒温恒湿；电影院要求室内声环境具有一定的清晰度；教室、阅览室等对室内光环境也有相应的照度要求。因此，为了满足建筑功能的需要（如保温隔热、隔声防噪、通风采光等），对建筑构造亦应采取相应的设计，通过合理的设计与计算，选择经济合理的构造方案。

（1）营造舒适热环境　在进行构造设计时，应充分了解建筑物所在地区的气候条件和地理环境，针对影响的程度，对建筑物的相应部位采取必要的措施。合理的构造设计可以降低采暖空调能耗，节约能源。为提高围护结构的保温隔热性能，通常采取下列措施：合理确定构造形式并优选适宜建材；降低围护结构的传热系数；避免热桥；增强门窗密闭性，防止冷风渗透；对夏季炎热地区的建筑采取必要的遮阳措施。

（2）营造舒适声环境　声环境对人体有直接的影响，有研究表明：强烈或持续不断的噪声轻则影响休息、学习和工作，对生理、心理和工作效率不利，重则引起听力损害，甚至引发多种疾病。声音从室外传入室内，或从一个房间传到另一个房间主要有两种途径，即空气传声和撞击传声。控制室内噪声须采取综合治理措施，包括消除和减少噪声源、减低声源的强度和必要的吸声措施。

（3）营造舒适光环境　建筑室内光环境应满足物理、生理、心理及美学等方面的要求，光环境对人的精神状态和心理感受将产生积极的影响。例如：对于生产、工作和学习的场所，良好的光环境能振奋精神，提高工作效率和产品质量；对于休息、娱乐的公共场所，适宜的光环境能创造舒适、优雅、活泼生动的气氛。此外，学生学习场所的光环境，也是保证视力健康的重要因素。因此建筑物窗的大小、形式、构造及其位置都应依据使用者对建筑空间光环境的要求来进行设计。

3. 有利于节能环保

能源危机是威胁人类社会可持续发展的重大问题。在全世界日益增长的能源消耗中，无论是发达国家还是发展中国家，建筑能耗都是国家总能耗中占比很大的一项，被视为节能工作和能源政策的重要部分。因此，发展和推广使用建筑节能技术可有效缓解全球能源危机，有助于减轻大气污染、降低经济增长对能源的依赖，对社会和经济发展有重要的意义。我国的建筑能耗占全国能源耗量的1/4以上，随着人民生活水平的提高及经济的不断发展，建筑物能耗的总量和其占总能耗的比例均不断上升。因此，建筑节能在我国经济建设中愈加显得重要，在相当长一段时间内节约能源是我国一项基本国策。

建筑围护结构在建筑节能中起着重要作用，合理的设计会带来十分可观的节能效益，主要措施如下：

1）提高外围护构件的保温隔热性能，并尽量避免热桥。这是建筑设计中的一项主要节能措施，节能效果明显。

2）合理控制窗墙面积比，并改进门窗的热工性能，防止门窗缝隙的能量损失。

3）重视日照调节与自然通风。理想的日照调节是夏季在确保采光和通风的条件下，尽量防止太阳热进入室内，冬季尽量使太阳热进入室内。

4. 适应建筑工业化的需求

建筑工业化是以设计标准化、构件部品化、施工机械化、管理信息化为特征的新型建筑生产方式。建筑工业化是建筑建造方式的重大变革，这意味着建筑业的手工操作转化成为工业化集成建造，质量通病将通过工厂化生产大量减少，手工误差将被精细化工业生产大量避免，并且有利于节约资源能源、减少施工污染、提升劳动生产效率和质量安全水平。

多年来，建筑业施工技术相对落后，科技含量较低，施工效率不高，劳动强度大，工程质量通病屡见不鲜，建设成本较高。究其原因是建筑业目前存在着手工操作多、现场制作多、材料浪费多的现象，这些现象一直制约着建筑业的快速发展。因此，在构造设计时，应采用标准设计和定型构件，为制品生产工厂化、现场施工机械化创造有利条件，以确保建筑工业化的顺利进行。

5. 做到经济合理

经济因素是构造设计中不可忽视的因素之一。在构造设计时，应既要考虑降低建筑造价，减少材料的能源消耗，又要降低使用过程中的维修、管理费用，还要注意建造过程中对环境所产生的污染与破坏。要从我国实际国情出发，厉行节约，做到因地制宜、就地取材。

6. 注意美观

构造方案的处理是否精致和美观，都会影响建筑物的整体效果，因此，亦需予以充分考虑研究。

总之，在构造设计中，应遵循"适用、安全、绿色、经济、美观"的方针，综合考虑建筑物的使用功能、建筑造型要求、所处自然环境与气候特征、结构体系、材料供应情况与性价比、施工条件等因素，进行分析比较，确定最佳方案。

本 章 小 结

1. 建筑构造是研究建筑物各组成部分及其组合节点的构造原理和方法的科学。

2. 建筑物通常是由基础、墙、楼板层、地坪层、楼梯、屋顶和门窗等主要部分所组成，它们在不同的部位发挥着各自的作用。

3. 影响建筑构造的主要因素有：建筑使用性质；气候条件；外力作用及人为因素的影响；物质技术条件；经济水平；相关法规、标准及方针政策。

4. 建筑构造的设计原则是：保证结构坚固安全；营造舒适室内环境；有利于节能环保；适应建筑工业化的需求；做到经济合理；注意美观。

习   题

1. 简述建筑构造研究的对象及其任务。

2. 简述建筑物的基本组成及其作用与要求。

3. 影响建筑构造的主要因素有哪些？

4. 简述建筑构造设计原则。

第6章

基础和地下室

学习目标

了解地基和基础的关系，熟悉地基土和地基的分类，理解基础埋置深度的意义；了解依据不同划分方法的基础类型，掌握刚性基础和柔性基础的特征和要求；了解地下室的防水等级，掌握地下室防水构造的做法与要求。

基础是建筑物的重要组成部分。基础和地基有着密切的关系，地基是建筑下面的土体或岩体。基础依据不同划分方法，包括多种类型，其中，按照受力情况的不同，可以分为刚性基础和柔性基础。

地下室由于所处位置的影响，其外墙、底板经常受到地潮和地下水的侵蚀。由于地下室埋置较深，不论地下水位的高度及变化情况，地下室都需要统一做防水构造处理。地下室防水等级分为四级，地下室防水构造有多种做法，根据实际工程的需要合理选用。

■ 6.1　地基和基础的基本概念

6.1.1　地基和基础的关系

基础是将结构所承受的各种作用传递到地基上的结构组成部分，是位于建筑物地面以下的承重构件。基础承受着建筑物上部结构传下来的全部荷载，同时把这些荷载连同自身的重量一起传到地基。

地基是基础下面承受由基础传下来的建筑物总荷载的土壤层，地基不是建筑物的组成部分，它是支撑基础的土体或岩体。地基承受建筑物荷载而产生的应力和应变，随着土层的深度增加而减小，在达到一定深度以后可以忽略不计。地基土层中直接承受建筑物荷载的土层称为持力层，持力层以下的土层称为下卧层。

6.1.2　地基概况

1. 地基土的分类

根据《建筑地基基础设计规范》规定，用做建筑物地基的土层主要包括以下几种：

（1）岩石　岩石按照坚硬程度分为坚硬岩、较硬岩、较软岩、软岩和极软岩；按照风化程度分为未风化、微风化、中等风化、强风化和全风化。岩石按其种类和风化程度其承载力标准值为 200~4000kPa。

（2）碎石土 碎石土为粒径大于 2mm 的颗粒含量超过全重 50% 的土。碎石土按照颗粒形状以及粗粒含量的多少分为漂石、块石、卵石、碎石、圆砾和角砾。碎石土承载力标准值不小于 200kPa。

（3）砂土 砂土为粒径大于 2mm 的颗粒含量不超过全重 50%、粒径大于 0.075mm 的颗粒超过全重 50% 的土。砂土按照工程性质和粒径大小分为砾砂、粗砂、中砂、细砂和粉砂。砂土的承载力标准值为 140~500kPa。

（4）粉土 粉土为介于砂土与黏性土之间，塑性指数（I_p）小于或等于 10 且粒径大于 0.075mm 的颗粒含量不超过全重 50% 的土。粉土的承载力标准值为 105~410kPa。

（5）黏性土 黏性土为塑性指数（I_p）大于 10 的土。塑性指数大于 17 的为黏土，塑性指数大于 10 小于或等于 17 的为粉质黏土。黏性土的承载力标准值为 105~475kPa。

（6）人工填土 人工填土根据其组成和成因，可分为素填土、压实填土、杂填土、冲填土。素填土为由碎石土、砂土、粉土、黏性土等组成的填土。经过压实或夯实的素填土为压实填土。杂填土为含有建筑垃圾、工业废料、生活垃圾等杂物的填土。冲填土为由水力冲填泥砂形成的填土。人工填土承载力一般相对较低，未经处理一般不允许直接作为建筑物的地基。人工填土的承载力标准值为 65~160kPa。

2. 地基的分类

地基包括天然地基和人工地基两种类型。

（1）天然地基 天然土层具有足够的承载力，不需要经过人工加固或者改善就可以直接在天然土层上建造基础的称为天然地基。常见的天然地基有岩石、碎石土、砂土、粉土、黏性土和人工填土。

（2）人工地基 当土层的承载能力较弱或者土层的质地虽好，但上部的荷载较大，为提高地基的承载力，需要对土层进行人工加固，这种经过人工处理的土层称为人工地基。人工加固地基通常采用的方法包括压实法、换土法和打桩法。

6.1.3 基础埋置深度

由室外设计地坪到基础底面的垂直距离称为基础的埋置深度，基础埋置深度如图 6-1 所示。根据《建筑地基基础设计规范》的规定，基础的埋置深度，应按以下条件确定。

1. 建筑物的特点和使用性质

应根据建筑物的用途，有无地下室、设备基础和地下设施，基础的形式和构造等因素来确定基础埋置深度。高层建筑基础的埋置深度应满足地基承载力、变形和稳定性要求。位于岩石地基上的高层建筑，其基础埋深应满足抗滑稳定性要求。多层建筑一般根据地下水位及冻土深度来确定埋深尺寸。在抗震设防区，除岩石地基外，天然地基上的箱形和筏形基础其埋置深度不宜小于建筑物高度的

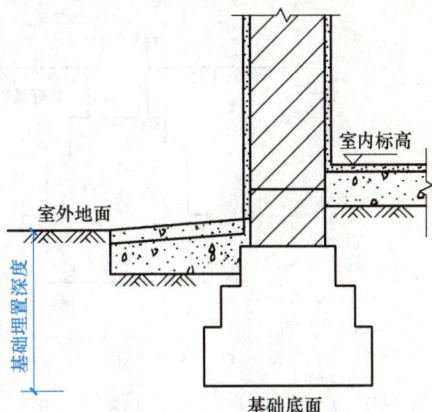

图 6-1 基础埋置深度

1/15；桩箱或桩筏基础的埋置深度（不计桩长）不宜小于建筑物高度的 1/18。

2. 工程地质

在满足地基稳定和变形要求的前提下，当上层地基的承载力大于下层土时，宜利用上层土作为持力层。除岩石地基外，基础埋深不宜小于 0.5m。

3. 水文地质条件

地下水位对于某些土层的承载力有一定的影响，一般基础应争取埋在最高水位以上，如图 6-2a 所示。当埋在地下水位以下时，应将基础底面埋置在最低地下水位 200mm 以下，不应使基础底面处于地下水位变化范围之内，如图 6-2b 所示。

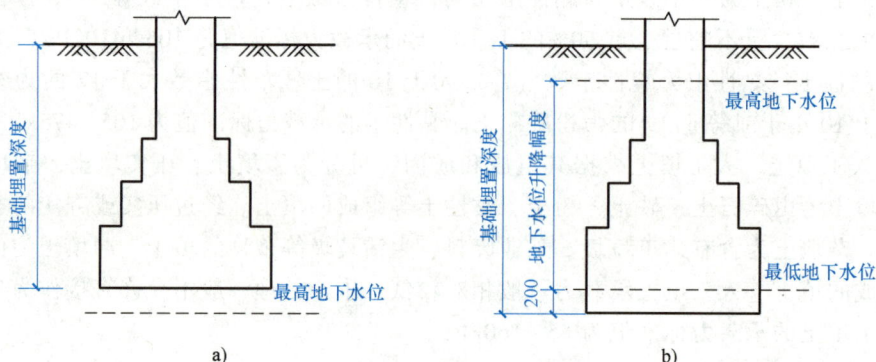

图 6-2　地下水位与基础埋置

a）地下水较低时基础埋置位置　b）地下水较高时基础埋置位置

4. 相邻建筑物的基础埋深

当存在相邻建筑物时，新建建筑物的基础埋深不宜大于既有建筑基础。当埋深大于既有建筑基础时，两基础间应保持一定净距，其数值应根据建筑荷载大小、基础形式和土质情况确定。相邻基础的埋置位置如图 6-3 所示，具体做法满足以下条件

$$\frac{h}{L} \leqslant 0.5 \sim 1 \quad 或 \quad L = 1.0h \sim 2.0h \tag{6-1}$$

式中　h——新建建筑物和既有建筑物基础底面标高之差；

　　　L——新建建筑物和既有建筑物基础边缘的最小距离。

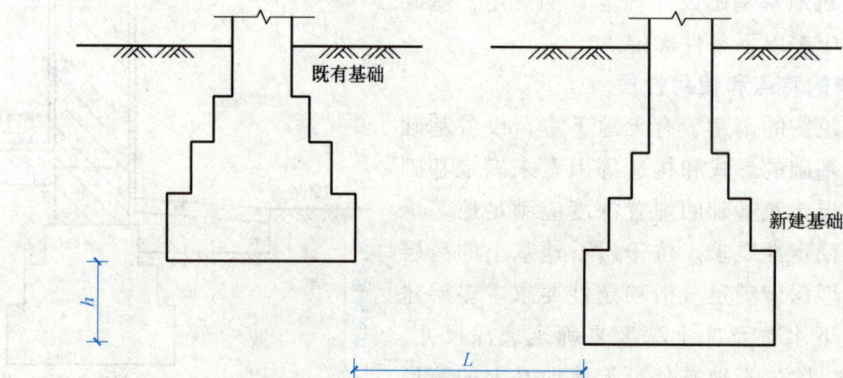

图 6-3　相邻基础的埋置位置

当以上条件不能满足时，应采取分段施工，加固既有建筑地基或设置临时加固支撑、地下连续墙等措施。

5. 地基土冻胀和融陷的影响

地基土的冻胀性可按表 6-1 分为不冻胀、弱冻胀、冻胀、强冻胀和特强冻胀。季节性冻土地区基础埋置深度宜大于场地冻结深度。对于冻结深度大于 2m 的冻土地区，当建筑基础底面土层为不冻胀、弱冻胀、冻胀土时，基础埋置深度可以小于场地冻结深度。基底允许冻土层最大厚度应根据当地经验确定，没有地区经验时可按相关规范查取。建筑基础底面下允许冻土层最大厚度 h_{max} 可按表 6-2 查取。此时，基础最小埋深 d_{min} 可按下式计算

$$d_{min} = z_d - h_{max} \tag{6-2}$$

式中　z_d——场地冻结深度（m）；

　　　h_{max}——基础底面下允许冻土层的最大厚度（m）。

表 6-1　地基土的冻胀性分类

土的名称	冻前天然含水量 ω（%）	冻结期间地下水位距冻结面的最小距离 h_w/m	平均冻胀率 η（%）	冻胀等级	冻胀类别
碎（卵）石，砾、粗、中砂（粒径小于 0.075mm 颗粒含量大于 15%），细砂（粒径小于 0.075mm 颗粒含量大于 10%）	$\omega \leqslant 12$	>1.0	$\eta \leqslant 1$	I	不冻胀
		≤1.0	$1 < \eta \leqslant 3.5$	II	弱冻胀
	$12 < \omega \leqslant 18$	>1.0			
		≤1.0	$3.5 < \eta \leqslant 6$	III	冻胀
	$\omega > 18$	>0.5			
		≤0.5	$6 < \eta \leqslant 12$	IV	强冻胀
粉砂	$\omega \leqslant 14$	>1.0	$\eta \leqslant 1$	I	不冻胀
		≤1.0	$1 < \eta \leqslant 3.5$	II	弱冻胀
	$14 < \omega \leqslant 19$	>1.0			
		≤1.0	$3.5 < \eta \leqslant 6$	III	冻胀
	$19 < \omega \leqslant 23$	>1.0			
		≤1.0	$6 < \eta \leqslant 12$	IV	强冻胀
	$\omega > 23$	不考虑	$\eta > 12$	V	特强冻胀
粉土	$\omega \leqslant 19$	>1.5	$\eta \leqslant 1$	I	不冻胀
		≤1.5	$1 < \eta \leqslant 3.5$	II	弱冻胀
	$19 < \omega \leqslant 22$	>1.5			
		≤1.5	$3.5 < \eta \leqslant 6$	III	冻胀
	$22 < \omega \leqslant 26$	>1.5			
		≤1.5	$6 < \eta \leqslant 12$	IV	强冻胀
	$26 < \omega \leqslant 30$	>1.5			
		≤1.5	$\eta > 12$	V	特强冻胀
	$\omega > 30$	不考虑			

（续）

土的名称	冻前天然含水量 $\omega(\%)$	冻结期间地下水位距冻结面的最小距离 h_w/m	平均冻胀率 $\eta(\%)$	冻胀等级	冻胀类别
黏性土	$\omega \leqslant \omega_p + 2$	>2.0	$\eta \leqslant 1$	I	不冻胀
		≤2.0	$1 < \eta \leqslant 3.5$	II	弱冻胀
	$\omega_p + 2 < \omega \leqslant \omega_p + 5$	>2.0			
		≤2.0	$3.5 < \eta \leqslant 6$	III	冻胀
	$\omega_p + 5 < \omega \leqslant \omega_p + 9$	>2.0			
		≤2.0	$6 < \eta \leqslant 12$	IV	强冻胀
	$\omega_p + 9 < \omega \leqslant \omega_p + 15$	>2.0			
		≤2.0	$\eta > 12$	V	特强冻胀
	$\omega > \omega_p + 15$	不考虑			

注：1. ω_p 为塑限含水量（%）；ω 为在冻土层内冻前天然含水量的平均值（%）。

2. 盐渍化冻土不在表列。

3. 塑性指数大于 22 时，冻胀性降低一级。

4. 粒径小于 0.005mm 的颗粒含量大于 60% 时，为不冻胀土。

5. 碎石类土当充填物大于全部质量的 40% 时，其冻胀性按充填土的类别判断。

6. 碎石土、砾砂、粗砂、中砂（粒径小于 0.075mm 颗粒含量不大于 15%）、细砂（粒径小于 0.075mm 颗粒含量不大于 10%）均按不冻胀考虑。

表 6-2 建筑基础底面下允许冻土层最大厚度 h_{max} （单位：m）

冻胀性	基础形式	供暖情况	基底平均压力					
			110kPa	130kPa	150kPa	170kPa	190kPa	210kPa
弱冻胀土	方形基础	供暖	0.90	0.95	1.00	1.10	1.15	1.20
		不供暖	0.70	0.80	0.95	1.00	1.05	1.10
	条形基础	供暖	>2.50	>2.50	>2.50	>2.50	>2.50	>2.50
		不供暖	2.20	2.50	>2.50	>2.50	>2.50	>2.50
冻胀土	方形基础	供暖	0.65	0.70	0.75	0.80	0.85	
		不供暖	0.55	0.60	0.65	0.70	0.75	
	条形基础	供暖	1.55	1.80	2.00	2.20	2.50	
		不供暖	1.15	1.35	1.55	1.75	1.95	

注：1. 本表只计算法向冻胀力，如果基侧存在切向冻胀力，应采取防止切向力措施。

2. 基础宽度小于 0.6mm 时不通用，矩形基础取短边尺寸按方形基础计算。

3. 表中数据不适用于淤泥、淤泥质土和欠固结土。

4. 计算基底平均压力时取永久作用的标准组合值乘以 0.9，可以内插。

■ 6.2 基础的类型

依据不同的划分方法，基础包括多种类型。对基础的类型进行研究，有助于经济合理地选择基础的形式和材料，确定其构造。

6.2.1　按基础的形式分类

1. 条形基础

如果地基条件好，建筑物的上部结构采用墙承重时，建筑的基础普遍采用沿墙身设计的长条形基础，以便传递连续的条形荷载。条形基础也称为带形基础，如图 6-4 所示。

2. 独立基础

以框架结构、单层排架结构承重时，其承重柱下的基础断面形式，通常呈台阶形、杯形、锥形等形状，称独立基础，如图 6-5 所示。为了支承上部墙体，独立基础上可设梁或拱等连续构件。独立式基础具有减少土石方工程量，节约基础材料，加快工程进度的特点。但是由于独立基础间无构件相连接，该基础形式整体性较差，因此独立基础适用于土质均匀，荷载分布均匀的框架结构建筑。

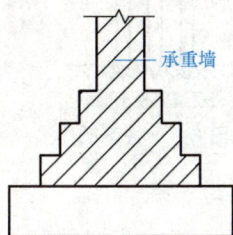

图 6-4　墙下条形基础

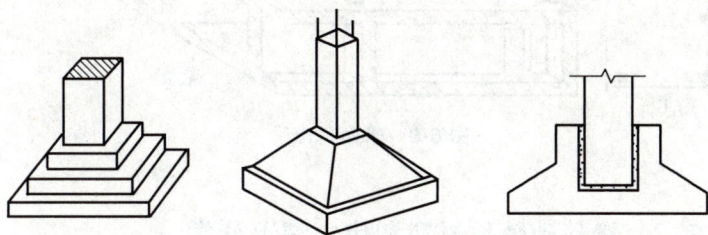

图 6-5　独立基础

3. 联合基础

当建筑物的地基土比较软弱时，基础的底面积需要加大，此时如果采用独立基础，则基础彼此相距较近，此时需要把基础连接起来，在柱的下面形成柱下条形基础或柱下十字交叉的井格基础，如图 6-6 所示。

a)　　　　　　　　b)

图 6-6　联合基础

a) 柱下条形基础　b) 柱下井格基础

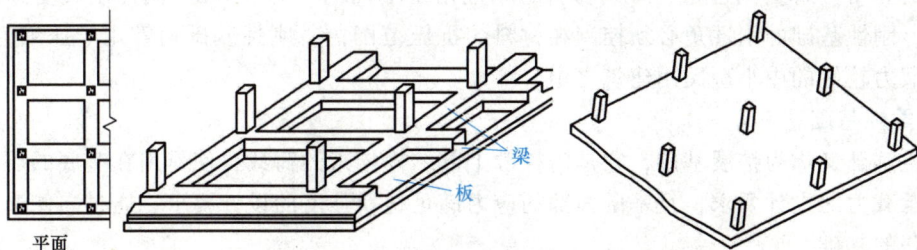

当采用联合条形基础，地基的承载力仍不能满足要求时，可以将建筑物的下部做成一整块钢筋混凝土梁或板，称为片筏基础，如图 6-7 所示。片筏基础根据使用的条件和断面形式，包括板式片筏基础和梁板式片筏基础。

如果建筑底部设有地下室，并且基础有较大的埋深，此时，可以采取将地下室做成整体浇筑的钢筋混凝土箱形基础，如图 6-8 所示。箱型基础可以用于特大荷载的建筑。

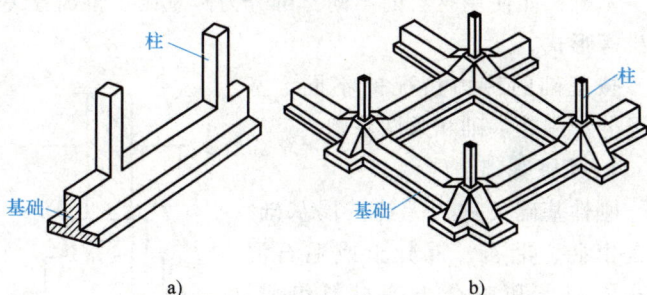

平面

图 6-7　片筏基础

4. 桩基础

桩基础是处理软弱地基的常见基础形式。当建筑物荷载大，地基的土层较弱较厚，采用浅基础不能满足要求，使用其他形式的人工地基没有条件或者不经济时，通常采用桩基础。桩基础由设置于岩土中的桩和连接于桩顶端的承台共同组成，如图6-9所示。

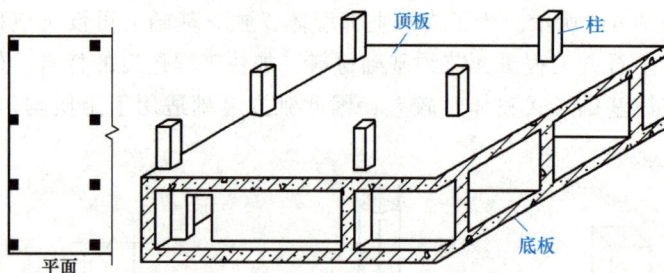

图 6-8　箱形基础

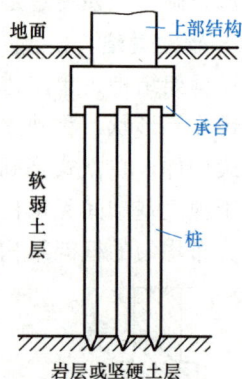

图 6-9　桩基础

6.2.2　按基础使用材料和传力情况分类

基础按照使用材料的不同，可分为砖基础、混凝土基础、毛石混凝土基础、钢筋混凝土基础等形式。

按基础的传力情况的不同，基础可分为刚性基础和柔性基础。

1. 刚性基础

刚性基础又称为无筋扩展基础，它是由砖、毛石、混凝土或毛石混凝土、灰土和三合土等材料组成，且不需配置钢筋的墙下条形基础或柱下独立基础。

刚性基础底宽应根据材料的刚性角来决定，如图6-10所示。建筑上部荷载传至基础的压力是按一定角度分布的，这个传力角度（宽高

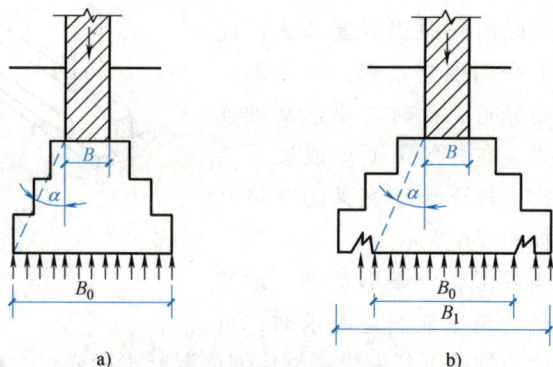

图 6-10　刚性基础

a）基础受力在刚性角范围内　b）基础宽度超过刚性角范围而破坏

比形成的夹角）称为刚性角，不同材料的刚性角是不同的，见表6-3。刚性基础受到刚性角的限制，刚性基础的刚性角必须控制在材料的抗压范围内。刚性基础通常用于压缩性较小，地基承载力较好的中小型民用建筑之中。

2. 柔性基础

柔性基础又称为扩展基础，它是为扩散上部结构传来的荷载，使作用在基底的压应力满足地基承载力的设计要求，且基础内部的应力满足材料强度的设计要求，通过向侧边扩展一定底面积的基础。

表 6-3　无筋扩展基础台阶宽高比的允许值

基础种类	质量要求	台阶宽高比的允许值		
		$P_k \leqslant 100kPa$	$100kPa < P_k \leqslant 200kPa$	$200kPa < P_k \leqslant 300kPa$
混凝土基础	C15 混凝土	1 : 1.00	1 : 1.00	1 : 1.25
毛石混凝土基础	C15 混凝土	1 : 1.00	1 : 1.25	1 : 1.50
砖基础	砖强度不低于 MU10,砂浆强度不低于 M5	1 : 1.50	1 : 1.50	1 : 1.50
毛石基础	砂浆强度不低于 M5	1 : 1.25	1 : 1.50	—
灰土基础	体积比为 3∶7 或 2∶8 的灰土,其最小密度:粉土 $1.55t/m^3$,粉质黏土 $1.50t/m^3$,黏土 $1.45 t/m^3$	1 : 1.25	1 : 1.50	—
三合土基础	体积比 1∶2∶4~1∶3∶6(石灰∶砂∶骨料),每层约虚铺220mm,夯至150mm	1 : 1.50	1 : 2.00	—

注：1. P_k 为荷载效应标准组合基础底面处的平均压力值（kPa）。
　　2. 阶梯形毛石基础的每阶伸出宽度，不宜大于200mm。
　　3. 当基础由不同材料叠合组成时，应对接触部分做抗压验算。
　　4. 基础底面处的平均压力值超过300kPa的混凝土基础，尚应进行抗剪验算。

钢筋混凝土基础是在混凝土基础的底部配置钢筋，如图6-11所示。钢筋能够承受拉应力，还能够提高混凝土受压区的抗拉强度。此时，基础不受材料的刚性角限制，可节省大量材料和挖土工程量。

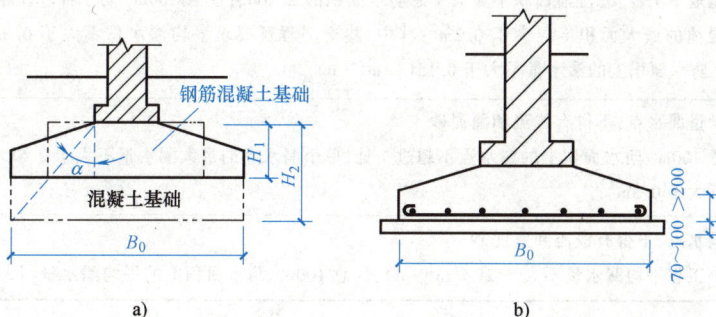

图 6-11　钢筋混凝土基础
a）混凝土基础与钢筋混凝土基础比较　b）基础配筋情况

6.3　地下室

地下室是室内地面低于室外地平面的高度超过室内净高的1/2的空间。半地下室是室内地面低于室外地平面的高度超过室内净高的1/3，且不超过1/2的空间。

地下室构造示意图如图6-12所示。按其使用功能分类，地下室分为人防工程和汽车库，地下商场、歌舞厅等商业用房，以及附建于地下室的

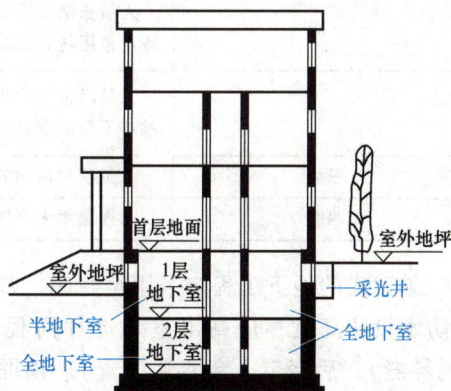

图 6-12　地下室构造示意图

设备用房。由于地下室的侧墙体和底板处于地面以下，经常受到土层中的潮气和地下水、上层滞水的侵蚀，土壤毛细作用所形成的地潮沿基础、墙基上升，导致室内抹灰粉化、脱落、生霉、起碱，从而使建筑物使用年限缩短，因此，防潮防水是地下室是建造过程中必须解决的重要问题。

6.3.1 地下室防水等级

地下工程应该进行防水设计，满足定级准确、方案可靠、施工简便、耐久适用、经济合理要求。地下工程的防水设计，应根据地表水、地下水、毛细管水等的作用，以及由于人为因素引起的附近水文地质改变的影响确定。

根据《地下工程防水技术规范》的相关规定，地下工程的防水等级分为四级，各等级防水标准应符合表6-4的要求。地下工程不同防水等级的适用范围，应根据工程的重要性和使用中对防水的要求按照表6-5选定。

表6-4　地下工程防水等级标准

防水等级	防水标准
一级	不允许渗水,结构表面无湿渍
二级	不允许漏水,结构表面可有少量湿渍 工业与民用建筑:总湿渍面积不应大于总防水面积(包括顶板、墙面、地面)的1/1000;任意100m² 防水面积上的湿渍不超过2处,单个湿渍的最大面积不应大于0.1m² 其他地下工程:总湿渍面积不应大于总防水面积的2/1000;任意100m² 防水面积上的湿渍不超过3处,单个湿渍的最大面积不应大于0.2m²;其中,隧道工程还要求平均渗水量不大于0.05L/(m²·d),任意100m² 防水面积上的渗水量不大于0.15(L/m²·d)
三级	有少量漏水点,不得有线流和漏泥砂 任意100m² 防水面积上的漏水点不超过7处,单个漏水点的最大漏水量不大于2.5L/d,单个湿渍的最大面积不大于0.3m²
四级	有漏水点,不得有线流和漏泥砂 整个工程平均漏水量不大于2L/(m²·d);任意100m² 防水面积上的平均漏水量不大于4L/(m²·d)

表6-5　不同防水等级的适用范围

防水等级	适用范围
一级	人员长期停留的场所;因有少量湿渍会使物品变质、失效的贮物场所及严重影响设备正常运转和危及工程安全运营的部位;极重要的战备工程、地铁车站
二级	人员经常活动的场所;在有少量湿渍的情况下不会使物品变质、失效的贮物场所及基本不影响设备正常运转和工程安全运营的正常部位;重要的战备工程
三级	人员临时活动的场所;一般战备工程
四级	对渗漏水无严格要求的工程

单建式的地下工程应采用全封闭、部分封闭防排水设计;附建式的全地下或半地下工程的防水设防高度,应高出室外地坪高程500mm以上。对于特殊部位,如施工缝、变形缝(诱导缝)、后浇带、穿墙管（盒）、预埋件、预留通道接头、桩头等细部构造应加强防水措施。地下工程的排水管沟、地漏、出入口、窗井、风井等应采取防倒灌措施,严寒及寒冷地

区的排水沟应有防冻措施。

6.3.2 地下室防水做法

地下室防水做法根据防水材料的不同，包括防水混凝土防水、卷材防水、涂料防水、膨胀土防水材料防水、防水板材防水。

1. 防水混凝土防水

防水混凝土防水属于刚性防水。由防水混凝土、防水砂浆等高强度和无延伸防水材料构成的防水层，称为刚性防水。

防水混凝土可通过调整配合比，或者掺加外加剂、掺合料等措施配制而成，其抗渗等级不得小于设计抗渗等级。防水混凝土抗渗等级由工程埋置深度决定见表6-6。防水混凝土通过材料本身的密实性和憎水性达到防水的目的。防水混凝土适用于防水等级为1~4级的地下室整体式混凝土结构。防水混凝土的环境温度不得高于80℃。处于侵蚀性介质中防水混凝土上的耐侵蚀要求应根据介质的性质按有关标准执行。防水混凝土结构厚度不应小于250mm；裂缝宽度不得大于0.2mm，并不得贯通；迎水面钢筋保护层厚度不应小于50mm。

表6-6 防水混凝土设计抗渗等级

工程埋置深度 H/m	设计抗渗等级
$H<10$	P6
$10 \leqslant H<20$	P8
$20 \leqslant H<30$	P10
$H \geqslant 30$	P12

注：1. 本表适用于Ⅰ、Ⅱ、Ⅲ类围岩（土层及软弱围岩）。
2. 山岭隧道防水混凝土的抗渗等级可按国家现行有关标准执行。

2. 卷材防水

卷材防水属于柔性防水。在混凝土结构或砌体结构迎水面铺贴防水卷材，能适应结构微量变化、抵抗在防水材料弹性范围内的基层开裂，呈现一定的柔性。

常用的卷材有高聚物改性沥青类防水卷材和合成高分子类防水卷材。卷材防水层的卷材品种见表6-7。

表6-7 卷材防水层的卷材品种

类　别	品　种　名　称
高聚物改性沥青类防水卷材	弹性体改性沥青防水卷材
	改性沥青聚乙烯胎防水卷材
	自粘聚合物改性沥青防水卷材
合成高分子类防水卷材	三元乙丙橡胶防水卷材
	聚氯乙烯防水卷材
	聚乙烯丙纶复合防水卷材
	高分子自粘胶膜防水卷材

根据卷材与墙体的关系，卷材防水可分为内防水和外防水，即外防内贴和外防外贴两种施工方法。卷材防水层宜用于经常处在地下水环境，且受侵蚀性介质作用或受振动作用的地

下工程。卷材防水层应铺设在混凝土结构的迎水面。卷材防水构造做法如图 6-13 所示。

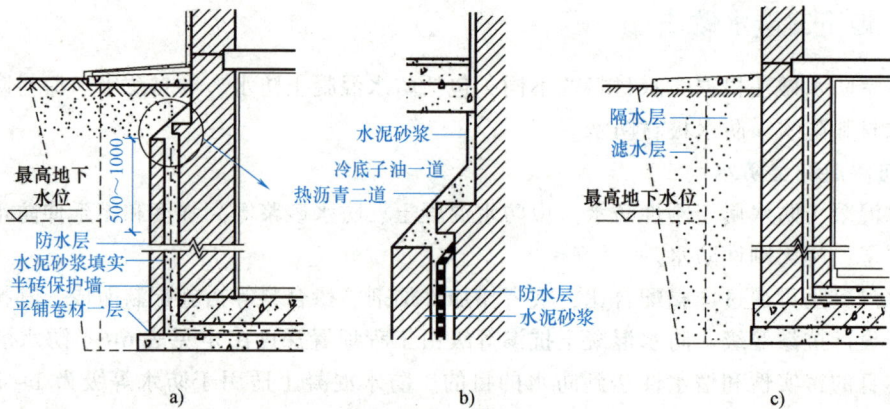

图 6-13　地下室卷材防水构造
a) 外包防水　b) 墙身防水层收头处理　c) 内包防水

3. 涂料防水

涂料防水层包括无机涂料防水层和有机涂料防水层。有机防水涂料多指高分子合成橡胶及合成树脂乳液类涂料，如沥青防水涂料等。无机防水涂料指成膜物质为无机物的防水涂料，如防水混凝土等。无机防水涂料刚性和耐久性较好，但柔性和延展性弱于有机涂料，在迎水面，尤其是外墙，水量较大，墙体材料的变形会减弱无机涂料的防水效果。所以，无机防水涂料适用于结构主体的背水面；有机防水涂料适用于结构主体的迎水面。如果将有机涂料用于背水面，有机防水涂料应具有较高的抗渗性，并且与基层有较强的连接性。

潮湿基层宜选用与潮湿基面黏结力大的无机防水涂料或有机防水涂料，也可采用先涂无机防水涂料而后再涂有机防水涂料的方式构成复合防水涂层。埋置深度较深的重要工程、有振动或有较大变形的工程，宜选用高弹性防水涂料。有腐蚀性的地下环境宜选用耐腐蚀性较好的有机防水涂料，并做刚性保护层。

防水涂料做法包括外防外涂和外防内涂。掺外加剂、掺合料的水泥基防水涂料厚度不得小于 3.0mm；水泥基渗透洁净型防水涂料的用量不应小于 $1.5kg/m^2$，且厚度不应小于 1mm；有机防水涂料的厚度不得小于 1.2mm。

4. 防水板材防水

防水板材防水包括塑料防水板防水和金属板防水。

1) 塑料防水板防水层宜用于经常水压、侵蚀性介质或受振动作用的地下工程防水。该种防水层宜铺设在复合式衬砌的初期支护和二次衬砌之间。塑料防水板可选用乙烯-醋酸乙烯共聚物、乙烯-沥青共聚合物、聚氯乙烯、高密度聚乙烯类或其他性能相近的材料。塑料防水板具有良好的耐刺穿性、耐久性、耐水性、耐腐蚀性、耐菌性。铺设前应先铺缓冲层，缓冲层应采用暗钉圈固定在基面上。

2) 金属防水层可用于长期浸水、水压较大的水工及过水隧道。金属板的拼接采用焊接，竖向金属板的垂直接缝，应相互错开。金属板防水层应采取防锈措施。

5. 膨胀土防水材料防水

膨胀土防水材料包括膨润土防水毯和膨润土防水板及其配套材料，采用机械固定法铺设。膨润土防水材料防水层应用于地下工程主体结构的迎水面，防水层两侧应有一定的夹持力。膨润土防水材料中的膨润土颗粒应采用钠基膨润土，不应采用钙基膨润土。

本 章 小 结

1. 基础是将结构所承受的各种作用传递到地基上的结构组成部分，是位于建筑物地面以下的承重构件。基础承受着建筑物上部结构传下来的全部荷载，同时把这些荷载连同自身的重力一起传到地基。

2. 地基是基础下面承受由基础传下来的建筑物总荷载的土壤层，地基不是建筑物的组成部分，它是支撑基础的土体或岩体。地基承受建筑物荷载而产生的应力和应变，随着土层的深度增加而减小，在达到一定深度以后可以忽略不计。地基土层中直接承受建筑物荷载的土层称为持力层，持力层以下的土层称为下卧层。

3. 基础按其形式可分为条形基础、独立基础、联合基础、桩基础；按使用材料和传力情况可分为刚性基础和柔性基础。

4. 地下工程的防水等级分为四级，应根据工程的重要性和使用中对防水的要求选定。

5. 地下室防水做法根据防水材料的不同可分为防水混凝土防水、卷材防水、涂料防水、防水板材防水、膨胀土防水材料防水。

习 题

1. 什么是基础和地基？试简述常用基础的类型。
2. 基础的埋置深度由哪些条件决定？
3. 试分析什么是刚性基础。
4. 列举常用的地下室防水措施。
5. 绘制地下室卷材防水构造做法。

第7章

墙 体

学习目标

掌握墙体的基本组成与分类，砌体墙材料及规格以及构造原理与方法；了解隔墙与隔断的作用、类型及其构造；了解幕墙的构造组成、原理与方法；了解墙体饰面的作用与设计要求，掌握常用墙体饰面的构造原理与一般方法；了解新型墙体节能材料的主要性能。

7.1 概述

墙体是建筑物的承重构件和围护构件，依据在建筑中的位置不同，墙体分为外墙和内墙。作为承重构件，墙体承受由屋顶和楼板层传来的荷载，并将荷载传递给基础；作为围护结构，外墙可以抵御外界各种因素的影响，起着保温、挡风、隔雨、隔热等作用。内墙的作用是分隔室内空间，并依据空间的使用性质起到一定的装饰作用和附加功能作用（防水防潮、建筑隔声等），从而保障室内环境的舒适性。

7.1.1 墙的组成

为了满足一定的功能要求，墙体的构造组成通常不是单一的，一般包括基层、饰面层和其他构造层。

1）基层。基层是墙体的结构层，是保证墙体强度、刚度和稳定性的基本层次，如砌体墙、钢筋混凝土墙等。

2）饰面层。饰面层是墙体表面的装饰层，分为外饰面和内饰面。常见的外饰面层有涂料、墙面砖等；常见的内墙饰面层有涂料、木饰面等。

3）其他构造层。为了满足墙体的功能需要，除基层和饰面层外，还需设置其他构造层，如找平层、保温层等。

7.1.2 墙体的类型

1. 按所处位置分类

墙体按其在建筑中所处位置不同可分为外墙和内墙；按布置方向不同分为纵墙和横墙，凡沿建筑物长轴方向布置的墙称为纵墙，凡沿建筑物短轴方向布置的墙称为横墙，横向外墙也称为山墙。

墙体按照与门窗的位置关系又可分为窗间墙、窗下墙。不同位置的墙体名称如图 7-1 和图 7-2 所示。

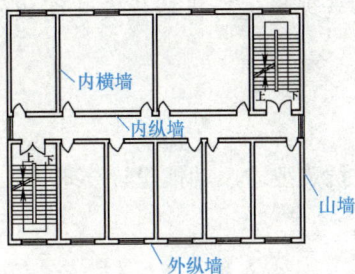

图 7-1 水平方向墙体分类

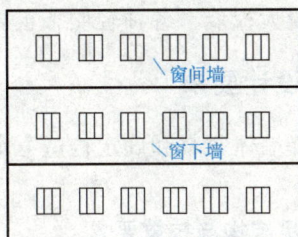

图 7-2 垂直方向墙体分类

2. 按受力情况分类

墙体按结构垂直方向的受力情况不同可以分为承重墙和非承重墙。承重墙直接承受上部楼板及屋顶传下来的荷载；凡不承受外来荷载的墙称非承重墙。非承重墙又可分为自承重墙和隔墙；框架结构中，非承重墙分为填充墙和幕。填充墙是位于框架梁柱之间的墙体。当墙体悬挂于框架梁柱的外侧起围护作用时，称为幕墙（如金属幕墙、玻璃幕墙或石材幕墙等）。

3. 按材料分类

墙体按所用材料不同可分为砖墙、石墙、混凝土墙等。砖墙是我国传统的墙体材料，应用最广，但是由于黏土实心砖是以黏土为主要原料，不仅占用大量农田，而且在黏土实心砖的生产过程中还耗费大量能源，且污染环境，因此目前我国城市中已经禁止使用黏土实心砖。

4. 按墙体构造形式分类

墙体按构造形式不同可分为实体墙、空体墙和组合墙，如图 7-3 所示。实体墙是由单一材料（砖、石块、混凝土砌块和钢筋混凝土等）组成不留空隙的墙体。空体墙也是由单一材料组成，可由单一材料砌成内部空腔，也可用具有孔洞的材料建造，如空斗砖墙、空心砌块墙等。组合墙由两种以上材料组合而成，可满足墙体多种功能性需要，如承重、保温、隔热等。

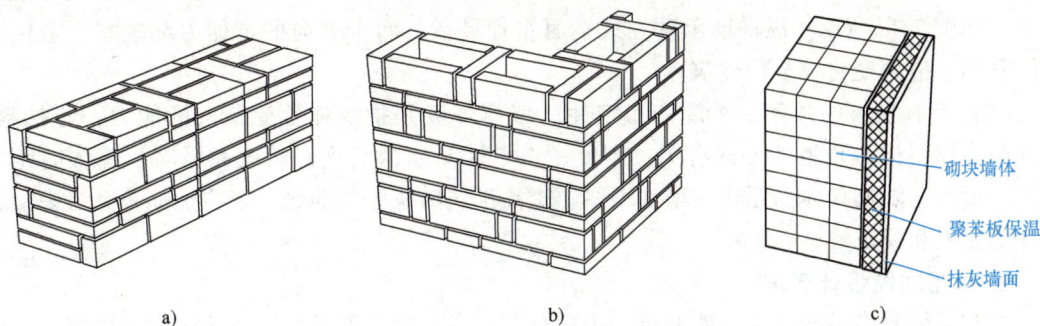

a) b) c)

图 7-3 墙体按构造形式分类

a）实体墙 b）空体墙 c）组合墙

5. 按施工方法分类

按施工方法不同，墙体有叠砌墙、板筑墙、装配式板材墙等。叠砌墙是将加工好的块材

（如砖石、加气混凝土砌块）用砂浆按一定的技术要求砌筑而成的墙体；板筑墙是直接在墙体部位竖立模板，在模板内浇筑混凝土，经振捣密实而成的墙体（如大模板、滑模施工的混凝土墙）；装配式板材墙是将工厂生产的大型板材运至现场进行机械化安装而成的墙体，如预制混凝大板墙、各种轻质条板内隔墙等。

7.1.3　设计要求

在选择墙体材料和确定构造方案时，应满足结构与抗震要求、功能设计要求、工业化生产要求等。

1. 满足结构与抗震要求

以墙体承重为主的低层或多层砌体结构，需考虑以下几方面要求：

（1）合理选择墙体结构布置方案　混合结构房屋墙体的结构布置按其竖向荷载传递路线不同，主要分为三种：横墙承重、纵墙承重、纵横墙承重（表7-1）。

表 7-1　墙体承重方案性能对比

类型	适用范围	优点	缺点
横墙承重	小开间房屋，如宿舍、住宅	横墙数量多，整体性好，房屋空间刚度大	建筑空间不灵活，房屋开间小
纵墙承重	大开间房屋，如中学教室	开间划分灵活，能分隔出较大的房间	房屋整体刚度差，纵墙开窗受限制
纵横墙承重	开间进深复杂的房屋	平面布置灵活	构件类型多，施工复杂

横墙承重是指将楼板及屋面板等水平承重构件搁置在横墙上，纵墙只起到加强纵向稳定、拉结以及承受自重的作用，如图7-4a所示。此种方案适用于房间开间尺寸不大、墙体位置比较固定的建筑，如宿舍、旅馆、住宅等。

纵墙承重是指将楼板及屋面板等水平承重构件均搁置在纵墙上，横墙只起分隔空间和连接纵墙的作用，如图7-4b所示。此种方案适用于使用上要求有较大空间的建筑，如办公楼、商店和教学楼中的教室、阅览室等，立面处理相对灵活。

纵横墙承重是指由纵横两个方向的墙体共同承受楼板、屋顶荷载的结构布置，也称混合承重，如图7-4c所示。纵横墙承重方式平面布置灵活，两个方向的抗侧力都较好，适用于房间开间、进深变化较多的建筑。

（2）具有足够的强度、刚度和稳定性　墙体强度是指墙体承受荷载的能力，与材料、墙体截面积、构造和施工方式有关；刚度、稳定性与墙的高度、长度和厚度及墙体间距有关。一般采用限制墙体高厚比、增加墙厚、提高砌筑砂浆强度等级、墙内加筋等办法来保证墙体的刚度和稳定性。

2. 满足功能设计要求

建筑墙体要满足相应的功能要求，包括热工要求、隔声要求、防水防潮以及建筑美观的需求等。

北方地区冬季气候寒冷，对外围护结构保温性能要求较高；夏热冬冷地区要同时解决好冬天保温和夏天隔热的问题；夏热冬暖地区由于夏天酷热，通常对外墙表面做遮阳或反射涂料处理。

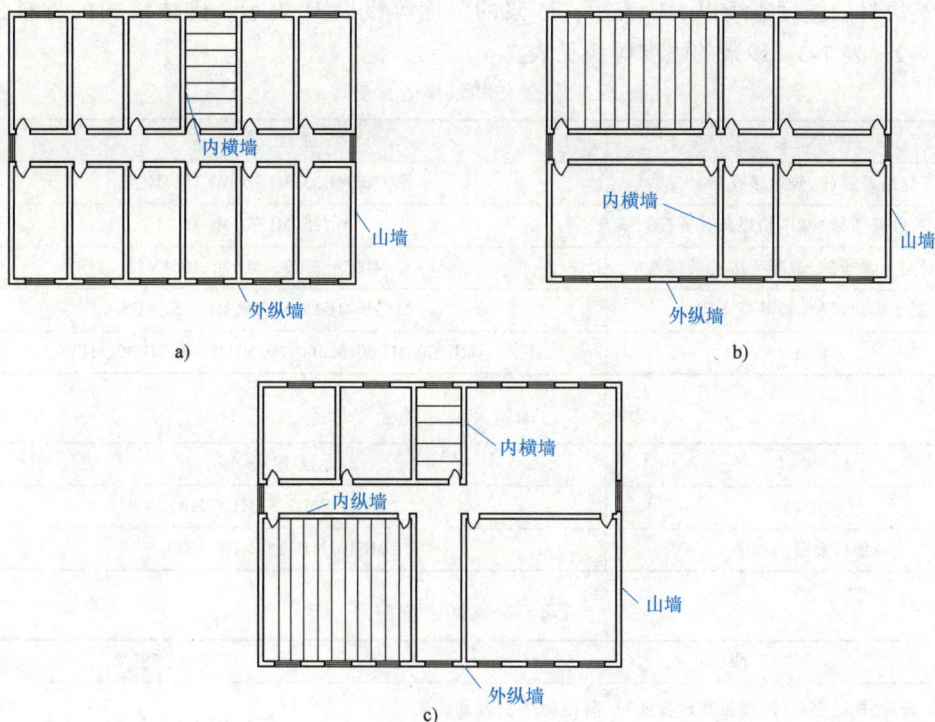

图 7-4 墙体结构布置方案

a) 横墙承重 b) 纵墙承重 c) 纵横墙承重

隔声也是墙体的重要功能，相关标准、规范对外墙和相应使用功能房间的内墙隔声能力均有规定。

此外，墙体也应满足防水防潮要求，如卫生间、厨房及地下室的墙应采取防水防潮措施，保证墙体的坚固耐久性，使室内有良好的卫生环境。

3. 满足工业化生产要求

在大量民用建筑中，墙体工程量占相当大的比例，同时其劳动力消耗量大，施工期长，因此，建筑工业化的关键是墙体改革。可通过机械化、参数化、智能化的设计和施工技术达到提高工效、降低劳动强度和成本的目的。

■ 7.2 砌体墙

砌体墙是用砂浆等胶结材料将砖石、砌块等块材按一定的技术要求组砌而成的墙体，如砖墙、石墙及混凝土砌块墙等。砌体墙的优点是生产制造及施工操作简单，不需要大型的施工设备；缺点是现场湿作业多、施工速度慢、劳动强度大。

7.2.1 砌体墙的材料及规格

砌体墙所用材料主要分为块材和黏结材料两部分。砌筑用的块材多为刚性材料，即其力学性能中抗压强度较高，但抗弯、抗剪性能较差。当砌体墙在建筑物中作为承重墙时，整个墙体的抗压强度主要由砌筑块材的强度决定。

砌筑块材的强度等级以 MU 表示，砂浆的强度等级以 M 表示。砌体结构的材料强度等级见表 7-2、表 7-3，砂浆的强度等级见表 7-4。

表 7-2　承重结构块体的强度等级

种　类	强 度 等 级
烧结普通砖、烧结多孔砖	MU30、MU25、MU20、MU15、MU10
蒸压灰砂普通砖、蒸压粉煤灰普通砖	MU25、MU20、MU15
混凝土普通砖、混凝土多孔砖	MU30、MU25、MU20、MU15
混凝土砌块、轻骨料混凝土砌块	MU20、MU15、MU10、MU7.5、MU5
石材	MU100、MU80、MU60、MU50、MU40、MU30、MU20

表 7-3　自承重墙块体的强度等级

种　类	强 度 等 级
空心砖	MU10、MU7.5、MU5、MU3.5
轻骨料混凝土砌体	MU10、MU7.5、MU5、MU3.5

表 7-4　砂浆的强度等级

种　类	强 度 等 级
烧结普通砖、烧结多孔砖、蒸压灰砂普通砖、蒸压粉煤灰普通砖砌体采用的普通砂浆	M15、M10、M7.5、M5、M2.5
蒸压灰砂普通砖、蒸压粉煤灰普通砖砌体采用的专用砂浆	Ms15、Ms10、Ms7.5、Ms5
混凝土普通砖、混凝土多孔砖、单排孔混凝土砌块和煤矸石混凝土砌块砌体采用的砂浆	Mb20、Mb15、Mb10、Mb7.5、Mb5
双排孔或多排孔轻骨料混凝土砌块砌体采用的砂浆	Mb10、Mb7.5、Mb5
毛料石、毛石砌体采用的砂浆	M7.5、M5、M2.5

1. 砌块的类型与规格

砌块与砖的区别在于其外形尺寸比砖大，砌块按不同尺寸分为大型砌块、中型砌块和小型砌块。系列中规格的高度大于 115mm 而又小于 380mm 的称为小型砌块，高度为 380 ~ 980mm 的称为中型砌块，高度大于 980mm 的称为大型砌块，使用中以中小型砌块居多。

砌块按构造方式可分为实心砌块和空心砌块，空心砌块有单排方孔、单排圆孔和多排扁孔三种，如图 7-5 所示，其中多排扁孔对保温有利。

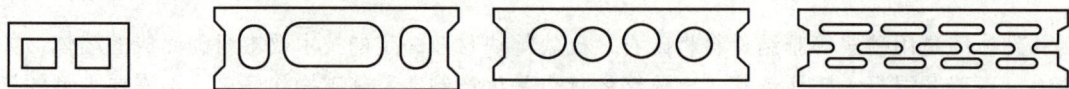

图 7-5　砌块中孔洞的类型

（1）砖　砖的种类有黏土砖、灰砂砖、页岩砖、煤矸石砖、水泥砖、炉渣转等。其中黏土砖、页岩砖已被列为禁用和限制使用材料。砖的规格通常为：240mm（长）×115mm（宽）×53mm（高）。

（2）蒸压加气混凝土砌块　以钙质、硅质材料和发气剂为原材料，经配料、搅拌、浇筑和蒸压养护而成。在无安全可靠的措施防护时，不得用于建筑物的基础及地面以下的砌体和有侵蚀介质的环境中。砌块长600mm；宽100mm、150mm、200mm、250mm；高200mm、250mm、300mm。

（3）混凝土小型空心砌块 以水泥为胶结材料，砂、石为骨料，经加水搅拌、振动加压成型，蒸汽养护而成。有抗震设防需求时，不宜用于9度区。砌块长90mm、190mm、290mm、390mm；宽190mm；高190mm。

混凝土空心砌块按原材料分，有普通混凝土砌块、工业废渣骨料混凝土砌块、天然轻骨料混凝土砌块和人造骨料混凝土砌块等；按砌块形体尺寸分，有小型砌块和中型砌块；按承重性能分，有承重砌块和非承重砌块。每类砌块各有不同的强度等级，可用于不同的房屋建筑工程部位。

（4）粉煤灰硅酸盐中型实心砌块 以粉煤灰、石灰、石膏为胶结材料，以煤渣为骨料，经加水搅拌、振动成型，蒸养而制成。不宜用于有侵蚀介质和经常处于高温影响下的房屋，并不得用于建筑物基础及地面以下的砌体中。砌块长800mm、980mm、1080mm、1180mm；宽180mm、200mm、190mm、240mm；高200mm、250mm、300mm。

（5）陶粒混凝土空心砌块 陶粒混凝土空心砌块是由水泥、陶粒加水制成，有竖向方孔和扁孔空心砌块。其特点是砌块尺寸大、重量轻、砌筑速度快、保温性能良好。陶粒混凝土空心砌块强度比实心砖低，多用于非承重隔墙和框架结构的填充墙。陶粒混凝土空心砌块外形尺寸常见的有：长90mm、190mm、290mm、390mm；宽190mm；高190mm。

2. 砌块黏结材料

常用黏结材料的主要成分是水泥、砂以及石灰膏。可以按照需要选择不同的材料配合以及材料级配。

砂浆是砌体的黏结材料，它将砌块胶结为整体，并将砖块之间的空隙填实，便于上层砌块所承受的荷载能逐层均匀地传至下层砌块，以保证砌体的强度。砌筑墙体常用的砂浆有水泥砂浆、石灰砂浆和混合砂浆三种。水泥砂浆是由水泥、砂和水按一定比例拌和而成的，它属水硬性材料，强度高，适合于砌筑潮湿环境的砌体；石灰砂浆是由石灰、砂和水拌和而成的，它属于气硬性材料，强度不高，多用于砌筑一般次要的民用建筑中地面以上的砌体；混合砂浆是由水泥、石灰膏、砂加水拌和而成的，这种砂浆强度较高，和易性和保水性好，常用于砌筑地面以上的砌体。

7.2.2 砌体墙的组砌方式

一般情况下，各种块材砌体的砌筑均应避免通缝，并满足"横平竖直、错缝搭接、灰浆饱满、厚薄均匀"的砌筑原则。

1. 砖墙的组砌

砖墙组砌主要包括实心砖墙、空心砖墙和空斗墙的组砌。

在砖墙的组砌中，长边垂直于墙面砌筑的砖称为丁砖，长边平行墙面砌筑的砖称为顺砖；上下皮之间的水平灰缝称横缝，左右两块砖之间的垂直缝称竖缝；每排列一层称为一皮。当外墙面做清水墙时，组砌还应考虑墙面图案美观。

（1）实心砖墙 实心砖墙是用普通实心砖砌筑的实体墙。普通实心砖墙组砌时，上下皮错缝搭接长度不得小于60mm，常采用顺砖和丁砖交替砌筑。常见的砌式如图7-6和图7-7所示。

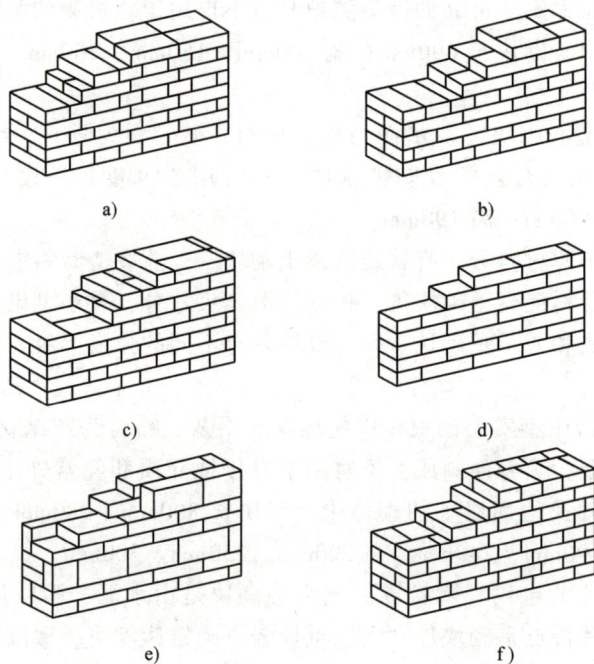

图 7-6　砖墙的组砌方式

a）240 墙一顺一丁式　b）240 墙多顺一丁式　c）240 墙十字架式　d）120 墙　e）180 墙　f）370 墙

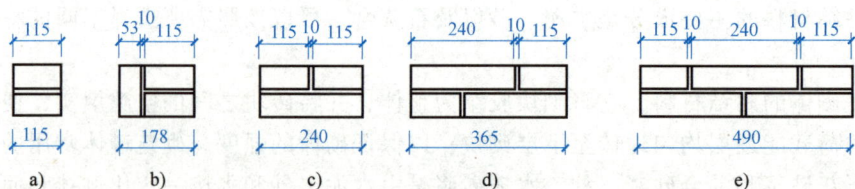

图 7-7　砖墙的厚度与组成

a）120 墙　b）180 墙　c）240 墙　d）370 墙　e）490 墙

（2）空斗墙　空斗墙是用砖侧砌或平、侧交替砌筑成的空心墙体，侧砌的砖为斗砖，平砌的砖为眠砖。全由斗砖砌筑而成的墙称为无眠空斗墙；每隔 1~3 皮斗砖砌 1 皮眠砖的墙称为有眠空斗墙，如图 7-8 示。

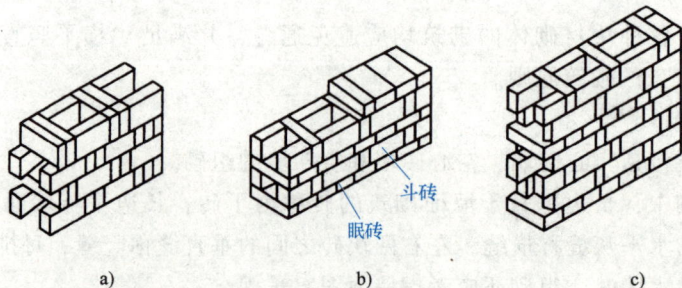

图 7-8　空斗墙砌筑方式

a）无眠空斗墙　b）一眠一斗空斗墙　c）一眠三斗空斗墙

（3）空心砖墙 空心砖墙，即用空心砖砌筑的墙，其砌筑方式有全顺式、一顺一丁式和丁顺相间式。空心砖墙体在±0.000以下基础部分不得使用空心砖，必须使用实心砖或其他基础材料砌筑。

2. 砌块墙的组砌

砌块的组砌与砖墙不同的是，由于砌块规格较多、尺寸较大，为保证错缝以及砌体的整体性，应事先进行排列设计，并在砌筑过程中采取加固措施。排列设计是把不同规格的砌块在墙体中的安放位置用平面图和立面图加以表示，并注明每一砌块的型号，以便施工时按排列图进料和砌筑。砌块排列设计应满足以下要求：

1）上下皮砌块应错缝搭接，尽量减少通缝。

2）墙体交接处和转角处的砌块应彼此搭接，以加强其整体性。

3）优先采用大规格的砌块，使主砌块的总数量在70%以上，以利加快施工进度。

4）尽量减少砌块规格，在砌体中允许用极少量的普通砖来镶砌填缝，以方便施工。

5）空心砌块上下皮之间应孔对孔、肋对肋，以保证有足够的接触面。

砌块排列示意如图7-9所示。

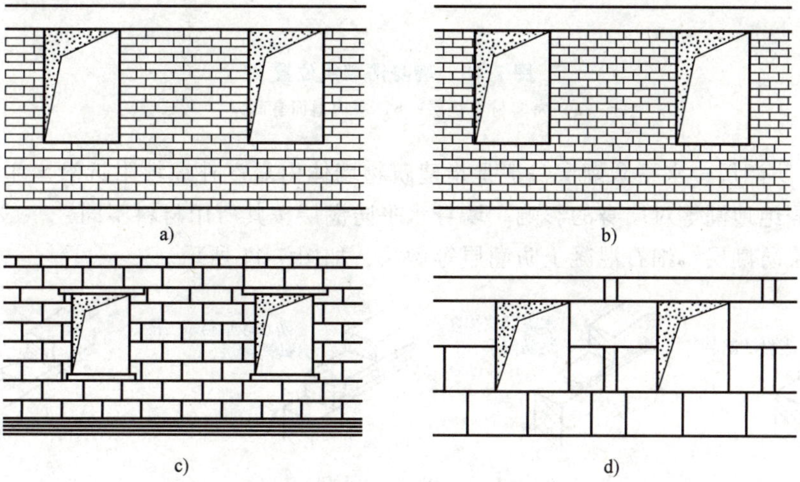

图 7-9 砌块排列示意

a）、b）小型砌块排列示意　c）、d）中型砌块排列示意

7.2.3 墙身细部构造

为了保证砌体墙的耐久性和墙体与其他构件的连接，应在相应的位置进行细部构造处理。砌体墙的细部构造措施包括勒脚处细部构造、门窗洞口构造、墙体加固措施及变形缝构造等。

1. 勒脚处细部构造

在房屋外墙接近地面部位特别设置的墙面保护构件称为勒脚。

为了避免外墙墙脚受到雨水冲溅、机械碰撞、地表水和土壤中水分渗入的影响而导致墙身受潮、饰面层脱落，必须做好墙脚防潮处理，坚固及耐久性处理、以及房屋四周的排水处理。建筑勒脚处细部构造主要包括防潮层、勒脚、明沟与散水。

（1）防潮层构造做法 为了防止土壤中的水分和建筑外侧的地面水渗入砌体，使墙身受潮，必须在内外墙脚部位连续设置防潮层，防潮层分为水平防潮层和垂直防潮层。当室内地面垫层为混凝土等密实材料时，水平防潮层的位置应设在垫层范围内，低于室内地坪60mm处，同时还应至少高于室外地面150mm（防止雨水溅湿墙面）。当室内两侧地面出现高差时，应在墙身内设高低两道水平防潮层，并在土壤一侧设垂直防潮层。墙身防潮层的位置如图7-10所示。

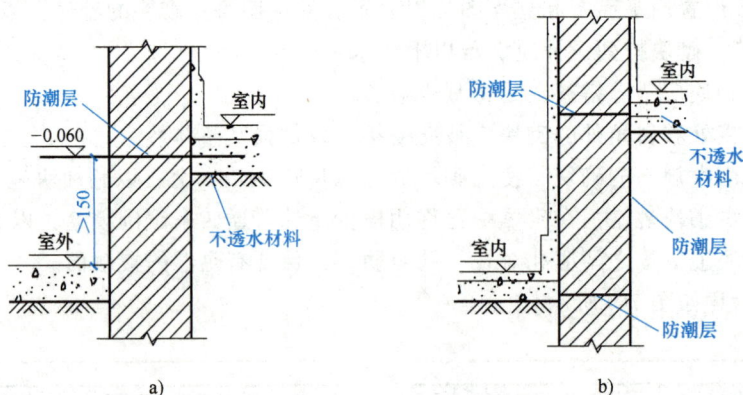

图 7-10 墙身防潮层位置

a）密实材料垫层 b）室内地面有高差

1）水平防潮层。水平防潮层一般是指建筑物墙体内靠室外地坪附近沿水平方向设置的防潮层，以隔绝地潮等对墙身的影响。墙身水平防潮层按其所用材料不同，一般有卷材防潮层、防水砂浆防潮层、细石混凝土防潮层等做法，如图7-11所示。

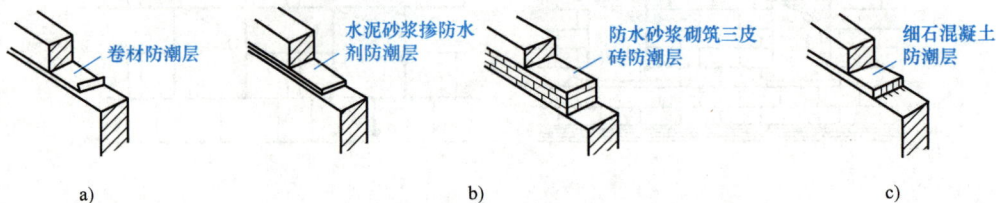

图 7-11 墙身水平防潮层构造

a）卷材防潮层 b）防水砂浆防潮层 c）细石混凝土防潮层

卷材防潮层：在防潮层部位先抹10～15mm厚水泥砂浆找平层，然后将比墙厚宽10～20mm的卷材铺上，卷材之间的搭接长度不小于70mm。卷材防潮层具有一定的韧性、延伸性和良好的防潮性能，但日久易老化失效，且卷材层降低了上下砖砌体之间的黏结力，削弱了砖墙的整体性和抗震能力，目前已经很少采用。

防水砂浆防潮层：在防潮层位置抹一层20～30mm厚的1∶2水泥砂浆加3%～5%防水剂配制成的防水砂浆，或用防水砂浆砌2～4皮砖做防潮层。此种做法构造简单，克服了卷材防潮层的缺点，但砂浆开裂或不饱满时影响防潮效果。

细石混凝土防潮层：在防潮层位置铺设60mm厚C15或C20细石混凝土，内配钢筋以抗裂。由于混凝土密实性好，有一定的防水性能，且与砌体结合紧密，故适用于整体刚度要求较高的建筑。

当砌体墙勒脚采用不透水的材料（如混凝土），或设有钢筋混凝土地圈梁时，可以不设防潮层。

2）垂直防潮层。当室内地坪出现高差或室内地坪低于室外地面时，不仅要求对墙身按地坪高差的不同设置两道水平防潮层，对有高差部分的竖直墙面也要采取防潮措施，设置垂直防潮层。

其具体做法是在高地坪房间填土前，在两道水平防潮层之间的垂直墙面上，先用水泥砂浆做出15~20mm厚的抹灰层，然后再刷防水涂料，而在低地坪一边的墙面上，则采用水泥砂浆打底的墙面抹灰，如图7-12所示。

（2）勒脚构造做法 勒脚是外墙接近室外地面的部分。勒脚的作用是防止外界碰撞，防止地表水对墙脚的侵蚀，增强建筑物立面美观。

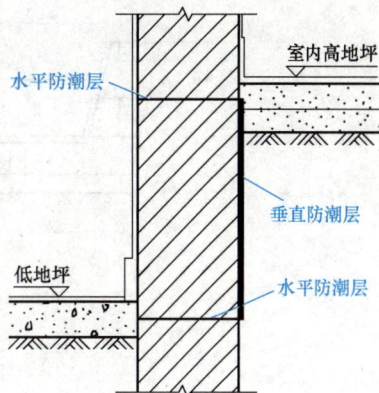

图7-12 垂直防潮层构造

一般采用以下几种构造做法：

1）抹灰勒脚：可采用水泥砂浆抹面、水刷石或斩假石抹面等。

2）贴面勒脚：可用天然石材或人工石材贴面，如花岗石、陶瓷面砖等。

3）坚固材料勒脚：采用条石、蘑菇石、混凝土等坚固耐久的材料代替砖砌外墙。

勒脚构造做法如图7-13所示。

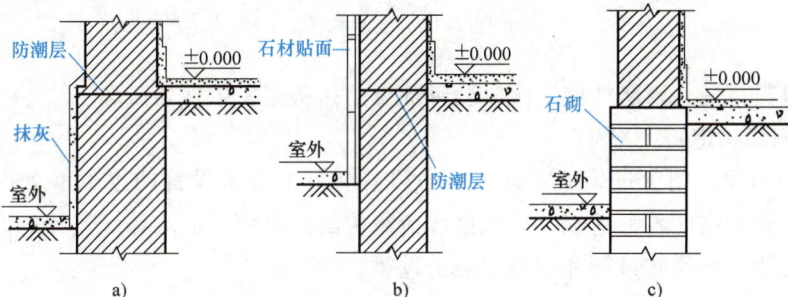

图7-13 勒脚构造

a）抹灰勒脚 b）石材贴面勒脚 c）石砌勒脚

（3）明沟与散水构造做法 明沟与散水都是为了迅速排除屋顶落水或地表水，防止其侵入勒脚而危害基础，防止因积水渗入地基造成建筑物下沉而设置。

明沟是指设置在外墙四周的排水沟，将雨水有组织地导向集水井，然后流入排水系统。明沟一般用素混凝土现浇或用砖石铺砌而成。当屋面为自由落水时，明沟的中心线应对准屋顶檐口边缘，沟底应有不小于1%的坡度，以保证排水通畅，明沟构造如图7-14所示。

散水是沿建筑物外墙设置的排水倾斜坡面，坡度一般为3%~5%，将积水排离建筑物，又称散水坡或护坡。散水适用于降雨量较小的北方地区。散水所用材料与明沟相同，宽度一般为600~800mm。当屋面排水方式为自由落水时，要求其宽度比屋檐长200mm。散水构造如图7-15所示。

由于建筑物的沉降以及勒脚与散水施工时间的差异，在勒脚与散水交接处应设分格缝，

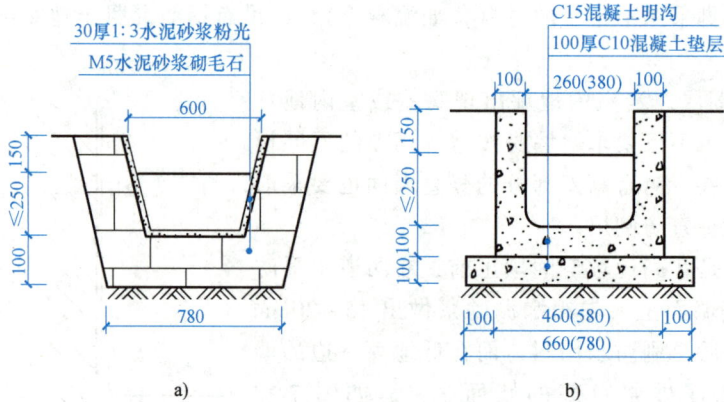

图 7-14 明沟构造

a）砖（毛石）砌明沟做法 b）混凝土明沟做法

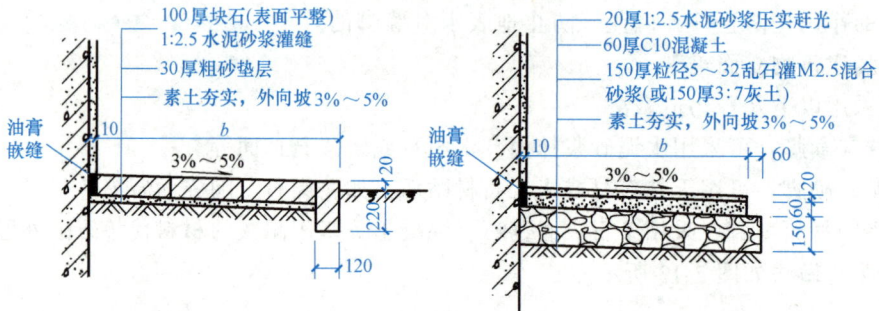

图 7-15 散水构造

缝内用弹性材料填嵌，以防外墙下沉时勒脚部位的抹灰层发生剪切破坏。

2. 门窗洞口构造

（1）门窗过梁 门窗过梁是在砌体墙的门窗洞口上方所设置的水平承重构件，用以承受洞口上部砌体传来的各种荷载，并把这些荷载传给洞口两侧的墙体。过梁的形式较多，常见的有砖拱过梁、钢筋砖过梁和钢筋混凝土过梁。

1）砖拱过梁。砖拱过梁有平拱和弧拱两种，如图 7-16 所示。砖拱过梁节约钢材和水泥，但整体性较差，不宜用于上部有集中荷载、建筑物受振动荷载、地基承载力不均匀和地震区的建筑。

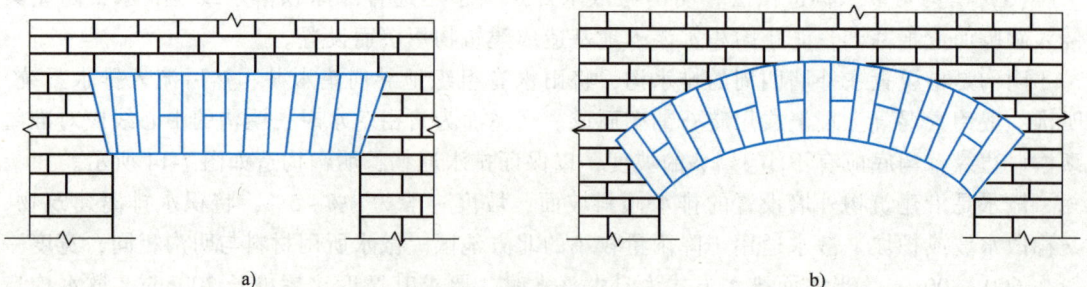

图 7-16 砖拱过梁

a）平拱砖过梁 b）弧拱砖过梁

砖砌平拱过梁是我国传统做法。砖拱的高度不应小于 240mm，多为一砖，灰缝上部宽度不大于 20mm，下部宽度不大于 5mm，两端下部伸入墙内 20~30mm，中部起拱高度为洞口跨度的 1/50，受力后拱体下落时成水平，最大跨度为 1.2m。

砖砌弧拱过梁的弧拱高度不小于 120mm，其余做法同平拱过梁。由于起拱高度大，弧拱跨度也相应增大。当拱高为（$1/12 \sim 1/8$）L 时，跨度 L 为 $2.5 \sim 3m$；当拱高为（$1/6 \sim 1/5$）L 时，跨度 L 为 $3 \sim 4m$。

2）钢筋砖过梁。钢筋砖过梁是在洞口顶部配置钢筋，形成能受弯矩作用的加筋砖砌体。钢筋砖过梁施工方便，整体性好，特别适用于清水墙立面。设计中为加固墙身，也可将钢筋砖过梁沿外墙一周连通砌筑，成为钢筋砖圈梁。

一般在洞口上方先支木模，再在其上放置钢筋，过梁底面砂浆层处的钢筋直径不应小于 5mm，间距不大于 120mm，伸入两端墙内 240mm；钢筋砂浆层厚度 30mm，梁高一般不小于 5 皮砖，且不小于门窗洞口宽度的 1/4。钢筋砖过梁最大跨度为 1.5m，如图 7-17 所示。

3）钢筋混凝土过梁。钢筋混凝土过梁可用于门窗洞口较大，或有较大振动和集中荷载，以及产生不均匀沉降的房屋。其承载能力强，一般不受跨度的限制，施工简便，目前被广泛采用。

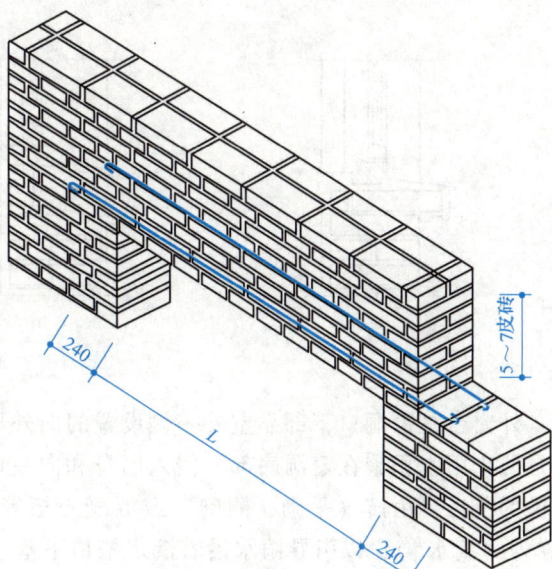

图 7-17 钢筋砖过梁构造

钢筋混凝土过梁有现浇和预制两种。预制装配式过梁施工速度快，最为常用，过梁断面形式有矩形和 L 形，如图 7-18 所示。

配合立面造型和构件，可将过梁与窗套、圈梁、雨篷、遮阳板等结合设计，如图 7-19 所示。

在严寒寒冷地区，为了避免在过梁内表面产生凝结水，也可将外窗洞口的过梁断面做成 L 形，使外露部分的面积减少，或把过梁全部包起来，如图 7-20 所示。

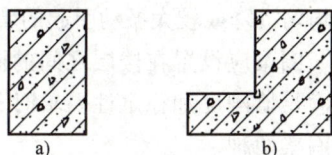

图 7-18 钢筋混凝土过梁断面
a）矩形断面 b）L 形断面

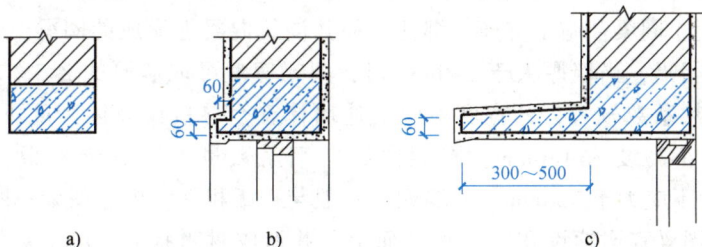

图 7-19 钢筋混凝土过梁
a）平墙过梁 b）带窗套过梁 c）带窗楣板过梁

在采用现浇钢筋混凝土过梁的情况下，若过梁与圈梁或现浇楼板位置接近时，则应尽量合并设置，同时浇筑，既节约模板，便于施工，又增强了建筑物的整体性。

（2）窗台　窗洞口的下部应设置窗台。窗台根据窗的安装位置可形成外窗台和内窗台，如图7-21所示。

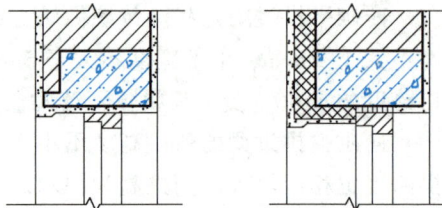

图7-20　严寒寒冷地区钢筋混凝土过梁

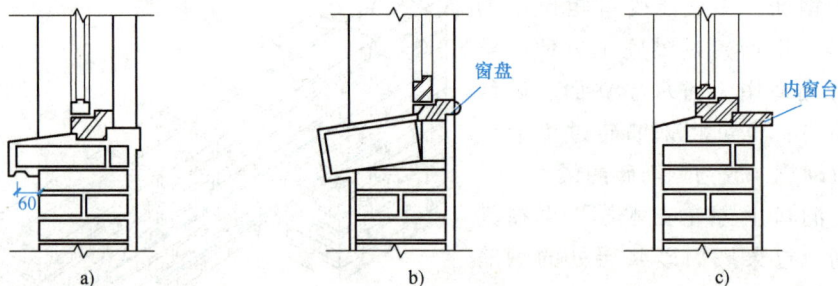

图7-21　窗台

外窗台是窗洞口下部靠室外一侧设置的向外形成一定坡度以利于排水的泄水构件，其目的是防止雨水积聚在窗洞底部，侵入墙身和向室内渗透。外窗台有悬挑和不悬挑窗台两种。悬挑的窗台可由砖（平砌、侧砌）或混凝土板等构成，窗台下部应做成锐角形或半圆凹槽（称为"滴水"），以引导雨水沿着滴水槽口下落。

3. 墙体加固措施

墙体加固措施有圈梁、构造柱、门垛和壁柱、墙墩和扶壁等。

（1）圈梁　圈梁是沿建筑物外墙、内纵墙及部分横墙设置的在同一水平面上连续相交、圈形封闭的带状构造。圈梁配合楼板共同作用可提高房屋的空间刚度及整体性，防止由于地基不均匀沉降或较大振动引起的墙体裂缝；圈梁与构造柱浇筑在一起可以有效抵抗地震作用。

圈梁应设置在楼层之间的同一标高处，或基础顶面和房屋的檐口处。当墙高度较大，不能满足墙刚度和稳定性要求时，可在墙的中部加设一道圈梁。圈梁有钢筋砖圈梁和钢筋混凝土圈梁两种。

1）钢筋砖圈梁：设置在楼层标高的墙身上，高度一般为4~6皮砖，宽度同墙厚，钢筋砖过梁用M5砂浆砌筑，在圈梁中设置4根直径6mm的通长钢筋，分上下两层布置，其做法与钢筋砖过梁相同，如图7-22所示。以前多用于非抗震区，目前较少采用。

2）钢筋混凝土圈梁：施工支模、绑扎钢筋并浇筑混凝土形成的圈梁。钢筋混凝土圈梁的宽度可与墙厚相当，当墙厚大于240mm时，圈梁宽度可取墙厚的2/3，在寒冷地区，由于钢筋混凝土导热系数较大，其宽度不应贯通墙体整个厚度；圈梁高度不应小于120mm，基础中圈梁的最小高度为180mm；圈梁内纵向钢筋数量不应少于4根，直径不应小于10mm，箍筋间距不应大于300mm。外墙圈梁一般与楼板相平，内墙圈梁一般在板下。

钢筋混凝土圈梁宜连续设在同一水平面上，并形成封闭状。当圈梁被门窗等洞口截断时，应在洞口上部增设相同截面的附加圈梁。附加圈梁与圈梁的搭接长度不应小于其垂直间距的2倍，并不得小于1m。有抗震要求的建筑物，圈梁不宜被洞口截断。

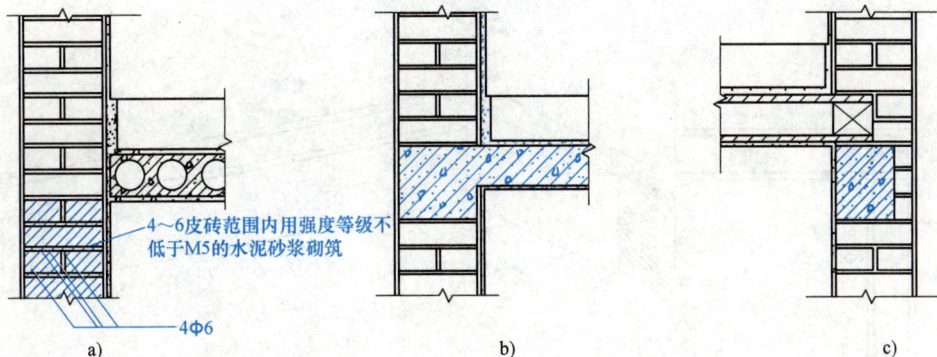

图 7-22 圈梁种类

a）钢筋砖圈梁 b）钢筋混凝土板平圈梁 c）钢筋混凝土板底圈梁

（2）构造柱 构造柱是从抗震角度考虑设置的，与承重柱的作用完全不同。在抗震设防地区，设置钢筋混凝土构造柱是多层建筑的重要抗震措施。因为钢筋混凝土构造柱与圈梁形成具有较大刚度的空间骨架，所以增强了建筑物的整体刚度，提高了墙体的抗变形能力，使建筑物在受震开裂后也能"裂而不倒"。构造柱一般加设在外墙转角、内外墙交接处、较大洞口两侧及楼梯、电梯间的四角等。构造柱做法如图 7-23 所示。

为加强构造柱与墙体的结合，构造柱可设置成马牙槎，如图 7-24 所示。竖向钢筋一般用 4 根直径 12mm 的钢筋，箍筋间距不大于 250mm。砌体房屋构造柱应与圈梁紧密连接，在建筑物中形成整体骨架。与圈梁连接处，构造柱的纵筋应在圈梁纵筋内侧穿过，保证构造柱纵筋上下贯通。构造柱可不单独设置基础，但应伸入室外地面下 500mm，或锚入浅于 500mm 的地圈梁内。施工时应先砌墙，随着墙体的上升而逐段现浇钢筋混凝土柱身。

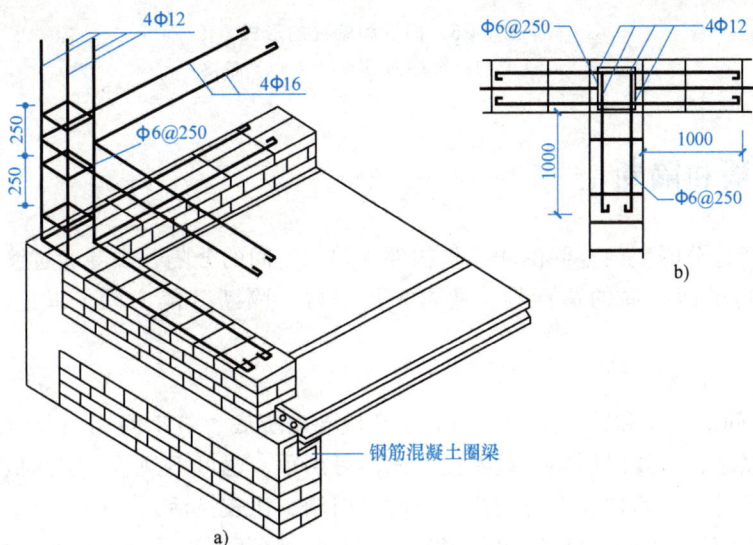

图 7-23 构造柱做法

a）构造柱做法立体示意图 b）构造柱做法平面示意图

（3）门垛和壁柱 在墙体上开设门洞一般应设门垛。当墙体受到集中荷载作用，或当墙体的长度和高度大于规范规定导致墙身稳定性较差时，需要对其进行加固，可考虑增设壁

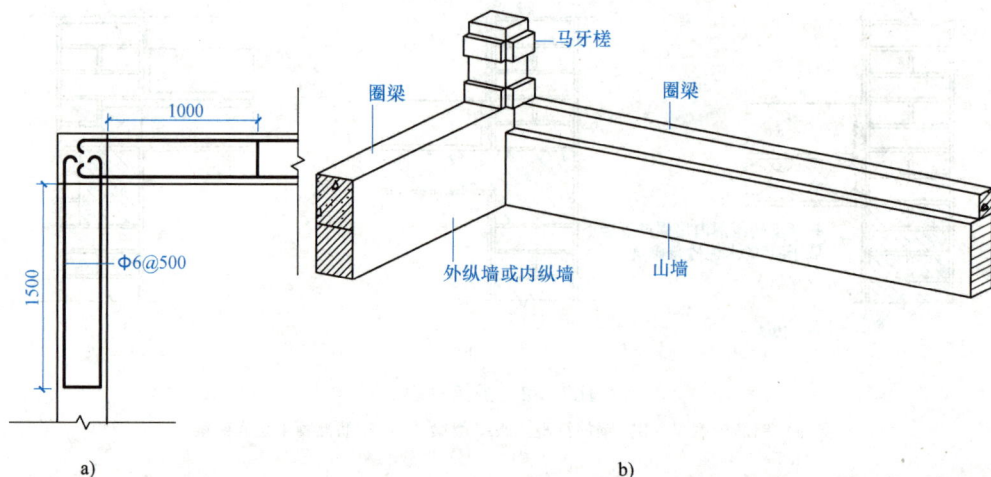

图 7-24　构造柱马牙槎
a）内墙交接处　b）构造柱马牙槎示意图

柱，使之和墙体共同承担荷载并稳定墙身。门垛和壁柱的形式如图 7-25 所示。

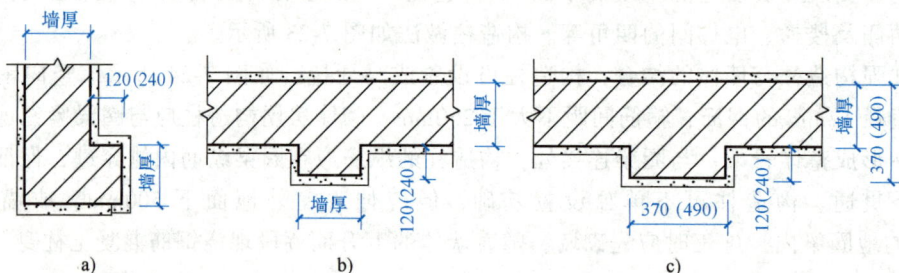

图 7-25　门垛和壁柱的形式
a）L 形门垛　b）丁字形门垛　c）壁柱

7.3　隔墙和隔断

隔墙、隔断是分隔室内空间的非承重构件，起到空间的分隔、引导和过渡的作用。现代建筑中为了提高平面布局的灵活性，通常采用隔墙、隔断分隔空间，以适应建筑功能的变化。

隔墙和隔断的区别在于：

1）分隔空间的程度和特点不同。隔墙通常做到楼板底，将空间完全分为两个部分，相互隔开，没有联系，必要时隔墙上设有门；隔断可到顶，也可不到顶，空间似分非分，相互可以渗透，视线可不被遮挡，有时设门，有时设门洞，比较灵活。

2）拆装的灵活性不同。隔墙设置一般固定不变，隔断可以移动或拆装。

7.3.1　隔墙

隔墙按其构造方式可分为块材隔墙、轻骨架隔墙及条板隔墙。隔墙构造设计时应满足以下基本要求：

1）自重轻，以减轻楼板的荷载。

2）厚度薄，以增加建筑的有效空间。

3）便于拆装，能随使用要求的改变而变化。

4）减轻工人的劳动强度，提高效率。

5）有一定的隔声能力，使各使用房间互不干扰，具有较好的独立性或私密性。

6）满足不同使用部位的要求，卫生间隔墙要防水、防潮，厨房隔墙要防潮、防火等。

隔墙不承受任何外来荷载，其本身的重量由楼板或墙下小梁来承受。隔墙的类型按其构造方式不同可分为块材隔墙、轻骨架隔墙、条板隔墙三大类。

1. 块材隔墙

块材隔墙是指用普通砖、多孔砖、空心砌块以及各种轻质砌块等砌筑而成的墙体，又称砌筑式隔墙，如图 7-26 所示。

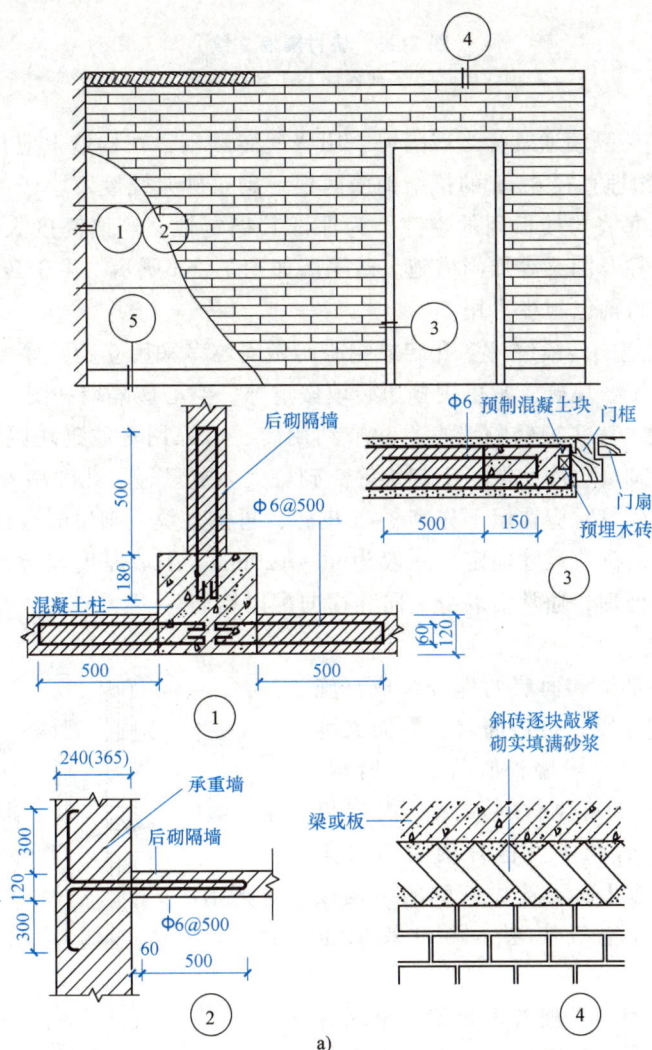

图 7-26　块材隔墙

a）砖隔墙

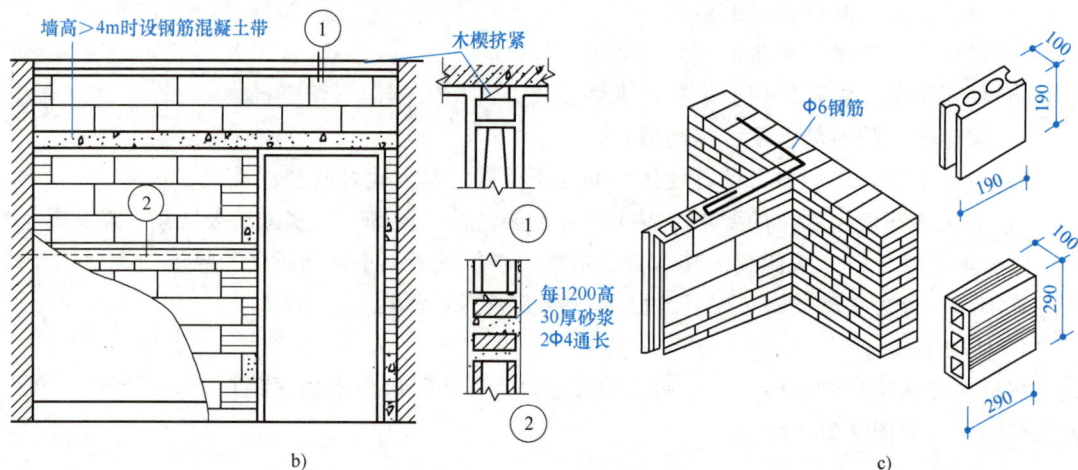

墙高>4m时设钢筋混凝土带 ① 木楔挤紧 ②

① 每1200高 30厚砂浆 2Φ4通长 ②

Φ6钢筋 100 190 190

100 290 290

b) c)

图 7-26 块材隔墙（续）
b）空心砖隔墙　c）砌块隔墙

（1）砖隔墙　砖隔墙通常为半砖隔墙，用普通砖顺砌，在构造上应与主体墙或柱拉结，一般沿高度 0.5m 预埋直径 6mm 的拉结钢筋两根，砌筑砂浆强度不小于 M5。顶部与楼板相连处用立砖斜砌填塞墙与楼板间的空隙。为保证其稳定性，当墙高度大于 3m、长度超 5m 时，还应加设构造柱及圈梁等加固措施。砖隔墙如图 7-26a 所示。由于砖隔墙自重大，湿作业多，施工麻烦，目前已很少采用。

（2）多孔砖或空心砖隔墙　多孔砖或空心砖做隔墙多采用立砌，厚度为 90mm。在与楼板接处如果距离少于半块砖，常可用普通砖填嵌空隙。空心砖隔墙如图 7-26b 所示。

（3）砌块隔墙　为了减轻隔墙自重和节约用砖，可采用轻质砌块隔墙，如加气混凝土块、粉煤灰硅酸盐砌块、陶粒混凝土砌块等。砌块大多重量轻、孔隙率大、隔热性能好，但其吸水性强，因此砌筑时应在墙下先砌 3~5 皮砖，再砌砌块。砌块隔墙如图 7-26c 所示。

砌块隔墙墙厚由砌块尺寸而定，一般为 90~120mm。隔墙厚度较薄，墙体稳定性较差，需对墙身进行加固处理，通常沿墙身竖向和横向配以钢筋。

2. 轻骨架隔墙

轻骨架隔墙由骨架和面层两部分组成，施工时应先立墙筋（骨架）再做面层，因而又称为立筋式（或立柱式）隔墙，如图 7-27 所示。骨架由木材、钢材或其他材料构成，面层钉接、涂抹或粘贴在骨架上。轻骨架隔墙自重轻，可以搁置在楼板上，不需做特殊的结构处理。由于这类墙有空气夹层，隔声效果也较好。

（1）骨架　常用的骨架有木骨架、金属骨架。近年来为节约木材和钢材，出现了不少用工业废料和地方材料制成的骨架，如石膏骨架、水泥刨花骨架等。

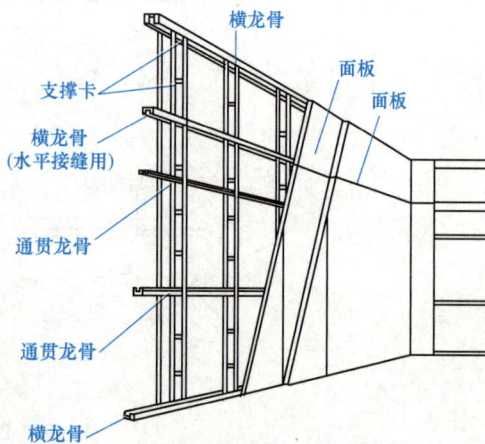

横龙骨
支撑卡
横龙骨（水平接缝用）
通贯龙骨
通贯龙骨
横龙骨
面板
面板

图 7-27 轻骨架隔墙

（2）面层　轻骨架隔墙的面层有很多种类型，如木质板、石膏板、无机纤维、金属板、塑料板、玻璃板等，多为难燃或不燃材料。

（3）构造做法　面板与骨架的关系常见有两种：一种是面板在骨架的两面或一面，用压条压缝或不用压条压缝即贴面式；另一种是将面板置于骨架中间，四周用压条压住，称为镶板式。面板在骨架上的固定方法常用的有钉、粘、卡三种。采用轻钢骨架时，往往用骨架上的舌片或特制的夹具将面板卡到轻钢骨架上，这种做法简便、迅速，有利于隔墙的组装和拆卸。

轻骨架板材隔墙常用板材的尺寸规格见表7-5。

表 7-5　轻骨架板材隔墙常用板材的尺寸规格（不含木质板材）　　（单位：mm）

名称	长度	宽度	厚度
纸面石膏板	1800、2100、2400、2700、3000、3300、3600	900、1200	9.5、12、15、18、21、25。执行国外标准的还有12.7、15.9
纤维石膏板	1200、1500、2400、3000	600、1200	12、12.5、15
木质纤维石膏板	3050	1200	8、10、12、15
纤维增强硅酸钙板（硅酸钙板）	800、2400、3000	800、900、1000、1200	5、6、8、10、15
	2440	1220	
纤维增强水泥加压板（硅酸钙板）	1000、1200、1800、2400、2800、3000	800、900、1000、1200	4、5、6、8、10、12、15、20、25
低密度埃特板	2440	1220	7、8、10、12、15
中密度埃特板	2440	1220	6、7.5、9、12
高密度埃特板	2440	1220	7.5、9

3. 条板隔墙

条板隔墙是采用具有一定刚度和厚度的条形板材，用各类胶黏剂和连接件安装固定并拼合在一起形成的隔墙。常用板材为蒸压加气混凝土板、各种轻质条板和各种复合板材等。单板高度相当于房间净高，面积较大，施工中直接拼装而不依赖骨架，因此它具有自重轻、安装方便、工厂化程度高、施工速度快等特点。

（1）加气混凝土条板隔墙　加气混凝土条板由水泥、石灰、砂、矿渣等加发泡剂（铝粉），经过原料处理、配料浇筑、切割、蒸压养护工序制成。与同种材料的砌块相比，加气混凝土条板的块型较大，可用于外墙、内墙和屋面。加气混凝土条板自重较轻，可锯、可刨、可钉，施工简单，防火性能好，由于板内的气孔是闭合的，能有效抵抗雨水的渗透。但不宜用于具有高温、高湿或空气中有化学有害成分的建筑中。

加气混凝土条板规格：长为 2700～3000mm，用于内墙板的板材宽度通常为 500mm、600mm，厚度为 75mm、100mm、120mm 等。施工时高度按设计要求进行切割。加气混凝土条板构造如图 7-28 所示。固定安装板条时，在板的下面先用木楔将条板楔紧，然后用细石混凝土堵严，板缝用各种黏结砂浆或胶黏剂进行粘结，并用胶泥刮缝，平整后，再在表面进行装修。

（2）轻质条板隔墙　常用的轻质条板有玻纤增强水泥条板、钢丝增强水泥条板、增强

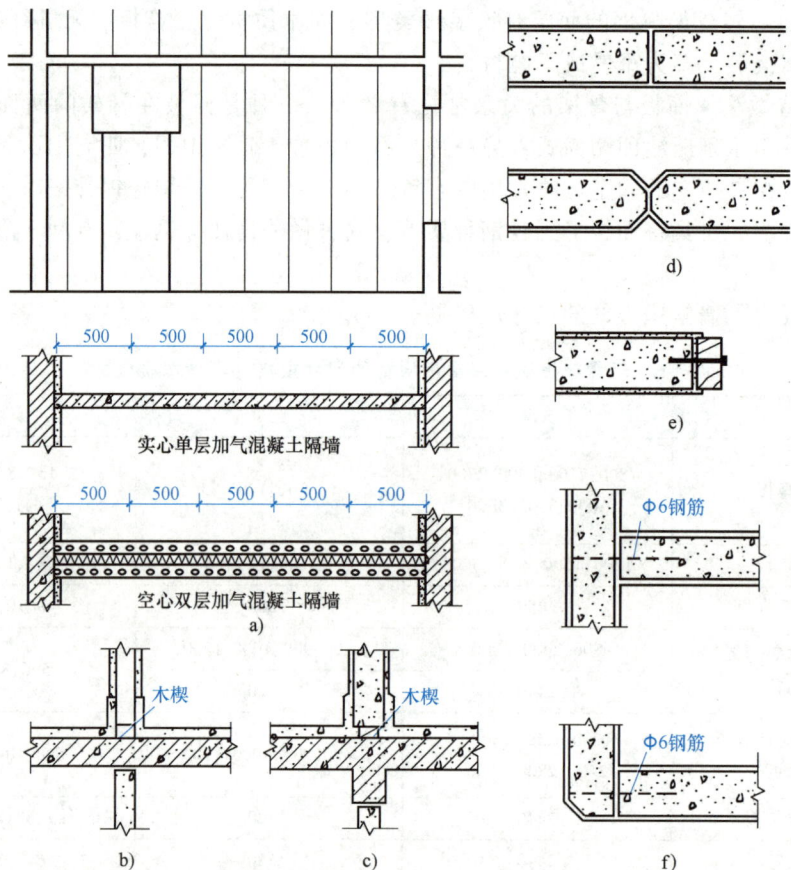

图 7-28　加气混凝土板隔墙构造

a) 加气混凝土板隔墙示意图　b) 条板与楼板底连接　c) 条板与梁底连接
d) 板缝连接　e) 门框膨胀螺栓连接　f) 条板与条板连接

石膏空心条板、轻骨料混凝土条板等。轻质条板长度通常为 2200～4000mm；条板宽度常用 600mm，一般按 100mm 递增；厚度最小为 60mm，一般按 10mm 递增。轻质条板构造如图 7-29 所示。

（3）复合板隔墙　由几种材料制成的多层板材为复合板材。复合板材的面层有石膏板、铝板、树脂板、硬质纤维板、压型钢板等；夹心材料可用矿棉、木质纤维、泡沫塑料和蜂窝状材料等。复合板充分利用材料的性能，大多具有强度高，耐火性、防水性、隔声性能好的优点，且安装、拆卸方便，有利于建筑工业化。复合板隔墙构造如图 7-30 所示。

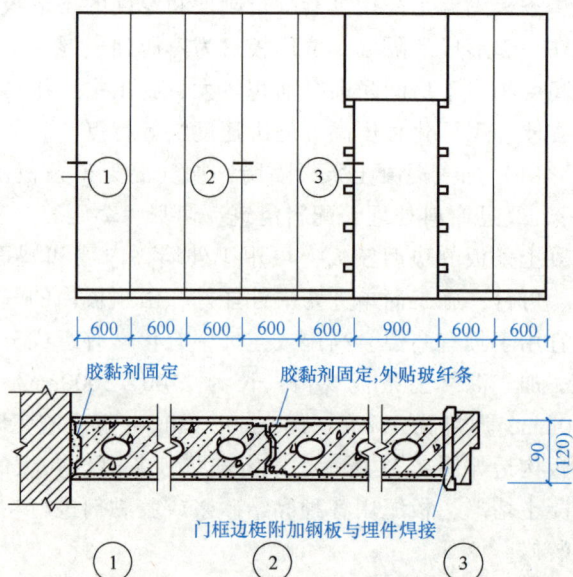

图 7-29　增强石膏空心条板构造

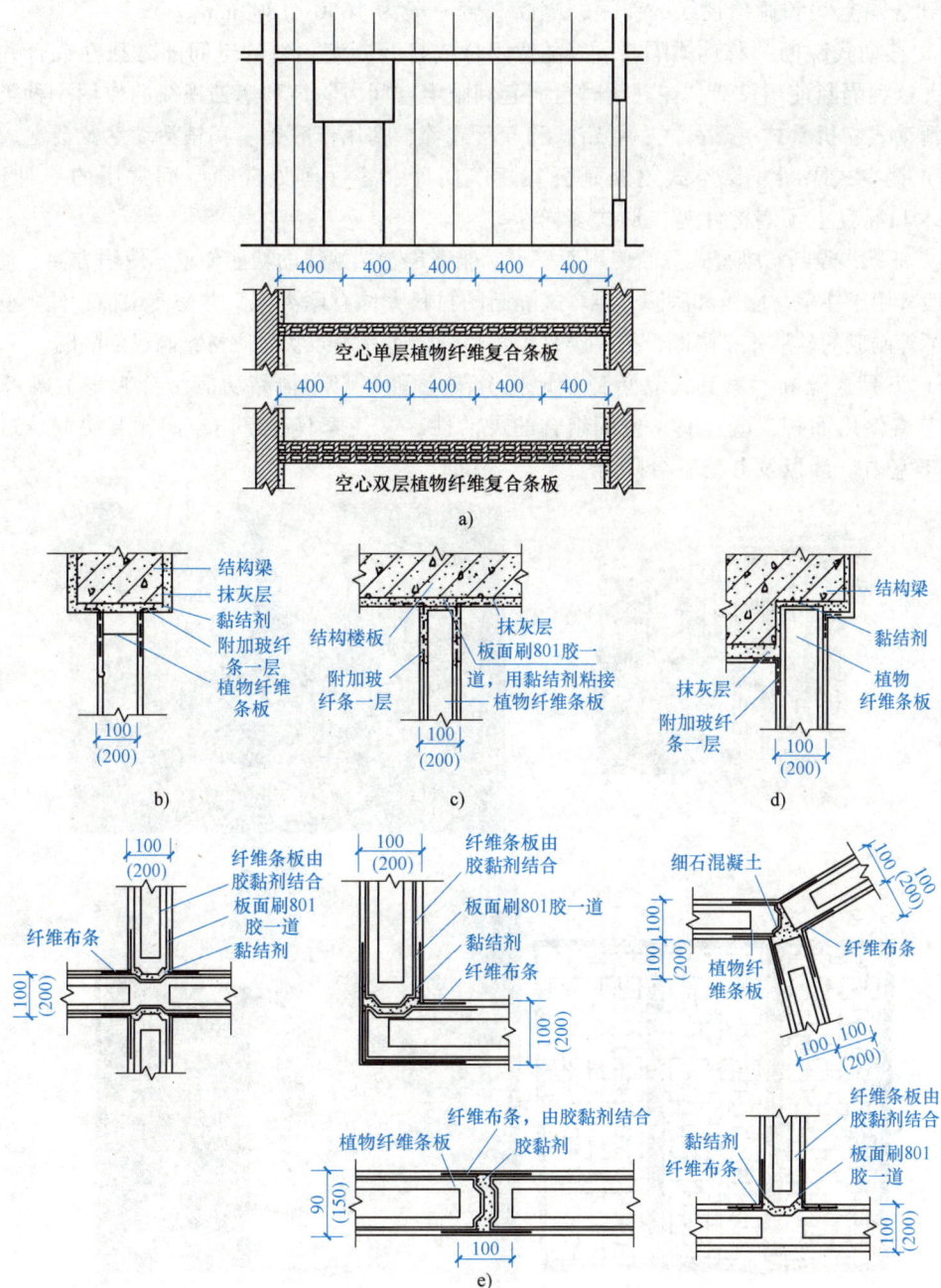

图 7-30 复合板内隔墙构造

a）复合板隔墙示意图 b）条板与梁底连接 c）条板与楼板底面连接 d）条板与梁侧连接 e）条板与条板连接

7.3.2 隔断

隔断是分隔室内空间的装修构件，其作用在于变化空间或遮挡视线。隔断的形式很多，常见的有屏风式、移动式、镂空式、帷幕式和家具式等，如图 7-31 所示。

（1）屏风式隔断 屏风式隔断通常不到顶，空间通透性强，隔断与顶棚间保持一定距离，起到分隔空间和遮挡视线的作用，隔断高度一般为 1050~1800mm。

（2）移动式隔断　移动式隔断可以随意闭合或打开，使相邻的空间随之独立或合并成一个空间。这种隔断使用灵活，在关闭时也能起到限定空间、隔声和遮挡视线的作用。种类有拼装式、滑动式、折叠式、悬吊式、卷帘式和起落式等，多用于餐馆、宾馆活动室及会堂。

（3）镂空式隔断　镂空式隔断是公共建筑门厅、客厅等处分隔空间常用的一种形式，有竹、木和混凝土预制构件等，形式多样。

（4）帷幕式隔断　帷幕式隔断使用面积小，能满足遮挡视线的功能要求，使用方便，便于更新，一般多用于住宅、旅馆和医院。帷幕式隔断的材料大体有两类：一类是使用棉、丝、麻织品或人造革等制成的软质帷幕隔断；另一类是用竹片、金属片等条状硬质材料制成的隔断。

（5）家具式隔断　家具式隔断巧妙地把分隔空间与贮存物品功能结合起来，既节约费用，又节省使用面积，既提高了空间组合的灵活性，又使家具与室内空间相互协调。这种形式多用于室内设计以及办公室分隔等。

a)　　　　　　　　　　　　　　　　b)

c)　　　　　　　　　　　　　　　　d)

图 7-31　隔断

a）屏风式隔断　b）移动式隔断　c）镂空式隔断　d）帷幕式隔断

7.4　非承重外墙板和幕墙

骨架承重和钢筋混凝土剪力墙承重等体系的建筑物，其外墙不起承重作用而只起围护作用，此时可采用砌体墙填充、板材或幕墙等。

板材可以直接安装在建筑物的主体结构构件上，如安装在柱子、边梁和楼板上面；也可以通过一套附加的杆件系统与主体结构相连接。幕墙使得建筑物好像覆盖着一层轻纱如图7-32所示。

图7-32 幕墙实例

1. 非承重外墙板

常用非承重外墙板的种类多样。工程中可以选用单一类型材料制作的外墙板（如水泥制品和配筋的混凝土墙板等），也可采用复合材料的外墙板。相比之下，复合型的外墙板更适合作为外围护结构的构件，因为外墙板除了具有分隔空间的作用外，还需要同时具备防水、隔热保温、隔声等多种功能。因此，外墙板发展的主要趋势是将多种功能的材料在工厂复合成型后到现场安装，或者将其区分为不同的构造层次在现场组装。

2. 幕墙

幕墙按其面板材料分为玻璃幕墙、金属幕墙、石材幕墙；按其施工方式分为构件式幕墙和单元式幕墙。

（1）幕墙材料

1）幕墙面板。幕墙面板多使用玻璃、金属层板和石材等材料，可单一使用也可混合使用。幕墙用的玻璃必须是安全玻璃，如钢化玻璃、夹层玻璃或者用上述玻璃组合的中空玻璃等。

由于大片的玻璃幕墙对建筑物的热工性能的影响非常大，为了降低能耗，改善建筑物的热环境，对幕墙用玻璃的性能进行改造的工作一直没有停止过。例如：在玻璃表面镀覆特殊的金属氧化物做成的低辐射玻璃，对远红外光的反射率较高，而基本不影响可见光的透射，在幕墙中广泛应用。此外，还有在双层玻璃的间隙中，加入光栅做成的偏光玻璃，可以遮挡直射光而允许漫射光进入室内。近年来开发的幕墙用玻璃新品种有热致变色玻璃、光致变色玻璃、电致变色玻璃等。可见，可变、可控已成为幕墙玻璃材料发展的一种趋势。

幕墙所采用的金属面板多为铝合金和钢材。铝合金可做成单层的、复合型的以及蜂窝铝板几种，表面可经阳极氧化或用氟碳漆喷涂等防腐处理。钢材可采用高耐候性材料，或者进行表面热浸镀锌、无机富锌涂料等处理。

幕墙石材一般采用花岗石等火成岩，因其质地均匀。石材厚度在25mm以上，吸水率应小于0.8%，弯曲强度不小于8.0MPa。为减轻自重，也可选用与蜂窝状材料复合的石材。

2）幕墙用连接材料。幕墙通常会通过金属杆件系统、拉索以及小型连接件与主体结构相连接，同时为了满足防水及适应变形等功能要求，还会用到许多胶黏和密封材料。

其中用作连接杆件及拉索的金属材料有铝合金、钢和不锈钢，其表面处理同面材。不锈钢材料虽然不易生锈，但也应该采取放绝缘垫层等措施，来防止电化学腐蚀。幕墙中使用的门窗等五金配件一般都采用不锈钢材料制作。

幕墙使用的胶黏和密封材料有硅酮结构胶和硅酮耐候胶。前者用于幕墙玻璃与金属杆件系统的连接固定或玻璃间的连接固定，后者则通常用来嵌缝来提高幕墙的气密性和水密性。为了防止材料间因接触而发生化学反应，胶黏和密封材料与幕墙其他材料间必须先进行相容性的试验，合格后方能够配套使用。

（2）幕墙安装构造　幕墙与建筑物主体结构之间的连接按照连接杆件系统的类型以及与幕墙面板的相对位置关系，可以分为有框式幕墙、点式幕墙和全玻式幕墙。

1）有框式幕墙。幕墙与主体建筑之间的连接杆件系统通常会做成框格的形式。如果框格全部暴露出来，就称为明框幕墙；如果垂直或者水平两个方向的框格杆件只有一个方向的暴露出来，就称为半隐框幕墙（包括竖框式和横框式）；如果框格全部隐藏在面板之下，就称为隐框幕墙，如图7-33所示。

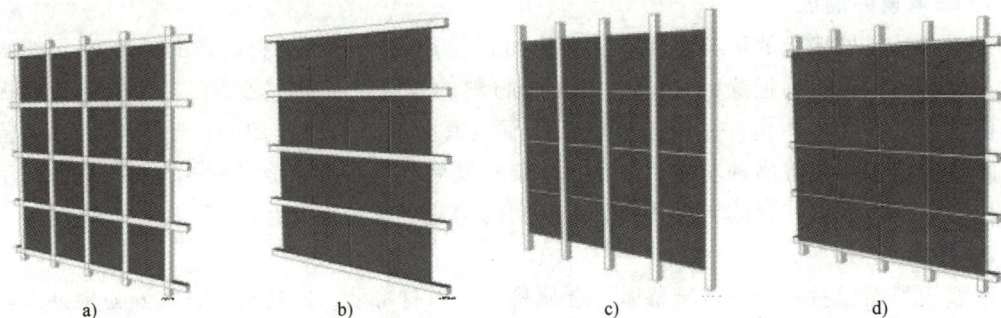

图7-33　有框式幕墙

a）全框式　b）横框式　c）竖框式　d）隐框式

2）点式幕墙。点式幕墙采用在面板上穿孔的方法，用金属"爪"来固定幕墙面板。这种方法多用于需要大片通透效果的玻璃幕墙上，每片玻璃通常开孔4~6个。金属爪可采用钢桁架或索桁架、自平衡索桁架、单层平面或曲面索网、单向竖索等多种类型。图7-34所示为钢桁架、钢拉索、自平衡索桁架所有连接构件与主体结构之间均为铰接，玻璃之间留出

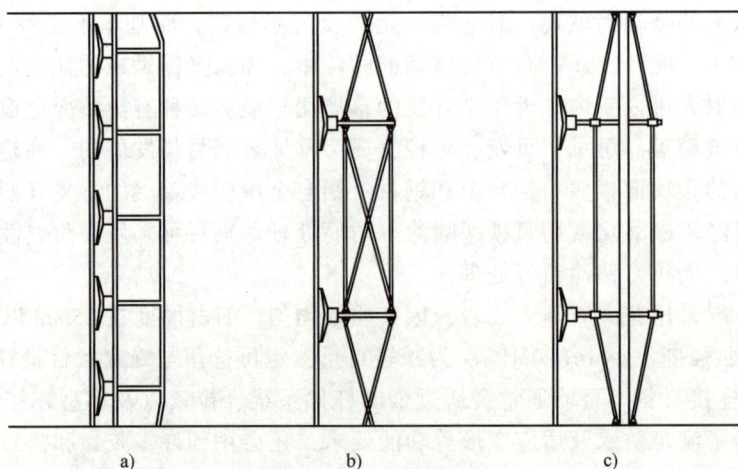

图7-34　点式幕墙金属爪采用类型

a）钢桁架　b）钢拉索　c）自平衡索桁架

不小于 10mm 缝隙打胶，保证在使用过程中产生的变形应力消耗在柔性节点上，不至于引起玻璃本身的破坏。

3）全玻式幕墙。全玻式幕墙的面板以及与建筑物主体结构的连接构件都由玻璃构成，如图 7-35 所示。连接构件通常做成玻璃肋的形式，并且悬挂在主体结构的受力构件上，目的是不让玻璃肋受压。玻璃肋可以落地，也可以不落地。但落地时应该与楼地面之间留有缝隙，用弹性垫块支承或填塞，并用硅酮密封胶密封。玻璃肋与面板之间可以用硅酮结构胶黏结，也可以通过其他构件连接，如钢爪等，但最好不要由结构胶缝单独承受玻璃的自重。全玻式幕墙的高度必须控制在相关规范所规定的范围内。

图 7-35　悬挂式全玻璃幕墙

（3）幕墙结构安全和防火设计　幕墙在安装时必须考虑结构的安全性、施工的可能性以及对各种使用状态的适应性。幕墙构件在交接处通常留有缝隙，可以适应温差及风荷载等引起的变形。点式幕墙的安装节点也提供了藏在钢爪中的万向铰。幕墙构件之间所预设的缝隙，除宽度要符合规范的要求外，还可以用柔性材料填塞。

幕墙系统往往使用了大量的金属杆件和连接件，使得对幕墙的防雷要求特别严格。有关规定要求幕墙自身应形成防雷体系，而且应与主体建筑的防雷装置可靠连接。

玻璃幕墙的防火设计是一个非常重要的问题。一般幕墙玻璃均不耐火，在 250℃ 即会炸裂，而且垂直幕墙与水平楼板之间往往存在缝隙，如果未经处理或处理不合理，火灾初起时，浓烟会通过该缝隙向上层扩散，火焰可通过这一缝隙向上窜到上一层楼层。当幕墙玻璃开裂掉落后，火焰可从幕墙外侧窜到上层墙面并烧裂上层玻璃幕墙，随后窜入上层室内。玻璃幕墙的设置应符合下列防火安全要求：

1）窗间墙、窗槛墙的填充材料应采用非燃烧材料。当其外墙面采用耐火极限不低于 1h 的非燃烧材料时，其墙内填充材料可采用难燃烧材料。

2）无窗间墙和窗槛墙的玻璃幕墙，应在每层楼板外沿设置不低于 80cm 高的实体墙裙，或在玻璃幕墙内侧，每层设自动喷水保护设备，喷头间距不应大于 2m。

3）玻璃幕墙与每层楼板隔墙处的缝隙，必须用非燃烧材料严密填实。

■ 7.5　墙面装修

墙面装修是墙体构造必不可少的组成部分，其主要作用是保护墙体、满足使用功能要求和美化墙体。对视听有特殊要求的室内空间，墙面装修还可以起到改善室内声环境、满足厅堂音质等功能需求（声吸收、声扩散、声反射等）的作用。

建筑外墙直接暴露在自然环境中，会受到风、霜、雨、雪的侵袭，墙面装修可提高墙体抗风化能力，避免墙体直接遭到自然界的侵袭，增强墙体的坚固性和耐久性。墙面装修对提高建筑物内外的清洁卫生条件、提高墙体热工性能（防潮、保温、隔热）、声学性能、光照等物理环境以及创造良好的生活和生产空间起到十分明显的作用。同时，墙面装修还可以美化建筑环境，提高艺术效果，是建筑空间艺术处理的重要手段之一。墙面的色彩、材料的质感效果、线角的处理等都在一定程度上改善建筑的形象。

根据材料和施工方式的不同，常见的墙面装修做法可分为抹灰类、贴面类、涂料类、裱糊类和钉挂类五类。

1. 抹灰类

抹灰类墙面一般是指用石灰砂浆、混合砂浆、水泥砂浆（室外）以及纸筋灰、麻刀灰（室内）等作为饰面层的装修做法。它的特点是材料来源广泛、施工方便、造价低廉。但也存在着现场湿作业量大、易开裂、耐久性差、工效低、劳动强度大等缺点。

为保证抹灰质量，做到表面平整、粘接牢固、色彩均匀、不开裂，施工时应分层操作。抹灰一般分底层、中层和面层三层，如图 7-36 所示。底层主要与基层黏结，同时起到找平作用；中层主要起找平作用；面层主要起装饰作用，要求表面平整、色泽均匀、无裂纹等。普通装修标准的墙面一般只做底层和面层，总厚度一般为 15～25mm。抹灰的三种标准见表 7-6，常用的抹灰做法见表 7-7。

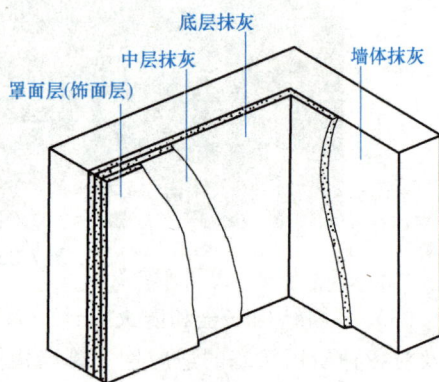

图 7-36 墙面抹灰饰面构造层次

表 7-6 抹灰的三种标准

标准	层次			总厚度 /mm
	底灰	中灰	面灰	
普通抹灰	1 层	—	1 层	≤18
中级抹灰	1 层	1 层	1 层	≤20
高级抹灰	1 层	数层	1 层	≤25

表 7-7 常用的抹灰做法

抹灰名称	构造及材料配合比	适用范围
混合砂浆	12～15 厚 1:1:6 水泥:石灰膏:砂,混合砂浆打底 5～10 厚 1:1:6 水泥:石灰膏:砂,混合砂浆粉面	外墙、内墙均可
水泥砂浆	15 厚 1:3 水泥砂浆打底 10 厚 1:(2～2.5)水泥砂浆粉面	多用于外墙或内墙受潮侵蚀部位
水刷石	15 厚 1:3 水泥砂浆打底 10 厚 1:(1.2～1.4)水泥石碴抹面后水刷	用于外墙

（续）

抹灰名称	构造及材料配合比	适用范围
干粘石	10~12 厚 1∶3 水泥砂浆打底 7~8 厚 1∶0.5∶2 外加 5%108 胶的混合砂浆黏结层 3~5 厚彩色石渣面层（用喷或甩方式进行）	用于外墙
斩假石	15 厚 1∶3 水泥砂浆打底刷素水泥浆一道 8~10 厚水泥石碴粉面用剁斧斩去表面层水泥浆或石尖部分 使其显出凿纹	用于外墙或局部内墙
膨胀珍珠岩	12 厚 1∶3 水泥砂浆打底 9 厚 1∶16 膨胀珍珠岩灰浆粉面（面层分 2~3 次操作）	多用于室内有保温或吸声要求的房间

注：厚度单位为 mm。

外墙抹灰面积较大，为防止面层开裂和便于操作以及立面的美观，常将抹灰面层做线脚分隔处理，如图 7-37 所示。

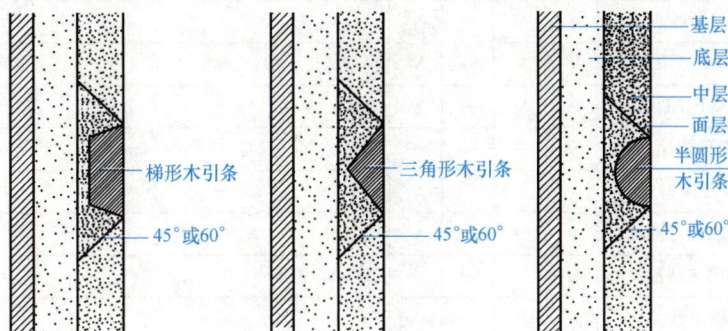

图 7-37 抹灰引条做法

2. 贴面类

贴面类装修是利用各种石板、块材等，通过绑、挂和直接粘贴于基层表面的饰面做法，具有装饰性强、耐久性好、施工方便、容易清洗等优点。常用的贴面材料包括面砖、瓷砖、锦砖等陶瓷和玻璃制品，还包括水磨石板和剁斧石板等水泥制品以及花岗石板和大理石板等天然石板，如图 7-38 所示。一般耐候性差的材料常用于室内装修，如瓷砖、大理石板等；质感粗犷、耐候性好的材料，如陶瓷面砖、锦砖、花岗石板等常用于外墙装修。

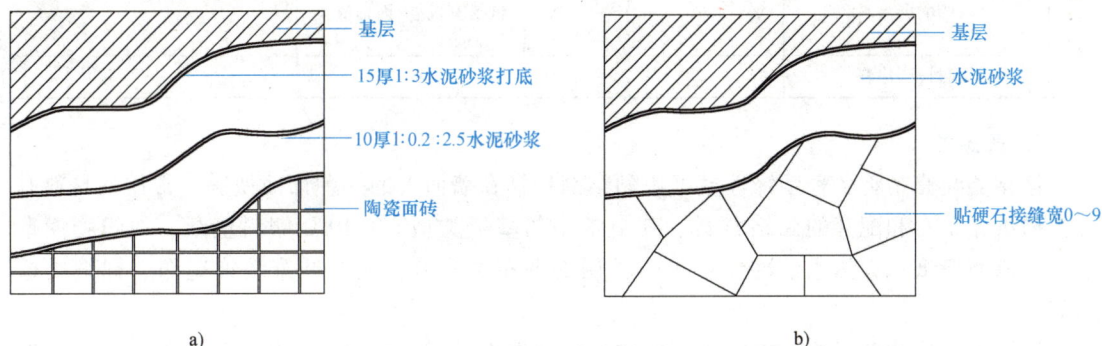

图 7-38 贴面类墙面
a）陶瓷面砖饰面构造　b）石材粘贴构造

3. 涂料类

涂料类墙面是将各种涂料敷于基层表面，形成完整牢固的膜层，从而起到保护墙面和美观的一种装饰做法。涂料类墙面与传统墙面相比使用年限短，但具备省工、省料、工期短、工效高、自重轻、更新方便及经济等特点。

涂料类饰面所用涂料按其性状可分为溶剂型涂料、水溶性涂料、乳液型涂料和粉末涂料等，按其主要成膜物质性质可分为有机系涂料、无机系涂料、有机-无机复合系涂料等；按其涂膜状态可分为薄质涂层涂料、厚质涂层涂料、砂壁状涂层涂料、彩色复层凹凸花纹外墙涂料等。常用内外墙涂料见表 7-8。

表 7-8　常用内外墙涂料表

类型	涂料名称	外墙	内墙	档次			性质	备注
				普	中	高		
合成树脂乳液类涂料（薄型）	乙酸乙烯涂料	—	√	√	—	—	—	目前很少使用
	乙酸乙烯-乙烯涂料	—	√	—	√	—	—	VAE 涂料
	苯乙烯-丙烯酸酯涂料	√	√	—	√	—	—	苯丙涂料
	乙酸乙烯-丙烯酸酯涂料	—	√	—	√	√	—	醋丙（乙丙）涂料
	有机硅-丙烯酸酯涂料	√		—	√	—	—	硅丙涂料
	纯丙烯酸酯涂料	√		—	√	—	—	纯丙涂料
	叔碳酸乙烯酯-乙酸乙酯涂料	√		—	√	—	—	叔酯涂料
	叔烯酸乙烯酯-丙烯酸酯涂料	√		—	√	—	—	叔丙涂料
	氟碳树脂涂料	√		—	—	√	—	—
合成树脂乳液类涂料（厚型）	乙酸乙烯-丙烯酸酯涂料	√	√	√	—	—	—	醋丙（乙丙）涂料
	砂壁状涂料	√		—	√	√	—	其中真石漆为常用品种
	复层涂料	√	√	√	√	√	—	又称浮雕涂料、凹凸花纹涂料
	多彩花纹涂料 W/W （水包水型）	—	√	—	√	√	无毒、水溶、不燃、华丽	目前较少使用
	弹性涂料	√		—	√	√	多采用丙烯酸系列	—
溶剂型涂料	聚氨酯涂料	√		—	—	√	—	可做成仿瓷
	丙烯酸酯涂料	√		—	—	√	包括有机硅、丙烯酸类	—
	氟碳树脂涂料	√		—	—	√	—	—

4. 裱糊类

裱糊类装修是将各种装饰性壁纸用黏结剂裱糊在墙面上的一种饰面做法。常用的材料有各类壁纸、壁布和配套的黏结材料。其中常用的壁纸类型有：PVC 塑料壁纸、纺织物面壁纸、金属面壁纸、天然木纹面壁纸等。常用的壁布类型有：人造纤维装饰壁布、锦缎类壁布等。

裱糊类装修的面层施工工艺主要在抹灰的基层上进行，也可在其他基层上粘贴壁纸和壁布。壁纸或壁布在施工前先要做润水处理，为防止基层吸水过快，可涂刷壁纸基膜，再涂刷黏结剂。裱糊前应在基层上划分垂直准线，用刮板或胶辊将其赶平压实。面材的接缝有对缝或搭缝两种方式，一般墙面采用对缝方式，阴、阳角处采用搭缝方式，搭缝方式面材重叠10～20mm。

5. 钉挂类

钉挂类装修是将各种天然或人造薄板固定在墙面上的饰面做法，其构造与骨架隔墙相似，由骨架、面板两部分组成。

1）骨架有木骨架和金属骨架之分。木骨架可借埋在墙上的木砖固定在墙身上；金属骨架（轻钢龙骨）可借埋入墙内的膨胀螺栓固定，而目前多用更为简单的射钉枪固定方法。

2）面板种类很多，常用的面板有石材、木板、金属条板、塑料条板、纸面石膏板等。钉挂类饰面的构造做法主要有湿挂法、干挂法和钉挂法，如图7-39～图7-41所示。

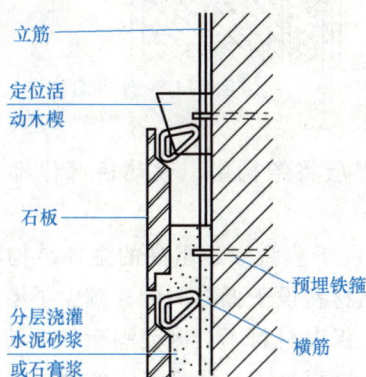

图7-39 湿挂法示意图

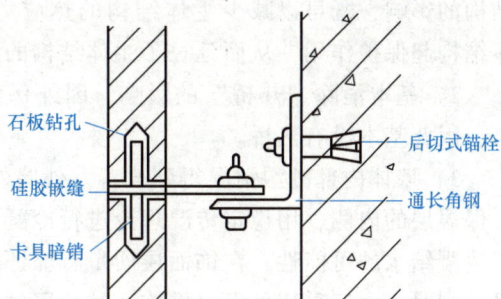

图7-40 干挂法示意图

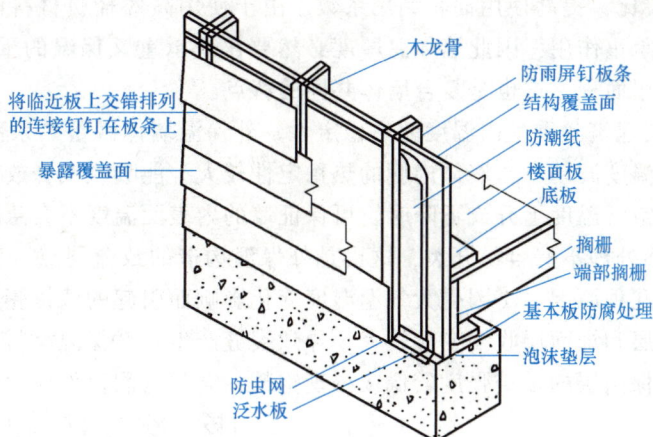

图7-41 钉挂法示意图

7.6 新型墙体

随着时代的发展和科学技术的进步，以及节能技术的发展，新型墙体材料及构造也随之而生。它们通常具有节能环保、轻质高强等优点，因而被广泛使用。

7.6.1 复合墙

为改变我国北方地区建筑采暖能耗大、热环境质量差的状况，可采用复合墙的构造方式。利用不同性能的材料进行组合，构成既承重又可保温的复合墙体。按保温材料的设置，复合墙分为外保温墙、内保温墙和夹心墙。

1. 外墙外保温构造

外保温构造是将保温材料设置在室外一侧，将砌体设置于室内一侧，如图 7-42 所示。外保温墙体构造具有以下特点：

1）对建筑主体结构起保护作用，延长建筑寿命。外保温方式是将保温材料放在主体结构的外部，这就减少了外界自然条件（如温湿度、风、雨等）对主体结构的影响，既可以减少主体结构的热应力，又对主体结构起保护作用，从而延长了主体结构的耐久性。

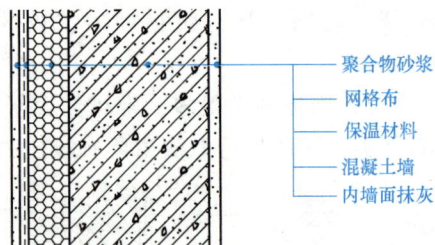

图 7-42 外保温构造

2）基本消除"热桥"的影响。因外保温是用保温层将结构层以及热桥部位都包裹起来，因此基本没有热桥。

3）墙体内部潮湿情况得到改善。外墙外保温时，由于蒸汽渗透阻高的主体结构材料处于保温层的内侧，用稳定传湿理论进行冷凝分析，保温材料设于低温一侧，减少了墙体内部产生凝结水的可能性。在饰面层质量有保证的情况下，保温材料不会因受潮而降低其保温效果。同时，由于采用外保温措施，结构层的整个墙身温度提高了，降低了它的含湿量，因而进一步改善了墙体的保温性能。

4）与传统砖墙比，提高使用面积利用系数。由于使用高效轻质材料作为墙体的保温材料，外墙结构仅起承重作用，因此墙体总厚度必然要比既承重又保温的重质墙体减薄许多，从而增加每户的使用面积。这也是复合墙体共同的特点。

5）有利于供暖建筑冬季室内温度的热稳定性。外保温墙体因蓄热系数大的材料位于室内一侧，其内表面温度波动小，墙体内侧的热稳定性较大，能吸收或释放较多热量，当供热不均匀而引起室内空气温度上升或下降时，可保证墙的内表面温度不会急剧上升或下降。

6）墙体外饰面处理不好容易开裂，这也是外保温构造的致命弱点。保护层和饰面层出现裂缝主要有如下几种原因：①因受大气温湿度变化影响而引起的墙体膨胀收缩变形所产生的应力影响，保护层和饰面层收缩变形较大，导致裂缝产生；②保温材料与饰面层因强度不一致，及保护层与保温层的黏结强度较低或出现空鼓；③门窗洞口处应力集中，导致保护层和饰面层出现裂缝。

2. 外墙内保温构造

内保温构造是将保温材料设置在室内一侧，如图 7-43 所示。内保温墙体具有以下特点：

1）因在室内施工，因此施工不受气候影响，且施工简单，造价相对较低。

2）与传统砖墙比，提高使用面积利用系数。

3）由于保温层位于室内一侧，不受室外温湿

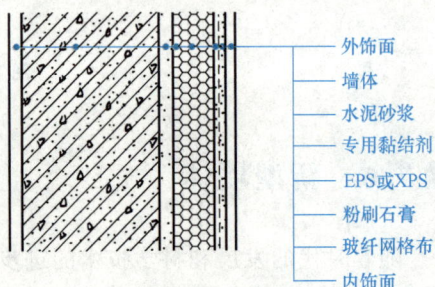

图 7-43 内保温构造

度变化以及风吹日晒雨淋的影响，饰面层的耐久性较外保温构造好。

4）墙体中的部分热桥（如楼板搭接处、丁字墙处等）不易消除。

5）由于蓄热系数小的保温材料在室内一侧，因此室内的热稳定性较"外保温构造"相对较差。

6）墙体内部容易产生凝结水。

3. 夹心保温构造

夹层保温构造是将保温材料放在两层墙件中间，如图 7-44 所示，其构造具有以下特点：

1）墙体饰面的耐久性好。

2）对建筑主体结构起保护作用，延长建筑寿命。

3）有利于供暖建筑冬季室内温度的热稳定性。

4）墙体中的部分热桥不易消除（如窗过梁处）。

5）墙体内部容易产生凝结水。

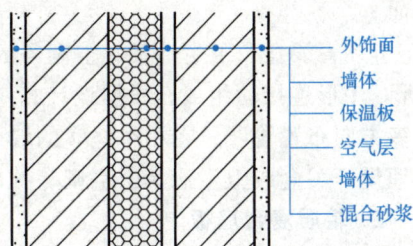

外饰面
墙体
保温板
空气层
墙体
混合砂浆

图 7-44 夹心保温构造

6）墙体的整体性相对较差。设计时应注意内外两层墙件之间的可靠拉结，并在勒角、窗台等处另加处理。

7.6.2 其他

1. 新型复合自保温砌块墙

新型复合自保温砌块是由主体砌块、保温层、保温芯料、保护层及保温连接柱销组成，如图 7-45a 所示。主体砌块的内外壁间、主体砌块与外保护层间，是通过 L 形、T 形点状连接肋和贯穿保温层的点状柱销组合为整体，在柱销中设置有钢丝。结构、材料间各自独立，互为作用，优势互补，充分发挥各种材料的特性，具有优异的综合性能。新型复合自保温砌块墙特点如下：

图 7-45 新型墙体

a）自保温砌块 b）轻质复合墙板

1）砌块采用混凝土坯体，内置无机保温材料，辅以钢丝加强，具有轻质、高强、保温隔热、防潮防水等优点，解决了外保温墙体体系保温层材料防火不达标、外保温体系耐久性能差、饰面易龟裂脱落等问题。当有特殊防火要求时，保温材料可选用矿棉板、玻璃棉板等无机保温材料。

2）采用嵌入式砌筑方式，有效地增加砌体强度。在主体砌块的内外壁与 L 形、T 形点状连接肋组成的空间中，填充的是低密度 EPS 板，砌筑砂浆在砌块重力与砌块间挤压力的作用下，自然地压入 EPS 板，嵌固在砌块的内外壁与条状连接肋之间，形成嵌入式砌筑，有效地增强砌体的抗剪强度和抗震性能。

3）以建筑垃圾、细石为骨料的混凝土，赋予砌块高强、低干缩值、低吸水率、低含水率和优良的抗冻性能、良好的二次施工性能，为装饰施工和卫生洁具的吊挂提供坚实的墙面。

4）管线盒及卫生洁具、空调等的吊挂简便可靠。主体砌块是由内外壁和连接于其间的 L 形、T 形连接肋组成，根据设计相应掏去 L 形、T 形点状连接肋之间的泡沫，即可在墙体中多方向布置管线；在相对坚实的墙面开孔后，取出周围少量泡沫后填入胶泥，即可在胶泥中埋设开关盒或卫生洁具、空调等的吊挂件，牢固可靠。

2. 轻质复合墙板

轻质复合墙板是以高强水泥或氧化镁为胶凝料，以粉煤灰工业废渣、草秸、木屑、膨胀珍珠岩等为填料，以玻纤布、网格布为增强材料加工而成。夹心为聚苯板、聚塑板、岩棉等防火保温材料，并被制成网状工艺结构，复合而成为独特的高强轻质保温墙材，如图 7-45b 所示。其成本较低，抗震性能好，无毒、无害、无污染、无放射性，属绿色环保新型节能建材。

本 章 小 结

1. 墙体设计应满足结构与抗震要求、功能要求、工业化生产要求。

2. 砌体墙是用砂浆等胶结材料将砖石、砌块等块材按一定的技术要求组砌而成的墙体，如砖墙、石墙及混凝土砌块墙等。砌体墙的优点是生产制造及施工操作简单，不需要大型的施工设备；缺点是现场湿作业多、施工速度慢、劳动强度大。

3. 为了保证砌体墙的耐久性和墙体与其他构件的连接，应在相应的位置进行细部构造处理。砌体墙的细部构造包括勒脚、门窗洞口、墙身加固措施及变形缝构造等。

4. 隔墙、隔断是分隔室内空间的非承重构件，起到空间的分隔、引导和过渡的作用。隔墙和隔断的区别在于：

1）分隔空间的程度和特点不同。隔墙通常做到楼板底，将空间完全分为两个部分，相互隔开，没有联系，必要时隔墙上设有门；隔断可到顶，也可不到顶，空间似分非分，相互可以渗透，视线可不被遮挡，有时设门，有时设门洞，比较灵活。

2）拆装的灵活性不同。隔墙设置一般固定不变，隔断可以移动或拆装。

5. 墙面装修是墙体构造必不可少的组成部分，其主要作用是保护墙体、满足使用功能要求和美化墙体。由于材料和施工方式的不同，常见的墙面装修做法可分为抹灰类、贴面类、涂料类、裱糊类和钉挂类五类。

6. 为节省建筑能耗，可利用不同性能的材料进行组合，构成既承重又可保温的复合墙体。按保温材料的位置分为外保温构造、内保温构造和夹心构造。

习 题

1. 墙体有几种类型？墙体的作用是什么？

2. 什么是砂浆？砌筑墙体常用的砂浆有哪几种？砂浆的强度等级分为几级？

3. 简述圈梁的类型、作用、位置与构造。

4. 简述构造柱的作用与构造。

5. 窗台有几种构造做法？

6. 简述钢筋砖过梁和钢筋混凝土过梁的构造做法。

7. 勒脚的位置和作用是什么？常见的勒脚做法有哪些？

8. 墙身水平防潮层的作用是什么？设置位置在哪通常有几种构造做法？

9. 简述墙身竖直防潮层的位置、作用和做法。

10. 砌体墙的特点是什么？如何拼接？

11. 复合墙有几种类型？其各自的优缺点是什么？

12. 块材隔墙有几种类型？其各自的优缺点是什么？

13. 轻骨架隔墙和板材隔墙的特点是什么？

14. 隔断有几种类型？各自的特点是什么？

第8章

楼（板）层、地层

学习目标

掌握楼板层与地层的组成、类型及设计要求；重点掌握钢筋混凝土楼板层的构造原理和结构布置特点；熟悉各种常用的楼地面的构造做法、顶棚、吊顶的类型及做法；了解室外台阶、坡道、阳台的构造原理及做法。

8.1　概述

楼板层也称为楼层，一般分为面层和楼板层，是建筑构造中的水平承重构件。它的功能是把作用于其上面的各种固定荷载、活动荷载（人、家具等）传递给承重的墙或柱等竖向构件，同时对墙体（或梁、柱）起水平支撑和加强结构整体性的作用。

地层，也称地坪层，一般分为面层、垫层和地基，是指位于建筑物底层室内地面与土壤相接触的构件，它的功能是把作用于其上面的各种荷载直接传递给地基。由于它们所处的位置及受力状况等不同，因此对其结构、构造有不同的设计要求。

当底层地面或楼面的基本构造不能满足使用或构造要求时，可增设隔离层、填充层、找平层和保温层等附加层或其他构造层。除有特殊使用要求外，楼地面应满足平整、耐磨、不起尘、防滑、防污染、隔声、易于清洁等要求。

8.1.1　楼板层的组成及设计要求

1. 楼板层的基本组成

依据建筑使用的要求，楼板层一般分为面层、楼板结构层、附加层和顶棚层等四部分组成，如图8-1所示。

（1）面层　面层又称为楼面层，起着保护楼板、承受并传递荷载的作用，同时对室内有很重要的清洁及装饰作用。

（2）楼板结构层　它是楼板层的承重部分，主要功能在于承受楼板层上的全部荷载并将这些荷载传给墙或柱；同时还对墙身起水平支撑作用，帮助墙身抵抗和传递由风或地震等所产生的水平力，以加强建筑物的整体刚度。

（3）附加层　又被称为功能层，根据楼板层的具体要求而设置，主要作用是隔声防噪、保温隔热、防潮防水、防腐蚀、防静电等。根据需要，有时和面层合二为一，有时又和吊顶

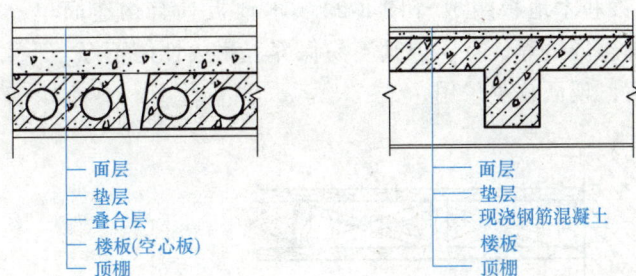

图 8-1　楼板层的基本组成

合为一体。

（4）顶棚层　楼板顶棚层位于楼板层最下层，主要作用是保护楼板、安装灯具、遮挡各种水平管线、改善使用功能、装饰美化室内空间。

2. 楼板层的设计要求

（1）强度和刚度要求　强度要求是指楼板层和地层在自重和使用荷载作用下安全可靠，不发生任何破坏。刚度要求是指楼板在一定的荷载作用下不发生过大的变形，保证正常使用。

（2）隔声要求　楼层应具有一定的隔声能力，以防止噪声通过楼板传导至周边相邻的房间，影响使用。根据《住宅设计规范》第 7.3.2 条的规定，楼板的空气声隔声性能应符合下列规定：

1）分隔卧室、起居室（厅）的分户墙和分户楼板，空气声隔声评价量（R_w+C）应大于 45dB。

2）分隔住宅和非居住用途空间的楼板，空气声隔声评价量（R_w+C_{tr}）应大于 51dB。

不同的建筑空间的隔声要求也不尽相同，如录音室、广播室、同声传译等隔声要求较高。提高楼层隔声能力的措施有很多种，例如在楼板面铺设橡胶、地毯等弹性面层，在楼板下设置吊顶等。

（3）热工要求　根据《民用建筑设计统一标准》第 6.12.8 条的规定，采暖房间的楼地面，可不采取保温措施，但遇下列情况之一时应采取局部保温措施：直接对室外的架空或悬挑部分楼层地面，或临非采暖房间的楼层地面。

（4）防火要求　通常情况下应根据建筑物的消防类别和楼地层的耐火等级对楼板进行设计，建筑物的耐火等级对构件的耐火极限和抗燃烧性能有一定要求。建筑整体的耐火性能是保证建筑结构在火灾时不发生较大破坏的根本，而楼板燃烧性能和耐火极限是影响建筑整体耐火性能的重要组成部分。故根据《建筑设计防火规范》第 5.1.2 条的规定，除耐火等级为四级的建筑外，楼板燃烧性能均为不燃烧性；耐火等级由一级到三级建筑的楼板耐火极限分别是 1.5h、1.0h、0.5h。

（5）防水、防潮要求　对于厨房、厕所、卫生间等一些地面潮湿、易积水的房间，应处理好楼地层的防水、防潮问题。

8.1.2　楼板的类型及特点

根据建筑楼板所采用的材料不同，楼板大致可分为木楼板、钢筋混凝土楼板以及钢衬板楼板等形式。

1）木楼板由木梁和木地板组成（图8-2）。木地板具有构造简单、自重较轻、生态环保、装饰效果好、脚感舒适等优点，但其不易保养，耐火性能不好，不耐腐蚀，耐久性能较差，再加上价格较高，现已较少采用。

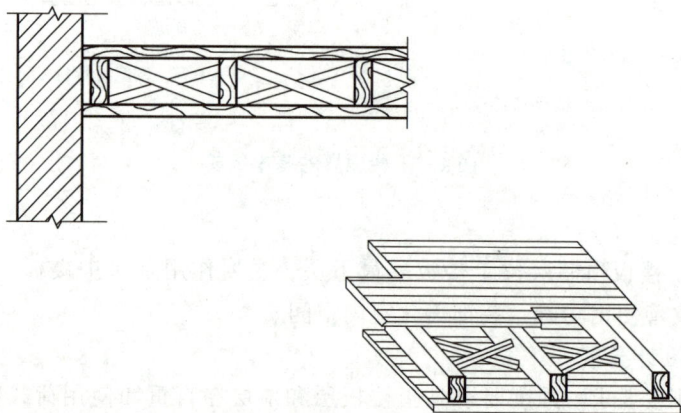

图8-2　木楼板

2）钢筋混凝土楼板一般由钢筋混凝土梁、钢筋混凝土板组成（图8-3）。钢筋混凝土楼板具有强度高、刚度好、耐火性和耐久性好等优点，还具有良好的可塑性，便于工业化生产，是目前工业与民用建筑中最常用的楼板类型。钢筋混凝土楼板按其施工方法不同，可分为现浇式、装配式和装配整体式三种。

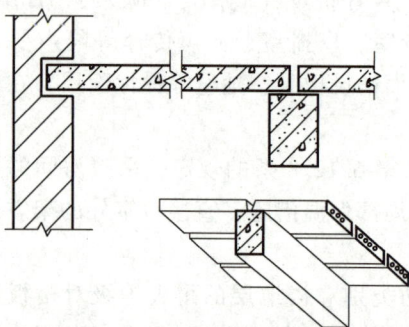

图8-3　钢筋混凝土预制楼板

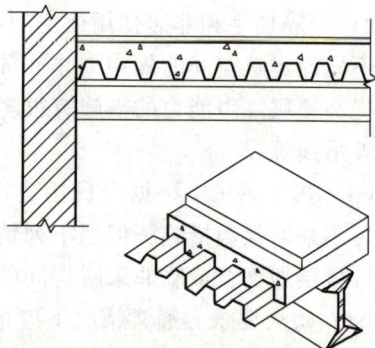

图8-4　钢衬板楼板

3）钢衬板楼板也称为压型钢板组合楼板，是指以压型钢板为底模，用截面为凹凸相间的压型薄钢板与现浇混凝土面层组合在一起，形成整体性很强的楼板结构（图8-4）。压型钢板既可以作为混凝土面层的模板，又起结构作用，同时增加了楼板的刚度，可以适应更大跨度的建筑空间。压型钢板组合楼板的梁数量减少了，楼板的自重减轻了，施工进度更快，所以使用范围越来越广泛，使用量越来越大。

8.1.3　地坪层的组成及设计要求

1. 地坪层的组成

地坪层通常是指底层地坪，由面层、垫层和基层三部分组成，如图8-5所示。

1）面层是人们生活、工作、学习时直接接触的地面层次。所以地面的材料耐久性要好，还要对室内有一定的装饰效果。

2）垫层为承重层和面层之间的填充层，一般起找平和传递荷载的作用。一般采用 C10 素混凝土或焦渣混凝土做垫层，厚度为 60~100mm。

3）基层为地坪的承重层，一般为土壤。

4）附加层。有时候为了满足某些特殊使用功能要求而在面层和垫层之间增设附加层，如防水层、管线附设层、保温层。

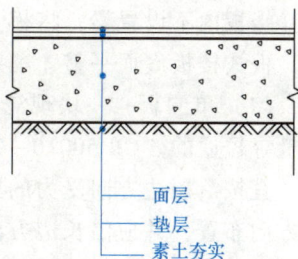

— 面层
— 垫层
— 素土夯实

图 8-5　地坪层的组成

2. 地坪层的设计要求

1）坚固方面的要求。地面要有足够的强度，以便承受人、家具、设备等荷载而不破坏。

2）热工方面的要求。在北方温暖地区的冬季，地面应给人们以温暖舒适的感觉，保证寒冷季节脚部舒适。根据《民用建筑设计统一标准》第 6.12.8 条的规定，采暖房间的楼地面，可不采取保温措施，但遇下列情况之一时应采取局部保温措施：严寒地区建筑物周边无采暖管沟时，底层地面在外墙内侧 0.50~1.00m 范围内宜采取保温措施，其传热阻不应小于外墙的传热阻。

3）具有一定的弹性。当人们行走时不致有过硬的感觉，同时，有弹性的地面对防撞击声有利。

4）防潮、防水、防火、耐腐蚀、易清洁等方面的要求。对有水作用的房间（如卫生间），地面应防潮防水；对有火灾隐患的房间，应防火耐燃烧；对有酸碱作用的房间，则要求具有耐腐蚀的能力等。

■ 8.2　钢筋混凝土楼板

钢筋混凝土楼板按施工方法可分为现浇式、装配式和装配整体式三种。现浇钢筋混凝土楼板整体性好、刚度大、更有利于抗震，梁板布置灵活、能适应各种不规则形状和预留孔洞等特殊要求的建筑，但支护模板等材料的消耗用量较大，养护时间长，施工速度慢。装配式钢筋混凝土楼板能节省模板，并能改善构件制作时工人的劳动条件，有利于提高劳动生产率和加快施工进度，但楼板的整体性较差，建筑的刚度也不如现浇式的好。一些建筑为节省模板，加快施工进度和增强楼板的整体性，常做成装配整体式楼板。

8.2.1　现浇钢筋混凝土楼板

现浇钢筋混凝土楼板，是指在施工现场架设模板、绑扎钢筋和浇灌混凝土，经养护达到一定强度后拆除模板而成的楼板。现浇钢筋混凝土楼板整体性好，特别适用于有抗震设防要求的多层房屋和对整体性要求较高的其他建筑。有管道穿过的房间、平面形状不规整的房间、尺度不符合模数要求的房间和防水要求较高的房间，都适合采用现浇钢筋混凝土楼板。现浇钢筋混凝土楼板根据受力和传力情况，有板式楼板、梁板式楼板、无梁楼板和压型钢板组合楼板之分。

1. 板式楼板

楼板内不设置梁，将板直接搁置在墙上的楼板称为板式楼板。板有单向板与双向板之分。板式楼板底面平整、美观、施工方便，适用于小跨度房间，如走廊、厕所和厨房等。

（1）单向板　一块现浇楼板在荷载的作用下，要把荷载传递给梁或墙，其传递路径是尽量寻短途的。GB 50010—2010《混凝土结构设计规范》规定，当板的长边与短边比大于 2 时，宜按沿短边方向受力的单向板计算，称为单向受力板，简称单向板。板内受力钢筋沿短边方向布置，并应沿长边方向布置构造钢筋，如图 8-6a 所示。

（2）双向板　《混凝土结构设计规范》规定，长边与短边之比不大于 2 时，荷载沿双向传递，称为双向受力板，简称双向板，如图 8-6b 所示。双向板应按双向板计算和配筋，在双向受力板中，短方向的荷载效应大些。

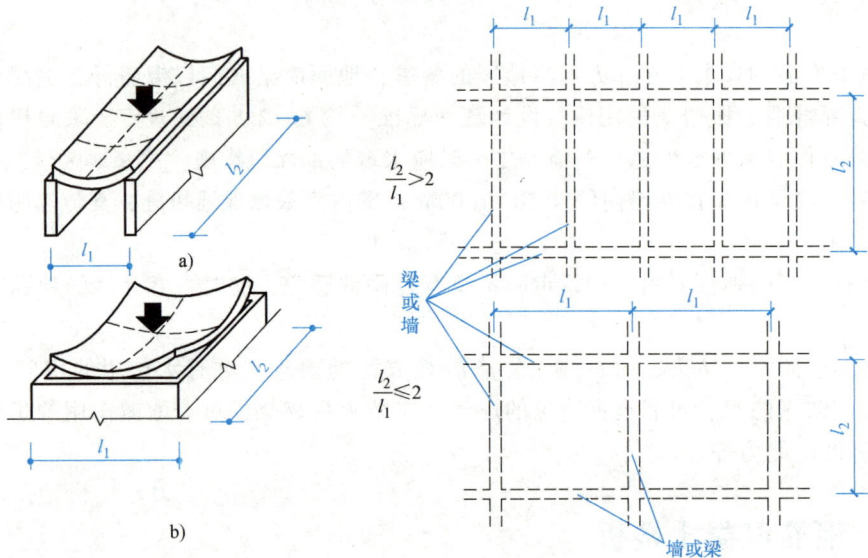

图 8-6　板式楼板的类型

a）单向板　b）双向板

2. 梁板式楼板

当房间的跨度较大时，楼板承受的弯矩也较大，如仍采用板式楼板，必然增加板的厚度和板内所配置的钢筋。在这种情况下，可以在楼板内设梁，这种梁和楼板结合的楼板就称为梁板式楼板，如图 8-7 所示。梁板式楼板从形式上分为肋形楼板和井格楼板。

梁有主梁、次梁之分，次梁与主梁一般垂直相交，板搁置在次梁上，次梁搁置在主梁上，主梁搁置在墙或柱上，这种形式就称为肋形楼板。

当房间尺寸较大，并接近正方形时，常沿两个方向布置等距离、等截面高度的梁（不分主次梁），板为双向板，形成井格形的梁板结构，即井格楼板。纵梁和横梁同时承担着由板传递下来的荷载。所以说，井格楼板是梁板式楼板的一种特殊形式。

3. 无梁楼板

无梁楼板是将板直接支承在柱和墙上，不设梁的楼板，如图 8-8 所示。为了增大柱的支承面积和减少板的跨度，要在柱顶加设柱帽和托板。

图 8-7 梁板式楼板

无梁楼板楼层净空较大，顶棚平整，采光通风和卫生条件较好，适宜于活荷载较大的商店、仓库和展览馆等建筑。

4. 压型钢板组合楼板

压型钢板组合楼板是采用截面为凹凸相间的压型钢板做衬板，与现浇混凝土面层浇筑在一起并支承在钢梁上的板。它是由钢梁、压型钢板和现浇混凝土三部分组成，如图 8-9 所示。

压型钢板对混凝土起到永久模板的作用，同时能够增加构件的刚度及整体性。

图 8-8 无梁楼板

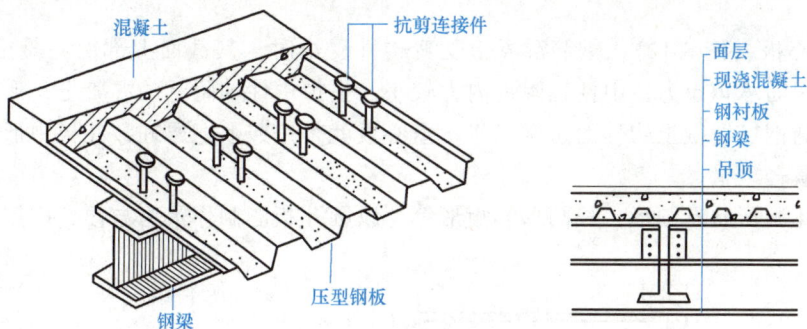

图 8-9 压型钢板组合楼板

8.2.2 预制装配式钢筋混凝土楼板

预制装配式钢筋混凝土楼板是指楼板的板和梁等构件在预制件加工厂或施工现场外预制，然后运到工地现场，利用人工机械安装的钢筋混凝土楼板。预制装配式钢筋混凝土楼板减少了施工现场的湿作业，改善了劳动条件，加快了施工速度，使工期大为缩短，提高了建筑工业化水平。

1. 板的类型

常用的预制钢筋混凝土楼板，根据其截面形式可分为实心平板、槽形板和空心板三种类型。

（1）实心平板（图 8-10）　实心平板规格较小，跨度一般在 1.5m 左右，板厚一般为 60mm。预制实心平板由于其跨度小，常用于过道和小房间、卫生间、厨房的楼板。

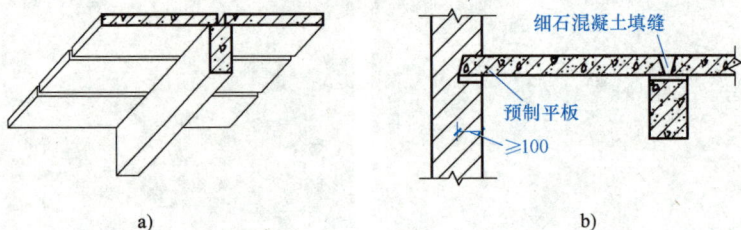

图 8-10　预制混凝土实心平板

a）断面形式　b）剖面

（2）槽形板（图 8-11）　槽形板是一种梁板结合的构件，即在实心板两侧设纵肋，构成槽形截面。槽形板可以看成一个梁板合一的构件，板肋即相当于小梁。根据板的槽口向下和向上，分别称为正槽形板和反槽形板。

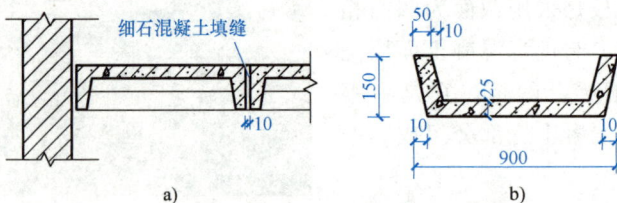

图 8-11　预制混凝土槽形板

a）槽形板横剖面　b）倒置槽形板横剖面

（3）空心板（图 8-12）　钢筋混凝土受弯构件受力时，其截面上部由混凝土承受压力，截面下部由钢筋承担拉力，中性轴附近内力较小。去掉中性轴附近的混凝土，形成工字形截面，并不影响钢筋混凝土构件的正常工作。空心板就是按照上述原理，在板中形成孔洞，以节省材料和减轻重量。

空心板孔洞形状有圆形、长圆形和矩形等，以圆孔板的制作最为方便，应用最广。

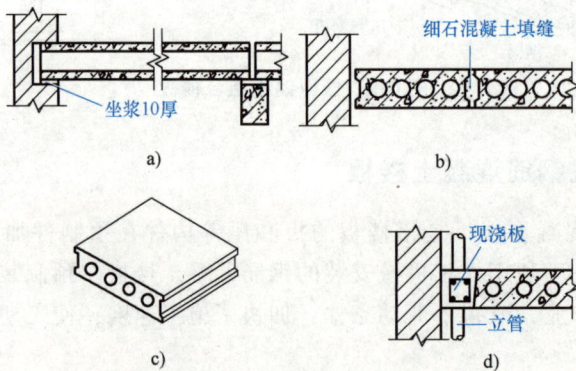

图 8-12　预制混凝土空心板

a）纵剖面　b）断面形式　c）横剖面　d）管道穿越楼板处的处理

注意：空心板安装前，应在板端的圆孔内填塞 C15 混凝土短圆柱（即堵头）以避免板端被压坏。

2. 预制板的布置与细部

（1）板的布置方式 首先应根据房间开间、进深尺寸确定板的支承方式，然后依据现有板的规格（或设计某种板型）进行合理布置。板的支承方式有板式和梁板式两种。预制板直接搁置在墙上称为板式结构布置；楼板先搁在梁上然后将荷载传给墙则称为梁板式结构布置。前者多用于横墙间距较密的宿舍、住宅及病房等建筑中，而后者则多用于教学楼等开间、进深尺寸都较大的建筑中。

（2）板的搁置要求 当采用梁板式结构时，板在梁上的搁置方式一般有两种（图 8-13）：一种是板直接搁置在梁顶上；另一种是板搁置在花篮梁或十字梁上。

为了满足安全要求，板应有足够的搁置长度要求：支承于梁上时其搁置长度应不小于80mm；支承于内墙上时其搁置长度应不小于 100mm；支承于外墙上时其搁置长度应不小于 120mm。

铺板前，先在墙或梁上用 10～20mm 厚 M5 水泥砂浆找平（即坐浆），然后再铺板。坐浆的目的是使板与墙或梁有较好的连接，同时也使墙体受力均匀。

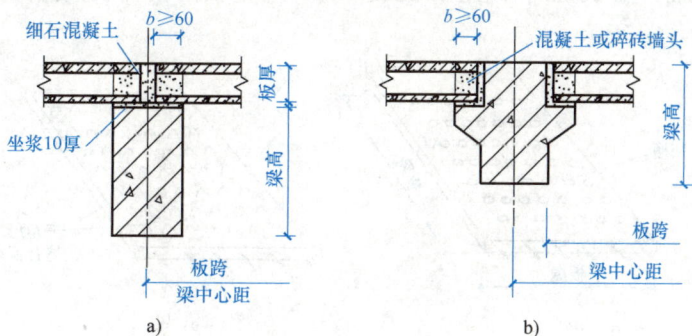

图 8-13 预制板的搁置要求
a）板搁置在矩形梁上 b）板搁置在花篮梁上

8.2.3 装配整体式钢筋混凝土楼板

装配整体式钢筋混凝土楼板是将楼板中的部分构件预制，然后到现场安装，再以整体浇筑其余部分的办法连接而成的楼板。它兼有现浇与预制的双重优越性。

1. 密肋填充块楼板

密肋填充块楼板的密肋有现浇和预制两种。现浇密肋填充块楼板是在填充块之间现浇密肋小梁和面板，其填充块有空心砖、轻质块、玻璃钢模壳等，如图 8-14 所示。

预制密肋填充块楼板常见的有预制倒 T 形小梁、带骨架芯板等。这种楼板充分利用不同材料的性能，能适应不同跨度和不规整

图 8-14 现浇密肋填充块楼板

的楼板，并有利于节约模板。

2. 预制薄板叠合楼板

现浇钢筋混凝土楼板要耗费大量模板，造价相对较高，装配式楼板存在整体性较差的问题，而采用预制薄板与现浇混凝土面层叠合而成的装配整体式楼板，或称预制薄板叠合楼板，则能避免了现浇钢筋混凝土楼板和装配式楼板的不足。它具有整体性好，节约模板，施工速度快的优势，被较多应用。它可分为普通钢筋混凝土薄板和预应力混凝土薄板两种。

预制混凝土薄板既是永久性模板，承受施工荷载，又是整个楼板结构的组成部分。预应力混凝土薄板内配带刻痕的高强度钢丝作为预应力筋，同时也作为楼板的跨中受力钢筋。板面现浇混凝土叠合层，所有楼板层中的管线均事先埋在叠合层内。现浇层内只需配置少量的支座负弯矩钢筋。预制薄板底面平整，作为顶棚可直接喷浆或粘贴装饰壁纸。预制薄板叠合楼板应用较广，适合在住宅、宾馆、学校、办公楼、医院以及仓库等建筑中应用。

预制薄板叠合楼板的跨度一般为4~6m，5.4m以内较为经济，最大跨度可达9m。预应力薄板厚50~70mm，板宽1.1~1.8m。为了保证预制薄板与叠合层有较好的连接，薄板上表面需做特殊处理，常见的有两种：一种是在薄板的上表面做刻凹槽处理，如图8-15a所示，凹槽直径50mm，深20mm，间距150mm；另一种是在薄板上表面露出较规则的三角形结合钢筋，如图8-15b所示。

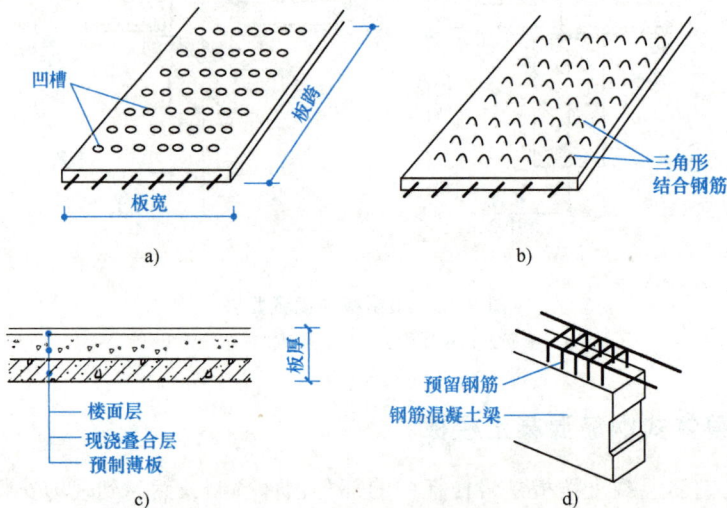

图8-15 预制薄板叠合楼板

a）板面刻槽　b）板面露出三角形结合钢筋　c）叠合组合楼板示意图
d）预制钢筋混凝土梁预留钢筋与叠合层连通

现浇叠合层采用C20混凝土，厚度一般为70~120mm，叠合楼板的总厚度取决于板的跨度，一般厚为150~250mm。楼板总厚度以大于或等于薄板厚度的两倍为宜，如图8-15c、d所示。

■ 8.3 楼地面

楼板层与地坪层的面层在构造和设计要求上基本相同，均属室内装饰装修的范畴，可以统称为地面或楼地面。

8.3.1　楼地面的设计要求与类型

1. 楼地面的设计要求

楼地面是与人、设备和家具直接接触的部分，也是建筑中直接承受荷载，经常受到摩擦、清扫和冲洗的部分。楼地面除应具有足够的坚固性，不易被磨损、破坏的特性外，还应满足平整、耐磨、不起尘、防滑、防污染、隔声、易于清洁等要求。

楼地面是建筑于地基之上的地面，应根据需要采取防潮、防基土冻胀、防不均匀沉降等措施。

总之，在设计和建造地面时应根据房间的使用功能及要求，有针对性地选用材料，并配合适宜的构造措施。

2. 楼地面的类型

楼地面的类型很多，一般按面层所用材料和施工方式不同来划分，常见地面可分为以下几类：

1）整体类地面：包括水泥砂浆抹灰地面、细石混凝土地面、水磨石地面等。

2）块材类地面：包括石材地面、砖铺地面、面砖地面、缸砖地面、陶瓷锦砖地面及水泥花砖地面等。

3）木地板类地面：包括纯木地板地面、复合木地板地面、软木地板地面等类型。

4）塑料类地面：包括聚氯乙烯塑料（PVC）地面、聚乙烯（PE）塑料地面等。

5）涂料类地面：包括环氧树脂等各种高分子合成涂料所形成的地面。

8.3.2　楼地面的构造

1. 整体类地面

用现场浇筑的方法做成整片的地面称为整体地面，常用的有水泥砂浆抹灰地面、细石混凝土地面、水磨石地面等。

（1）水泥砂浆抹灰地面　水泥砂浆抹灰地面简称水泥地面，它构造简单，坚固耐磨，防潮防水，造价低廉，是目前使用最普遍的一种低档地面。水泥砂浆地面导热系数大，吸水性差，容易返潮，此外它还具有易起灰，不易清洁等问题。

水泥砂浆地面分为双层和单层构造。

1）双层做法为面层和底层，一般以15~20mm厚1:3水泥砂浆找平做底层，再以5~10mm厚1:1.5或1:2.5的水泥砂浆抹灰做面层。

2）单层构造是在结构层上抹水泥浆结合层一道后，直接抹15~20mm厚1:2或1:2.5的水泥砂浆一道，抹平后待其终凝前，再用钢板压实赶光。

（2）细石混凝土地面　细石混凝土地面是在楼板上浇灌30~40mm厚细石混凝土，在初凝时用铁辊滚压出浆抹平，待其终凝前再用钢板压实赶光作为地面。这种楼面能增强楼板层的整体性，防止楼面产生裂缝和起砂。

（3）水磨石地面　水磨石地面又称磨石子地面，是用大理石等中等硬度石料的石屑与水泥拌和，形成水泥石屑浆，经浇抹硬结磨光而成。其特点是坚固耐用，表面光洁，美观，颜色和纹理可调，不易起灰，如图8-16所示。其造价较水泥地面稍高，常用作公共建筑的大厅、走廊、楼梯以及卫生间等的地面。

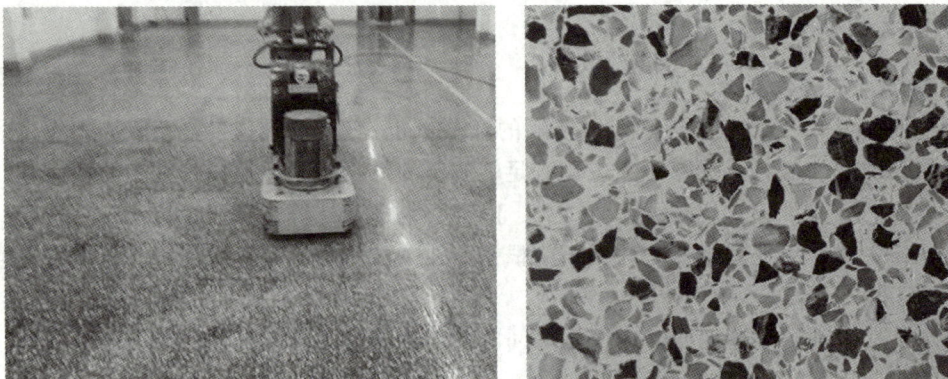

图 8-16　水磨石地面

水磨石地面常见做法是先用 15~20mm 厚 1:3 水泥砂浆找平，然后用 1:1 的水泥砂浆固定分格条，再用 10~15mm 厚 1:1.5 或 1:2 的水泥石屑浆抹面，浇水养护约一周后，待水泥凝结到一定硬度后，用磨光机打磨，用草酸清洗，再打蜡保护。

分格条将面层按设计分隔成正方形、长方形、多边形等各种图案，尺寸常为 400~1000mm。分格条有玻璃条、铜条或铝条等，视装修要求而定。地面分格的作用是便于施工和维修，并防止因温度变化而导致面层变形开裂，同时也增加了美观。

（4）沥青砂浆和沥青混凝土地面（常用于单层厂房）　沥青砂浆是由粉状骨料、砂预热后再与已热熔的沥青拌和而成，如图 8-17 所示，一般铺筑厚度为 20~30mm。

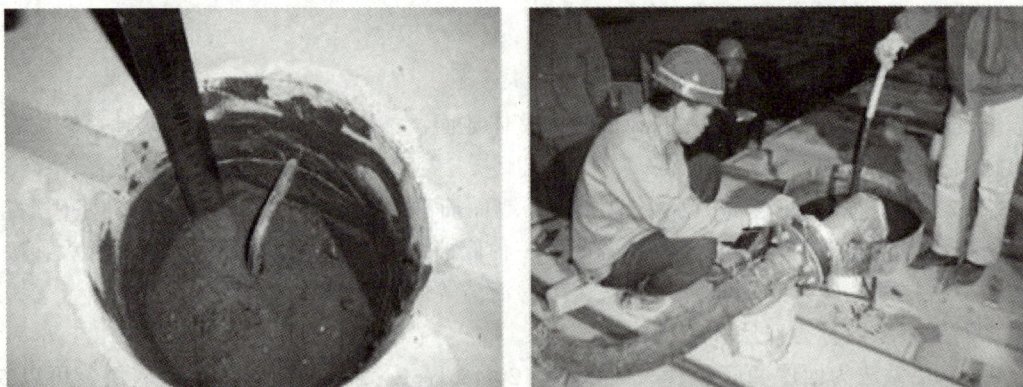

图 8-17　拌和沥青砂浆

沥青混凝土则是在填料中按比例加入碎石或卵石，其粒径不得超过面层分层铺设厚度的 2/3。沥青混凝土地面的面层一般厚度为 40~50mm，可采用两层做法，总厚度可为 70mm。

沥青砂浆和沥青混凝土面层必须做在混凝土垫层上，为了便于黏结，混凝土垫层上应涂刷冷底子油一道，当地面有耐酸或耐碱等使用要求时，则应掺入耐酸或耐碱材料。这种地面可应用于工具室、乙炔站、蓄电池室、电镀车间等。

（5）水玻璃混凝土地面（常用于单层厂房）　水玻璃混凝土是以水玻璃为胶结剂，氟硅酸钠为硬化剂，耐酸材料（辉绿岩粉、石英粉）、耐酸石子及耐酸砂子为粗细骨料，按一定比例配制而成。它的优点是具有良好的耐酸稳定性，特别适合于耐浓酸、强氧化性酸。该地面整体性好，机械强度高，耐热性能好，材料来源充沛，价格较低。

这种地面在耐酸防腐工程中应用很广泛，如生产车间或仓库。但水玻璃混凝土不耐碱性介质和氢氟酸，抗渗性差，因此该地面必须设置隔离层，即在混凝土垫层上涂沥青或铺设卷材做隔离层，以防液体渗透与普通水泥砂浆、混凝土等直接接触。

水玻璃混凝土面层有铺平和磨平两种做法，后者一般称水玻璃磨石子地面，它们的厚度分别为60mm及70mm（分两次施工）。

（6）菱苦土地面（常用于单层厂房）　菱苦土地面是用菱苦土、锯末、砂（或石屑）和氯化镁水溶液的拌合物铺设而成。菱苦土面层通常做在混凝土垫层上，其做法有单层和双层两种。单层菱苦土地面的厚度为12~15mm。双层菱苦土地面的上层厚度一般为8~10mm，下层厚度为12~15mm，总计20~25mm。菱苦土地面具有良好的弹性、保温、不发生火花和不起灰等优点。它适用于精密生产车间、装配车间、计量站、纺纱车间、织布车间、校验室等。

2. 块材类地面

块材地面是指利用胶结材料将块料地面铺贴在结构层而成的地面。常用的块材地面有砖铺地面、天然石材地面、人工石材地面、面砖地面、缸砖地面、陶瓷锦砖地面及水泥花砖地面等。胶结材料既起胶结作用又起找平的作用，也可以先做找平层再做胶结层。常用胶结材料有水泥砂浆、油膏等，也有用细砂和细炉渣做结合层的。

（1）粉煤灰砖地面　粉煤灰地面有平铺和侧铺两种。这种地面施工简单，造价低廉，适用于要求不高或临时建筑的地面以及庭园小路等，如图8-18所示。

（2）水泥制品块地面（图8-19）　水泥制品块地面常用的有水泥砂浆砖（常为150~200mm的方形，厚10~20mm）、水磨石块、预制混凝土块（常为400~500方形，厚20~50mm）。水泥制品块与基层黏结有两种方式：当预制块尺寸较大且较厚时，常在预制块下干铺一层20~40mm厚细砂或细炉渣，待铺平、校准后用砂浆填缝。这种做法施工简单、造价低廉，便于维修和更换，但不易平整。当预制块小而且薄时，则采用10~20mm厚1∶3水泥砂浆做结合层，铺好后再用1∶1水泥砂浆嵌缝。这种做法坚实、平整，但施工较复杂，造价也比较高。

图8-18　粉煤灰砖地面

图8-19　水泥制品块地面

（3）陶瓷板块地面（陶瓷锦砖及缸砖地面）

1）陶瓷锦砖又称马赛克，是以优质瓷土烧制而成的小尺寸瓷砖，其特点与面砖相似。

陶瓷锦砖有不同大小、形状和颜色，并由此可以组合成各种图案，使饰面能达到一定艺术效果。陶瓷锦砖主要用于防滑要求较高的卫生间、浴室等房间的地面，有时也用于墙面的装饰。

2）缸砖是用陶土焙烧而成的一种无釉砖块。缸砖形状有正方形（尺寸为100mm×100mm和150mm×150mm，厚10～19mm）、正六边形、正八角形等。缸砖的颜色有许多种，但以红棕色和深米黄色居多。由不同形状和色彩可以组合成各种图案。缸砖的背面有凹槽，使砖块和基层黏结牢固，铺贴时一般用15～20mm厚1∶3水泥砂浆作胶结材料，要求横平竖直。缸砖具有质地坚硬、耐磨、耐水、耐酸碱、易清洁等特点。

（4）地砖地面 地砖又称墙地砖，其类型有釉面地砖、亚光釉面砖和无釉防滑地砖及抛光同质地砖多种。地砖颜色与图案丰富多彩，色调均匀，砖面平整，抗腐耐磨，施工方便，且块大缝少，装饰效果好。陶瓷地砖一般厚6～10mm，其规格有：600mm×600mm，500mm×500mm，400mm×400mm，300mm×300mm，250mm×250mm，200mm×200mm。

常用楼地面做法见表8-1。

表8-1 常用楼地面的做法

常用楼地面类型	面层厚度/mm	常用构造做法
普通地砖地面	30	1. 8～10mm 厚地砖,干水泥擦缝 2. 20mm 厚1∶3 干硬性水泥砂浆结合层,表面撒水泥粉 3. 水泥浆一道(内掺建筑胶) 4. 楼地面基层(钢筋混凝土底板或混凝土垫层)
地砖防水地面	60	1. 8～10mm 厚地砖,干水泥擦缝,面层铺防滑地砖 2. 20mm 厚1∶3 干硬性水泥砂浆结合层,表面撒水泥粉 3. 1.5mm 厚柔性防水层或2mm 厚防水涂料 4. 30mm 厚1∶3 水泥砂浆或最薄处30 厚C20 细石混凝土抹平 5. 水泥浆一道(内掺建筑胶) 6. 楼地面基层(钢筋混凝土底板或混凝土垫层)
地砖采暖地面	130	1. 8～10mm 厚地砖,干水泥擦缝 2. 20mm 厚1∶3 干硬性水泥砂浆结合层,表面撒水泥粉 3. 水泥砂浆一道(内掺建筑胶) 4. 60mm 厚C20 细石混凝土(内配 $\phi3@50$ 双向钢丝网片,中间配散热管) 5. 0.2mm 厚真空镀铝聚酯薄膜 6. 20mm 厚聚苯乙烯泡沫板(保温层密度不小于 $20\mathrm{kg/m^3}$) 7. 1.5mm 厚聚氨酯涂料防潮层 8. 20mm 厚1∶3 水泥砂浆找平层 9. 楼地面基层(钢筋混凝土底板或混凝土垫层)

3. 木地板类地面

木地板类地面按其面层分为纯木地板（实木条形地板、硬木拼花地板）地面、复合木地板（实木复合木地板、强化复合木地板）地面、软木地板地面等类型。木地板地面的特点是具有较好的弹性、导热系数小、不起尘、不反潮，脚感舒适。由于木地板地面的造价比较高，常用于宾馆、体育馆、剧院舞台和住宅等建筑。

木地板地面按构造方式有实铺式、架空式和粘贴式三种。

实铺式木地板地面采用搁栅式铺垫，是将木地板直接钉在钢筋混凝土基层上的木搁栅上，如图 8-20a 所示。木搁栅为 50mm×60mm 木方，中距 400mm；横撑为 40mm×50mm 木方，中距 1000mm，与木搁栅钉牢。为了木材防腐，可在基层上刷防腐剂，搁栅及地板背面做防腐处理。

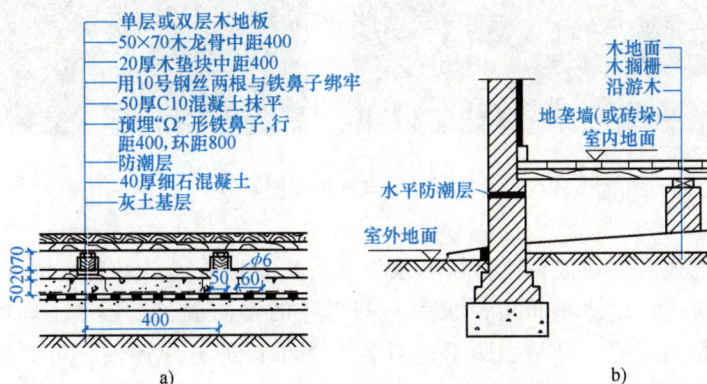

图 8-20 实铺式木地面与架空式木地面
a）实铺式木地面 b）架空式木地面

架空式木地板地面是指采用地垄墙垫高架空，再铺木搁栅，最后铺设木地板的木地面，如图 8-20b 所示。常用于有功能需求的高档木地面，主要用于舞台、练功房、运动场等有弹性要求的地面。

粘贴式木地板多用于复合木地板地面，它采用企口镶铺与粘贴相结合的安装方式。复合木地板（强化复合地板）是在原木粉碎后，添加胶、防腐剂等添加剂，经热压机高温高压，压制处理而成。因此，它改变了原木的纤维结构，克服了原木各向异性、稳定性差的弱点。复合木地板的强度高、规格统一、耐磨系数高、防腐、防蛀而且装饰效果好，克服了原木表面的疤节、虫眼、色差等问题。复合木地板施工简单，使用范围广，易打理，是最适合现代家庭生活节奏的地面材料。另外，复合地板的木材使用率高，是很好的环保材料，如图 8-21 所示。

图 8-21 复合木地板

复合木地板的铺设，先是采用 20mm 厚 1∶2.5 水泥砂浆找平或通过自流平工艺找平，然后铺贴 3～5mm 厚配套的泡沫塑料衬垫，最后铺设复合木地板，如图 8-22 所示。

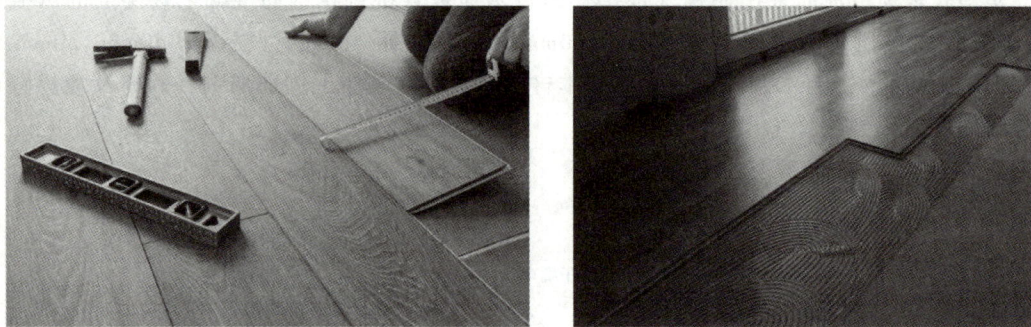

图 8-22　复合木地板的安装

软木地板与普通实木地板相比，软木地板具有更好的舒适、环保、隔声、防潮等性能，也带给人极佳的脚感。软木地板可以采用不同树种的不同颜色，做出不同的图形，造型美观。软木地板柔软、安静、舒适、耐磨，对老人和小孩的意外摔倒，可提供极大的缓冲作用，其独有的隔声效果和保温性能也非常适合应用于卧室、会议室、图书馆、录音棚等场所。

软木地板可分为粘贴式软木地板和锁扣式软木地板。锁扣式软木地板的铺设参见复合木地板的铺设。粘贴式软木地板的铺设，先是采用 20mm 厚 1∶2.5 水泥砂浆找平或通过自流平工艺找平，然后采用专用的膏状专用黏结剂粘铺 4~8mm 厚的软木地板。

4. 塑料类地面

塑料类地面是指以高分子化合物（树脂为主要原料）等有机物质为主要原料所制成的地面覆盖材料。塑料类地板按其基本原料可分为聚氯乙烯（PVC）塑料地板、聚乙烯（PE）塑料地板和聚丙烯（PP）塑料地板等数种。塑料类地面种类较多，包括具有一定厚度平面状的块材地面或卷材形式的地板革地面、橡胶地毯地面和涂布无缝地面。PVC 具有较好的耐燃性和自熄性，加上它的性能可以通过改变增塑剂和填充剂的加入量来变化，因此，PVC塑料地板目前使用面最广。

塑料地面具有装饰效果好、品种花样多、色彩鲜艳、施工铺设方便、维修保养简单、防水防滑、脚感舒适、步行时噪声小等特点。但是塑料类地面也有易老化、日久失去光泽、受压后产生凹陷、不耐高热、硬物摩擦易留痕等缺点。

5. 涂料类地面

随着材料学科的发展，地坪涂料发展很快。地坪涂料为采用环氧树脂原料为主剂，添加颜料、溶剂、助剂、固化剂，经过调配而成的地面装饰材料。地坪涂料具有保护地面、防尘、耐磨、防潮、易清洁的特点，所以在现代工业地面、商业地面、车库地面等领域广泛使用。根据不同的材料组成，地坪涂料分为环氧地坪漆、聚氨酯地坪漆；根据不同的使用功能的需要，地坪涂料一般分为防腐蚀地坪漆、弹性地坪漆、防静电地坪漆、防滑地坪漆、可载重地坪漆等。

（1）环氧地坪漆　通常来说，主要是由环氧树脂、固化剂、颜料、助剂等材料混合而成，其中包含的地坪漆品种众多，如防腐蚀地坪漆、防静电地坪漆以及水性地坪漆等。其主要特征是与水泥基层的黏结力强，具有良好的涂膜物理力学性能等，适于各种工厂、球场、停车场、商场等场所。

（2）聚氨酯地坪漆 聚氨酯地坪漆也叫作聚氨酯甲酸酯涂料，是指涂膜中含有相当数量的氨酯键的涂料。它以聚氨酯树脂作为主要成膜物质，再配以颜料、溶剂、催化剂以及其他辅助材料等组成。聚氨酯地坪漆具有良好的耐磨性、耐水性、耐候性等特点，适用于医院、学校、办公场所、会议中心、新闻中心、工矿企业、机械制造厂房，特别是需要跑叉车、汽车的走道等。聚氨酯地坪漆的可塑性也比较强，根据要求可以配制成各种颜色；还可以调制出抗渗、耐化学腐蚀、耐油等防腐蚀性地坪及导电型、防滑型、阻燃型等多种功能聚氨酯地坪漆。

（3）防腐蚀地坪漆 除了具有一定的强度性能之外，还能够避免各种带有腐蚀性的介质，主要适于各种化工厂、卫生材料厂等地面。

（4）弹性地坪漆 主要使用弹性聚氨酯制成，涂膜因具有一定的舒适性，主要用于各种体育运动场所、公共场所以及某车间的地面。

（5）防静电地坪漆 防静电地坪漆，除了能够排泄静电荷之外，还能预防因静电积而引发的安全隐患，同时还能屏蔽电磁干扰和防止吸附灰尘等，比较适用于各种需抗静电的地面，如电厂、火工产品、微机室等地面。

（6）防滑地坪漆 涂膜具有一定的摩擦性和防滑性，主要用于具有防滑要求的地面，是一类正处于快速应用与发展阶段的地坪漆。

（7）可载重地坪漆 与混凝土基层相比，可载重地坪漆的黏结度、拉伸度以及硬度都普遍偏高，并且具有一定的抗冲击性能、承载力和耐磨性，适于需要有载重车辆和叉车行走的工厂车间和仓库等地面。

地坪漆施工时经常出现的问题有，参色、起纹、刮痕裂现、遮盖力不良等，所以施工时应该注意以下几点：

1）基面要求平整、清洁、干燥、牢固，新做水泥地面或者新近用水泥修补的地面至少养护30d。对于可能反潮的地面和不同的场合，应预先做断水和防水处理。

2）涂双组分环氧封底漆，涂装道数为1~2道，如果地面环境不好，应适当地增加涂装的道数。

3）一般于最后一道底漆的次日刮环氧中涂，干硬后打磨平整。必要时可以刮涂2道或者多道工序，直至表面平整度符合设计要求。

4）将地坪漆严格按照说明书的比例合并或者充分搅拌均匀，必要时可以加稀释剂来调整黏度，经过滤后方可涂刷。

5）施工完成的地坪漆需要维护，可以步行的时间不小于24h，重物开放时间为7d。

6）在喷涂中须注意施工场所必须保持适当的通风，严禁施工场所邻近烟火。

7）要根据现场的情况，采取一切其他的必要的安全和消防措施。

8.4 顶棚

顶棚又称天花或天花板，是指楼板层的最下面部分，是室内装饰装修的一部分。作为顶棚，要求表面光洁、美观，还能起到反射自然光或人工光线、提高室内照度的作用，一般采用白色或浅色系。在单层房屋中，顶棚位于屋顶承重结构的下面；在多层房屋和高层房屋中，顶棚位于屋顶承重结构下面和各层楼板的下面。

顶棚按构造方式不同有直接式顶棚和悬吊顶棚两种类型。

8.4.1 直接式顶棚

直接式顶棚是指直接在钢筋混凝土楼板下喷、刷、粘贴装修材料的一种构造方式。直接式顶棚大量应用在工业与民用建筑中。常见的直接式顶棚装修有以下几种方式：

（1）直接抹灰顶棚　直接抹灰顶棚是在楼板底面直接抹灰而后喷水泥浆或不抹灰直接喷水泥浆形成的顶棚。这种顶棚构造简单，造价较低，性价比较高。

（2）直接喷刷涂料顶棚　当室内装饰要求不高，楼板底面平整时，可用腻子嵌平板缝，直接喷刷大白浆、石灰浆等涂料，可以提高棚顶的光反射作用。

（3）粘贴顶棚　对某些有保温、隔热、隔声、吸声等需求的建筑物，如商场铺面、大型公共建筑的大厅等楼板底面不需要敷设管线，而装饰装修要求又较高的空间，可于楼板底面用砂浆打底找平后，用黏结剂粘贴墙纸、墙布、泡沫塑料板等形成贴面顶棚。

（4）抹灰顶棚　当楼板底面不够平整或室内装修要求较高时，可在楼板底抹灰后再喷刷（或滚涂）涂料。抹灰分水泥砂浆抹灰和纸筋灰抹灰两种。

水泥砂浆抹灰是将板底清洗干净，打毛或刷素水泥浆一道后，抹 5mm 厚 1∶3 水泥砂浆打底，用 5mm 厚 1∶2.5 水泥砂浆粉面，再喷刷涂料。

纸筋灰抹灰是先以 6mm 厚混合砂浆打底，再以 3mm 厚纸筋灰粉面，然后喷、刷涂料。

8.4.2 悬吊顶棚

悬吊顶棚又称吊天花，简称吊顶。在现代建筑中，一些比较重要的建筑空间有特殊的功能需求或装饰艺术需求时需要设置吊顶。比如建筑必需的照明、给水排水、煤气、空调水管、风管道、自动喷水灭火系统、传感器、广播设备等管线及其装置，均需安装在顶棚上，考虑到设备的安全性和美观性，需要合理设计吊顶。

吊顶根据所采用的材料、装修标准以及防火要求的不同，分为木龙骨吊顶和金属龙骨吊顶。金属龙骨吊顶常采用轻钢龙骨吊顶。

1. 木龙骨吊顶

木龙骨吊顶主要是通过事先预埋在楼板内的金属吊件或锚栓，将吊筋固定在楼板的下部，吊筋间距通常为 900~1000mm，吊筋下安装固定木主龙骨（又称吊档），其截面一般为 45mm×45mm 或 50mm×50mm。木主龙骨下钉次龙骨（又称平顶筋或吊顶搁栅）。木次龙骨截面一般为 40mm×40mm，间距为 400~600mm 不等，间距的选用根据装饰天花的造型及装饰材料的规格而定。天花面板分为木板条抹灰、纤维板面、胶合板、各种装饰吸声板、石膏板、钙塑板等板材，其具体构造如图 8-23a 所示。

木龙骨吊顶因为它的主要材料具有可燃性，加上安装方式多是用铁钉固定，导致其天花表面很难做到平整，因此在一些重要的工程或防火要求较高的建筑中，已极少采用。

2. 金属龙骨吊顶

金属龙骨吊顶是指主体由金属龙骨基层与装饰面板所构成的吊顶。金属龙骨由吊筋、主龙骨、次龙骨和横撑龙骨组成，如图 8-23b 所示。吊筋一般采用直径 8mm 钢筋、10 号镀锌钢丝或直径 6mm 螺栓，中距 900~1200mm 固定在楼板下。吊筋头与楼板的连接方式通常为

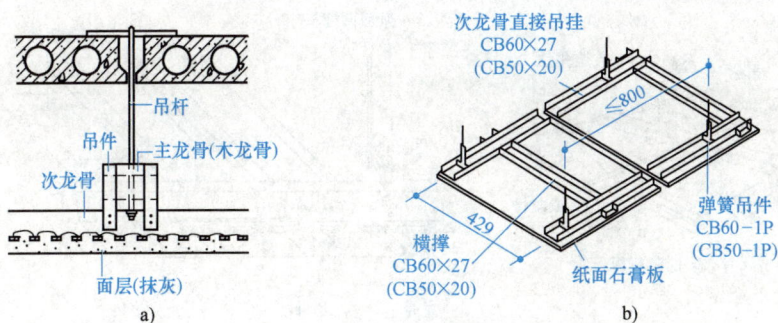

图 8-23　吊顶的组成

a）预制楼板木龙骨吊顶组成示意图　b）轻钢龙骨吊顶

吊钩式、钉入式和预埋件式。在吊筋的下端悬吊主龙骨，主龙骨有 [形截面和 ⊥ 形截面两种。吊筋通过配套的吊挂配件悬挂在主龙骨上，然后再在主龙骨下面悬吊次龙骨。次龙骨的间距要根据造型、面板的规格而定，次龙骨截面有 U 形和 ⊥ 形截面两种。最后在次龙骨和横撑上铺、钉、挂各种材料的面板。轻钢龙骨吊顶由于其轻质高强、易于加工、经济性好等特性，是金属龙骨吊顶中最为常用的类型。金属龙骨吊顶如图 8-24 所示。

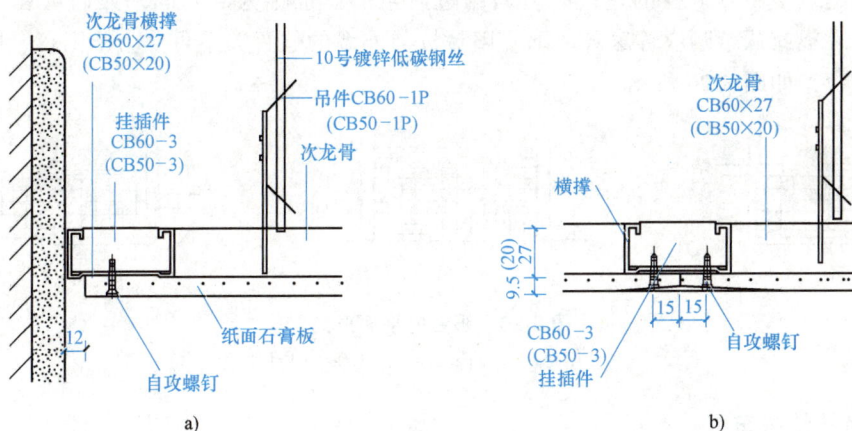

图 8-24　金属龙骨吊顶

a）吊顶阴角构造（平行主龙骨）　b）吊顶面板接缝构造（平行主龙骨）

装饰面板有各种人造板和金属板之分。人造板包括最常用的矿棉吸声板、纸面石膏板、合成树脂板（俗称生态木）、纤维水泥板和各种穿孔板等。通常将装饰面板通过平头自攻螺钉固定在龙骨或横撑上，也可以放置在 ⊥ 形龙骨的翼缘上（图 8-25a）。金属面板包括彩色涂层薄钢板、铝单板、不锈钢薄板和铝合金型板等。面板形式有长条形、方形等。金属面板一般通过自攻螺钉、膨胀铆钉、螺钉或专用卡具与金属龙骨连接固定（图 8-25b）。

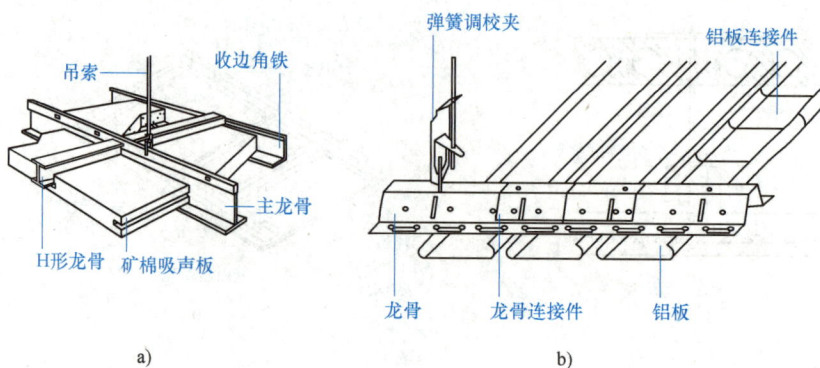

图 8-25　金属龙骨吊顶的装饰面板

a）明暗架矿棉吸声板吊顶　b）铝条板吊顶

■ 8.5　阳台与雨篷

8.5.1　阳台

阳台是建筑中不可缺少的室内外空间的过渡空间，也称为灰空间。人们可利用阳台聊天、休闲、眺望或从事晒衣等家务活动。阳台按与外墙的位置关系可分为凸阳台、凹阳台与半凸半凹阳台，如图 8-26 所示。

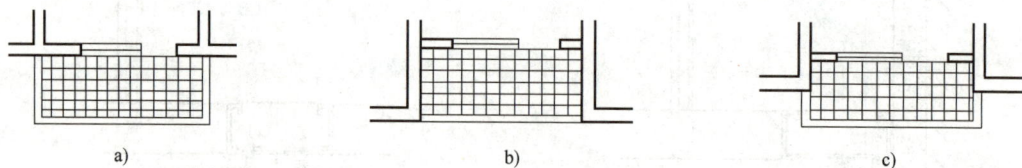

图 8-26　阳台的平面形式

a）凸阳台　b）凹阳台　c）半凸半凹阳台

1. 阳台的结构布置

阳台按结构布置形式分为墙承式和悬挑式。墙承式是将阳台板搁置在承重墙上，板的跨度与房间的板相同，主要用于凹阳台，如搁板式。悬挑式分为挑板式和挑梁式。

（1）搁板式　在凹阳台中，将阳台板搁置于阳台两侧凸出来的墙上，即形成搁板式阳台，如图 8-27a 所示。阳台板型和尺寸与楼板一致，施工方便。在寒冷地区采用搁板式阳台，可以避免热桥。

（2）挑板式　挑板式阳台的一种做法是利用楼板从室内向外延伸，即形成挑板式阳台，如图 8-27b 所示。这是纵墙承重住宅阳台的常用做法，阳台的长宽可不受房屋开间的限制而按需要调整。当挑板式阳台的阳台板与圈梁现浇在一起时，圈梁受扭，要求上部有较大的压重，故阳台板悬挑不宜过大，一般在 1.2m 以内为好，如图 8-27c 所示。

（3）挑梁式　当楼板为预制楼板，结构布置为横墙承重时，可选择挑梁式。即从横墙内向外伸挑梁，其上搁置预制楼板，如图8-27d所示。阳台荷载通过挑梁传给纵横墙，由压在挑梁上的墙体和楼板来抵抗阳台的倾覆力矩。挑梁压在墙中的长度应不小于1.5倍的挑出长度。

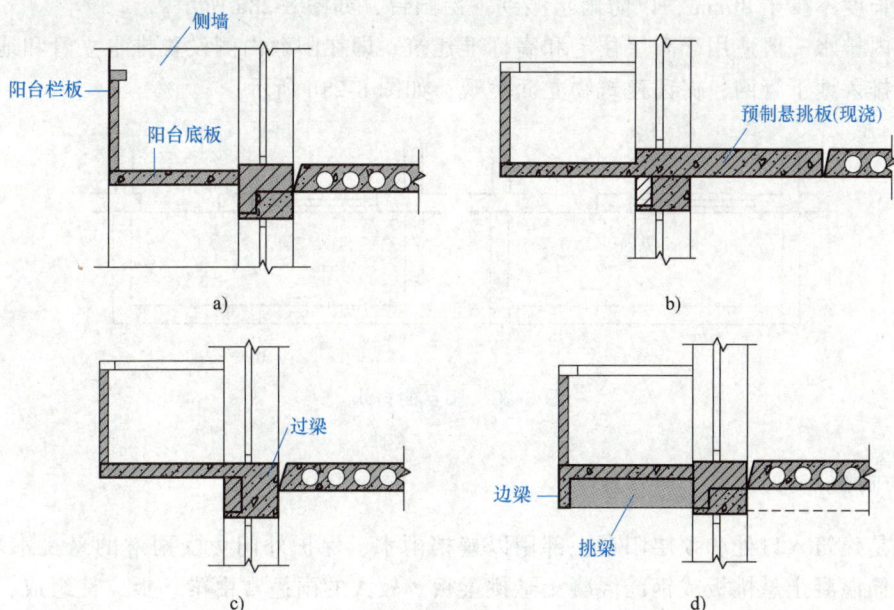

图8-27 阳台的结构布置形式

2. 阳台细部构造

（1）阳台的栏杆 阳台栏杆是在阳台外围设置的垂直构件，它有两个作用：一是承受人们推靠栏杆的水平推力，以保障人身安全；二是作为建筑构件对建筑物具有一定的装饰作用。因而栏杆的构造要求是坚固和美观。栏杆的高度应高于人体的重心，一般不宜小于1.05m；高层建筑的阳台栏杆还应加高，不应低于1.1m。

栏杆形式有三种，即镂空栏杆、实心栏板以及由镂空栏杆和实心栏板组合而成的组合式栏杆。按材料不同，有金属栏杆、钢筋混凝土栏杆（板）等。金属栏杆采用不锈钢、方钢、钢筋、扁钢等，金属栏杆与阳台板面梁上的预埋钢板焊接。

金属栏杆需要做防锈处理。预制钢筋混凝土栏杆（板）应采用钢模制作，使构件表面光滑整洁，安装后可不做抹面，根据设计直接涂刷油漆或涂料。现浇混凝土栏板经支模、绑扎钢筋后，与阳台板、面梁或挑梁一道现浇。混凝土栏板的两面需要做装饰处理，可用抹灰、涂料或粘贴面砖等处理，北方严寒地区也可以做防寒保温处理。

阳台底部一般在做纸筋灰或水泥砂浆抹灰基层处理后，涂刷白石灰或白色涂料。

（2）阳台扶手 阳台扶手通常分为金属和钢筋混凝土两种。金属扶手一般为直径50mm的钢管或不锈钢管与金属栏杆焊接；钢筋混凝土扶手应用广泛，一般直接用作栏杆压顶。当扶手上需放置花盆时，需在外侧设保护栏杆，保护栏杆一般高180～200mm，花台净宽为240mm。

（3）阳台的排水 因为阳台是外露建筑构件，为阻止阳台上的雨水流入室内，阳台的设计地面应比室内地面低20～50mm，阳台地面应采用防水砂浆向低端做出1%的坡度，并在坡度低端设置排水孔，孔内埋设直径50mm镀锌钢管或塑料管并通入雨水管，以便迅速将雨水排除。阳台排水有外排水和内排水两种。

阳台外排水是在阳台外侧设置泄水管将水排出。泄水管为直径 50mm 镀锌铁管或塑料管，外挑长度不少于 80mm，以防雨水溅到下层阳台，如图 8-28a 所示。

阳台内排水一般适用于高层住宅和高标准建筑，即在阳台内侧设置排水立管和地漏，将雨水直接排入地下管网，保证建筑物立面美观，如图 8-28b 所示。

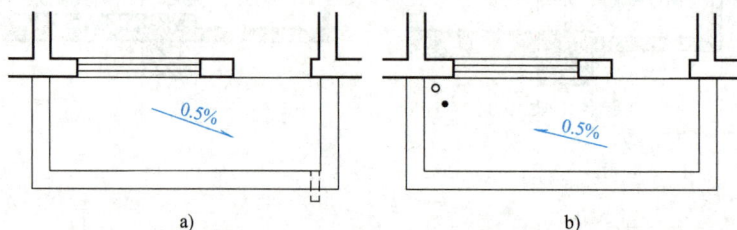

图 8-28 阳台的排水

8.5.2 雨篷

雨篷是建筑入口处和顶层阳台上部用以遮挡雨水、保护外门免受雨淋的悬挑水平构件，一般为钢筋混凝土悬挑板或钢筋混凝土悬挑梁板。较大的雨篷常由梁、板、柱组成，其构造与楼板相同。较小的雨篷常与凸阳台一样做成悬挑构件，悬挑长度一般为 1~1.5 m。较大的雨篷也可以采用立柱支承雨篷，可以形成门廊。

雨篷在构造上需解决好两个问题：一是要防止雨篷倾覆，也就是保证雨篷梁上有足够的压重；二是雨篷的板面上要做好排水和防水。为了满足立面处理的需要，往往将雨篷外沿用砖砌出一定高度或用混凝土浇筑出一定高度，一般为 200~300mm。雨篷的排水口可以设在前面，也可以设在两侧。雨篷上表面除用防水砂浆向排水口做出 1% 的坡度，以便排除雨篷上部的雨水外，还应用防水砂浆在相邻墙面做不小于 250mm 高的泛水。雨篷板的厚度一般为 60~80mm，在板底周边设计滴水。雨篷的排水构造如图 8-29 所示。

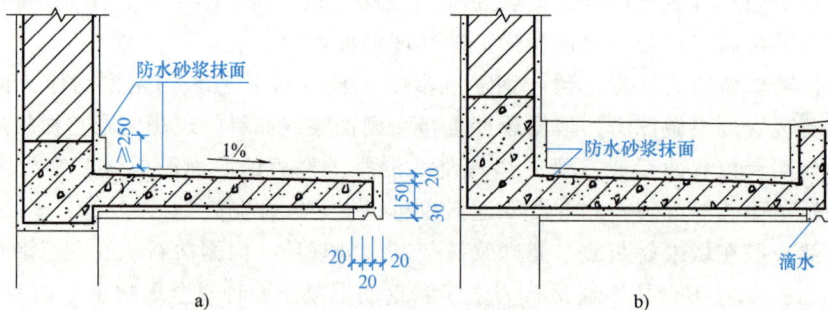

图 8-29 雨篷的排水构造

本章小结

1. 楼板层也称为楼层，一般分为面层和楼板层，是建筑构造中的水平承重构件。它的功能是把作用于其上面的各种固定荷载、活动荷载（人、家具等）传递给承重的墙或柱等竖向构件，同时对墙体（或梁、柱）起水平支撑和加强结构整体性的作用。地层，也称地坪层，一般分为面层、垫层和地基，是指位于建筑物底层室内地面与土壤相接触的构件，它的功能是把作用于其上面的各种荷载直接传给地基。由于它们所处的位置及受力状况等不同，因此对其结构、构造有不同的设计要求。

2. 依据建筑使用的要求，楼板层一般由面层、结构层、附加层和顶棚层等四部分组成。

3. 楼板层的设计要求：强度和刚度要求；隔声要求；热工要求；防火要求；防水、防潮要求。

4. 钢筋混凝土楼板按施工方法可分为现浇式整体式、预制装配式和装配整体式三种。现浇钢筋混凝土楼板按受力和传力情况分为板式楼板、梁板式楼板、无梁楼板、压型钢板组合楼板等。预制装配式钢筋混凝土楼板的类型有实心板、空心板、槽型板等。装配整体式钢筋混凝土楼板分为密肋填充式楼板、预制薄板叠合式楼板等。

5. 楼地面除应具有足够的坚固性，不易被磨损、破坏的特性外，还应满足平整、耐磨、不起尘、防滑、防污染、隔声、易于清洁等要求。

6. 按面层所用材料和施工方式不同，楼地面通常分为整体类地面、镶铺类地面、粘贴类地面、涂料类地面。

7. 顶棚按构造方式不同有直接式顶棚和悬吊顶棚两种类型。

8. 阳台按结构布置形式分为墙承式和悬挑式。墙承式是将阳台板搁置在承重墙上，板的跨度与房间的板相同，主要用于凹阳台，如搁板式。悬挑式分为挑板式和挑梁式。

9. 雨篷是建筑入口处和顶层阳台上部用以遮挡雨水、保护外门免受雨淋的悬挑水平构件。

习　题

1. 楼板层基本组成部分有哪些？各部分的作用是什么？
2. 现浇钢筋混凝土楼板的类型有哪几种？梁板式楼板的布置原则是怎样的？
3. 井格楼板和无梁楼板的特点及适用范围是什么？
4. 压型钢板组合楼板的特点是什么？
5. 预制装配式钢筋混凝土楼板常用的类型及特点是什么？
6. 试绘制预制装配式钢筋混凝土楼板的搁置细部构造。
7. 简述地坪层的组成及各层的作用。
8. 水泥砂浆地面、水磨石地面、木地面、陶瓷地砖等地面的特点及适用范围如何？吊顶由哪几部分组成？简述其构造做法。
9. 楼板隔声应采取哪些措施？
10. 阳台常用的结构布置方式有哪些？
11. 简述阳台栏杆与阳台板的构造。
12. 单层工业厂房地面有什么要求？常用的厂房地面种类有哪些？

第9章

楼梯、台阶、坡道

学习目标

　　掌握楼梯的设计要求以及楼梯的组成、类型与尺寸，重点掌握钢筋混凝土楼梯的种类、设计要求及构造做法；了解室外台阶、坡道的构造原理及做法。

■ 9.1　楼梯的组成、类型与尺寸

9.1.1　楼梯的组成

　　楼梯一般由梯段、平台、栏杆（扶手）三部分组成，如图9-1所示。楼梯作为建筑交通空间竖向联系的主要部件，除了起到提示、引导人流的作用外，还应充分考虑其造型美观、人流通行顺畅、行走舒适、结构坚固、防火安全的要求，同时还应满足施工和经济条件的要求。因此，需要合理地选择楼梯的形式、材料、构造做法，精心处理好其细部构造。

　　（1）楼梯梯段　也称为梯跑，是联系两个不同标高平台的倾斜构件。根据结构受力不同可分为板式梯段和梁板式梯段。荷载由梯段直接传给平台梁的称板式梯段（也称板式楼梯）；荷载由踏步传给斜梁，再由斜梁传给平台梁的称梁板式梯段（也称梁板式楼梯）。一般梯段的踏步数不宜超过18级，如大于18级应设置中间平台，但也不宜少于3级，以引起人们的注意，以免摔倒。

　　（2）楼梯平台　按其所处位置分为中间平台和楼层平台。与楼层地面标高齐平的平台称为楼层平台，用来分配从楼梯到达各楼层的人流。两楼层之间的平台称为中间平台，作用是供人们行进时调节体力和改变行进方向。

　　（3）栏杆扶手　栏杆扶手是设在梯段及平台边缘的安全保护构件。当梯段宽度不大时，可以只在楼梯临空面设置；当梯段宽度较大时，非临空面也应加设靠墙扶手。当楼梯通行人流达到4股人流以上，即梯段宽度大

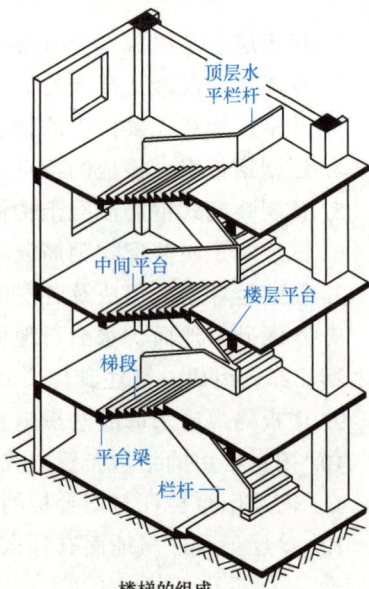

楼梯的组成

图 9-1　楼梯的组成示意图

于等于 2.8m 时则需要在梯段中间加设中间扶手。

9.1.2 楼梯的类型

楼梯的形式和类型非常多，主要受楼梯的材质、所处位置、楼梯间的平面形状和大小、层高与层数、人流的股数等因素影响。楼梯的类型主要有以下几种：

1. 直行楼梯

直行楼梯分为直行单跑楼梯（图 9-2a）和直行多跑楼梯（图 9-2b）两种。前者没有中间平台，仅用于层高不大的建筑；后者是直行单跑楼梯的扩展，增设中间平台，将单梯段变为多梯段，一般为双梯段，适用于层高比较高的建筑。

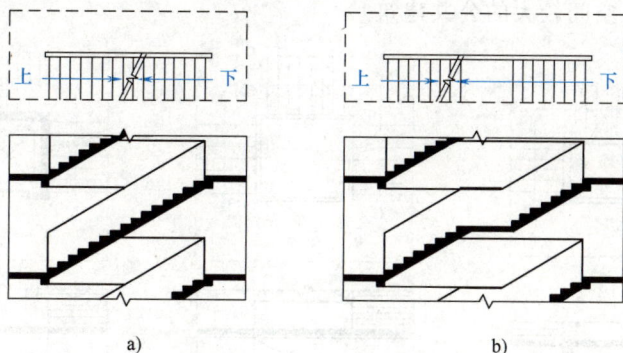

a) b)

图 9-2 直行楼梯
a）直行单跑楼梯 b）直行多跑楼梯

2. 平行跑楼梯

平行跑楼梯分为平行双跑楼梯（图 9-3a）、平行双分楼梯（图 9-3b）、平行双合楼梯（图 9-3c）。

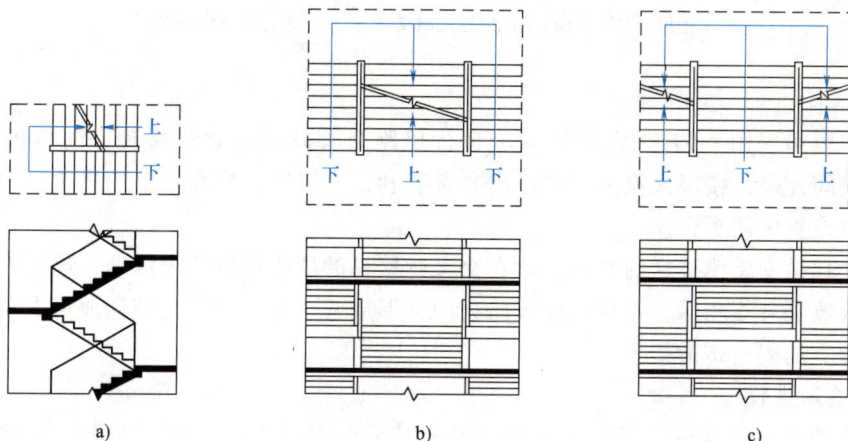

a) b) c)

图 9-3 平行跑楼梯
a）平行双跑楼梯 b）平行双分楼梯 c）平行双合楼梯

平行双跑楼梯比直跑楼梯节约面积、节省人流行走的距离，是比较常用的楼梯形式之一。

平行双分（双合）楼梯，此种楼梯是在平行双跑楼梯基础上演变而成的。其梯段平行而行走方向相反，且第一跑在中部上行（下行），其后中间平台处往两边以第一跑的二分之一梯段宽，各上（下）一跑到楼层面。通常在人流多、梯段宽度较大时采用。由于其造型的对称严谨性，通常用作办公类建筑的主要楼梯。

3. 折行跑楼梯

折行跑楼梯分为折行双跑楼梯（图9-4a）和折行三跑楼梯（图9-4b、c）。

折行双跑楼梯人流导向较自由，折角一般为直角。根据具体平面设计，也可以大于或小于90°。

折行三跑楼梯比折行双跑楼梯多一折，使中部形成较大的梯井，还可利用梯井作为电梯井位置，但对视线有遮挡。当中间梯井较大时不适合少年儿童经常使用的建筑。折行三跑楼梯多用于层高较高、空间较大的公共建筑。

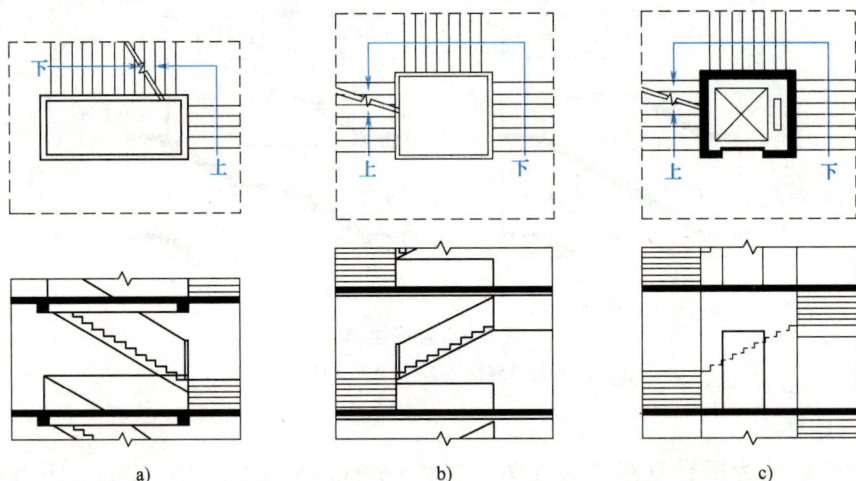

图9-4 折行跑楼梯

a）折行双跑楼梯 b）折行三跑楼梯一 c）折行三跑楼梯二

4. 交叉跑（剪刀）楼梯

交叉跑楼梯（图9-5）是由并排两个直行单跑交叉并列设置的楼梯，同行的人流量较大，对于空间开敞，楼层人流多方向进出非常有利，一般适合层高较小的建筑。当层高较高时，也可以设置中间平台。

剪刀楼梯是交叉跑楼梯的特例，除在交叉跑楼梯的周边设置防火墙外，还要在交叉梯段中间用防火墙隔开不相通，楼梯间设置防火门，形成两个各自独立的疏散通道，这种楼梯可视为两部独立的安全疏散楼梯。

5. 螺旋形楼梯

螺旋形楼梯（图9-6a）通常平面呈圆形，其平台和踏步均为扇形平面，围绕一根单柱布置，踏步内侧宽度很小，并形成较陡的坡度。这种楼梯构造较复杂，一般不作为主要人流交通和疏散楼梯。但由于螺旋楼梯流线造型美观，常作为建筑景观小品布置在别墅、庭院等空间内。

6. 弧形楼梯

弧形楼梯（图9-6b）是折行楼梯和螺旋楼梯的变形，把折行变为一段弧形，并且曲率

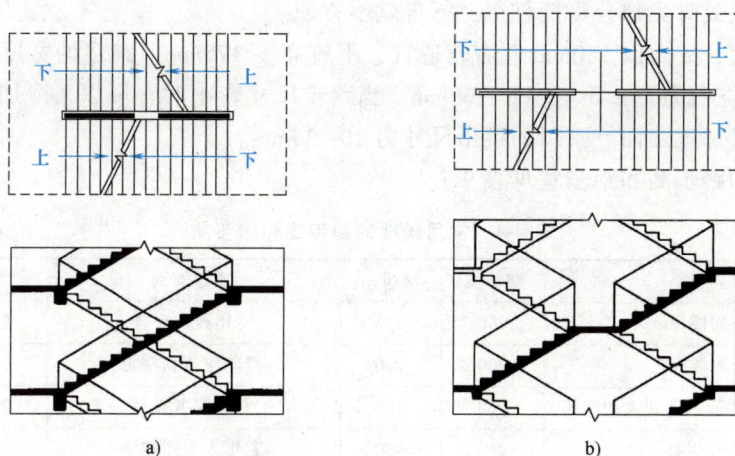

图 9-5 交叉跑楼梯

半径较大。弧形楼梯布置在公共建筑的门厅时，具有明显的导向性和优美轻盈的造型，但由于结构和施工难度较大，通常采用钢结构或现浇钢筋混凝土结构。

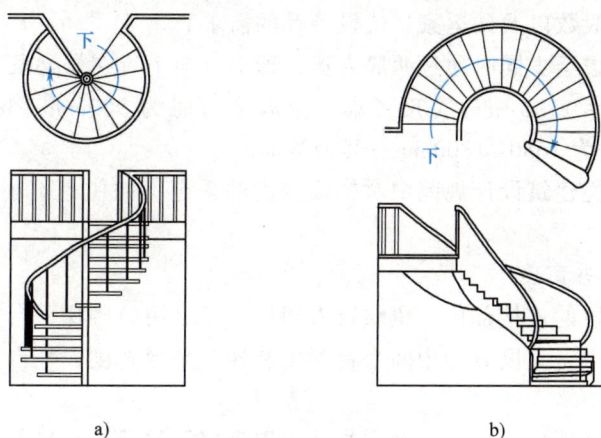

a)   b)

图 9-6 螺旋形楼梯和弧形楼梯

a）螺旋形楼梯 b）弧形楼梯

9.1.3 楼梯的尺寸

楼梯的尺寸受建筑的使用性质和建筑的平面尺寸影响，是楼梯设计中的重要问题之一。

1. 踏步尺寸

楼梯的坡度均由踏步的高宽比决定，楼梯坡度的确定是依据建筑的使用性质和使用人的类型、行走的舒适性、安全感、楼梯间的尺寸等因素综合平衡的结果。常用的坡度为30°左右，室内楼梯的事宜坡度为23°～38°。公共建筑人流量大，安全疏散要求比较高，楼梯坡度应该平缓一些，反之则可以稍陡一些，有利于节约楼梯面积。

踏面宽度与人的脚长和上下楼梯时脚与踏面接触状态有关。踏步的宽度应与成年男子的脚长相适宜，当踏面宽300mm时，人的脚可以完全落在踏面上，行走舒适。当踏面宽减少时，人行走脚跟或脚尖部分可能悬空，行走就不方便。

踏步的高度，成人以 150mm 左右较适宜，不应高于 175mm。踏步的宽度（水平投影宽度）以 300mm 左右为宜，不应窄于 260mm。当踏步尺寸较小时，可以采取加做踏步檐或使踢面倾斜的方式加宽踏面。踏口的挑出尺寸为 20～25mm。

常用楼梯的踏步高和踏步宽见表 9-1。

表 9-1　常用楼梯的踏步高和踏步宽　　　　（单位：mm）

楼梯类别	踏步宽	踏步高	楼梯类别	踏步宽	踏步高
住宅公共楼梯	260	175	专用疏散楼梯	250	180
住宅套内楼梯	220	200	其他建筑物楼梯	260	170
电影院、体育馆、商场、医院和大中学校	280	160	专用服务楼梯	220	200
幼儿园、小学校	260	150	老年人居住建筑	300	150
宿舍（不含中小学）	270	165	老年人公共建筑	320	130

2. 梯段尺寸

梯段尺寸主要指梯宽和梯长。楼梯段是楼梯的主要组成部分之一，它是供人们上下通行的，因此楼梯段的宽度必须满足上下人流、搬运物品以及消防疏散的需要。楼梯段宽度的确定要考虑通过人流的股数以及搬运家具或设备等的需求。

一般楼梯段需考虑至少同时通过两股人流，即上行与下行在楼梯段中间相遇能通过。按每股人流 550mm+（0～150）mm 宽度考虑，单人通行时为 900mm，双人通行时为 1100～1200mm，三人通行时为 1650～1800mm，其余类推。

同时，需满足各类建筑设计规范中对梯段宽度的限定，如住宅不小于 1100mm，公共建筑不小于 1200mm 等。

3. 平台宽度与梯井宽度

楼梯平台是楼梯段的连接部位，也供行人稍加休息之用。楼梯平台宽度应大于或至少等于楼梯段的宽度，即平台宽度分为中间平台宽度和楼层平台宽度，平台宽度应大于或等于梯段宽度。

梯井是指梯段之间形成的空当，此空当从顶层到底层贯通，在平行多跑楼梯中可不设梯井。梯井宽度一般以 60～200mm 为宜，以利安全。

4. 栏杆扶手尺度

扶手高度是指自踏步前缘线量起到扶手顶面的垂直距离。扶手高度不宜小于 0.90m。靠楼梯井一侧水平扶手长度超过 0.50m 时，其高度不应小于 1.05m。扶手高度的确定要考虑人们通行楼梯段时依扶的安全与方便。

托幼建筑中楼梯扶手高度应适合儿童身材，考虑儿童身体特点，幼儿使用的楼梯不同于成年人楼梯，幼儿扶手高度宜为 0.60m，可在成人扶手中间增设，如图 9-7 所示。

中小学及少年儿童专用活动场所的楼梯，梯井净宽大于 0.20m 时，必须采取防止少年儿童攀滑的措施。楼梯栏杆应采取不易攀登的构造，当采用垂直杆件做栏杆时，其杆件净距不应大于 0.11m。

幼儿使用的楼梯，当楼梯井净宽度大于 0.11m 时，必须采取防止幼儿攀滑措施。楼梯栏杆应采取不易攀爬的构造，当采用垂直杆件做栏杆时，其杆件净距不应大于 0.11m。

5. 楼梯净空高度

楼梯各部位的净空高度应满足人流的通行和家具的搬运，楼梯的净空高度包括楼梯段的净高和平台过道处的净高，如图9-8所示。

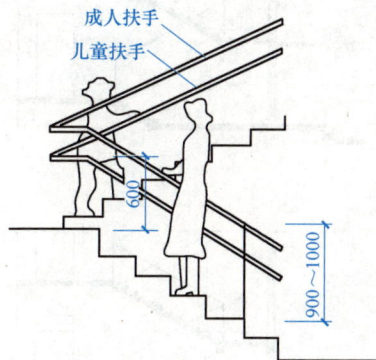

图9-7　楼梯扶手尺寸

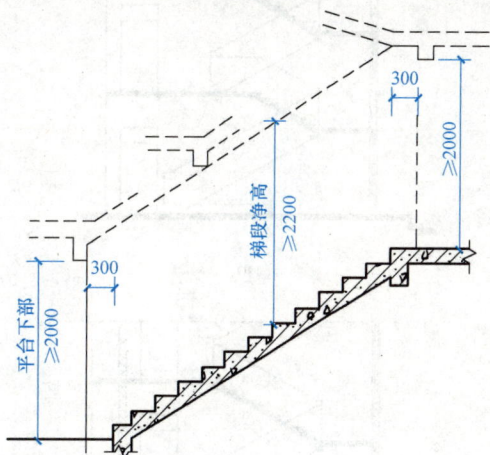

图9-8　楼梯净空高度

楼梯段的净高是指自踏步前缘线（包括最低和最高一级踏步前缘线以外0.3m范围内）量至正上方突出物下缘间的垂直距离，应大于2200mm。

平台过道处净高是指平台梁底至平台梁正下方踏步或楼地面上边缘的垂直距离，应大于2000mm。

楼梯间有两种形式，一是通行式，二是非通行式，对于通行式必须保证平台梁底面至地面的净高不小于2000mm。当利用平行多跑楼梯底层中间平台作通道时，应保证平台下净高满足通行要求，一般可以采用如下方式解决：

1）采用不等级数。俗称"底层长短跑"。将楼梯底层设计成"长短跑"，让第一跑的踏步数目多些，第二跑踏步少些，利用踏步的多少来调节下部净空的高度，如图9-9a所示。

2）局部降低地坪标高。在建筑室内外高差较大的前提下，局部降低平台下过道处地面标高，如图9-9b所示。例如，室内外高差900mm，采用局部降低地坪标高450~600mm的方法可以达到通行净高的要求，但却增加了房屋的底部高度，因而增加了工程造价。

3）长短跑及降低地坪。综合1）、2）两种方式，采取长短跑梯段的同时，降低底层中间平台下部的地坪标高，来满足楼梯下部净空的高度，如图9-9c所示。

4）底层直跑式。从底层用直行单跑或直行双跑楼梯直接从室外上二层，如图9-9d所示。设计时需要注意入口处雨篷底面标高的位置，保证净空高度要求。

6. 楼梯尺寸计算

在进行楼梯构造设计时，应对楼梯各细部尺寸进行详细的计算，现以常用的平行双跑楼梯为例，说明楼梯尺寸的计算方法，如图9-10所示。

1）根据层高 H 和初选步高 h，确定每层踏步数 N，$N = H/h$。设计时尽量采用等跑梯段，N 宜为偶数，以减少构件规格。如所求出 N 为奇数或非整数，可反过来调整步高 h。

2）根据步数 N 和初选步宽 b 确定梯段水平投影长度 L，$L = (N/2 - 1)b$。

3）确定是否设梯井。如楼梯间宽度较宽松，可在两梯段之间设梯井。供少年儿童使用

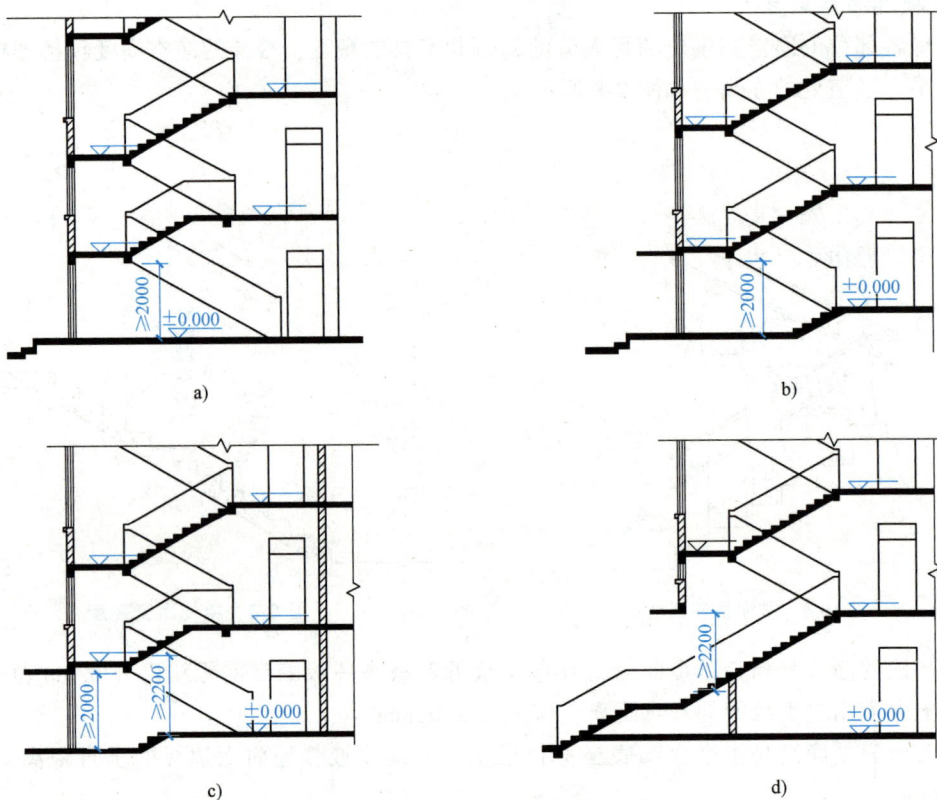

图 9-9　楼梯底层中间平台下作出入口时的处理方法

a）采用不等级数　b）降低平台下地坪标高　c）长短跑及降低地坪　d）底层采用直跑楼梯

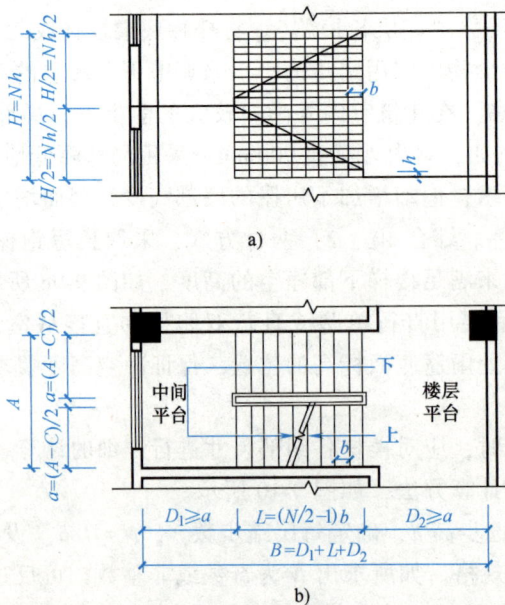

图 9-10　楼梯尺寸的计算

a）楼梯剖面　b）楼梯平面

的楼梯梯井不应大于 120mm，以利安全。

4）根据楼梯间开间净宽 A 和梯井宽 C 确定梯宽 a，$a=(A-C)/2$。同时检验其通行能力是否满足紧急疏散时人流股数要求，如不能满足，则应对梯井宽 C 或楼梯间开间净宽 A 进行调整。

5）根据初选中间平台宽 $D_1(D_1 \geq a)$、楼层平台宽 $D_2(D_2 \geq a)$ 以及梯段水平投影长度 L 检验楼梯间进深净长度 B，$D_1+L+D_2=B$。如不能满足，可对 L 值进行调整（即调整 b 值）。必要时，则需调整 B 值。在 B 值一定的情况下，如尺寸有富裕，一般可加宽 b 值以减缓坡度，或加宽 D_2 值以利于楼层平台分配人流。在装配式楼梯中，D_1 和 D_2 值的确定尚需注意使其符合预制板安放尺寸，并减少异形规格板数量。图 9-11 所示为楼梯各层平面图示。

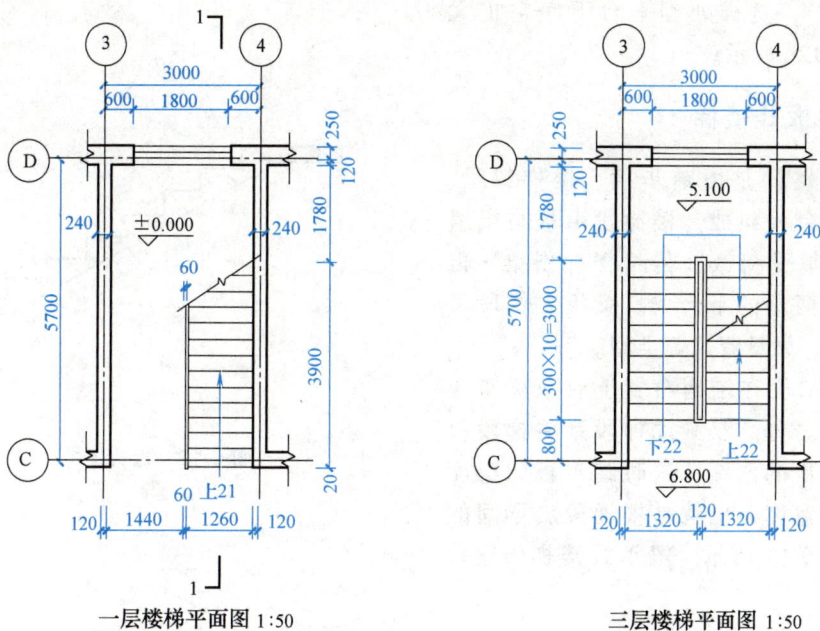

图 9-11 楼梯各层平面图

■ 9.2 现浇整体式钢筋混凝土楼梯

钢筋混凝土楼梯按施工方式可分为现浇整体式和预制装配式两类。钢筋混凝土楼梯具有坚固耐久、防火性能好、可塑性强等优点。

现浇钢筋混凝土楼梯是指楼梯段、楼梯平台等整浇在一起的楼梯。它整体性好，刚度大，充分发挥了钢筋混凝土的可塑性，结构整体性好，适用于各种形式的楼梯。但是，现浇钢筋混凝土楼梯在施工过程中，要经过支模板、绑扎钢筋、浇灌混凝土、振捣、养护、拆模等作业，在拆模之前，不能利用它进行垂直运输，施工周期长，自重也大。现浇钢筋混凝土楼梯较适合用于特殊异形或抗震设防要求较高的建筑中。

9.2.1 板式楼梯

现浇板式钢筋混凝土楼梯的楼梯段作为一块整浇板，斜向搁置在平台梁上，楼梯段相当于一块斜放的板，承受并传递楼梯的全部荷载，如图 9-12a 所示。这种楼梯构造简单，平台梁之间的距离即为板的跨度，施工方便，造型简洁，自重大。板式楼梯常用于楼梯荷载较小，楼梯段的跨度也较小的住宅等房屋。板式楼梯段的底面平齐，便于装修。

也有带平台板的板式楼梯，即把两个或一个平台板和一个梯段组合成一块折形板（折板式），这样处理平台下净空扩大了，如图 9-12b 所示。

9.2.2 梁板式楼梯

梁板式楼梯是由踏步板、楼梯斜梁、平台梁和平台板组成。楼梯段由板与梁组成。踏步板承受荷载并传给楼梯斜梁，再由斜梁传给两端的平台梁。梁板式梯段可分为梁承式、梁悬臂式等类型。

梁板式梯段在结构布置上有双梁布置和单梁布置之分。双梁式梯段系将梯段斜梁布置在踏步的两端，这时踏步板的跨度便是梯段的宽度，也就是楼梯段斜梁间的距离，如图 9-13 所示。梁承式楼梯斜梁可上翻或下翻。

梁板式楼梯与板式楼梯相比，板的跨度小，在板厚相同的情况下，梁板式楼梯可以承受较大的荷载。

当斜梁在板下部称为正梁式梯段，上面踏步露明，常称明步。有时为了让楼梯段底表面平整或避免洗刷楼梯时污水沿踏步端头下淌，弄脏楼梯，常将楼梯斜梁反向上面称反梁式梯段，其下面平整，踏步包在梁内，常称暗步。

现浇梁悬臂式楼梯是指踏步板从梯斜梁两边或一边悬挑的楼梯形式，如图 9-14 所示，常用于框架结构建筑或室外露天楼梯。

梁悬臂式楼梯一般为单梁或双梁悬臂支承踏步板和平台板。单梁悬臂常用于中小型梯段或小品景观楼梯，双梁悬臂则用于梯段宽度大、人流量大的大型楼梯。由于踏步板悬挑，造型轻盈美观。踏步板断面形式有平板式、折板式和三角形板式。平板式断面踏步使梯段踢面空透，常用于室外楼梯；折板式断面踏步板由于踢面未漏空，可加强板的刚度并避免灰尘下落，但折板式断面

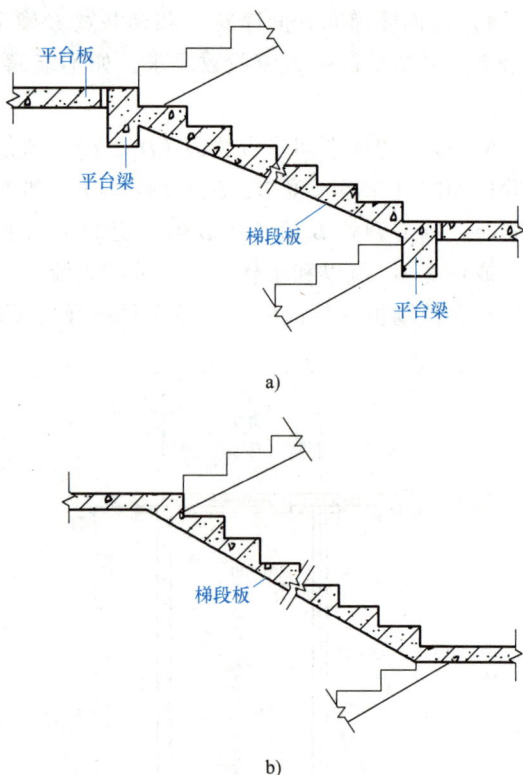

a)

b)

图 9-12　板式楼梯

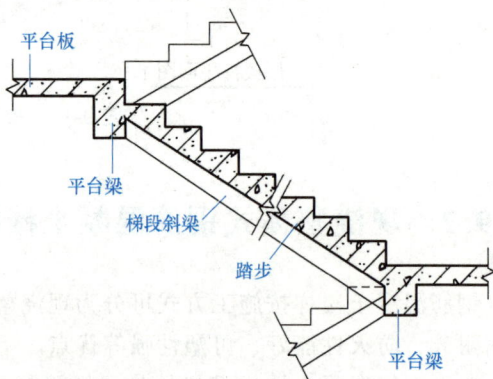

图 9-13　梁板式楼梯（梯梁下翻）

踏步板底支模困难且不平整；三角形断面踏步板式梯段，板底平整，支模简单。

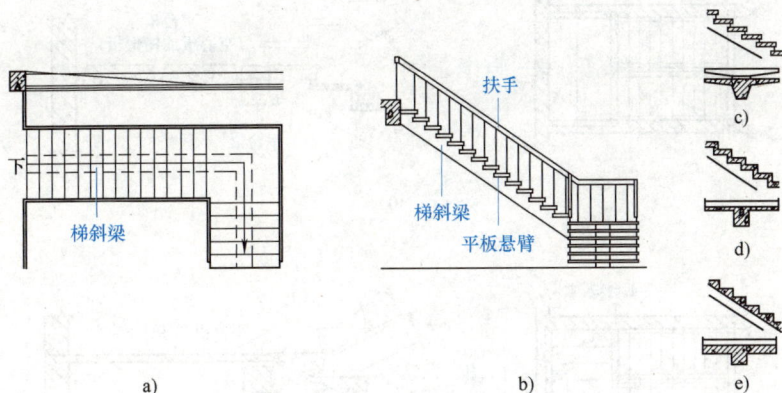

图9-14 现浇梁悬臂式楼梯

a）平面 b）立面 c）平板式 d）折板式 e）三角形板式

■ 9.3 预制装配式钢筋混凝土楼梯

预制装配式钢筋混凝土楼梯是指用预制厂生产或现场制作的构件安装拼合而成的楼梯。采用预制装配式楼梯可较现浇式钢筋混凝土楼梯提高工业化施工水平，节约模板，简化操作程序，较大幅度地缩短工期。但预制装配式钢筋混凝土楼梯的整体性、抗震性、灵活性等不及现浇钢筋混凝土楼梯。

预制装配式钢筋混凝土楼梯按其构造方式可分为梁承式、墙承式和墙悬臂式等类型。

9.3.1 梁承式

预制装配梁承式钢筋混凝土楼梯是指梯段由平台梁支承的楼梯构造方式。由于在楼梯平台与斜向梯段交汇处设置了平台梁，避免了构件转折处受力不合理和节点处理的困难，在一般大量性民用建筑中较为常用。预制构件可按梯段（板式或梁板式梯段）、平台梁、平台板三部分进行划分。

平台板可根据需要采用钢筋混凝土空心板、槽板或平板。但当平台上有管道井时，不宜布置空心板。平台板一般平行于平台梁布置，以利于加强楼梯间的整体刚度。当垂直于平台梁布置时，常用于小平板，如图9-15所示。

1. 梁板式梯段

梁板式梯段由梯斜梁和踏步板组成，如图9-16所示。一般在踏步板两端各设一根梯斜梁，踏步板支承在梯斜梁上。由于构件小型化，不需大型起重设备即可安装，施工简便。

（1）踏步板　踏步板断面形式有一字形、L形、三角形等，如图9-17所示。断面厚度根据受力情况约为40~80mm。一字形断面踏步板制作简单，踢面一般用砖填充，但其受力不太合理，仅用于简易楼梯等。L形断面踏步板较一字形断面踏步板受力合理，可正置和倒置。其缺点是底面呈折线形，不平整。三角形断面踏步板梯段底面平整、简洁，但自重大，因此常将三角形断面踏步板抽孔，形成空心构件，以减轻自重。

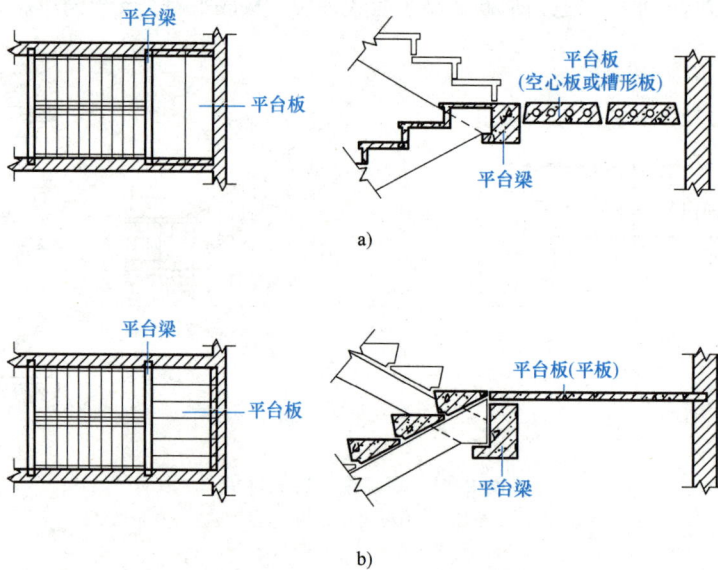

图 9-15　预制装配梁承式楼梯

a）平台板平行于平台梁　b）平台板垂直于平台梁

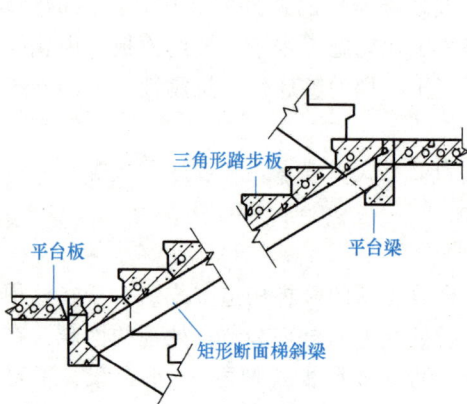

图 9-16　预制装配梁板式梯段

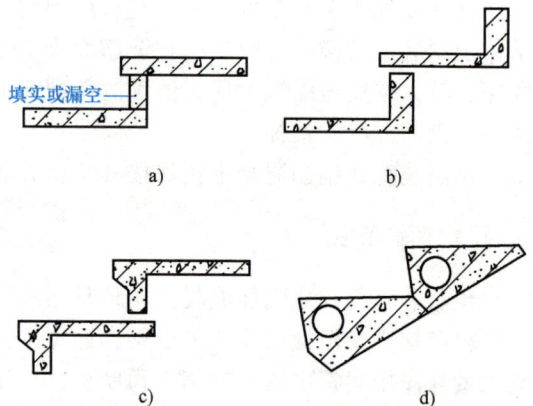

图 9-17　预制装配梁板式梯段踏步板断面形式

（2）梯斜梁　梯斜梁有矩形断面、L 形断面和锯齿形变断面三种。锯齿形变断面梯斜梁主要用于搁置一字形、L 形断面踏步板，如图 9-18 所示。矩形断面和 L 形断面梯斜梁主要用于搁置三角形断面踏步板，如图 9-19 所示。梯斜梁一般按 $L/12$ 估算其断面有效高度（L 为梯斜梁水平投影跨度）。

2. 板式梯段

板式梯段为整块或数块带踏步的条板，没有梯斜梁，梯段底面平整，结构厚度小，其有效断面厚度可按 $L/20 \sim L/30$ 估算，其上下端直接支承在平台梁上。一般将平台梁做成 L 形断面，使平台梁位置相应抬高，增大了平台下净空高度，如图 9-20 所示。

为了减轻自重，梯段板也可以做成空心构件，有横向抽孔和纵向抽孔两种方式。横向抽孔比纵向抽孔条板式梯段板更合理易施工，较为常用，如图 9-21 所示。

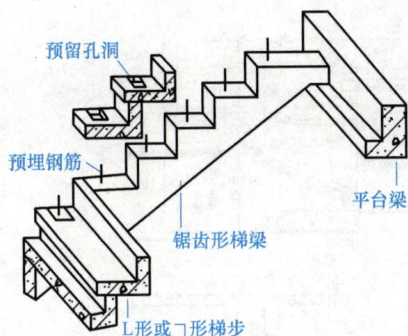

图 9-18 锯齿形梯斜梁

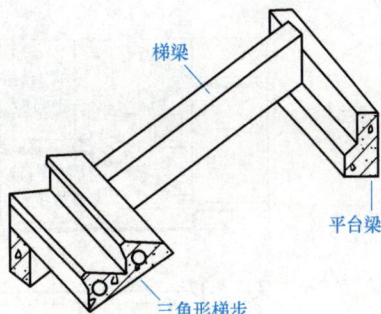

图 9-19 矩形梯斜梁

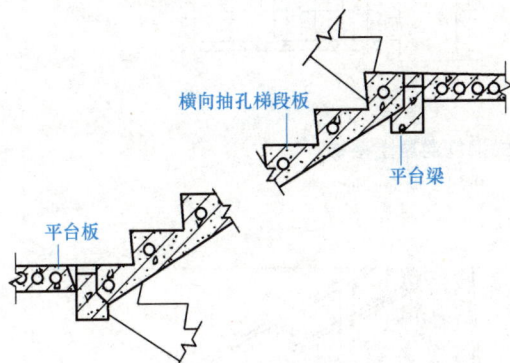

图 9-20 板式梯段

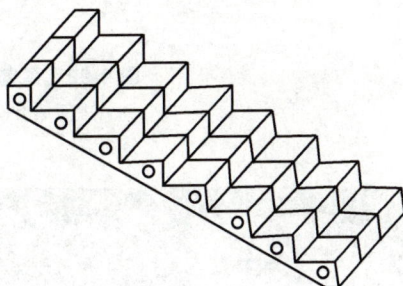

图 9-21 横向抽孔板式梯段

9.3.2 墙承式

预制装配墙承式钢筋混凝土楼梯是指预制钢筋混凝土踏步板直接搁置在楼梯间两侧墙上的一种楼梯形式，不需要设平台梁、楼梯斜梁，也不用设置楼梯栏杆，其踏步板一般采用一字形、L 形或倒 L 形断面。

墙上设置观察窗的墙承式楼梯，如图 9-22a 所示，这种楼梯由于在梯段之间有墙，搬运家具不方便，也阻挡视线，上下人流易相撞。通常在中间墙上开设观察口，以使上下人流视线流通。但这种开口方式对抗震不利，施工也较麻烦。

中间墙局部收进的墙承式楼梯，如图 9-22b 所示，这种楼梯考虑到搬运家具的方便，墙体上局部收进，但这种结构形式对抗震更加不利，施工也较麻烦，所以这种形式目前也较少使用。

9.3.3 墙悬臂式

预制装配墙悬臂式钢筋混凝土楼梯是指预制钢筋混凝土踏步板一端嵌固于楼梯间侧墙上，另一端凌空悬挑的楼梯形式，如图 9-23 所示。

这种楼梯无平台梁和梯斜梁，也无中间墙，楼梯间内的空间轻灵通透，结构构件占地面积小，在住宅建筑内或公共建筑的景观中庭中使用较多，但是由于它的楼梯间整体刚度比较差，不能用于有抗震设防要求的地区。又因为它的施工需要随墙体砌筑安装踏步板，并需要设置临时支撑，施工比较麻烦，所以这种形式目前也较少使用，仅应用于有特殊需求的情

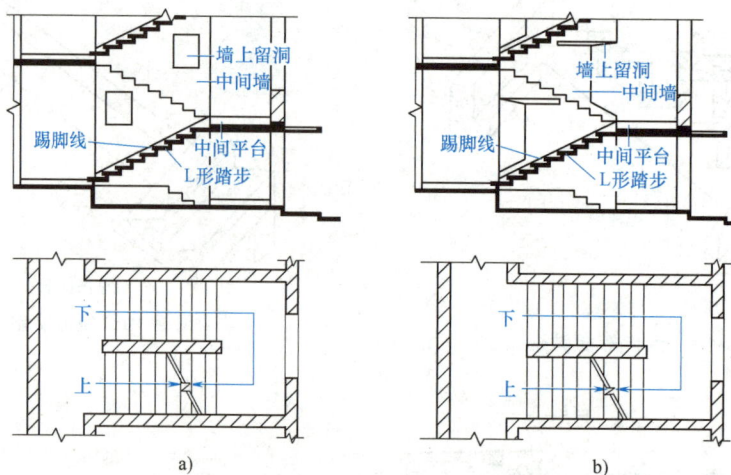

图 9-22　预制装配墙承式钢筋混凝土楼梯

a）中间墙上设观察窗　b）中间墙局部收进

图 9-23　预制装配墙悬臂式钢筋混凝土楼梯

况下。

　　预制装配墙悬臂式钢筋混凝土楼梯用于嵌固踏步板的墙体厚度不应小于 240mm，踏步板悬挑长度一般小于等于 1800mm。踏步板一般采用 L 形或倒 L 带肋断面形式，其入墙嵌固端一般做成矩形断面，嵌入深度 240mm。

9.4　楼梯细部构造

　　楼梯细部构造主要包括踏步面层及防滑措施、栏杆（栏板）与扶手构造。

9.4.1　踏步面层及防滑措施

1. 踏步面层

踏步表面的装修用材应选择耐磨、美观、不起尘、防滑和易清洁的材料，以便于行走和清扫。一般钢筋混凝土楼梯都要抹面，抹面材料可以用水泥砂浆，标准较高的可以用水磨石、彩色水磨石、缸砖、大理石或人造石等，如图9-24所示。

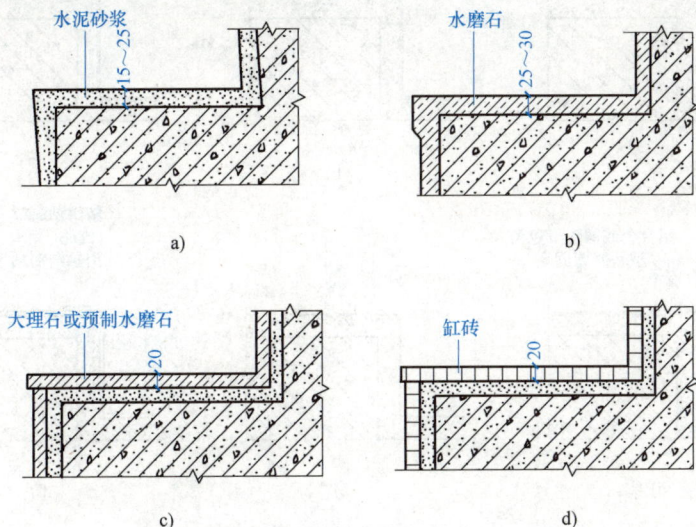

图9-24 钢筋混凝土楼梯踏步面层构造

a）水泥砂浆面层 b）水磨石面层 c）天然石或人造石面层 d）缸砖面层

2. 踏步前缘防滑条

踏步表面光滑虽然便于清扫，但在行走时容易滑倒，故踏步一般在踏步前缘设有防滑构造，尤其是使用人数多的楼梯，必须有防滑措施。

一般楼梯常在踏步前部位置设置防滑条。防滑条所用的材料，要比踏步面层的材料更耐磨，防滑条的表面应较粗糙。这样既解决了踏步防滑，又可以避免踏步阳角部位被过分磨损。防滑条一般采用水泥铁屑、金刚砂、金属条（铸铁、铝条、铜条）等材料，防滑条设置在靠近踏步阳角处，如图9-25所示，防滑条凸出踏步面不能太高，一般在3mm以内。

9.4.2 栏杆与扶手构造

楼梯栏杆、栏板是楼梯的安全设施，设置在楼梯和顶层平台临空的一侧。栏杆上缘的扶手为行走时扶持和人多拥挤时倚靠的构件。栏杆和扶手组合后，能抵抗一定的水平推力，较宽的楼梯还应在楼段中间及靠墙一侧设置扶手。

栏杆、栏板和扶手除了起到防护安全作用外，还具有一定的装饰作用。栏杆多采用方钢、圆钢、扁钢、不锈钢管等型材焊接或铆接成各种图案，既起防护作用，又有一定的装饰效果。

1. 栏杆形式与构造

栏杆形式可分为空花式、栏板式、组合式等类型，应根据装修标准和使用对象的不同进行合理地选择和设计。

（1）空花式栏杆 空花栏杆一般采用钢材、木材、铝合金型材、钢材和不锈钢材等制作，断面有圆形和方形，分为实心和空心两种。实心竖杆圆形断面尺寸一般为直径16～30mm，方形为20mm×20mm、30mm×30mm。竖杆应具有足够的强度以抵抗侧向冲击力，最

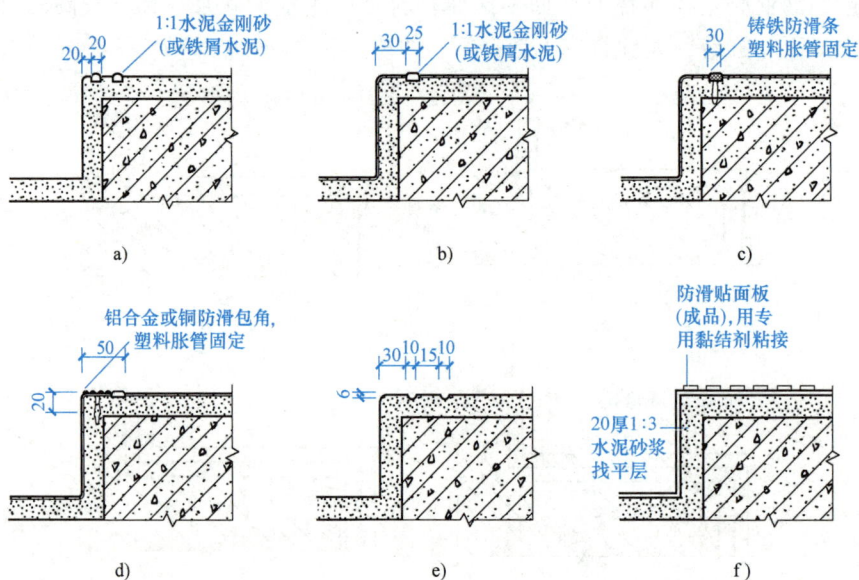

图 9-25　钢筋混凝土楼梯踏步防滑条构造

a）水泥面踏步防滑条（一）　b）水泥面踏步防滑条（二）　c）现制磨石踏步防滑条　d）现制磨石踏步防滑条
（铝合金或钢）　e）水泥面踏步防滑条现制磨石踏步防滑条　f）防滑橡胶板面层防滑塑料板面层

好将竖杆、水平杆及斜杆连为一体共同工作。其杆件形成的空花尺寸不宜过大，通常控制在
110～130mm，以避免不安全感，尤其是供少年儿童使用的楼梯应特别注意。这种类型的栏
杆具有重量轻、通透轻巧的特点，是楼梯栏杆的主要形式，一般用于室内楼梯，如图 9-26
所示。

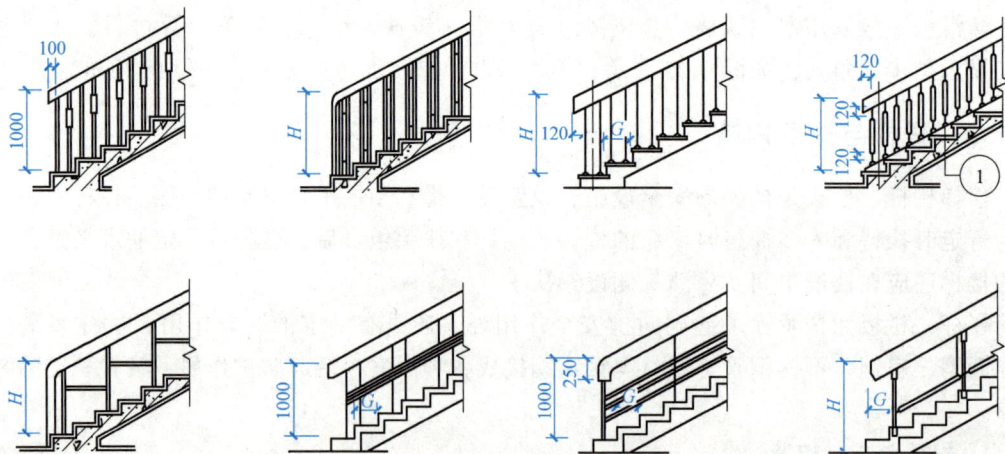

图 9-26　楼梯空花栏杆构造

（2）栏板式栏杆　栏板式栏杆是以栏板替代空花栏杆。栏板式具有节约钢材、无锈蚀
问题、比较安全的特点。栏板常采用的材料有砖、钢丝网水泥、钢筋混凝土等，多用于室外
楼梯。

砖砌栏板通常采用高强度等级水泥砂浆砌筑 1/2 或 1/4 标准砖，在砌体中应加设拉结筋，两侧铺钢丝网，采用高强度等级水泥砂浆抹面，并在栏板顶部现浇钢筋混凝土通长扶手，以加强其抗侧向冲击的能力。钢筋混凝土栏板与钢丝网水泥栏板类似，多采用现浇处理，比砖砌栏板更牢固、安全、耐久，但是这类栏板厚度较大，造价和自重也很大，如图 9-27 所示。

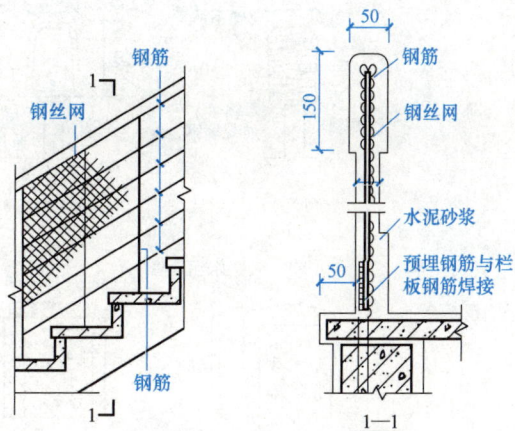

图 9-27　楼梯栏板构造

（3）组合式栏杆　组合式栏杆是指空花式和栏板式两种栏杆形式的组合，如图 9-28 所示。栏板为防护和美观装饰构件，常采用轻质美观材料制作，如木板、塑料贴面板、铝板、有机玻璃板和钢化玻璃板等。栏杆竖杆则为主要抗侧力构件，常采用钢或不锈钢等材料。

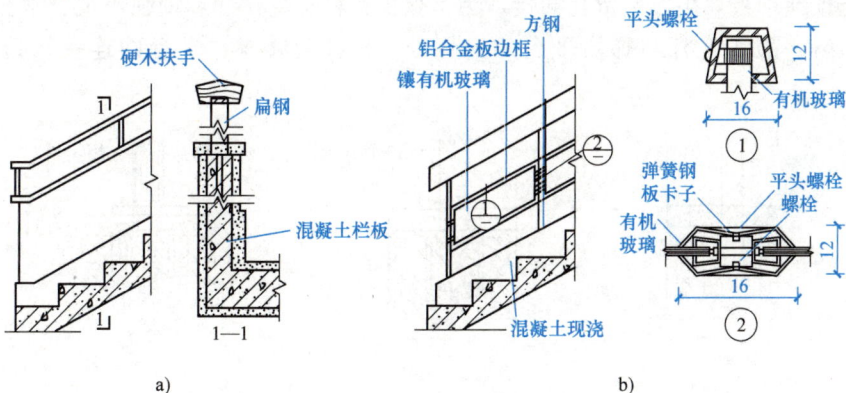

图 9-28　组合式楼梯栏板构造

a）金属栏杆与钢筋混凝土栏板组合　b）金属栏杆与有机玻璃组合

2. 扶手

扶手位于栏杆或栏板顶部，常用木材、塑料、金属管材（钢管、铝合金管、钢管和不锈钢管等）制作。最常用的有硬木扶手和塑料扶手，具有手感舒适，截面形式多样的优点。金属管材扶手中的钢管扶手由于其可塑性、可弯性较好，也比较常用。金属管材扶手中的铝管、铜管和不锈钢管扶手由于造价较高，常用于高级装修的楼梯中，特别是用于螺旋形、弧形楼梯中。

3. 栏杆扶手连接构造

（1）栏杆与扶手连接　空花式和组合式栏杆当采用木材或塑料扶手时，一般在栏杆竖杆顶部设通长扁钢与扶手底面或侧面槽口榫接，用木螺钉固定；金属管材扶手与栏杆竖杆连接一般采用焊接或铆接。扶手样式及其与栏杆的连接构造如图 9-29 所示。

（2）栏杆与梯段、平台连接　栏杆与梯段、平台的连接分为焊接和插接两种，即在梯

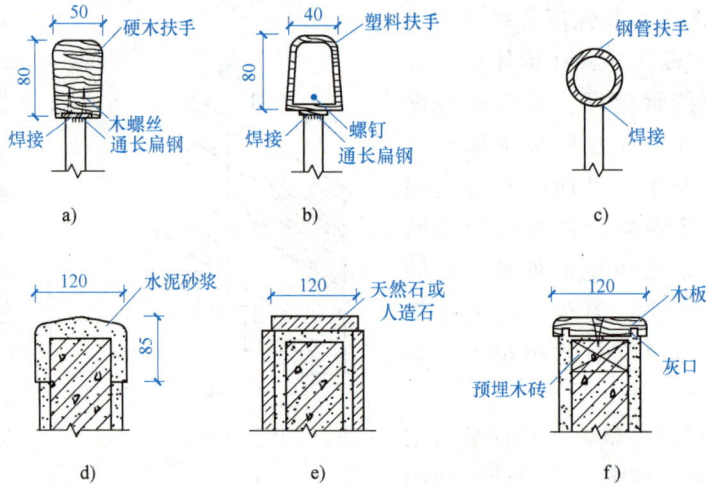

图 9-29　扶手样式及其与栏杆的连接构造

a）硬木扶手　b）塑料扶手　c）金属扶手　d）水泥砂浆（水磨石）扶手　e）天然石
（或人造石）扶手　f）木板扶手

段和平台上预埋钢板焊接或预留孔插接。为了保护栏杆免受锈蚀和增强美观，常在竖杆下部装设套环盖碗，覆盖栏杆与梯段平台的交界处。栏杆与楼梯、平台的连接构造如图 9-30所示。

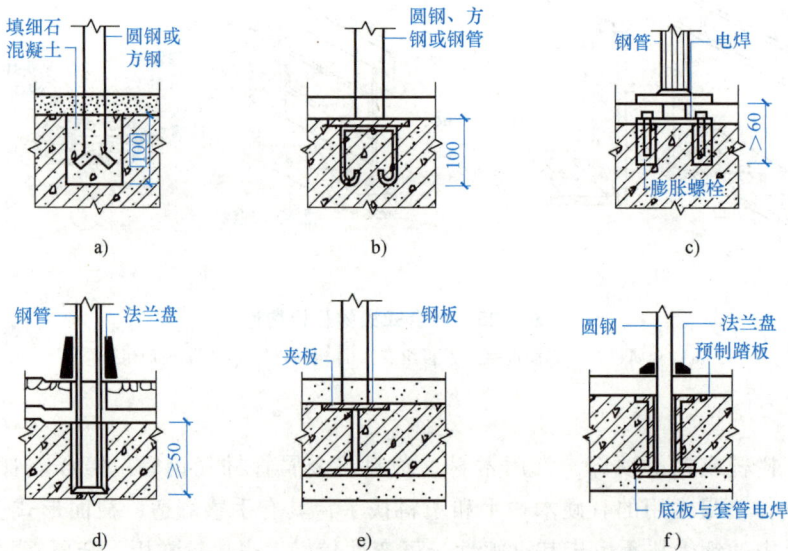

图 9-30　栏杆与楼梯、平台的连接构造

a）埋入预留孔洞　b）与预埋钢板焊接　c）立杆焊在底板上用膨胀螺栓锚固底板　d）立杆套丝扣与预埋
套管丝扣拧固　e）与预埋夹板焊接　f）立杆插入套管电焊

■ 9.5　台阶与坡道

台阶与坡道是衔接建筑室内空间与室外地坪、不同标高室内空间之间的建筑构件。坡道的坡度更平缓，但是占地面积更大。

9.5.1　台阶

台阶由踏步和平台组成，有室内台阶和室外台阶之分。室外台阶一般位于房屋的出入口处，台阶宽度应比门宽每边加 300mm 左右。台阶的坡度应较楼梯平缓，一般踏步宽度不宜小于 300mm，踏步高度不宜大于 150mm。室外台阶与建筑出入口大门之间，应设缓冲平台，作为室内外空间的过渡，平台深度应不小于 1500mm。为防止雨水积聚或溢水至室内，台阶平台面宜比室内地面低 20~30mm，并向外找坡 1%~3%，以利排水。

室外台阶的形式有单面踏步式、三面踏步式、单面踏步带花池等。

室内台阶用于联系室内与室内之间的高差，同时还起到室内空间变化的作用。台阶踏步也较平缓，以便行走舒适。其踏步高一般为 100~150mm，踏步宽为 300~400mm，步数根据高差来确定。

步数较少的台阶，一般采用素土夯实，然后按台阶形状尺寸做 C10 混凝土垫层或砖、碎石垫层。标准较高或地基土层较差的，还可在下面加铺一层碎砖和碎石基层，以免台阶发生不均匀沉降。其垫层做法与地面垫层做法相似。

地基土质太差或步数较多的台阶，可采用钢筋混凝土做架空式台阶，以避免需要过多的土方和不均匀沉降。在严寒地区，应考虑地基土冻胀因素，可用砂石垫层换土至冰冻线以下。室外台阶构造如图 9-31 所示。

台阶面层一般采用水泥石屑、斩假石、天然石材、防滑地砖等。

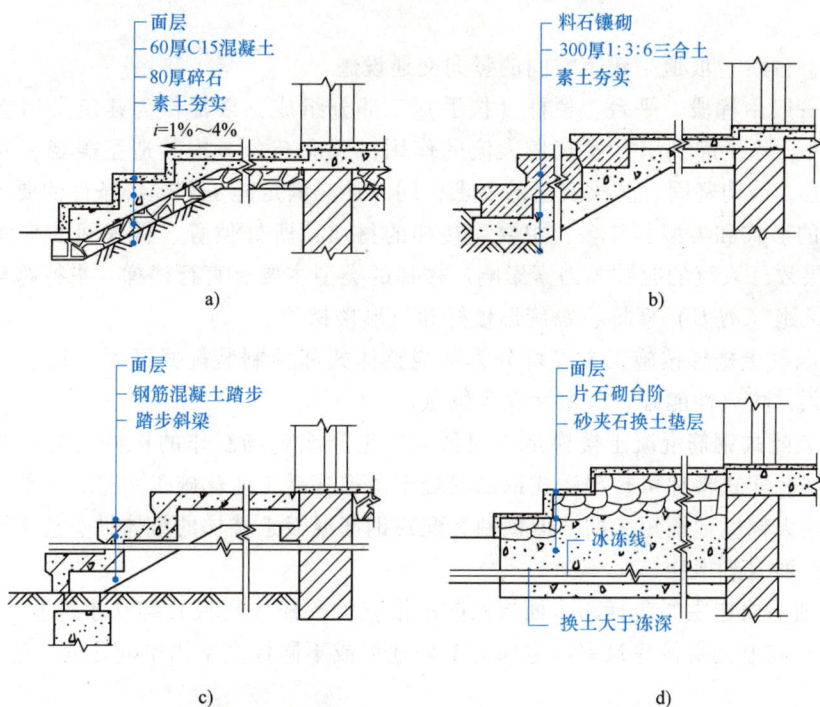

图 9-31　室外台阶构造

a) 混凝土台阶　b) 石砌台阶　c) 钢筋混凝土架空台阶　d) 换土地基台阶（适用于严寒及寒冷地区）

9.5.2　坡道

坡道的功能是当两个空间有高差时，能够满足车辆行驶、行人活动和无障碍设计的要求。

坡道的坡度与使用要求、面层材料和做法有关。坡度过大，使用不便；坡度过小，占地面积大，不经济。坡道的坡度一般为1/6~1/12，以1/10为宜。面层光滑的坡道，坡度不宜大于1/10。面层粗糙及设防滑条的坡道，坡度可稍大，但不应大于1/6，锯齿形坡道的坡度可加大至1/4。

坡道多为单面形式，极少数情况为三面坡。大型公共建筑还常将可通行汽车的坡道与踏步结合，形成壮观的大台阶。室外坡道样式如图9-32所示。

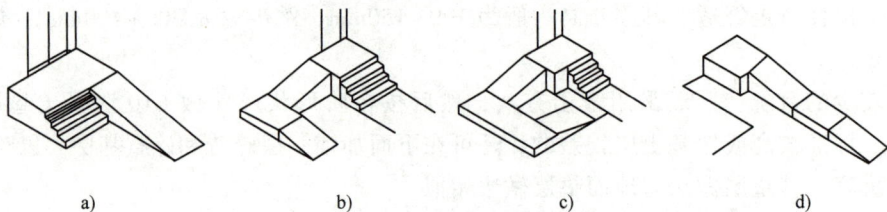

a)　　　　　　　　　　b)　　　　　　　　　　c)　　　　　　　　　　d)

图9-32　室外坡道样式

a) 一字形　b) L形　c) U字形　d) 一字多段式

本 章 小 结

1. 楼梯、台阶、坡道是建筑空间的竖向交通设施。

2. 楼梯一般由梯段、平台、栏杆（扶手）三部分组成，楼梯作为建筑交通空间竖向联系的主要部件，除了起到引导及疏散人流的作用，还应充分考虑其造型美观、人流通行顺畅、行走舒适、结构坚固、防火安全的要求，同时还应满足施工和经济条件的要求。

3. 楼梯的形式和类型非常多，主要受楼梯的材质、所处位置、楼梯间的平面形状和大小、层高与层数、人流的股数等因素影响。楼梯的类型主要有直行楼梯、平行跑楼梯、折行跑楼梯、交叉跑（剪刀）楼梯、螺旋形楼梯和弧形楼梯等。

4. 钢筋混凝土楼梯按施工方式可分为现浇整体式和预制装配式两类。钢筋混凝土楼梯具有坚固耐久、防火性能好、可塑性强等优点。

5. 预制装配式钢筋混凝土楼梯是指用预制厂生产或现场制作的构件安装拼合而成的楼梯。采用预制装配式楼梯可较现浇式钢筋混凝土楼梯提高工业化施工水平，节约模板，简化操作程序，较大幅度地缩短工期。但预制装配式钢筋混凝土楼梯的整体性、抗震性、灵活性等不及现浇钢筋混凝土楼梯。

6. 楼梯细部构造主要包括踏步面层及防滑措施、栏杆（栏板）与扶手构造。

7. 台阶与坡道是衔接建筑室内空间与室外地坪或不同标高室内空间之间的建筑构件。

习　题

1. 楼梯是由哪几部分组成的？各部分的要求和作用是什么？

2. 常见的楼梯有哪几种形式？都适用于什么类型的建筑？

3. 楼梯设计的基本要求有哪些？楼梯设计的基本尺寸是什么？

4. 楼梯平台下作为出入口时，要满足正常通行的平台底面标高是多少？一般会采取哪些措施？

5. 现浇钢筋混凝土楼梯常见的结构形式有哪几种？各有什么特点？

6. 预制装配式钢筋混凝土楼梯有哪些特点？其构造形式有哪些？

7. 楼梯踏步面层的做法是怎样的？有哪些防滑措施？

8. 栏杆与踏步、栏杆与扶手的连接构造有哪几种形式？

9. 台阶与坡道的形式有哪些？其构造要求有哪些？

第 10 章

屋　面

学习目标

　　了解屋面设计要求，掌握屋面组成与屋面坡度的影响因素，了解屋面的分类及不同类型屋面的特点；掌握不同屋面排水方式的特点及适用范围，了解屋面排水设计的要点；了解屋面防水等级与设防要求，了解防水材料的分类与适用范围，掌握屋面防水构造的组成，了解施工要点，掌握防水屋面的细部构造；掌握屋面保温的设计要求、保温材料的分类与适用范围、屋面保温施工基本工序，掌握屋面保温的构造组成；了解屋面隔热原理及屋面隔热构造。

　　屋面是建筑围护结构的重要组成部分，本章是建筑构造学习的核心内容之一。本章介绍了屋面设计要求、组成、坡度及分类，并详细叙述了平屋面、坡屋面的特点和基本构造层次。根据屋面的不同功能，重点解释了屋面排水、防水、保温与隔热的构造原理及常用做法。

■ 10.1　屋面概述

10.1.1　屋面设计要求

　　屋面是建筑物顶部起遮盖作用的围护部件。在构造设计时应满足以下要求：

　　（1）结构安全和防火安全要求　屋面要承担自重及风、雨、雪荷载以及施工荷载，可以上人的屋面要考虑人及屋面设施设备的荷载，是承重结构的一部分。因此，屋面应具有足够的刚度和强度，满足荷载要求，适应主体结构的受力变形和温差变形，保证结构安全。屋面将建筑顶层空间连成整体，因此应具有阻止火势蔓延的性能，屋面所用材料燃烧性能和耐火极限需满足《建筑设计防火规范》的有关规定。

　　（2）排水、防水要求　为隔绝雨、雪水对室内环境的影响，应根据排水要求，合理设置屋面坡度、划分排水分区，通过天沟、雨水管等排水设施，将雨、雪水引导至地面或排水系统。屋面防水利用防水材料的致密性、憎水性，构成一道封闭的防线，隔绝水的渗透。屋面排水可以减轻防水的压力，防水与排水是相辅相成的。

　　（3）保温、隔热要求　根据热传导原理，室内一部分热量会通过屋面向室外散失，为节约能源，降低建筑耗热量，在气候寒冷的北方，屋面应采取保温措施，在气候炎热的南方，屋面应采取隔热措施，从而降低气候对建筑室内环境的影响，及减少建筑能耗。

（4）建筑造型要求　屋面形式变化丰富，是建筑的第五立面，对建筑方案创作有较大影响，屋面构造设计应考虑建筑造型的要求。此外，屋面还兼顾采光、通风、屋面绿化等要求。例如：商场建筑的屋面，常在对应中庭的位置设采光玻璃顶。

10.1.2　屋面组成与坡度

屋面由面层、结构层和顶棚层组成。面层应满足保温、隔热、防水、排水、防火、隔声等多方面的需求。应根据工程具体情况，设置不同的构造层次。结构层承担屋面荷载，起结构支撑作用。屋面的下表面是顶棚层（也称天棚），是装饰层，分为直接顶棚和悬吊顶棚，其构造做法与楼层下表面的顶棚相似。

屋面坡度是屋面与水平面形成的夹角（α）。它有三种表示方法：角度法、比值法和百分比法。比值法和百分比法表示屋脊高度比屋面跨度。当屋面坡度较大时，可采用比值法和角度法，如1/2、30°等。当屋面坡度较小时，常采用百分比法，如3%、5%等。

多种因素影响屋面坡度设置。降雨量大的地区，屋面雨水在压力的作用下，可导致防水层破坏。此外，雨水驻留时间过长，也增加了屋面漏水的可能性。因此，建筑位于降雨量大的地区，应选择坡度较大的屋面，将雨水及时排走。常用的屋面防水材料有防水卷材、防水砂浆、防水混凝土、防水涂料、烧结瓦、沥青瓦、波形瓦、金属板等。防水材料通过粘贴、机械固定、涂刷凝固等方式，形成覆盖在屋面上的防水层。坡度较小的屋面适宜选择接缝少的防水材料，如卷材类防水材料。各种形式的"瓦"更适合用于坡度较大的屋面（表10-1）。对于大跨建筑而言，屋面坡度和形式受建筑结构类型影响很大，如图10-1所示。例如，悬索结构屋面向下凹，形成反坡；薄壳结构和膜结构结合各自的支撑固件，形成曲面屋面。

表 10-1　屋面防水材料与屋面坡度

材料类别	适用坡度	材料类别	适用坡度
烧结瓦/混凝土瓦	≥30%	金属板	≥5%
沥青瓦	≥20%	防水卷材	2%
波形瓦	≥5%		

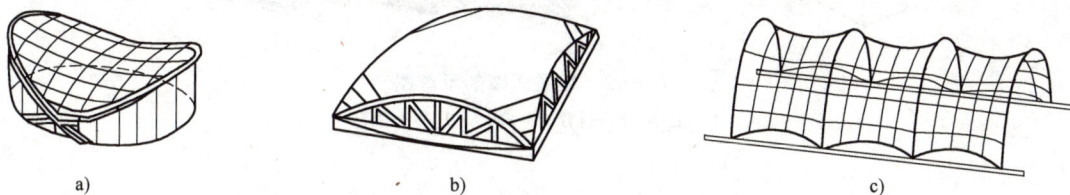

图 10-1　大跨建筑结构屋面形式

a）悬索结构　b）薄壳结构　c）膜结构

屋面坡度形成途径主要有材料找坡和结构找坡。材料找坡适合屋面坡度较小建筑，使用质量轻、吸水率低和有一定强度的材料，垫出屋面坡度。常用材料有炉渣、陶粒、浮石、膨胀珍珠岩等。当设置保温层时，也可直接使用保温材料找坡。材料找坡的坡度不宜小于2%。当屋面坡度较大时，可利用屋面结构层的坡度，形成屋面坡度，即为结构找坡。只要对顶棚水平度要求不高、建筑功能允许，应首先选择结构找坡，这既节省材料、降低成本，又减轻了屋面荷载。结构找坡的顶棚倾斜，室内空间不规整，不利于节能。此时可设置吊顶弥补以上不足。吊顶做法详见第8章。

10.1.3 屋面分类与特点

按照屋面外形可分为平屋面、坡屋面、曲屋面。按照屋面防水材料，分为卷材屋面、涂膜屋面、瓦屋面、金属板屋面和玻璃屋面。

平屋面建筑室内空间完整，构造简单，施工方便。因平屋面坡度较小，排水较慢，对防水层要求较高，易出现屋面渗漏情况，面层构造应根据保温、隔热、防水、隔汽等方面的要求而定。

坡屋面室内顶棚倾斜，有时需要安装吊顶，使室内空间完整。坡屋面的屋面坡度大，因而具有较好的排水效果。坡屋面防水材料类型丰富，常用材料有烧结瓦、混凝土瓦、沥青瓦、波形瓦、金属板、玻璃等。坡屋面构造相对复杂，其细部名称、位置见表10-2和图10-2。坡屋面按照坡面数量分为单坡屋面、双坡屋面、四坡屋面（图10-3）；按照屋面结构体系可分为墙承重坡屋面和屋架承重坡屋面。

曲屋面多指大跨建筑屋面，其屋面形态与坡度需要与大跨建筑结构相适应，如混凝土薄壳结构屋面形式有球面壳、旋转抛物面壳、折板及膜型扁壳等，如图10-4所示。

表 10-2　坡屋面细部名称

名称	解　释
正脊	坡屋面屋顶的水平交线形成的屋脊
斜脊	坡屋面斜屋面相交凸角的斜交线形成的屋脊
斜天沟	坡屋面斜屋面相交凹角的斜交线形成的天沟
挑檐	屋面向排水方向挑出外墙或外廊部位的檐口构造

图 10-2　坡屋面细部示意图

1—正脊　2—斜脊　3—斜天沟　4—挑檐

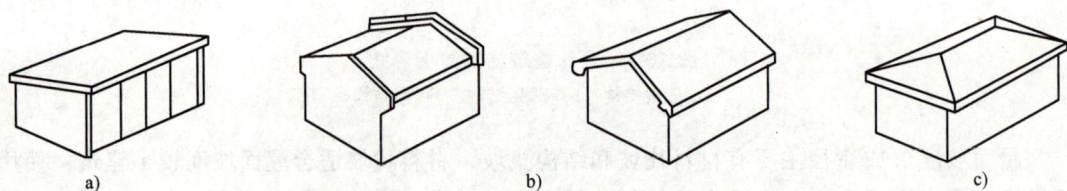

图 10-3　坡屋面类型

a）单坡屋面　b）双坡屋面　c）四坡屋面

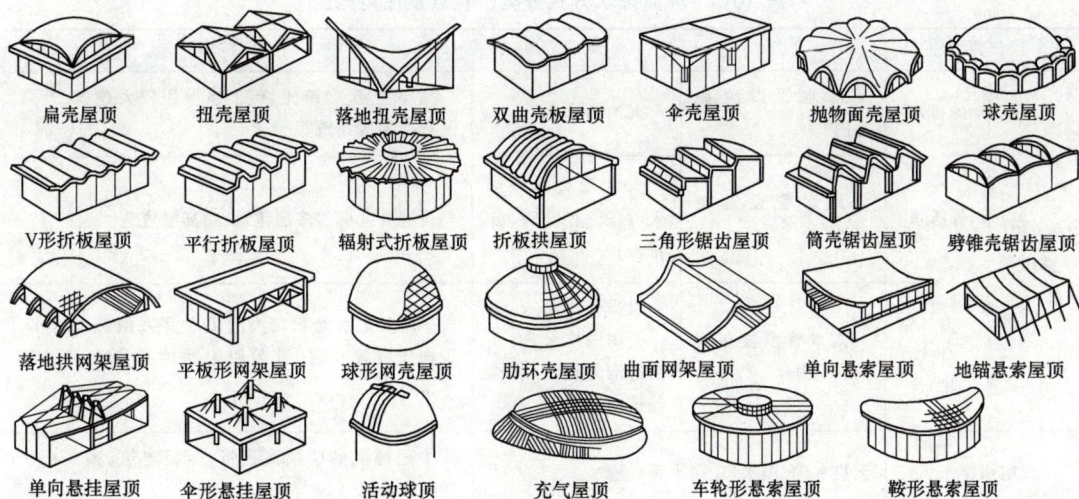

图 10-4　曲屋面示例

扁壳屋顶　扭壳屋顶　落地扭壳屋顶　双曲壳板屋顶　伞壳屋顶　抛物面壳屋顶　球壳屋顶

V形折板屋顶　平行折板屋顶　辐射式折板屋顶　折板拱屋顶　三角形锯齿屋顶　筒壳锯齿屋顶　劈锥壳锯齿屋顶

落地拱网架屋顶　平板形网架屋顶　球形网壳屋顶　肋环壳屋顶　曲面网架屋顶　单向悬索屋顶　地锚悬索屋顶

单向悬挂屋顶　伞形悬挂屋顶　活动球顶　充气屋顶　车轮形悬索屋顶　鞍形悬索屋顶

10.2　屋面排水

10.2.1　屋面排水方式

屋面排水方式可分为有组织排水和无组织排水（表 10-3）。

无组织排水也称自由落水，指雨水经过檐口直接落到室外地坪的排水方式，如图 10-5e、f 所示。屋面不设置集水沟、雨水口、雨水管等排水设施。该排水方式构造简单、成本低，适用于中小型低层建筑屋面或檐口高度小于 10m 的屋面。

有组织的引导雨水流经集水沟、雨水口、雨水管等排水设施，最后排到地面或室外排水系统的排水方式，称为有组织排水，它是使用频率较高的一种类型。有组织排水可保护墙面及基础不受雨水侵蚀、浸泡，不影响建筑临街面行人通过，但其构造复杂、造价高。根据雨水管的安装位置不同，有组织排水分为内排水（图 10-5a）、外排水（图 10-5b、c）和内外排水相结合（图 10-5d）三种类型。雨水管安装在室内称为内排水，雨水管安装在室外称为外排水。

民用建筑集水沟包括天沟、檐沟。天沟是引导雨水径流的集水沟。檐沟位于屋檐位置，单边收集雨水，溢流雨水能沿沟边溢流到室外。集水沟可以缩短屋面雨水径流长度和径流时间，减少屋面的坡向距离。当需要在坡屋面雨水流向的中途截留雨水时，亦可设置集水沟。

10.2.2　屋面排水设计

屋面排水设计大致分为四个步骤：选择排水方式，划分排水区域及排水坡，确定集水沟截面尺寸及坡度，确定雨水口和雨水管位置。"防排结合"是屋面排水设计的基本原则。能让雨水迅速排走，则可减轻屋面防水层的负担，减少屋面渗漏的机会。根据屋面形式、气候条件等方面，确定屋面的排水方式及排水坡度。雨水汇水面积指可汇集雨水的屋面水平

表 10-3　屋面排水方式分类、特点及适用范围

分类		特点		适用范围
有组织排水	内排水	雨水管设置在室内	天沟内排水	高层建筑、多跨建筑、汇水面积较大建筑、严寒及寒冷地区建筑等
	外排水	雨水管设置在室外	女儿墙边沟外排水（承雨斗*外排水）	设有女儿墙的多层建筑、中高层建筑
	内外结合式排水	雨水管设置在室内和室外	檐沟外排水 天沟内排水+女儿墙边沟外排水/檐沟外排水	多跨及汇水面积较大的屋面宜采用天沟排水；天沟找坡较长时，宜采用中间内排水和两端外排水
无组织排水		无集水沟、雨水口、雨水管设施		少雨地区的坡屋面建筑、低层建筑、檐高小于10m的建筑

注：承雨斗指安装在侧墙的外挂式雨水集水斗。

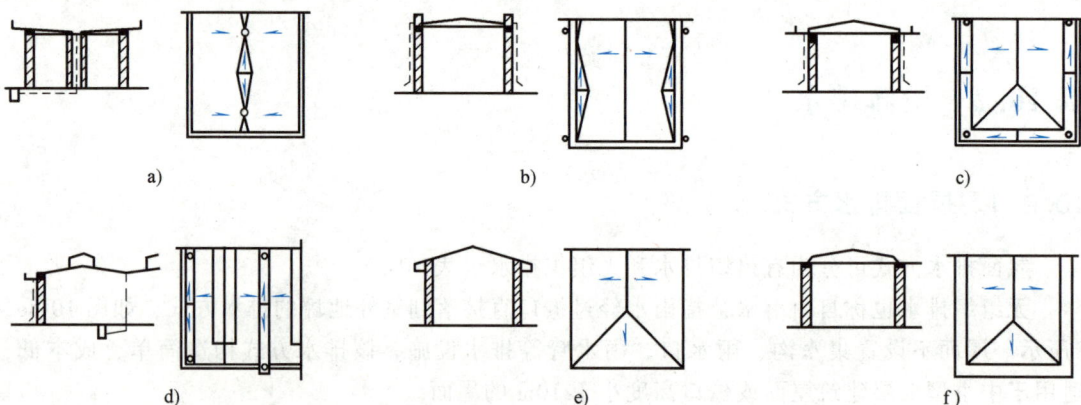

图 10-5　排水方式示意图

a）天沟内排水　b）女儿墙边沟外排水　c）檐沟外排水　d）天沟内外结合排水
e）坡屋面无组织排水　f）平屋面无组织排水

投影面积⊖。排水区域划分受到屋面形式、屋面汇水面积、屋面高低跨影响。排水区域的大小受设计暴雨强度、屋面径流系数、降雨历时、排水系统设计流态类型、雨水斗和雨水管泄流量、设计重现期⊖等因素制约。排水区域划分目的在于均匀配置每根雨水管的排水负荷。一个排水分区的大小即为一个雨水口所能负担的雨水汇水面积。排水区域划分应在屋面排水通畅的前提下，做到排水路线长度合理。增加排水坡数量，可缩短排水线路。一般大进深建筑宜选用双坡排水或四坡排水。屋面排水系统按照设计流态，分为半有压排水系统、压力流排水系统、重力流排水系统，见表 10-4。

⊖　若屋面有毗邻侧墙，如高层裙房，屋面的汇水面积还应附加毗邻侧墙最大受雨面正投影的1/2。窗井、贴近高层建筑外墙的地下汽车库出入口坡道应附加其高出部分侧墙面积的1/2。

⊖　重现期指经一定长的雨量观测资料统计分析，大于或等于某暴雨强度的降雨出现一次的平均间隔时间。其单位通常以年表示。

表 10-4　不同设计流态的屋面雨水排水系统及其适用范围

设计流态	适用范围
半有压排水系统	屋面板下允许设雨水管;天沟排水;无法设溢流的不规则屋面排水
压力流排水系统	屋面板下允许设雨水管的大型复杂建筑;天沟排水;需要节省室内竖向空间或排水管道设置位置受限的建筑
重力流排水系统	阳台排水;成品檐沟排水;承雨斗排水;排水高度小于 3m 的屋面排水

　　重力流屋面雨水排水系统是目前屋面工程常用的排水类型如图 10-6 所示。系统的设计流态为重力输水无压流的屋面雨水系统。当采用重力流雨水排水系统时,每个雨水口的汇水面积宜为 $150 \sim 200 \mathrm{m}^2$,具体数值应根据工程实际情况进行计算。

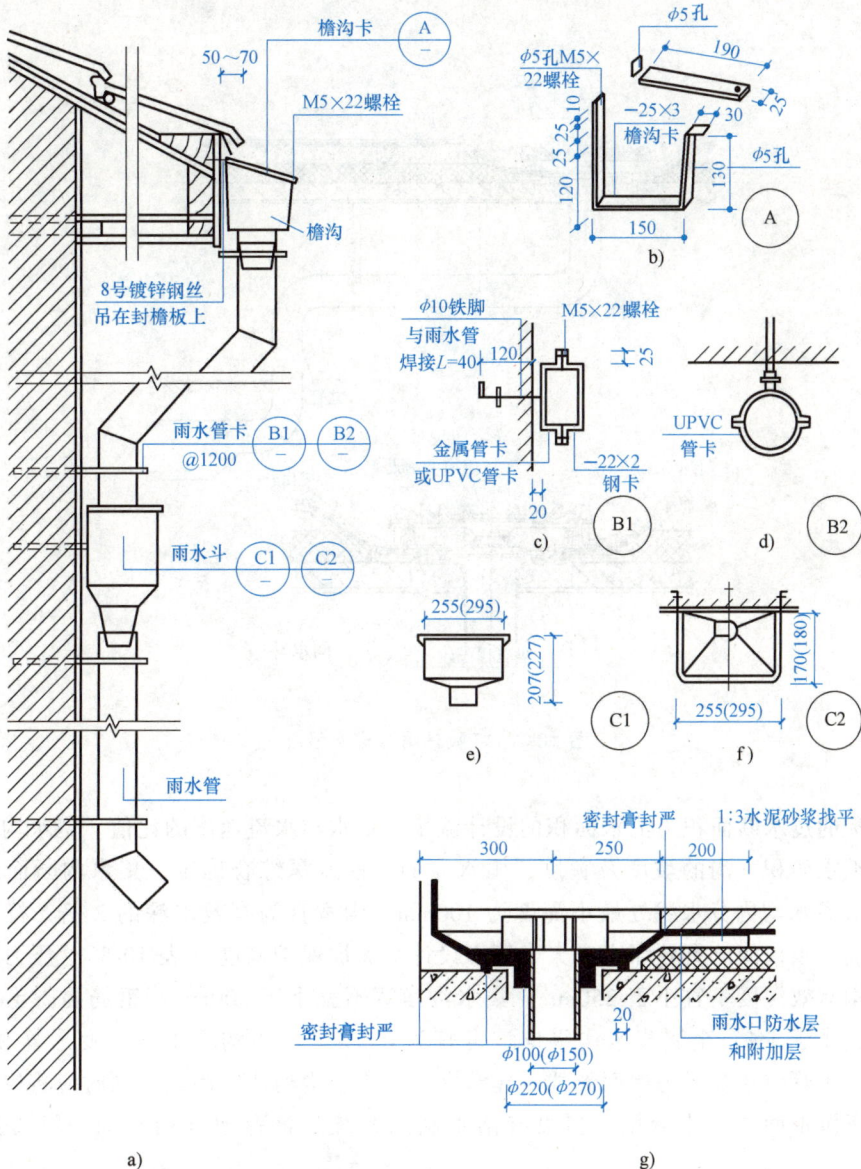

图 10-6　重力流雨水排水系统

a) 坡屋面排水配件　b) 檐沟卡　c) 矩形管卡　d) 圆形管卡　e) 水斗立面图　f) 水斗平面图　g) 内天沟水落口

压力流屋面雨水系统的设计流态为重力输水有压流的屋面雨水排水系统，并设置相应的专用雨水斗，如图 10-7 所示。当采用虹吸雨水斗时可称为虹吸式屋面雨水系统。虹吸排水的原理是利用建筑屋面的高度和雨水所具有的势能，产生虹吸现象，通过雨水管道变径，形成负压，屋面雨水在管道内负压的抽吸作用下，以较高的流速迅速排出。与重力流雨水排水系统相比，虹吸式雨水排水系统具有以下优点：悬吊管⊖无坡度要求，排水管道均按满流有压状态设计，悬吊管可以无坡度铺设；排水效率高，由于产生虹吸作用时，管道内水流流速很高，相对于同管径的重力流排水量大，可减少雨水管数量，同时减小屋面的雨水负荷。暴雨强度较大地区的大型屋面，宜使用虹吸式雨水排水系统。虹吸式排水系统对技术要求较高，应按照专项技术规程设计。单个压力流雨水排水系统的最大设计汇水面积不宜大于 2500m² 。

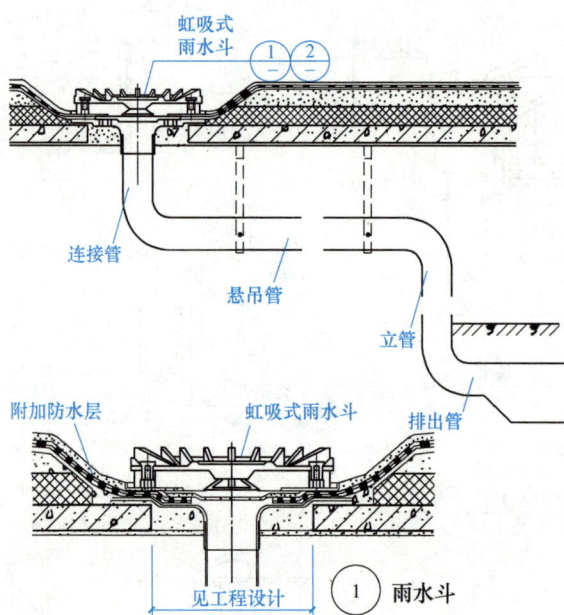

图 10-7　虹吸式雨水排水系统

集水沟的过水断面积为汇水面积的设计流量与集水沟水流速度的比值。集水沟的设计水深应根据汇水面积、沟的坡度及宽度、雨水斗的斗前水深综合确定。集水沟断面示意如图 10-8 所示。集水沟内分水线处最小深度为 100mm 。沟宽宜为有效水深的 2 倍，符合水力最优矩形截面要求。沟的有效深度应大于等于设计水深加保护高度（表 10-5）。压力流排水系统的集水沟有效深度不宜小于 250mm 。集水沟净宽不宜小于 300mm 。钢筋混凝土集水沟纵向坡度不宜小于 1% ；金属集水沟纵向坡度宜为 0.5% 。集水沟不得穿过变形缝和防火墙。雨水口和雨水管位置要考虑屋面形式、建筑立面、集水沟构造等因素，同时应将屋面雨水排至室外非下沉地面或雨水管渠。当设有雨水利用系统的蓄存池（箱）时，可排到蓄存池（箱）内。

⊖　悬吊管指吊在屋架、楼板和梁下或架空在柱上的与连接管相连的雨水横管。

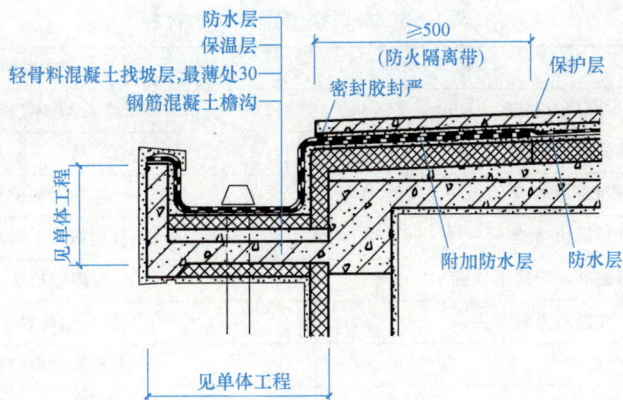

图 10-8 集水沟断面示意图

表 10-5 集水沟最小保护高度

含保护高度在内的沟深 h_z/mm	最小保护高度/mm
100~250	$0.3h_z$
>250	75

10.3 屋面防水

10.3.1 屋面防水概述

屋面防水工程应根据建筑物的类别、重要程度、使用功能要求确定防水等级，并应按相应等级进行防水设防。对防水有特殊要求的建筑屋面，应进行专项防水设计。屋面防水等级和设防要求应符合表 10-6 的规定。防水材料主要有卷材类、涂料类、瓦片类、金属类、玻璃类。不同防水位置对材料的需求有所差异，选用时可参考表 10-7 和表 10-8。此外，防水材料选用应充分考虑防水层所处环境、建筑结构类型、屋面坡度以及屋面设计功能，如是否为上人屋面、是否为种植屋面等要求，具体要求见表 10-9。

表 10-6 屋面防水等级和设防要求

防水等级	建筑类别	设防要求
Ⅰ级	重要建筑和高层建筑	两道防水设防
Ⅱ级	一般建筑	一道防水设防

表 10-7 屋面防水材料

类别	材料名称
卷材类	高聚物改性沥青防水卷材、高聚物防水卷材
涂料类	合成高分子防水涂料、高聚物改性沥青防水涂料
瓦片类	玻纤胎沥青瓦、烧结瓦、混凝土瓦
金属类	压型金属板、金属面绝热夹芯板
玻璃类	夹层玻璃、夹层中空玻璃、钢化夹层玻璃

表 10-8　屋面接缝密封防水材料

密封部位	密封材料
混凝土面层分格缝	改性石油沥青密封材料
块体面层分格缝	合成高分子密封材料
采光顶玻璃接缝、采光顶明框单元板块间接缝	硅酮耐候密封胶
采光顶周边接缝	合成高分子密封材料
采光顶隐框玻璃与金属框接缝	硅酮结构密封胶
高聚物改性沥青卷材收头	改性石油沥青密封材料
合成高分子卷材收头及接缝封边	合成高分子密封材料
混凝土基层固定件周边接缝	改性石油沥青密封材料
混凝土构件间接缝	合成高分子密封材料

表 10-9　屋面防水材料选用要求

所处环境	防水材料选用要求
防水层暴露在室外	耐紫外线、耐老化、耐候性良好
防水层长期处于潮湿环境	耐腐蚀、耐霉变、耐穿刺、耐长期水浸
薄壳、装配式结构、钢结构及大跨度建筑屋面	耐候性好、适应变形能力强
上人屋面	耐霉变、拉伸强度高
倒置式屋面	适应变形能力强、接缝密封保证率高
坡屋面	与基层黏结力强、感温性小

屋面防水构造类型主要包括卷材防水屋面、涂膜防水屋面、瓦屋面、金属板屋面和玻璃屋面（也称玻璃采光顶）。不同防水屋面特点见表 10-10。由于细石混凝土屋面（刚性防水屋面）开裂情况较多，不宜单独作为防水层，目前只作为屋面保护层。瓦屋面中的"瓦"和金属屋面的金属面层不能独自成为防水层，应根据防水要求，在瓦材或金属板材下设置防水层，也称防水垫层。金属板屋面适合在大跨建筑屋面或多维曲面屋面使用。金属板屋面由金属面板与支承结构组成如图 10-9 所示。Ⅰ级防水屋面做法为压型金属板+防水垫层。Ⅱ级防水屋面做法为压型金属板或金属面绝热夹心板。屋面金属板材可根据设计方案需要，选用镀层钢板、涂层钢板、铝合金板、不锈钢板和钛锌板等。

表 10-10　不同防水材料的屋面特点

屋面类型	防水材料	特　点
卷材屋面	高分子防水卷材、高聚物改性沥青防水卷材	防水层具有一定拉伸性，有效降低结构变形引起的防水层开裂
涂膜屋面	合成高分子防水涂料、聚合物水泥防水涂料和高聚物改性沥青防水涂料	防水层有柔韧性，与屋面凹凸变化位置结合较好
细石混凝土屋面	细石混凝土	造价低、施工简单，但韧性差，容易开裂，目前使用较少
瓦屋面	烧结瓦、混凝土瓦、沥青瓦、波形瓦	需在瓦下设置防水垫层才可起防水作用，一般用于坡度较大的屋面

（续）

屋面类型	防水材料	特点
金属板屋面	压型金属板、金属面绝热夹芯板	通过板材搭接，可呈现多种屋面造型，适用于曲屋面及其他不规整形状
玻璃屋面	玻璃面板	可起到屋面采光作用，需解决玻璃内侧结露问题，与屋面周边交接处理较复杂

10.3.2 卷材、涂膜屋面

防水卷材和防水涂料对屋面排水坡度要求较低，可应用的屋面类型较多。由于屋面坡度较缓，平屋面多选择卷材和涂料作为防水材料。

1. 防水卷材与防水涂料

防水卷材具有较好的柔韧性，制作完成的材料可以成卷包装，故称防水卷材。它是建筑中常用的防水材料，广泛应用于建筑物地上、地下及特殊构筑物的防水工程。防水涂料在常温下为黏稠液体或可溶于水（溶剂）的固体粉末。通过溶剂的挥发、水的蒸发或化学反应固化后，在基层表面形成连续、无缝、具有一定强度和厚度的防水膜。它适合在基层形状复杂、节点繁多的位置使用。卷材按照材料成分分类，分别是

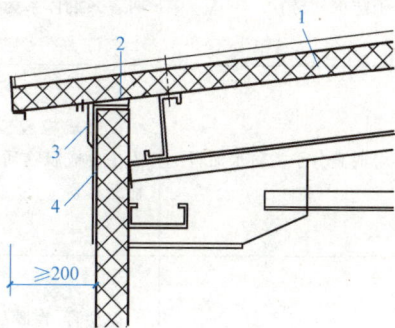

图 10-9 金属板屋面
1—金属板 2—通长密封条 3—金属压条 4—金属封檐板

合成高分子防水卷材、高聚物改性沥青防水卷材。防水涂料按照材料分类，分别是合成高分子防水涂料、聚合物水泥防水涂料、高聚物改性沥青防水涂料；按照液体介质分类，分别是溶剂型、水乳型。卷材、涂膜的组成、分类与特点见表10-11。选用时应满足以下四种要求：

1）环境温度要求。处于高温地区的建筑或室内为高温环境的建筑，应选用耐热性好的防水材料，避免防水层受热后发生流淌。相反，处于低温环境的建筑，应选择低温柔性好的材料，避免防水材料在低温时脆裂。可能受到振动、温差、结构变形等方面影响时，防水材料需具备一定的拉伸性能，以免防水层开裂。

2）抗老化要求。紫外线对防水卷材和防水涂料的老化作用十分明显，对于暴露在外面的防水层，应选择抗老化的防水材料。

3）材料相容性要求。防水材料之间不相容，导致防水层之间或防水层与基层结合不佳。以下几种情况需满足材料相容性要求：卷材与涂料防水复合层之间、卷材与基层处理剂之间、卷材与胶黏剂之间、涂料与基层处理剂之间。具体见表10-12。

4）施工工艺要求。挥发固化型防水涂料不得作为防水卷材黏结材料使用，否则涂膜防水层成膜质量受到影响。水乳型或合成高分子类防水涂膜上面，不得采用热熔型防水卷材，否则卷材防水层施工时破坏涂膜防水层。

2. 防水要求

根据防水等级规定防水层的层数。防水卷材与防水涂料可以配合使用，即两道防水设防可选择两道卷材防水层，也可选择一道卷材防水层加一道涂膜防水层（表10-13）。复合防水层是指彼此相容的卷材和涂料组合而成的防水层，是屋面防水工程中积极推广的一种防水形式。

表 10-11　常用防水卷材、防水涂料的组成、分类与特点

类　别	组　成	小　类	特　点
高聚物改性沥青防水卷材	以合成高分子聚合物改性沥青为涂盖层,纤维毡、纤维织物或其他材料为胎体	SBS 改性沥青防水卷材、APP 改性沥青防水卷材等	耐高温、耐低温;延展性好,适应基层变形能力强;耐穿刺、耐疲劳
高聚物防水卷材(亦称高分子防水片材)	以合成橡胶、合成树脂或两者共混体系为基料制成	三元乙丙防水卷材、氯化聚乙烯防水卷材、氯化聚乙烯-橡胶共混防水卷材等	
合成高分子类防水涂料	以合成橡胶或合成树脂为主要成膜物质,加入其他辅助材料	聚氨酯防水涂料、丙烯酸酯防水涂料、有机硅防水涂料	要求基层平整;延展性好,适应基层变形能力强;与基层结合紧密,适合在复杂形状工作面使用;耐久性、耐候性及耐化学腐蚀性好;防水层无接缝
高聚物改性沥青类防水涂料	以沥青、橡胶(天然橡胶、合成橡胶、再生橡胶)以及树脂为主要成膜物质。以沥青为基料,用合成高分子聚合物对其进行改性	氯丁橡胶改性沥青防水涂料、再生橡胶改性沥青防水涂料;SBS 改性沥青防水涂料;丁苯橡胶改性沥青防水涂料	

表 10-12　基层处理剂与胶黏剂

防水材料	基层处理剂	胶黏剂
高聚物改性沥青卷材	石油沥青冷底子油、橡胶改性沥青冷胶黏剂稀释液	橡胶改性沥青冷胶黏剂、厂家配套产品
合成高分子卷材	卷材配套基层处理剂	卷材配套胶粘剂
高聚物改性沥青涂料	石油沥青冷底子油	无
水乳型涂料	掺 0.2%~0.3%乳化剂的水溶液	无
溶剂型涂料	稀释后的涂料	无
聚合物水泥涂料	聚合物和水泥在施工现场随配随用	无

防水卷材与防水涂料配合使用,充分发挥各自优势,同时弥补对方缺陷,可以产生更好的防水效果。防水层的厚度是有效防水的保证,每道防水层厚度应满足表 10-14 和表 10-15 要求。

表 10-13　卷材、涂膜屋面设防要求

防水等级	设防要求
Ⅰ级	卷材防水层+卷材防水层;卷材防水层+涂膜防水层;复合防水层
Ⅱ级	卷材防水层、涂膜防水层、复合防水层

表 10-14　每道卷材防水层最小厚度 （单位：mm）

防水等级	合成高分子防水卷材	高聚物改性沥青防水卷材		
		聚酯胎、玻纤胎、聚乙烯胎	自粘聚酯胎	自粘无胎
Ⅰ级	1.2	3.0	2.0	1.5
Ⅱ级	1.5	4.0	3.0	2.0

表 10-15　每道涂膜防水层最小厚度 （单位：mm）

防水等级	合成高分子防水涂膜	聚合物水泥防水涂膜	高聚物改性沥青防水涂膜
Ⅰ级	1.2	1.5	2.0
Ⅱ级	1.5	2.0	3.0

3. 防水构造

屋面主体构造层由室外到室内依次为：保护层、隔离层、防水层、找平层、找坡层、结构层。具体构造如图 10-10 所示。

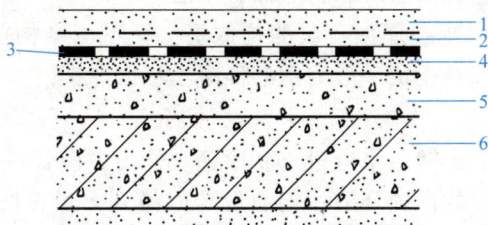

图 10-10　卷材、涂膜屋面主体构造（细石混凝土保护层上人屋面）
1—保护层：40mm 厚 C20 细石混凝土，配直径 6mm 或冷拔直径 4mm 的 HPB300 钢筋，双向间距 100mm，钢筋网片绑扎或点焊（设分格缝）　2—隔离层：10mm 厚低强度等级砂浆　3—防水层：防水卷材或防水涂料　4—找平层：20mm 厚 1：2.5 水泥砂浆　5—找坡层：最薄处 30mm 厚 LC5.0 轻骨料混凝土，2% 找坡　6—结构层：钢筋混凝土板

（1）保护层　为保护上人屋面防水层不被踩踏破坏，或者减缓不上人屋面防水层因太阳辐射引起的材料老化，应设置保护层。上人屋面可使用防滑地砖、40mm 厚 490mm×490mm C25 细石混凝土预制板（内置双向 4 根直径 6 钢筋），或 40～50mm 厚 C20 现浇细石混凝土（内配直径 4mm 双向间距 100mm 的钢筋网片）。不上人屋面可使用浅色涂料、铝箔、矿物颗粒或者 20mm 厚 1：2.5 水泥砂浆。

当保护层为地砖、水泥砂浆、细石混凝土等材料时，因其缺少柔韧性，在夏季高温作用下，保护层会膨胀隆起或开裂。设置间距合理的分格缝会减少此类破坏。地砖保护层分格缝横纵间距宜不超过 10m；水泥砂浆保护层分格缝横纵间距宜为 1m；细石混凝土保护层分格缝横纵间距宜不超过 6m。缝宽 10～20mm，用密封材料嵌填缝隙。

为避免保护层在温度作用下产生体积膨胀，从而破坏女儿墙或山墙，保护层与女儿墙或山墙交接处，应预留 30mm 缝隙，内填聚苯乙烯泡沫塑料，需使用密封材料嵌缝。

（2）隔离层　由于保护层与防水层之间的黏结力和机械咬合力，上人屋面保护层膨胀变形时，会撕裂防水层，设置隔离层可使防水层不受保护层变形影响。地砖、水泥砂浆保护层可使用聚乙烯塑料膜、聚酯无纺布、石油沥青卷材为隔离层。细石混凝土保护层可使用低强度等级砂浆为隔离层，如5mm厚掺有纤维的石灰砂浆或者10mm厚黏土砂浆。

（3）防水层 防水层的材料及厚度应根据防水设防要求选择。结合具体工程，可选择防水卷材、防水涂料或二者组合的复合防水层。

（4）找平层 为使基层表面坚实平整，满足防水材料施工要求，应在基层上设找平层。当基层为整体现浇钢筋混凝土板时，使用15~20mm厚1:2.5水泥砂浆。当基层为装配式钢筋混凝土板时，使用30~35mm厚C20细石混凝土，宜配置钢筋网片。当基层为整体材料保温层时，使用20~25mm厚1:2.5水泥砂浆。当基层为板状材料保温层时，使用30~35mm厚C20细石混凝土。当基层为保温层时，找平层应设置分格缝，横纵间距不大于6m，缝宽5~20mm。

（5）找坡层 为了组织屋面雨水排水，需使屋面具有一定坡度。当结构层为混凝土时，在允许的情况下，使用结构找坡，一般坡度较大，找坡层取消。当屋面坡度较小时，选轻质、吸水率低并且有一定强度的材料，垫出屋面坡度，这种方式称为"材料找坡"。材料找坡坡度宜为2%，最薄处不宜小于20mm。常用找坡材料有陶粒、浮石、膨胀珍珠岩、炉渣等轻骨料混凝土，也可调整保温层形状，兼做找坡层。

（6）结构层 结构层是承担屋面荷载的构造层。平屋面结构层一般为整体现浇式或装配式钢筋混凝土板。坡屋面结构层一般为钢筋混凝土板或屋架。

4. 特点节点

檐沟、天沟、女儿墙、山墙、水落口、变形缝、伸出屋面管道、屋面出入口等部位，是屋面工程中最容易出现渗漏的薄弱环节。构造设计应做到多道设防、复合用材、连续密封、局部增强，并应满足使用功能等要求。

（1）挑檐 屋面伸出外墙，悬挑出的部位为挑檐。卷材在挑檐端部收头应采用金属压条钉压，并用密封材料封严，如图10-11a所示。涂膜收头应采用防水涂料多遍涂刷的方式，如图10-11b所示。挑檐下端做鹰嘴和滴水槽。滴水槽宽度和深度不宜小于10mm。

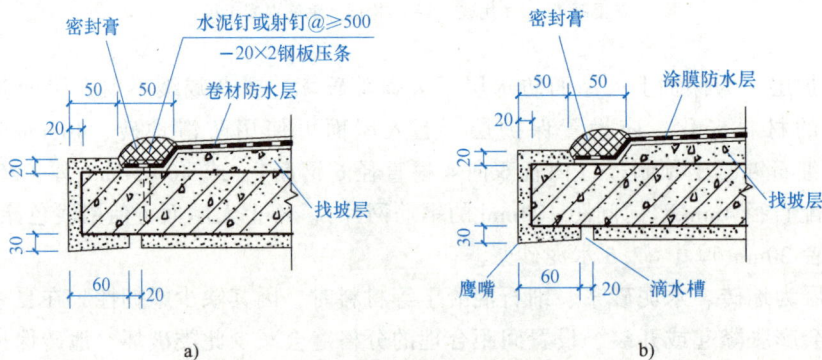

图10-11 卷材、涂膜屋面挑檐端部防水层收头构造示意
a）卷材防水层收头 b）涂膜防水层收头

（2）挑檐沟 挑檐沟位置应设附加防水层。附加防水层伸入屋面的宽度不应小于250mm。挑檐沟防水层和附加层应由沟底翻上至外侧顶部，如图10-12a所示。防水层与防水附加层收头处理做法如图10-12b所示。当防水层主体为卷材时，附加层宜选择防水涂料。

当防水层主体为涂膜时，宜选择同种涂膜，同时设置胎体增强材料。屋面如不设保温层，则附加层在转角处应空铺，空铺宽度宜为200mm，以防止基层开裂造成防水层的破坏。挑檐沟外侧下端应做鹰嘴或滴水槽，具体构造做法如图10-12c所示。檐沟转角处应做圆弧或斜面处理。当挑檐沟外侧板高于屋面结构板时，为防止雨水口堵塞造成积水漫上屋面，应在檐沟两端设置溢水口。

（3）泛水 屋面防水层遇到出屋面的构件时，需要将防水层立铺的构造称为泛水。泛水处设防水附加层，附加层宽度、高度不小于250mm。转角处应做圆弧或斜面处理。压顶向内排水坡不小于5%，压顶内侧下端做滴水处理（图10-13a）。高女儿墙在不低于250mm位置收头（图10-13b），使用金属盖板遮盖收头部位（图10-13c）。

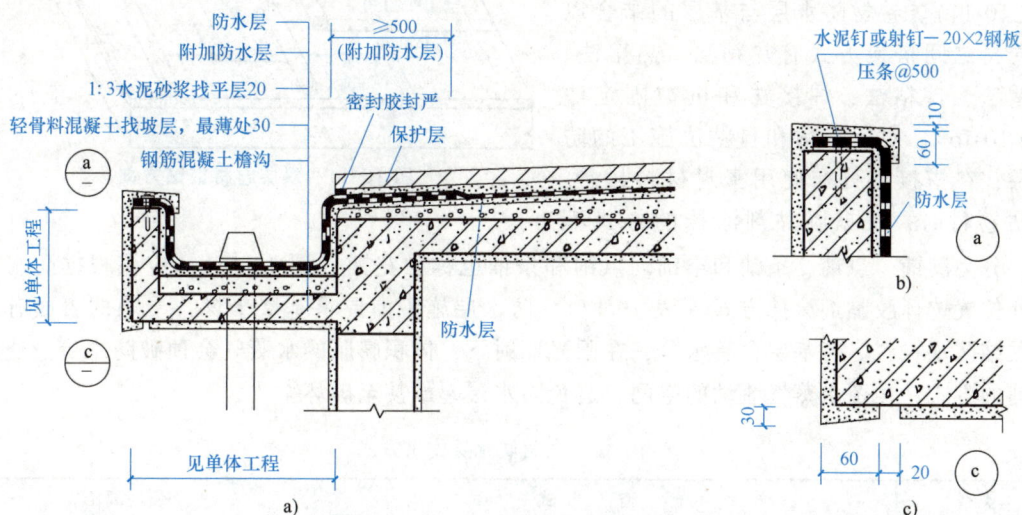

图 10-12 卷材防水屋面挑檐沟构造

a) 挑檐沟　b) 卷材防水层收头　c) 鹰嘴与滴水槽

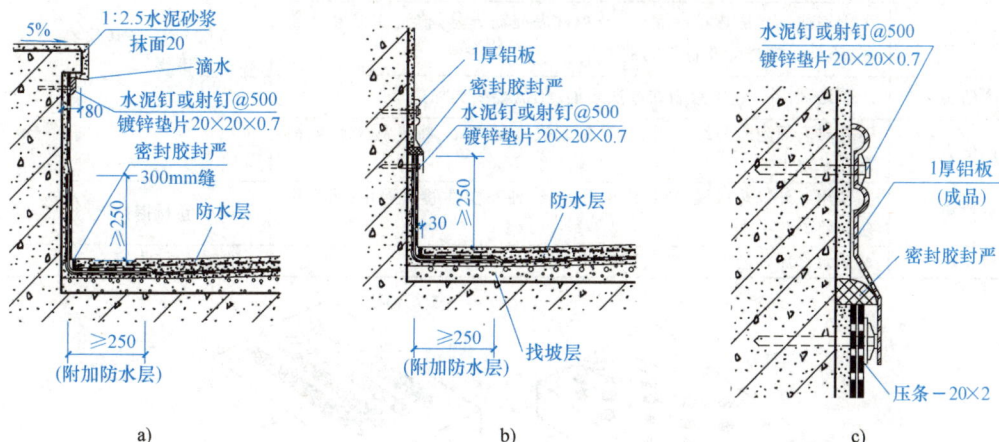

图 10-13 卷材、涂膜屋面女儿墙构造

a) 低女儿墙泛水　b) 高女儿墙泛水　c) 高女儿墙泛水收口

5. 施工要求

当基层满足干燥，坚实，干净，平整，无孔隙，无起砂和无裂缝要求时，可以开始处理

基层。处理剂可以减少基层表面尘土或者封闭潮湿的基层，以增强基层与防水层的黏结力。卷材防水层应由檐口、天沟等细部节点开始施工，然后由屋面低标高处向高标高处铺贴。相邻两块卷材连接位置要互相叠加，此为搭接式。搭接缝的固定材料或方式有胶黏剂、胶黏带、单缝焊、双缝焊及自粘式。根据不同方式，搭接缝宽应满足要求，如合成高分子防水卷材胶黏剂搭接缝宽度不得小于80mm。当屋面坡度较小时，卷材长边搭接缝宜与排水方向一致（即顺茬）。当两道设防时，上下层卷材不得互相垂直铺贴（图10-14）。卷材防水层与基层的结合以及卷材之间搭接方式有热粘法、热熔法、冷粘法、自粘法、焊接法和机械固定法（表10-16）。对于冷粘和自粘法施工的防水层，在搭接缝处需使用密封材料封严。铺贴卷材时，根据胶黏剂涂抹的方式不

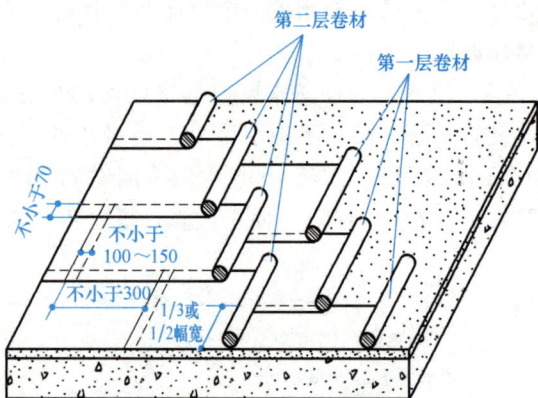

图 10-14 双层卷材铺贴方向

同，分为满铺、点铺、条铺和空铺。点铺和条铺也称为花铺（图10-15）。应该根据防水层所处位置选择胶黏剂涂抹方式（表10-17）。防水层施工前要求基层干燥，干燥的表面有助于黏结防水材料。若基层含有水分，在阳光照射下，体积膨胀的水蒸气会顶破防水层。通过花铺的方式，预留水蒸气流动的空间，避免防水层起鼓甚至破坏。

表 10-16 卷材防水层施工方式

类型	施工方式	使用部位
热粘法	采用专用导热油炉加热融化改性沥青胶结料,涂刷在基层表面,其上覆盖防水卷材,随刮随滚铺,并展平压实	防水卷材与基层结合、防水卷材搭接缝
热熔法	火焰加热器加热卷材表面,当卷材表面沥青热熔后,立即滚铺卷材,滚铺时应排除卷材下面的空气	
冷粘法	胶黏剂(带)直接涂刷在基层表面,不需要高温加热	
自粘法	卷材表面附有黏结层,揭开自粘胶底面隔离纸,将卷材平整地铺贴在基层上	
焊接法	使用红外加热机械、热风焊枪等设备,使热塑性卷材融化,然后用压辊将融化的卷材压合在一起	防水卷材搭接缝
机械固定法	固定件压住防水层,并与结构层连接在一起	防水卷材收口

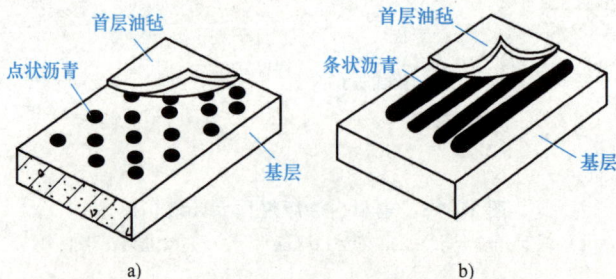

图 10-15 卷材花铺方式示意图

a）点铺　b）条铺

表 10-17　卷材防水层胶黏剂涂抹方式

类型	胶黏剂在基层表面的涂抹方式	适 用 范 围
满铺	胶黏剂涂满防水层	立面或坡度较大的屋面、无组织排水檐口 800mm 范围内
点铺	胶黏剂呈点阵状涂布	基层不够干燥的防水工程
条铺	胶黏剂呈条状涂布	
空铺	胶黏剂只涂布防水层边缘	檐沟

防水涂料通过固化成膜的方式与基层结合，整个涂膜防水层无搭接缝。根据防水涂料类型不同，可选择滚涂、喷涂、刮涂方式施工。防水涂料应多遍涂布，并应待前一遍涂料干燥成膜后，再涂布后一遍涂料，且前后两遍涂料的涂布方向应相互垂直。当选择复合防水层时，宜将防水涂膜置于防水卷材之下。水乳型或水泥基类防水涂料应待涂膜干燥后铺贴卷材，否则涂膜防水层成膜质量差。当两种防水材料不相容或相互腐蚀时，应设置隔离层，具体选择应依据上层防水材料对基层的要求来确定。

10.3.3　瓦屋面

在中国古代建筑中，瓦就是重要的屋面材料，如故宫殿宇上的琉璃瓦和江南民居的小青瓦等。瓦片以互相搭接的形式，覆盖屋面。与防水卷材相比，瓦片间的接缝较多，需要较大的排水坡度，因此适合在坡屋面使用。

1. 瓦材

瓦按照材料分为烧结瓦（黏土瓦）、混凝土瓦（水泥瓦）、沥青瓦、树脂瓦、纤维水泥瓦、聚氯乙烯塑料瓦和玻纤增强聚酯瓦等；按照形状分为平瓦、板瓦、脊瓦、筒瓦、波形瓦、S 形瓦、J 形瓦等；按照表面状态分为有釉瓦、无釉瓦；按照基层材料分为木基层瓦和混凝土基层瓦。烧结瓦和混凝土瓦统称块瓦。小青瓦又称板瓦、蝴蝶瓦，常在民居建筑和仿古建筑中使用。沥青瓦、树脂瓦常用于现代民用建筑。纤维水泥瓦、聚氯乙烯塑料瓦和玻纤增强聚酯瓦常用于尺度较大的工业厂房。瓦的分类及特点见表 10-18。应根据屋面坡度选择适宜的瓦片类型。烧结瓦、混凝土瓦屋面的坡度不应小于 30%。沥青瓦屋面的坡度不应小于 20%。平面沥青瓦适用于防水等级为Ⅱ级的坡屋面；叠合沥青瓦适用于防水等级为Ⅰ级和Ⅱ级的坡屋面。烧结瓦、混凝土瓦适合防水等级为Ⅰ级和Ⅱ级的坡屋面。沥青波形瓦、树脂波形瓦等，适用于防水等级为Ⅱ级的坡屋面。

表 10-18　瓦的分类及特点

按材料分类	瓦片形状	制作工艺	特点	规格/mm
烧结瓦	平瓦、板瓦、筒瓦、脊瓦、S 形瓦、J 形瓦等	由黏土或其他无机非金属原料,经成型、烧结等工艺制成的瓦	尺寸小,相对沥青瓦,烧结瓦、混凝土瓦自重较大,需设置挂瓦条固定瓦片	平瓦:400×240、360×220,厚度 10~20　脊瓦:长 ≥300、宽 ≥180、高度 10~20
混凝土瓦	平板瓦、波形瓦	由水泥、细骨料和水为主要原料,经拌和、挤压、静压成型的瓦		板瓦:430×350、110×50,高度 8~16

（续）

按材料分类	瓦片形状	制作工艺	特点	规格/mm
沥青瓦	平面瓦、叠合瓦、波形瓦	以玻璃纤维为胎基，经浸涂石油沥青后，一面覆盖彩色矿物颗粒，另一面撒以隔离材料，经过切割制成瓦片状	尺寸小，轻薄，自重小，易于施工操作。采用粘和钉相结合方式固定在基层上，不需挂瓦条	平面瓦和叠合瓦：1000×333 波形瓦：2000×950、波距95、波高38
树脂瓦	合成树脂波形瓦	采用高耐候性合成树脂加工而成的屋面瓦片	尺寸大，强度高，具备较好的隔热性和耐腐蚀性，可设置挂瓦条，也可以直接固定到檩上	长度不限，宽度720，波距160、波高30
	氟塑树脂波形瓦	采用高耐候性聚氯乙烯合成树脂为基材的三层复合芯层发泡型屋面瓦，表面喷涂氟碳漆		长度≤1200，宽度800、830、3000，波距140，波高25
纤维水泥瓦	波形瓦	用增强纤维和水泥为主要原材料，经抄坯、压制、养护而成的中波瓦	尺寸大，较薄，防火性能好、施工简便，可设置挂瓦条，也可以直接固定到檩上	1800×1130，波距131，波高33

2. 防水要求

瓦片之间不能形成完全封闭的防水层，雨水可能从瓦片间的空隙进入屋面。此外，冬季雪水结冰后，在缓慢融化过程中会渗入瓦屋面。因此在瓦片层下应配置辅助防水的构造层。应根据防水等级（表10-19），设置防水层或防水垫层。防水层与防水垫层的主要区别是材料厚度。

表10-19　瓦屋面防水等级和设防要求

防水等级	设防要求
Ⅰ级	瓦+防水层
Ⅱ级	瓦+防水垫层

3. 防水构造

瓦片层在屋面最外侧，起一部分防水作用。上层瓦片尾部应紧扣下层瓦片首部，以首尾搭接的方式，形成覆盖屋面的瓦片层。挂瓦条可使用防腐处理的木材或防锈蚀处理的金属（图10-16a），制成截面尺寸为30mm×30mm的条状构件（图10-16b），以承托、固定瓦片。利用顺水条将瓦片层下的防水层压紧，并使瓦片下留出一定高度的空间，瓦缝中渗下的水可沿顺水条流走。顺水条断面尺寸宜为40mm×20mm，材料及做法与挂瓦条相似，安装方向与屋面排水方向一致，间距不宜大于500mm。需根据屋面瓦片类型决定是否需要设置挂瓦条、顺水条。例如，沥青瓦具有轻薄，自重小，易于施工的优势。沥青瓦屋面不需设置挂瓦条和顺水条，可采用粘和钉相结合方式固定在基层上。为握裹、固定钢钉，应设置持钉层，可采用厚度不小于20mm的木板或人造板，或者厚度不小于35mm的细石混凝土。由于雨水可能通过瓦片搭接处的缝隙渗入屋面，因而应增设防水层或防水垫层。Ⅰ级防水瓦屋面可选择防水卷材、防水涂料为防水层。结构层承担屋面荷载，一般为钢筋混凝土板、钢屋架、木屋架，具体做法应根据结构计算定。设置挂瓦条的瓦屋面构造如图10-17所示。混凝土基层瓦屋面构造如图10-18所示。

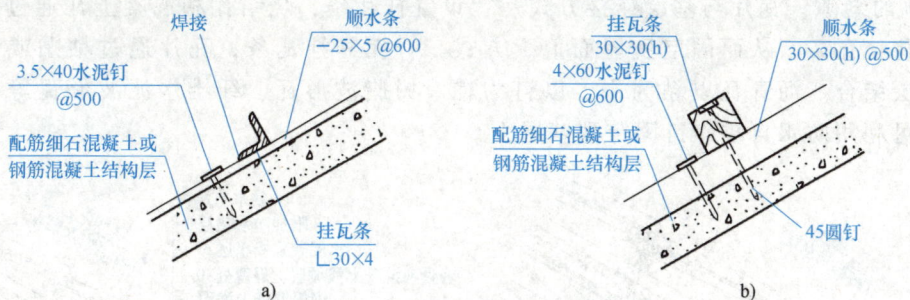

图 10-16 挂瓦条、顺水条与基层固定

a）钢挂瓦条、钢顺水条 b）木挂瓦条、木顺水条

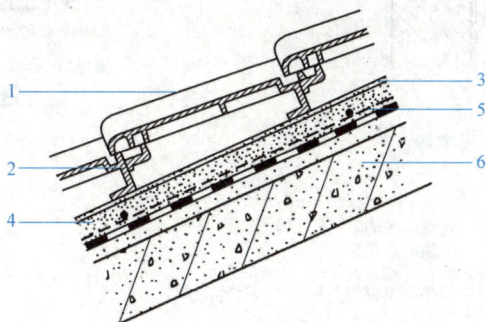

图 10-17 瓦屋面构造示意图

1—瓦片层 2—挂瓦条（金属挂瓦条∟30×4） 3—顺水条（金属顺水条−25×5，中距600mm）

4—持钉层 5—防水层/防水垫层 6—结构层

瓦屋面檐口常见形式有挑檐（图10-19）和挑檐沟（图10-20）。屋面防水薄弱位置，如凸凹转折的部位、防水层收头部位应加强防水措施。瓦屋面屋檐端部设置至少900mm宽的附加防水层（图10-19）。挑檐沟及斜天沟的转折位置铺贴同样需要加强，设置附加防水层（图10-20和图10-21）。瓦屋面泛水构造做法如图10-22所示。

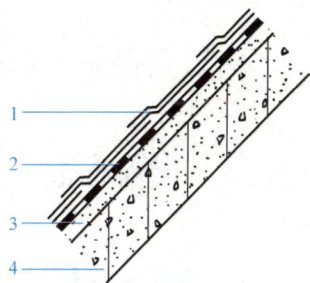

图 10-18 混凝土基层沥青
瓦屋面构造

1—沥青瓦 2—防水垫层 3—20mm
厚1：3水泥砂浆找平 4—钢筋
混凝土板

4. 施工要求

瓦屋面的基层、顺水条和挂瓦条为木材时，应进行防腐、防火及防蛀处理。当顺水条和挂瓦条为金属时应进行防锈蚀处理。在瓦屋面中铺贴防水层或防水垫层时，铺贴方向宜平行于屋脊，并顺流水方向搭接，防止雨水侵入卷材搭接缝而造成渗漏，而且有利于钉压牢固，方便施工操作。屋面无保温层时，木基层或钢筋混凝土基层充当持钉层。钢筋混凝土基层不平整时，宜用1：2.5的水泥砂浆进行找平。屋面有保温层时，保温层上做细石混凝土持钉层，内配钢筋网应骑跨屋脊，绷直与屋脊、檐口、檐沟部位的

预埋锚筋连牢。预埋锚筋穿过防水层或防水垫层时，破损处应进行局部密封处理。水泥砂浆或细石混凝土持钉层可不设分格缝；持钉层与突出屋面结构的交接处应预留30mm 宽的缝隙。瓦片与基层连接方式一：设置挂瓦条，烧结瓦和混凝土瓦通过瓦片后爪，钩住挂瓦条，从而固定到屋面上。方式二：无需挂瓦条，瓦片通过粘贴或钉的方式与基层结合。沥青瓦以粘为主，以钉为辅。树脂波形瓦、纤维水泥波形瓦等大尺寸波形瓦可利用防水自攻螺钉固定到基层上。

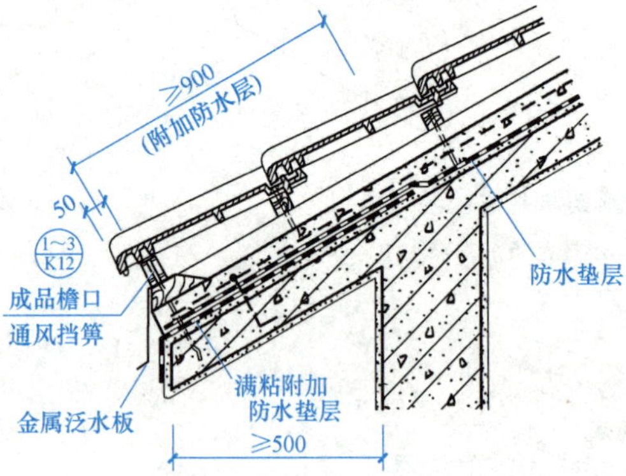

图 10-19　瓦屋面挑檐

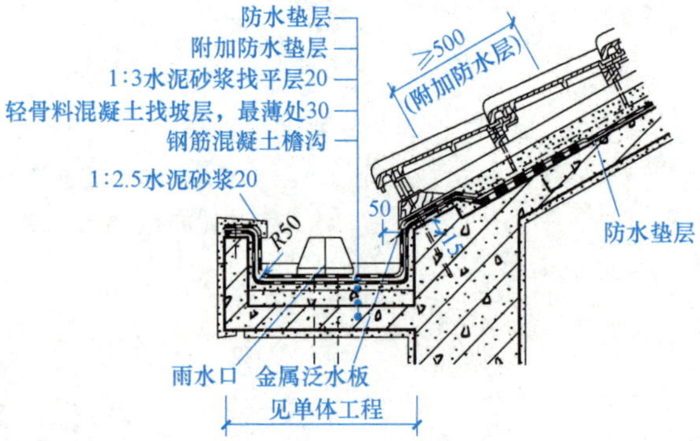

图 10-20　瓦屋面挑檐沟

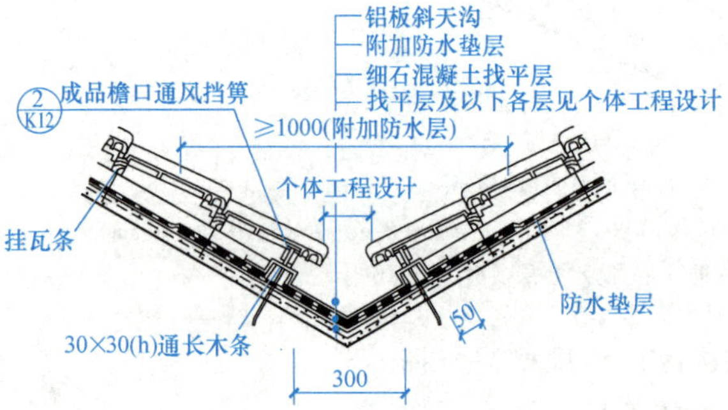

图 10-21　瓦屋面铝板斜天沟

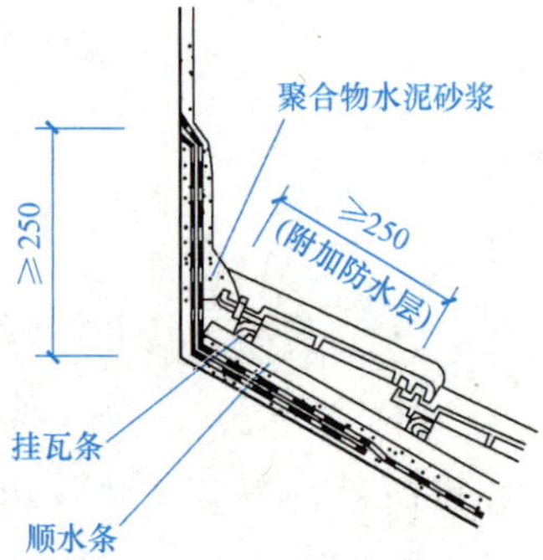

图 10-22　瓦屋面泛水

■ 10.4　屋面保温

10.4.1　屋面保温概述

　　传热系数表征了屋面保温性能。屋面传热系数应满足建筑节能标准的要求。详细内容见相关节能设计标准。使用高效保温材料是控制建筑屋面传热系数的有效途径。保温材料按其形式分为：板状保温材料、纤维保温材料、整体保温材料（表10-20）。板状保温材料是目前应用广泛的类型。保温层宜选用吸水率低，密度和导热系数小，并有一定强度的保温材料。屋面为停车场等高荷载情况时，应根据计算确定保温材料的强度。纤维材料充当保温层时，应采取防止压缩的措施。屋面坡度较大时，保温层应采取防滑措施。封闭式保温层或保温层干燥有困难的卷材屋面，宜采取排汽构造措施。

表 10-20 屋面保温材料分类

类型	材 料 成 分
板状保温材料	聚苯乙烯泡沫塑料、硬质聚氨酯泡沫塑料、膨胀珍珠岩、泡沫玻璃、加气混凝土、泡沫混凝土
纤维保温材料	玻璃棉、岩棉、矿渣棉
整体保温材料	喷涂硬泡聚氨酯、现浇泡沫混凝土

10.4.2 屋面保温构造

屋面保温构造由室外到室内依次为：保护层、隔离层、防水层、找平层、找坡层、保温层、隔汽层、找平层、结构层（图 10-23）。坡屋面保温构造如图 10-24 所示。当防水层在保温层上方时，应防止保温材料受潮。防水层完全覆盖保温层时，基层所含水分或者穿过结构层的室内水汽，无法排向室外，会顶裂防水层，同时使保温层受潮。为避免这种情况有三种处理方式：

1）在保温层与结构层之间设置隔汽层。

2）在防水层下，设置与大气贯通的排汽道。

3）使用憎水性保温材料。

隔汽层可选择防水卷材或防水涂料，敷设或喷涂在结构层与保温层之间。隔汽层应沿周边墙面向上连续铺设，高出保温层上表面不得小于 150mm。卷材隔汽层可以空铺，只在搭接缝处满粘；采用防水涂料时，应涂刷均匀，无堆积、起泡和露底情况。排汽道可以排出进入屋面的水蒸气，避免保温层受潮。找平层设置的分格缝可兼作排汽道，宽度宜为 40mm。排汽道应纵横贯通（图 10-25），并应与大气连通的排气孔相通（图 10-26）。排气孔可设在檐口下或纵横排汽道的交叉处。排汽道做法较多，应遵循构造简单、便于施工的原则。保温防水屋面女儿墙泛水构造如图 10-27 所示。保温防水屋面挑檐沟构造如图 10-28 所示。

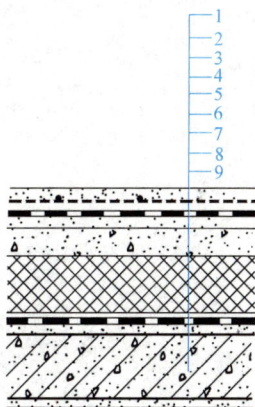

图 10-23 平屋面保温构造

1—保护层：40mm 厚 C20 细石混凝土，配 φ6@150×150 钢筋网，设分格缝 2—隔离层：10mm 厚低强度等级砂浆
3—防水层：防水卷材或防水涂料 4—找平层：20mm 厚 1:3 水泥砂浆 5—找坡层：最薄处 30mm 厚 LC5.0
轻骨料混凝土，2% 找坡 6—保温层：聚苯乙烯泡沫板，厚度按计算 7—隔汽层：防水卷材或防水涂膜
8—找平层：20mm 厚 1:3 水泥砂浆 9—结构层：钢筋混凝土板

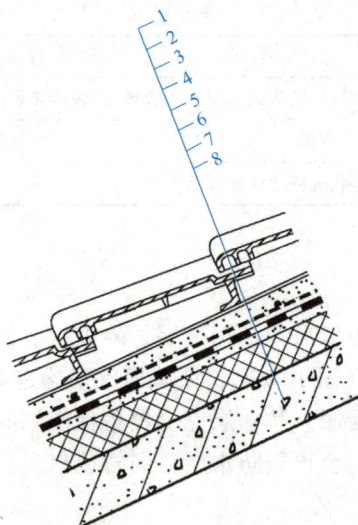

图 10-24　坡屋面保温构造

1—瓦片层：平瓦　2—挂瓦条：L30×4，中距按瓦材规格　3—顺水条：−25×5，中距 600mm
4—找平层：40mm 厚 C20 细石混凝土，配 φ4@ 150×150 钢筋网　5—防水层：防水卷材　6—找平层：
15mm 厚 1∶3 水泥砂浆　7—保温层：聚苯乙烯泡沫板，厚度按计算　8—结构层：钢筋混凝土板
（注：当现浇混凝土板厚度>100mm 时，可不设隔汽层）

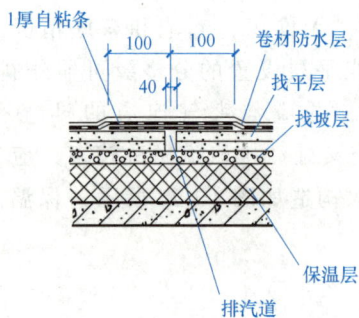

图 10-25　保温屋面排汽道

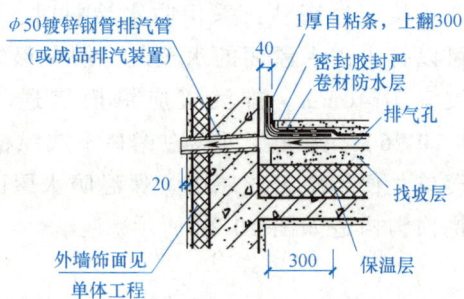

图 10-26　保温屋面排汽道出口

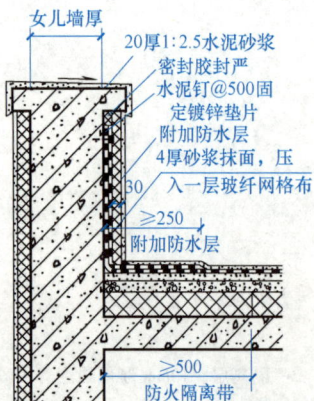

图 10-27　保温防水屋面女儿
墙泛水构造示意图

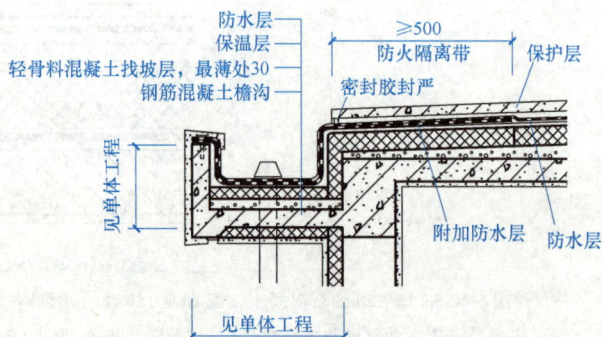

图 10-28　保温防水屋面挑檐沟构造示意图

防水层在保温层下方的构造做法被称为倒置式屋面（图 10-29）。室外到室内的构造依次为：保护层、隔离层、保温层、防水层、找平层、找坡层、结构层。防水层免受紫外线及室外温度波动影响，延长了防水层使用寿命。保温层上覆盖保护层，避免保温层遭到机械性损坏，延缓保温材料老化。若为上人屋面，则应增加保护层的承载力（图 10-29b）。倒置式屋面对保温材料有较高要求，需要选择憎水且具有一定抗压强度的保温材料，如挤塑聚苯乙烯泡沫塑料、硬质聚氨酯泡沫塑料和喷涂硬泡聚氨酯等。屋面坡度宜为3%，过大的坡度会造成保温材料下滑，太小不利于屋面的排水。由于保温板缝隙容易漏水，在保温层的下部应设置排水通道和泄水孔，以免保温层下长期积水。

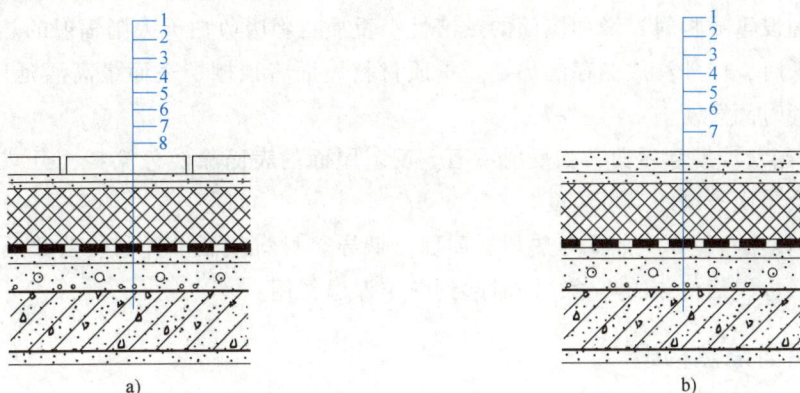

图 10-29　倒置式屋面

a）不上人屋面

1—保护层：40mm 厚 490mm×490mm 水泥预制块　2—结合层：20mm 厚聚合物砂浆　3—隔离层：10mm 厚低强度等级砂浆 4—保温层：聚苯乙烯泡沫板，厚度按计算

5—防水层：防水卷材或防水涂料　6—找平层：20mm 厚 1∶3 水泥砂浆　7—找坡层：最薄处 30mm 厚 LC5.0 轻骨料混凝土，2%找坡　8—结构层：钢筋混凝土板

b）上人屋面

1—保护层：40mm 厚 C20 细石混凝土，配 φ6@150×150 钢筋网，设分格缝

2—隔离层：10mm 厚低强度等级砂浆 3—保温层：聚苯乙烯泡沫板，厚度

按计算　4—防水层：防水卷材或防水涂料　5—找平层：20mm 厚 1∶3

水泥砂浆　6—找坡层：最薄处 30mm 厚 LC5.0 轻骨料混凝土，2%找坡

7—结构层：钢筋混凝土板

10.4.3　屋面施工要求

板状保温材料应保持基层平整、干燥、干净。相邻板块应错缝拼接，分层铺设的板块上下层接缝应相互错开，板间缝隙应采用同类材料嵌填密实。纤维保温材料呈板状和毡状，但二者抗压强度都很小，采取防止压缩的措施可以减少因厚度沉陷而导致的热阻下降。为保证保温效果，应错缝铺设。屋面坡度较大时，宜采用专用螺钉和垫片固定纤维保温层。施工时应注意做好劳动保护，避免散落纤维被吸入肺部或刺伤皮肤。紫外线对聚氨酯老化作用明显，因此喷涂时应有遮挡措施。现浇泡沫混凝土浇筑前湿润基层，以阻止其从泡沫混凝土中吸收水分，但不得积水，否则会黏结不良。

10.5 屋面隔热

10.5.1 屋面隔热概述

气候炎热地区的建筑，屋面应采取隔热措施，降低夏季室内温度。室外热量以对流、辐射、传导的方式传递到室内。根据隔热途径分类，屋面隔热可分为：

1）减少得热型屋面，如架空通风屋面、种植屋面、蓄水屋面。

2）延迟得热型屋面，如覆土屋面、重质材料屋面。覆土屋面、重质材料屋面的隔热原理是在屋面铺设重质材料，增加屋面的热惰性。重质材料吸收白天太阳辐射的热量，到夜间室外温度降低时，向外释放储存的热量。重质材料屋面将顶棚层表面最高温延后若干小时，避开了最不利时间段。

3）降低当量温度型屋面，如反射屋面。反射屋面的表面涂浅色涂料，可减少吸收太阳辐射热，降低屋面表层的当量温度。

4）减少传导型屋面，如低导热材料屋面。低导热材料屋面设置导热系数低的材料绝热材料，减少通过屋面传导的热量，同时起到冬季保温作用。

10.5.2 屋面隔热构造

架空屋面隔热原理是利用双层屋面通风带走屋面热，从而减少屋面得热，如图 10-30 所示。架空通风屋面适合在通风条件良好的夏季炎热、较炎热地区。架空层的层间高 180～300mm，具体高度根据支墩材料确定。架空层进风口应设置在夏季最大频率风向的正压区，出风口设置在负压区。架空板与女儿墙间距不小于架空层高度，一般不小于 250mm。当屋面进深超过 10m 时，应设置通风屋脊。具体构造如图 10-31 所示。

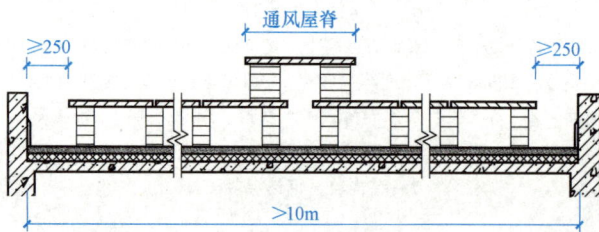

图 10-30　架空屋面剖面示意图

屋面防水层上铺土并种植植物，植物光合作用吸收屋面热量，减少屋面得热。种植屋面可以降低建筑能耗，改善城市空气环境，减轻城市楼群的热岛效应。种植屋面基本构造包括植被层、种植土、过滤层、排（蓄）水层、保护层、耐根穿刺防水层、防水层、找平层、找坡层、保温层、结构层，如图 10-32 所示。种植屋面宜采用外排水，水平管线应设置在防水层上，穿过屋面的竖向管线应在结构层内预埋套管，套管高出种植土不应小于 150mm。

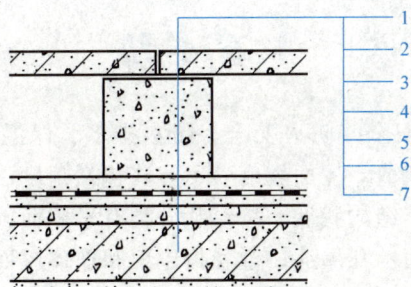

图 10-31 架空屋面构造

1—C25 配筋细石混凝土预制板 600×600×35（不上人）600×600×50（上人）

2—C20 细石混凝土砌块，190×120×190（h），中距 600，M5 混合砂浆砌筑

3—20mm 厚 1:3 水泥砂浆找平层　4—防水层　5—20mm 厚 1:3 水泥砂浆找平层

6—最薄 30mm 厚 LC5.0 轻骨料混凝土找坡层　7—钢筋混凝土板

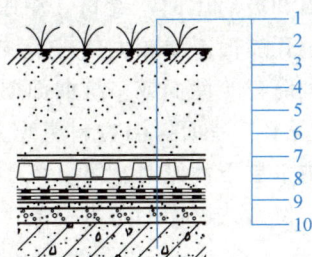

图 10-32 种植屋面构造

1—植被层　2—种植土厚度按照工程设计　3—土工布过滤层　4—20mm 高凹凸型排（蓄）水板

5—20mm 厚 1:3 水泥砂浆找平层　6—耐根穿刺防水层　7—普通防水层

8—20mm 厚 1:3 水泥砂浆找平层　9—最薄处 30 厚 LC5.0 轻骨料混凝土找

坡层 2%　10—钢筋混凝土板

蓄水屋面蓄水池中的水分蒸发会带走屋面热量，从而起到隔热作用。该类屋面不宜在寒冷地区、地震设防地区和振动较大的建筑物上采用。蓄水池应采用强度等级不低于 C25、抗渗等级不低于 P6 的现浇混凝土。蓄水池内宜采用 20mm 厚防水砂浆抹面。蓄水池应设溢水口、排水管和给水管，排水管应与排水出口连通。蓄水深度宜为 150～200mm。蓄水屋面具体构造如图 10-33 所示。

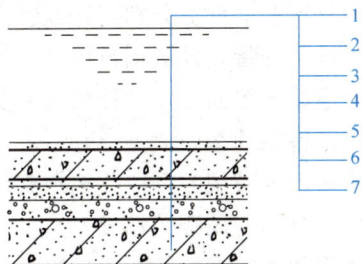

图 10-33 蓄水屋面构造

1—150～200mm 厚蓄水层　2—20mm 厚防水砂浆面层　3—60mm 厚钢筋混凝土水池　4—10mm 厚低强度等级砂浆隔离层

5—15mm 厚聚合物水泥砂浆　6—最薄处 30mm 厚 LC5.0 轻骨料混凝土找坡层 0.5%　7—钢筋混凝土板

本 章 小 结

1. 屋面设计应满足结构安全、防火安全、防水排水、保温隔热、建筑造型的要求。屋面由面层、结构层、顶棚层组成。屋面坡度表示方法包括角度法、比值法和百分比法。屋顶坡度形成途径包括材料找坡、结构找坡。按形状分类有平屋面、坡屋面、曲屋面。按防水材料分类有卷材屋面、涂膜屋面、瓦屋面、金属板屋面和玻璃屋面。

2. 屋面排水方式分为无组织排水和有组织排水。选择排水方式首先应划分排水区域及排水坡，其次确定集水沟截面尺寸及坡度，最后确定雨水口和雨水管位置。

3. 屋面防水等级分别是Ⅰ级防水（两道防水设防）和Ⅱ级防水（一道防水设防）。屋面防水材料主要分为卷材类、涂料类、瓦片类、金属类、玻璃类。屋面防水材料选用要考虑室外环境、建筑结构类型、屋面坡度等因素。屋面防水构造类型主要包括卷材防水屋面、涂膜防水屋面、瓦屋面、金属板屋面和玻璃屋面。卷材、涂膜屋面对屋面排水坡度要求较低，有较好的柔韧性，适应结构变形。瓦屋面需要较大的排水坡度，常用瓦材有烧结瓦、混凝土瓦、沥青瓦。金属板屋面适合在大跨建筑屋面或多维曲面屋面使用。

4. 屋面保温应满足节能标准要求。屋面保温材料类型主要有板状保温材料、纤维保温材料、整体保温材料。保温层在防水层下铺设时，可以减小外界温度变化对结构的影响，这种保温形式受力合理，施工方便。倒置式屋面的防水层免受紫外线及室外温度波动影响，延长了防水层使用寿命。

5. 根据隔热方式不同，可分为减少得热型屋面，如架空通风屋面、种植屋面、蓄水屋面；延迟得热型屋面，如覆土屋面、重质材料屋面；减少传热型屋面，如低导热材料屋面；降低当量温度型屋面，如反射屋面。

习　　题

一、简答题

1. 屋面设计需要考虑哪些方面影响因素？

2. 什么是屋面坡度？有哪些表示方式？什么因素影响屋面坡度？怎样可以形成屋面坡度？

3. 屋面按照坡度及外形分类有哪些类型？分别有什么特点？

4. 简述无组织排水与有组织排水的特点及适用范围。

5. 如何进行屋面排水设计？请简述屋面排水设计的主要步骤及要点。

6. 卷材、涂膜防水屋面适用范围是什么？

7. 什么原因引起卷材防水屋面起鼓破裂？采取什么措施可以避免该情况发生？

8. 屋面保温材料有哪些类型？分别适用哪种情况？

9. 屋面隔热构造设计的主要途径是什么？简述不同隔热构造的特点。

二、绘图题

1. 请绘制北方防水保温屋面檐口位置构造节点，注明必要尺寸及材料组成。

2. 请绘制保温防水瓦屋面主体位置构造节点，注明必要尺寸及材料组成。

第11章

门　窗

学习目标

了解门窗分类与构造要求，了解门窗制作与施工工艺，熟悉门窗的设计要求及相关技术参数，熟悉门窗的采光与遮阳要求，掌握常用门窗的构造设计与构造绘图。

门窗按其所处的位置不同可以划分为围护构件或分隔构件，相应需要满足不同的设计要求，如保温、隔热、隔声、防水、防火、节能等功能。门窗的密闭性的要求，也是节能设计中的重要内容。外门窗又是建筑立面的重要组成部分，它们的形状、尺寸、比例、韵律、色彩等对建筑的整体造型都有很大的影响。作为建筑物围护结构系统中重要的组成部分，本章重点介绍门窗的基本组成与构造原理。

■ 11.1　概述

11.1.1　门窗的设计要求

门窗根据使用位置及功能需求可以分为多种类型，其设计要求也比较灵活多样。通常外门窗侧重围护和安全需求，内门窗重点是满足分隔与安全等方面需求。门窗的构造设计要求，主要包括以下几个方面：

1）防风雨、保温、隔声。

2）开启灵活、关闭紧密。

3）便于擦洗和维修方便。

4）坚固耐用、耐腐蚀。

除此之外，特种门窗还需要根据功能需求满足特定的指标；如防盗报警、防火、密闭、防爆、防弹、防辐射等。

除一般的使用需求外，门窗还应满足施工、生产等方面的需求。最有代表性的是工业化生产使门窗可以最大程度地节约劳动成本，提高劳动效率，也容易保证施工的安全。因而在建筑设计时，应根据实际的需求采用合适的立面设计手段，尽量统一门窗的规格，降低门窗生产制作成本。同时，控制外墙的窗墙比是实现建筑节能的有效手段。

11.1.2 门窗的构件组成

门窗的基本组成包括门窗框、门窗扇、门窗五金和门窗装饰附件等部分。

门窗框是在墙体上固定且用于安装门窗的结构构件，根据不同位置与特殊要求可以分为上下框（槛）、边框、中横框、附框等。

门窗扇是门窗的主体部分，满足门窗的主要使用功能，包括开启、通风、采光、防护等。门窗扇一般分为开启（窗）扇与固定（窗）扇两大类。

门窗五金泛指在门窗上使用一切配件。门窗五金件可按用途分为锁具、执手、开启配件、支撑构件、其他附件等，如建筑门锁、执手、拉手、撑挡、铁角、合页、铰链、弹簧、闭门器、插销、窗钩、羊眼、防盗链、感应启闭门装置等。门窗五金应具有坚固、耐用、灵活、经济、美观等特性。

门窗装饰包括围绕门窗配设的各种类型的附加装饰构造措施，包括包口、门头、窗台板、窗帘盒等。

11.1.3 门窗的分类

建筑门窗可以按照功能类型、安放位置、开启方式和材料构成等不同角度展开分类，但是门窗的一般构造分类方法可以依据其材料和开启方式两个方面进行。

1. 按材料划分

大量性民用建筑的门窗根据其框扇采用的材料，一般可以分为木质、塑料、金属和其他材料门窗。

（1）木门窗　木门窗是传统的窗门构件。木材具有选材多样、保温性能优、制作修理方便、绿色可再生的特点，迄今仍是各种档次门窗中的最佳选择。然而木材生长周期与需求之间的矛盾制约了其在大量性民用建筑中的应用，木门窗骨架断面较大，实木易变形，其防火、防腐等方面处理也限制了木质门窗的应用领域。在国内，实木、铝包木等门窗大多应用在高档门窗装修改造中。

（2）塑料门窗　塑料门窗是目前民用建筑市场应用最普遍的类型。以聚氯乙烯（UP-VC）树脂为主要原料，加上一定比例的稳定剂、着色剂、填充剂、紫外线吸收剂等，通过挤出制成型材，然后采用切割、焊接或螺接等加工方式制成门窗框扇，配装上密封胶条、毛条、五金件等，同时为增强型材的刚性，超过一定长度的型材空腔内需要填加钢衬（加强筋），这样制成的门窗，称为塑料门窗，又称之为塑钢门窗。塑料门窗具有价格适当、热工性能良好、安装灵活方便等优点，在过去近三十年中，伴随塑料门窗材料与工艺的研发，其耐久性、结构强度、气密性及工业化程度均获得显著提高，市场占有率先后超过金属门窗、木质门窗，得到行业与用户的认可。

（3）金属门窗　金属门窗包括钢制门窗和合金材质门窗。钢制门窗应用于工业与民用建筑有着悠久的历史，其结构强度高，工业化程度高。然而，钢门窗的热工与防腐蚀问题处理比较复杂，目前市场上主要应用在各类特种门窗中。

铝合金门窗与塑料门窗同时进入民用建筑市场，因其色泽鲜亮、结构强度高、断面小、门窗通透性好、耐久性与耐腐蚀性高等优势深受用户喜爱。但是，其热工性能差、材料来源不足及政策限制等问题，逐渐使其市场表现落后于塑料门窗。其他合金材料门窗大多优势在于其轻质和耐久性方面，多用于室内门窗。近些年，断桥等工艺的发展使得铝合金门窗、彩钢门窗在公共建筑项目中有较大发展空间。

（4）其他材料门窗　这是指的是工程中采用的，不属于上述材料分类的特殊材料门窗，如玻璃、聚碳酸酯板、钢筋混凝土等可直接作为门窗构件，应用于建筑围护结构及内部分隔部位。

2. 按开启方式划分

（1）门按开启方式分类　门的开启方式主要是由使用要求决定的，按开启方式，门通常分为：

1）平开门（图11-1a）。平开门是最常使用的门，有单扇、双扇、多扇之分，可外开或向内开启。平开门的特点是适用范围广、构造简单、操作简便。

2）弹簧门（图11-1b）。弹簧门与平开门类似，其连接五金采用弹簧铰链或地弹簧，构造简单、开启灵活，且开启后能自动关闭，适用于人流出入较频繁或有自动关闭要求的场所。

3）推拉门（图11-1c）。推拉门开启时所占空间较少，但五金零件较复杂，门导轨可位于门洞上方或地面，适用于各类民用及工业建筑非疏散用出入口。

4）折叠门（图11-1d）。折叠门由多个子扇连接构成，开启时占用空间少，适用于各种

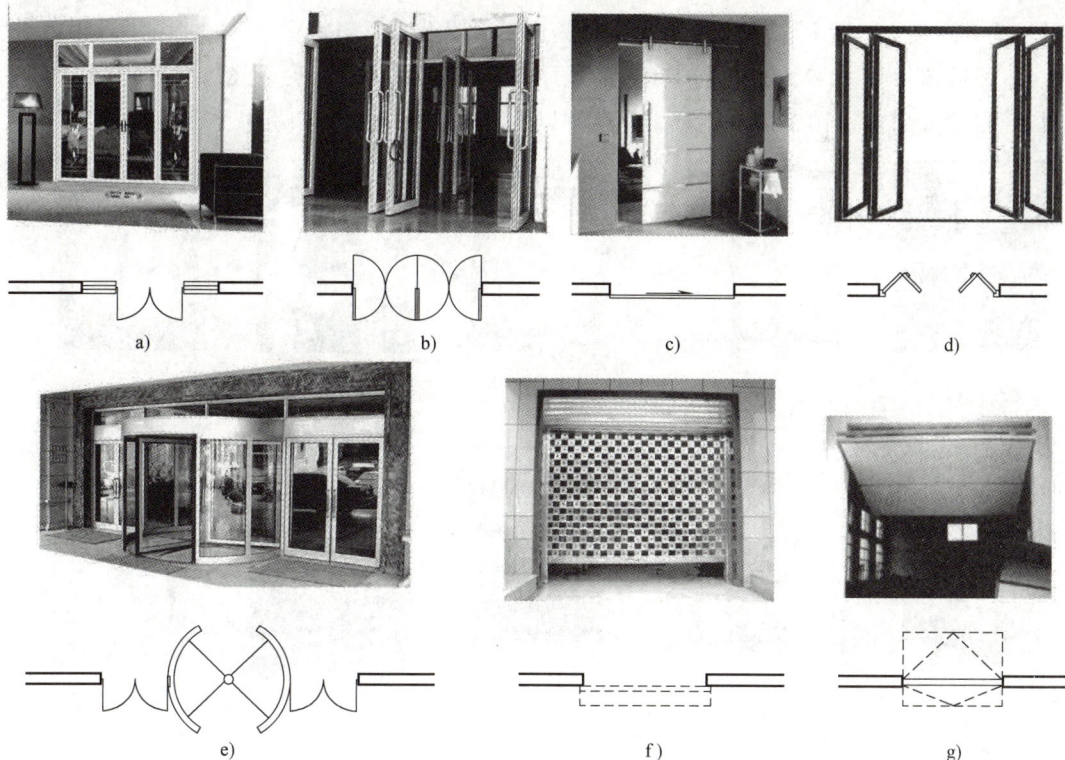

图 11-1　门按开启方式分类
a）平开门　b）弹簧门　c）推拉门　d）折叠门　e）转门　f）卷帘门　g）上翻门

较大洞口。

5）转门（图11-1e）。转门一般为三叶或四叶门扇连成风车形，在两个固定弧形门套内旋转的门。现代电动转门也做成内设推拉门的双叶模式。转门对防止内外空气的对流有一定的作用，可作为公共建筑及有空气调节房屋的外门，转门必须配合平开门使用。

其他还有卷帘门、上翻门、升降门等（图11-1f、g），一般适用于需要较大活动空间的场所，如车间、车库及某些公共建筑。

（2）窗按开启方式分类

1）固定窗（图11-2a）。窗扇不开启，将玻璃直接安装在窗框上，作用是采光、照明。

2）平开窗（图11-2b）。将窗扇用铰链固定在窗框侧边，有外开、内开之分。平开窗构造简单、制作方便、开启灵活，广泛应用于各类建筑中。

3）悬窗。按窗的开启方式不同，分为三种：上悬式窗轴位于窗扇上方，外开时防雨好，但通风较差，如图11-2c所示；中悬式构造简单，制作方便，通风较好，多用于厂房侧窗，如图11-2d所示；下悬式防雨效果略差，开启时占用室内空间，所以实际开启面积受限，如图11-2e所示。

4）立转窗（图11-2f）。有利于通风与采光，防雨及封闭性较差，多用于有特殊要求的房间。

5）推拉窗（图11-2g、h），分垂直推拉和水平推拉两种，开启时不占室内外空间，窗扇可较平开窗扇大，有利于照明和采光，尤其适用于铝合金及塑钢窗。

6）百叶窗（图11-2 i）。具有遮阳、防雨、通风等多种功能，但采光较差。

7）可变开启窗（图11-2j）。可满足两种以上开启方式的窗，如下悬平开窗等。

a)   b)   c)   d)   e)

f)   g)   h)   i)   j)

图 11-2　窗按开启方式分类

a）固定窗　b）平开窗　c）上悬窗　d）中悬窗　e）下悬窗　f）立转窗
g）、h）推拉窗　i）百叶窗　j）下悬平开窗

■ 11.2 门窗构造

门窗主要由门窗框和门窗扇组成。在门窗扇和门窗框之间为了开启，采用各种铰链、风钩、插销、拉手以及导轨、滑轮等五金零件连接。门窗框由上框、下框（门槛）、中横框、边框、中竖框等部件组成，门窗扇由上梃、下梃、边梃、门窗芯（板）及玻璃等组成，如图11-3所示。

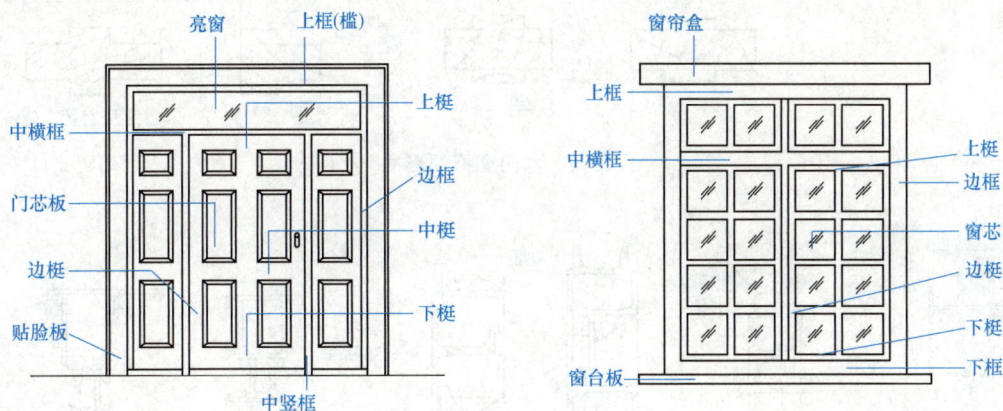

图 11-3　门窗的组成

11.2.1　门窗框构造

门窗框选材与门窗的主材一致。根据其在墙体中位置的不同，主要有门窗框对中和门窗框侧平两种形式。当门窗侧平时，一般需结合贴脸板等装饰。在门窗框的安装中要保证门窗框的垂直度和上框的水平，并应保持其加工精度。门窗靠墙壁侧面及预埋的木砖铁脚等要进行防腐处理。

框的断面形式要保障门窗的开启，与门窗五金相配合，同时防水、保温、防蚊虫等功能需求也需要门窗框提供支持。常见的木质、钢制、塑钢门窗框断面形式如图11-4~图11-6所示。常见木门窗框料尺寸见表11-1。

表 11-1　常见木门窗框料尺寸　　　　　　　（尺寸单位：mm）

种类	名称	常用尺寸
玻璃窗窗框	窗框	$(40\sim55)\times(70\sim95)$
	中竖框	$(50\sim65)\times(70\sim95)$
	中横框	$(50\sim65)\times(90\sim120)$
带纱窗窗框	窗框	$(40\sim55)\times(90\sim120)$
	中竖框	$(50\sim65)\times(90\sim120)$
	中横框	$(50\sim65)\times(110\sim150)$
窗扇	上梃、边梃	$(35\sim42)\times(50\sim60)$
	下梃	$(35\sim42)\times(60\sim90)$
	窗芯	$(35\sim42)\times(27\sim40)$

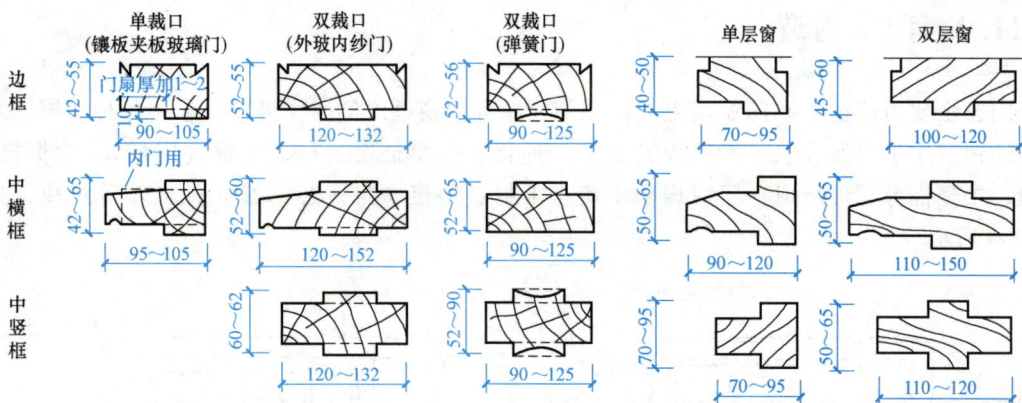

图 11-4　木门窗框的形式

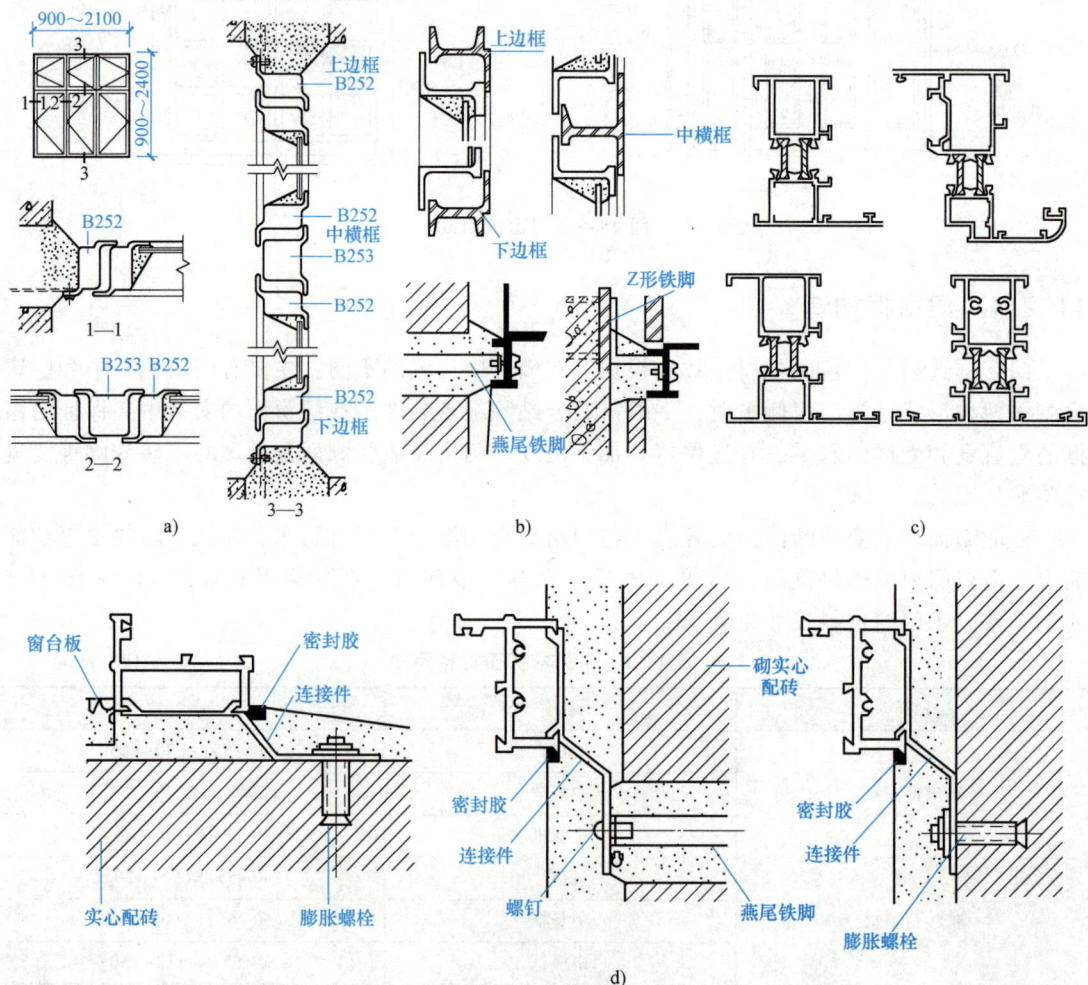

a)　　　　　　　　b)　　　　　　　　c)

d)

图 11-5　钢制窗框

a）空腹钢窗框　b）实腹钢窗框　c）铝合金窗框　d）细部构造

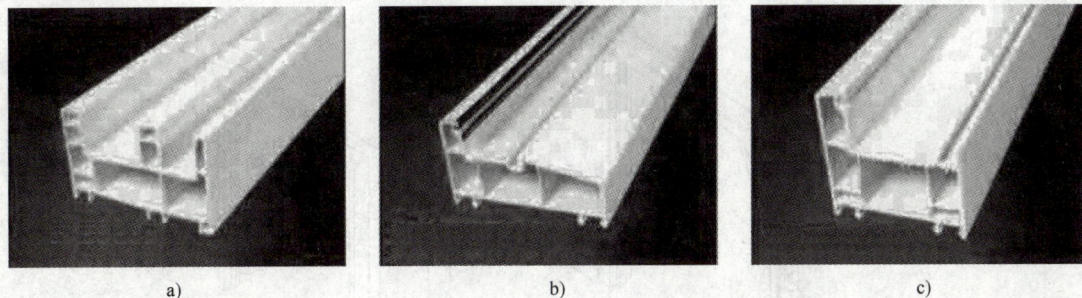

图 11-6 塑钢门窗框
a) 80 推拉框　b) 80 固定框　c) 60 平开框

根据门窗扇尺寸的大小及层数不同，一般门窗框的断面尺寸有较大差异。木质门窗框与墙或混凝土接触的部分应满涂防腐油；为使抹灰与门框嵌牢，门框需设灰口，抹灰必须嵌入灰口中；为了防止弯曲开裂，常于背年轮方向，开浅槽一道或二道。金属及塑钢窗采用的门窗框均为成品，主要考虑耐久性、刚度及防腐问题。

在外墙上，内开窗下口与外开窗上口的窗框构造特点使其很容易让雨水渗入，不同材质的门窗框都需要予以专门处理（图 11-7）。

按照对其固定方法的不同，门窗框可分为立口和塞口两种施工形式。

1）立口，是当墙体砌至门窗设计高度时，先把门窗框支立在设计位置，用撑杆加以临时固定，然后继续砌墙，并把门窗框上的木拉砖砌入墙体内，以实现门窗框在墙体上固定的方法（图 11-8a）。在内隔墙上安装门窗时，常采用立口施工，利用门窗框支撑墙体，门窗框上下横框出羊角加强连接稳定。

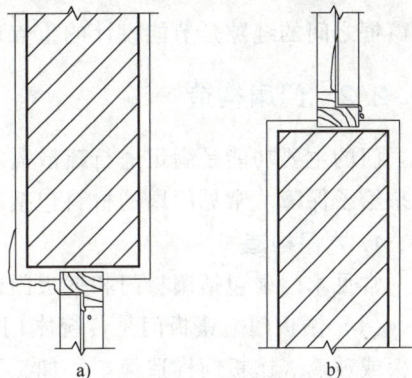

图 11-7 外门窗框的开启与渗漏
a) 外形窗上口　b) 内开窗下口

2）塞口，是在砌墙时按设计门窗洞口尺寸留好洞口，洞口须预留 20~30mm，并按要求每隔 500~700mm 砌入木砖、混凝土等埋件，安装木质门窗框时，把门窗框塞入洞口，先用木楔、钢钉初步固定，然后填充弹性材料，再用水泥砂浆嵌实以实现门框在墙体固定的方法（图 11-8）。

金属及塑钢窗框与墙体的连接方法均采用塞口法，门窗框与洞口四周通过预埋件用螺钉牢固连接，固定点的间距为 500~700mm。在砖墙上安装钢门窗时多预留孔洞，将燕尾形铁脚插入洞口，并用砂浆嵌牢；在钢筋混凝土梁或墙柱上预埋铁件，将钢门窗的 Z 形铁脚焊接在预埋铁件上。铝合金门窗的施工方式是通过特制的钢质锚固件将门窗框与墙、柱、梁等结构连接，采用自攻螺钉或拉锚钉将框与钢锚件连接，安装时，将锚件与墙内或钢筋混凝土内预埋的铁件焊接。制作大面积铝合金门窗时，须加中竖框和中横框，常采用铝合金方管。

立口安装窗框与墙的连接较为紧密，但施工不便，而且窗框在施工过程中容易受损。由于大量性民用建筑建设亟须工业化手段配合，立口施工在多工种同时作业的前提下，并不适合现代工程。塞口施工的最大优势就是专业化分工明确，施工过程中对门窗保护较好。由于门窗产业的发展，定制门窗突破了传统模数的局限，工业化程度相对较高。围护结构墙体与

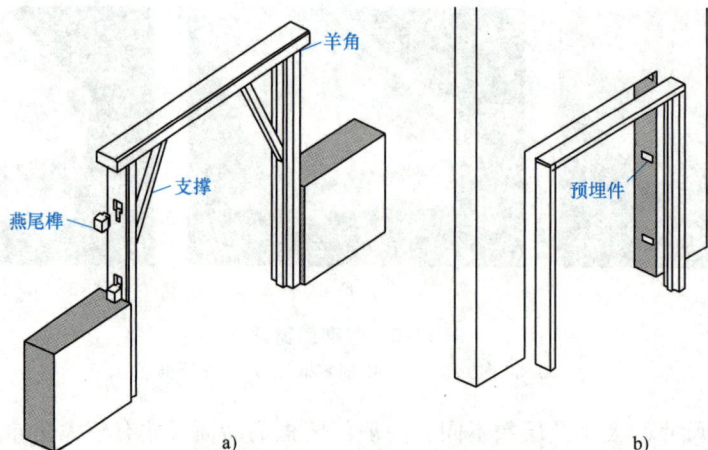

图 11-8　门窗框的施工方式

a）立口　b）塞口

门窗框之间的缝隙是节能设计的重点环节，有效填充及防水处理是塞口施工的重点。

11.2.2　门扇构造

门的主要功能是满足通行疏散需求，在门扇的宽度和其他辅助功能方面需要自身坚固耐久来给予保障。常见门扇的材料包括木门、玻璃门、金属门、塑钢门、钢筋混凝土门等。

1. 木门构造

常见木门扇包括镶板门和夹板门两大类，此外还有弹簧门、实拼门等类型。

（1）镶板门　镶板门是传统木门形式，主要由门边梃和横梃组成骨架，框格内镶嵌门芯板或玻璃。镶板门构造简单，加工制作方便，广泛应用于民用建筑的内外门。

镶板门的门边梃用料应充分考虑门扇尺寸以防止变形，同时还应考虑到五金件的安装需求，一般厚度为 40~45mm，宽度为 100~120mm。镶板门下梃为防止变形，可增大至 160~250mm。为安装门芯板，门边梃与横梃均设置对应的铲口或凹槽，特殊部位的门扇还需要考虑封闭或避免碰撞处理。

门芯板一般为 10~25mm 厚的实木板拼接而成，常见的断面形式为中间凸出，四边收薄。门芯板的拼接一般采用 4 种拼缝方式：平缝、暗键拼缝、错口缝、企口缝（图 11-9）。

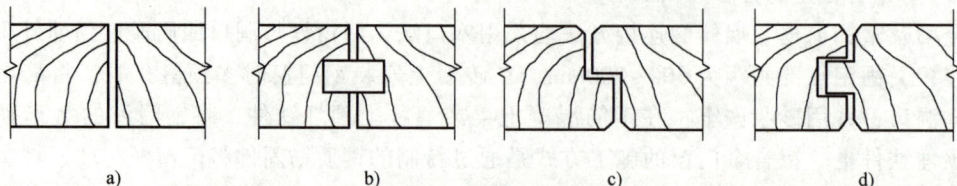

图 11-9　门芯板拼缝连接

a）平缝　b）暗键拼缝　c）错口缝　d）企口缝

镶板门的门芯板的安装可以分为暗槽、单槽压边和双边压条三种镶嵌方式，如图 11-10 所示。

其中，暗槽结合最牢，工程中用得较多，其他两种方法比较省料和简单，多用于玻璃、

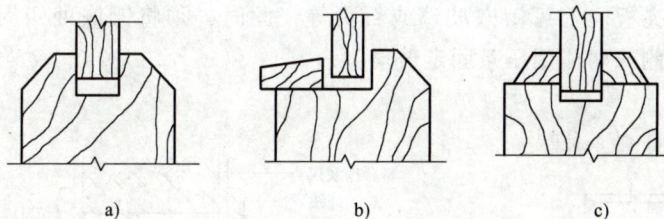

图 11-10 门芯板的镶嵌

a）暗槽 b）单槽压边 c）双边压条

纱网及百叶的安装。也可以部分或全部换成其他材料，即成为百叶门、玻璃门、纱门等。玻璃门可以整块镶嵌在门格中，也可以替换（上半）部分门芯板，构造上基本相同。镶板门构造如图 11-11 所示。

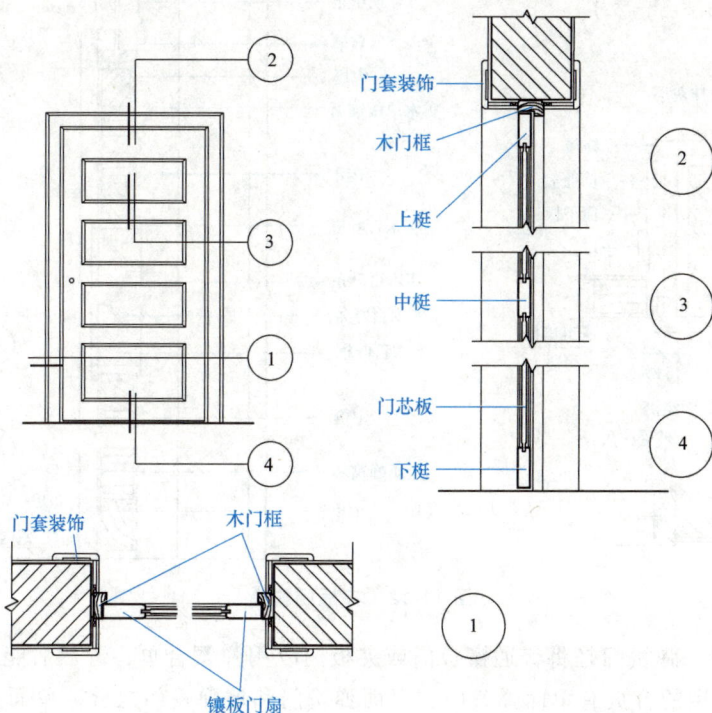

图 11-11 镶板门构造

（2）夹板门 夹板门由中间轻型骨架组成框格，再于外表铺贴面板，如图 11-12 所示。夹板门的骨架用料较小，外框用料一般为 35mm×（50～70）mm，比较经济，当遇到门锁等五金件增加要求时，可以通过局部加宽、加料满足。

夹板门的面板一般采用胶合板、硬质纤维板或塑料板，这些面板不宜暴露于室外，因此夹板门不宜用于外门。面板应与外框平齐，因为开关门、碰撞等容易碰坏面板，也可以采用硬木条嵌边或木线镶边等措施保护面板。

夹板门的特点是：用料省、重量轻、表面整洁美观、经济，框格内如果嵌填一些保温、隔声材料，能起到较好的保温、隔声效果。在实际工程中，常将夹板门表面刷防火漆料，外包镀锌薄钢板，使之达到二级防火门的标准。夹板门常用于住宅建筑中的分户门。

因功能需要，夹板门上可镶嵌玻璃或百页等，此时，须将镶嵌处四周做成木框并铲灰口，镶玻璃时，一侧或两侧用压条固定玻璃。

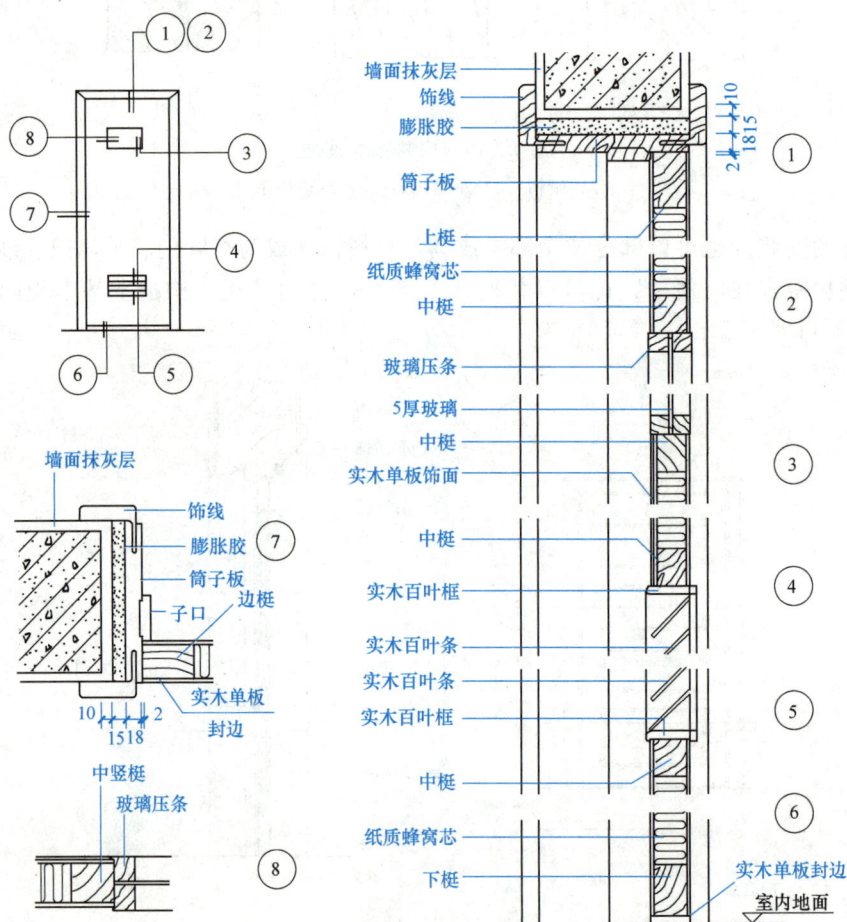

图 11-12　夹板门构造

（3）弹簧门　弹簧门是将普通镶板门或夹板门改用弹簧合页，开启后能自动关闭。

弹簧门按使用的合页有单面弹簧门、双面弹簧门和地弹簧门之分。单面弹簧门常用于需有温度调节及气味要遮挡的房间，如厨房、卫生间等。双面弹簧门或地弹簧门常用于公共建筑的门厅、过厅以及出入人流较多，使用较频繁的房间门。弹簧门不适于幼儿园、中小学出入口处。

为避免人流出入时碰撞，弹簧门上须安装玻璃门。

弹簧门的合页安装在门侧边，地弹簧的轴安装在地下，顶面与地面相平，只剩下铰轴与铰辊部分，开启时也较隐蔽。地弹簧适合于高标准建筑中入口处的大面积玻璃门等。

（4）实拼门　实拼门又叫拼板门，即门扇采用实木（原木）拼板制成的木门。传统的拼板门由于其正反两面构造不同，因而有明显的里外之分，它一般作为建筑外门。拼板门一般采用的是全木结构，具有强度好的特点。现代装饰建材市场多采用高档硬木材料制作，随洞口尺寸大小不同，拼板门又有有亮、无亮，单扇、双扇等多种具体形式，可以根据需要选用。

2. 金属门构造

金属门包括钢质防火门、三防门、有框玻璃门、玻璃转门、铝（镁）合金推拉门、金属卷帘门、格栅门等。金属门扇主要在工厂定做，工程中大多选用成品安装。

钢质门广泛用于建筑的室内及室外，主要应用在防火门、防盗门、商业外门及医院等特殊场所。用于室外的钢质门应采用措施，以适应户外的日晒雨淋的恶劣工作环境。

铝合金门是将表面处理过的铝合金型材，经下料、打孔、铣槽、攻螺纹、制作等加工工艺面制作而成的门框构件，再用连接件、密封材料和开闭五金配件一起组合装配而成的一种门。铝合金平开门的构造如图11-13所示。

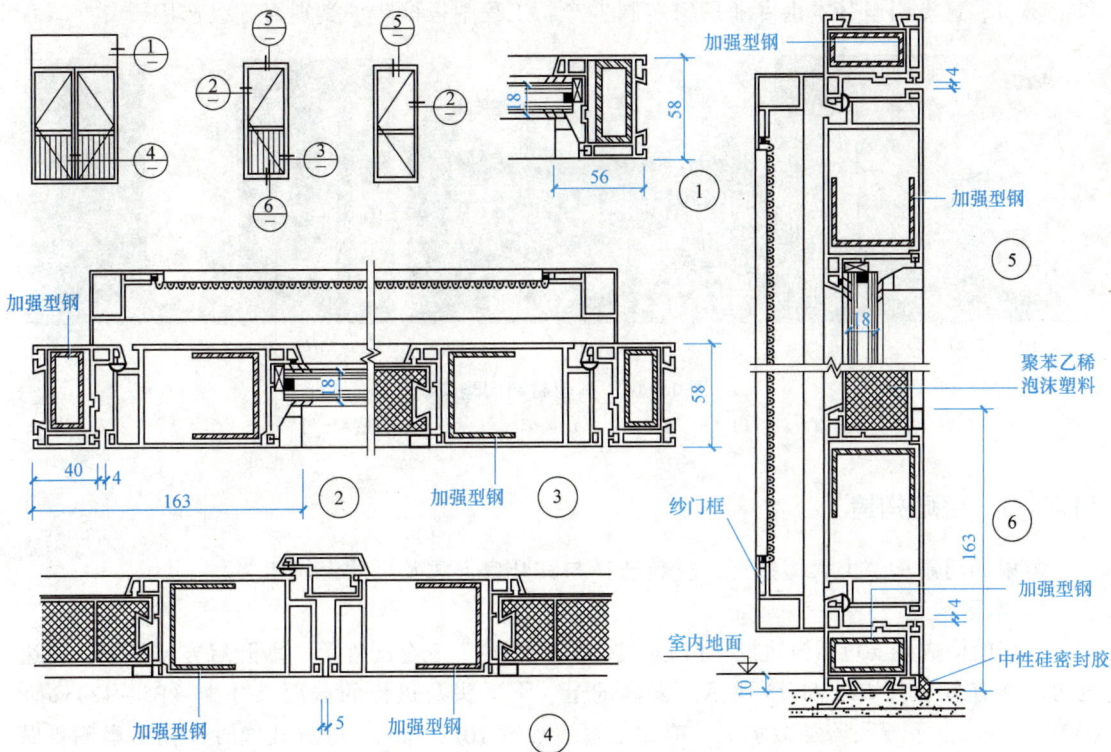

图 11-13　铝合金平开门构造

3. 其他材料门扇

玻璃门（图11-14a）是比较特殊的一种门扇，不同于镶板门中镶嵌玻璃的做法，它是直接使用玻璃制作的门扇。玻璃门的厚度不足以说明它是一种实心门，但它又不属于异型门，事实上，它是一种特殊形式的门扇，主要应用在大型公共建筑外门部位。

根据需要不同，玻璃门可采用平玻璃、花玻璃或磨砂玻璃。玻璃门采用的玻璃分钢化玻璃和普通浮法玻璃，一般采用厚度为10~12mm规格的玻璃材质制作。在人流密集场所和一些重点部位如商场、银行、车站等，使用的玻璃门应是安全玻璃门，它采用钢化玻璃、夹丝玻璃、夹胶玻璃等制作，既坚固又安全。

平开玻璃门扇与开启五金件的连接分为两种：地弹簧和侧边开启合页。五金件通过玻璃夹具与门扇连接，外部可装饰白钢等饰面板。

塑钢门（图 11-14b）的发展十分迅速，其保温效果好、造价经济，普通单框双玻璃窗的传热系数已达到 $2.6W/(m^2 \cdot K)$，不透明部分的传热系数更可以降低至 $1.5W/(m^2 \cdot K)$ 以下，优点十分明显。但是，塑钢型材抗变形能力不如金属材料，不适用于公共建筑中无门槛外门，所以适用范围受到制约。

玻璃钢门窗（图 11-14c）以不饱和聚酯树脂为基体材料，玻璃纤维为增强材料，采用挤拉成型工艺制成型材，具有轻质高强、耐疲劳、抗震性能好、耐化学腐蚀、导热系数低、密封性好、电绝缘性能高及使用寿命长等特点。玻璃钢门窗适用于各种民用、商用及工业建筑，尤其适用于保温隔热、隔绝噪声及防止腐蚀等要求较高的场所。

钢筋混凝土门（图 11-14d）主要应用在各类防护门上，常见的为人防门的防护密闭门和密闭门。这类门扇基本由专业厂家定制生产，工程中根据防护类别与等级选用。

图 11-14　其他材料门扇实例
a）玻璃门　b）塑钢门　c）玻璃钢门　d）钢筋混凝土门

11.2.3　窗扇构造

窗扇和门扇构造上大体接近，材料选择与其开启方式及尺寸密切相关。

1. 木窗构造

木窗的构成主要包括窗边梃、窗芯、玻璃（纱网）、五金配件等。因开启方式不同，窗边梃构造略有差异，如图 11-15 所示。窗扇的上、下冒头及边梃的截面尺寸为 $(35\sim42)mm \times (50\sim60)mm$。下冒头若加披水板，应比上冒头加宽 $10\sim25mm$。镶嵌玻璃时，在窗扇侧要做裁口，其深度为 $8\sim12mm$，但不超过窗扇厚的 1/3。木质外窗因防水需求，玻璃均从外侧安装，边梃铲灰口方向在外侧，玻璃固定后，嵌油灰泥。各构件的内侧常做装饰性线脚，既减少挡光又美观。两窗扇之间的接缝处，常做高低缝的盖口，也可以一面或两面加钉盖缝条，这样既提高了防风雨能力又减少了冷风渗透。也采用设空腔等措施杜绝毛细现象。

内开窗下口为配合防水，需要设置披水板；如设置气窗，则相连的窗梃兼作窗框，如图 11-15c 所示。

窗扇玻璃可选用平板玻璃、压花玻璃、磨砂玻璃、中空玻璃、夹丝玻璃、钢化玻璃等，普通窗扇大多数采用 $3\sim5mm$ 厚无色透明的平板玻璃。根据使用要求选用不同类型，如卫生间可选用压花玻璃、磨砂玻璃遮挡视线。若需要保温、隔声，可选用中空玻璃；若需要增加强度可选用夹丝玻璃、钢化玻璃等。

木质悬窗常见为上悬窗和中悬窗，尤以门上亮窗居多，如图 11-16 所示。其中，中悬窗开启均衡，无需撑杆等辅助配件，在传统的大量性民用建筑中应用较为普遍。

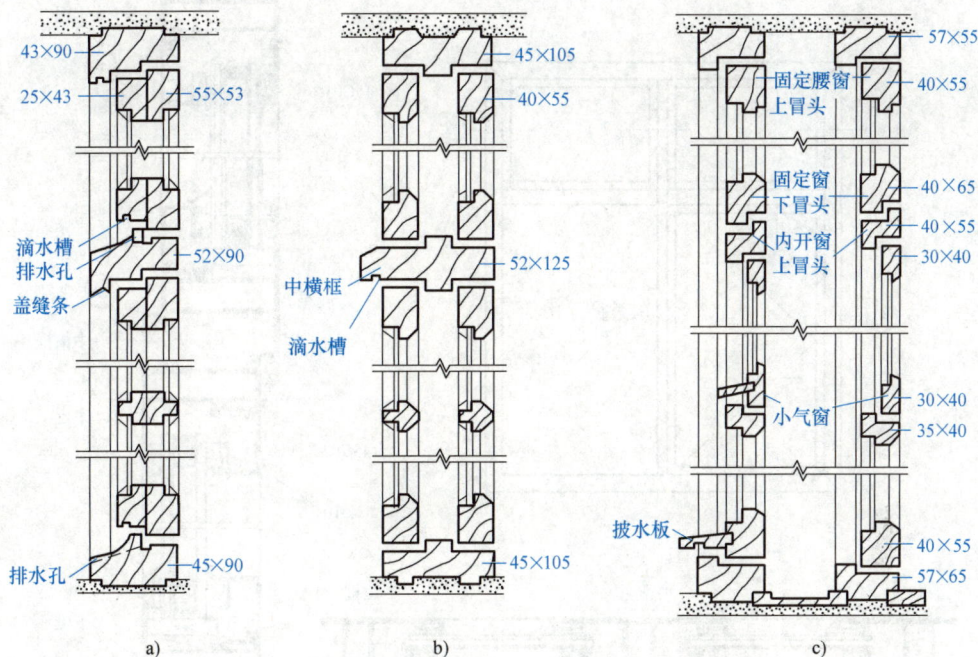

图 11-15 双层平开木窗扇构造

a) 子母扇 b) 内外开木窗 c) 双内开窗扇

2. 钢窗构造

实腹式钢门窗用料有多种断面和规格，多用 32mm 和 40mm 两种系列。空腹式钢门窗料通常是 25mm 和 32mm 的断面，其厚度为 1.5~2.5mm。为了适应不同尺寸门窗洞的需要，便于门窗的组合和运输，钢门窗都以标准化的系列门窗规格作为基本单元。其高度和宽度为 3M（300mm）的倍数，常用的钢门的宽度有 900mm、1200mm、1500mm、1800mm，高度有 2100mm、2400mm、2700mm。窗洞口尺寸不大时，可采用基本钢门窗，直接安装在洞口上。较大的门窗洞口则需要用

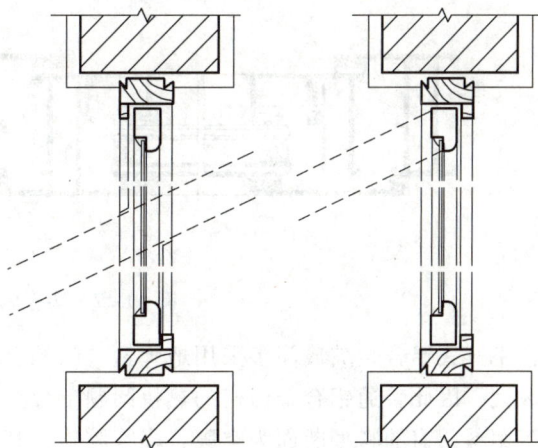

图 11-16 木悬窗窗扇构造

标准的基本单元拼接组合而成。基本单元的组合方式有三种，即竖向组合、横向组合和横竖向组合。实腹钢窗窗扇构造如图 11-17 示。

3. 铝合金、塑料（钢）窗构造

虽然生产方式不同，但是铝合金窗与塑料（钢）窗的断面形式十分接近，玻璃的安装方法也基本相同。铝合金门窗玻璃尺寸较大，常采用 5mm 厚玻璃，使用玻璃胶或铝合金弹性压条加橡胶或橡胶密封条固定。铝合金门窗多用推拉式开启，而推拉式门窗的密闭性较

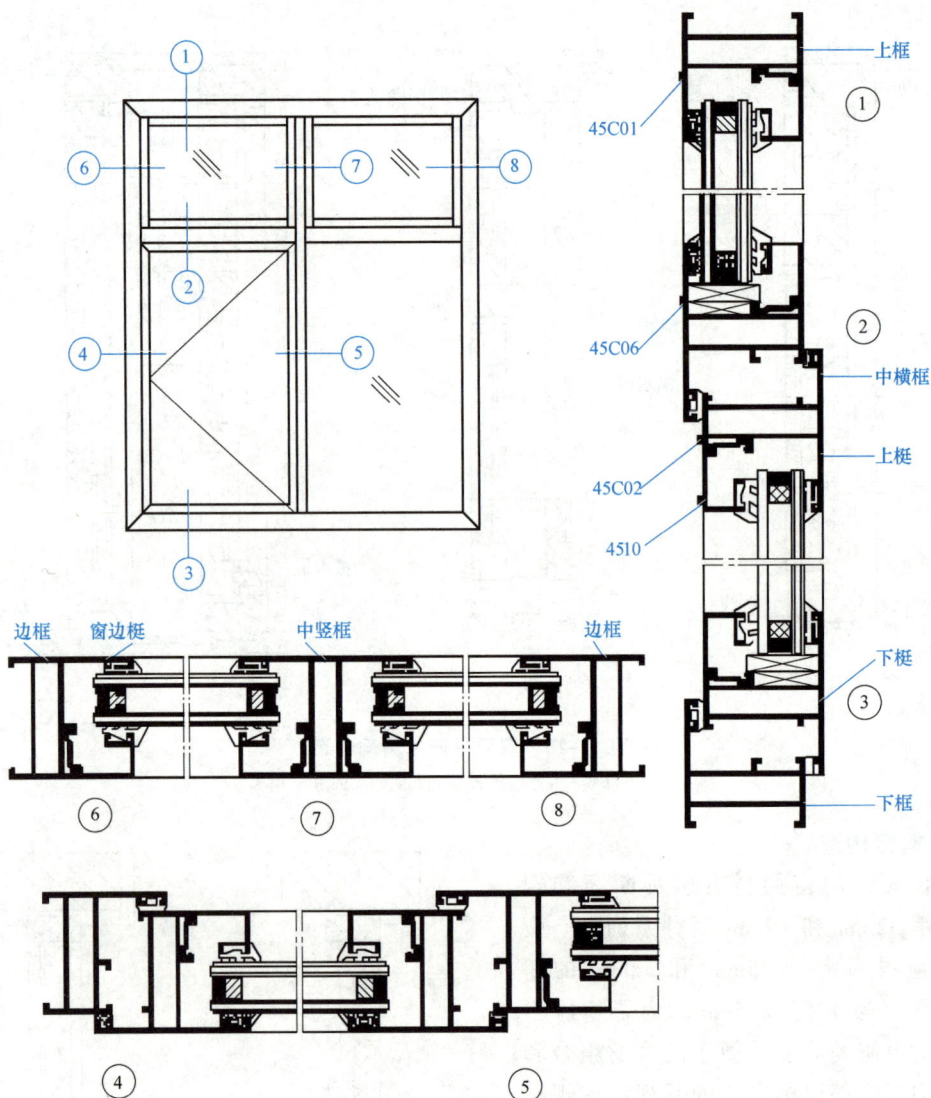

图 11-17 实腹钢窗窗扇构造

差；平开式铝合金玻璃门多采用地弹簧与门的上下框连接，但框料需加强。铝合金型材导热系数大，因此普通铝合金门窗的热桥问题十分突出，新式的热隔断铝型材可以切断热桥。

塑料门窗的料型断面为空腹，多空腔式，其开启方式有平开，推拉等。门可以做成折叠门，五金配件多采用配套的专用配件。当门窗面积较大时，常做成推拉开启的方式。为了改善刚度、强度，在塑料型材空腹内加设薄壁型钢，由此制成的门窗称为塑钢门窗，如图11-18 所示。塑钢门窗的所有缝隙都嵌有橡胶或橡胶密封条及毛条，具有良好的气密性和水密性。

11.2.4 装饰构造

门窗的组成部件中还有一部分属于装饰性附件，如贴脸板、筒子板、窗帘盒等，这些装饰性附件在建筑中都是与门窗一同设计、施工的。

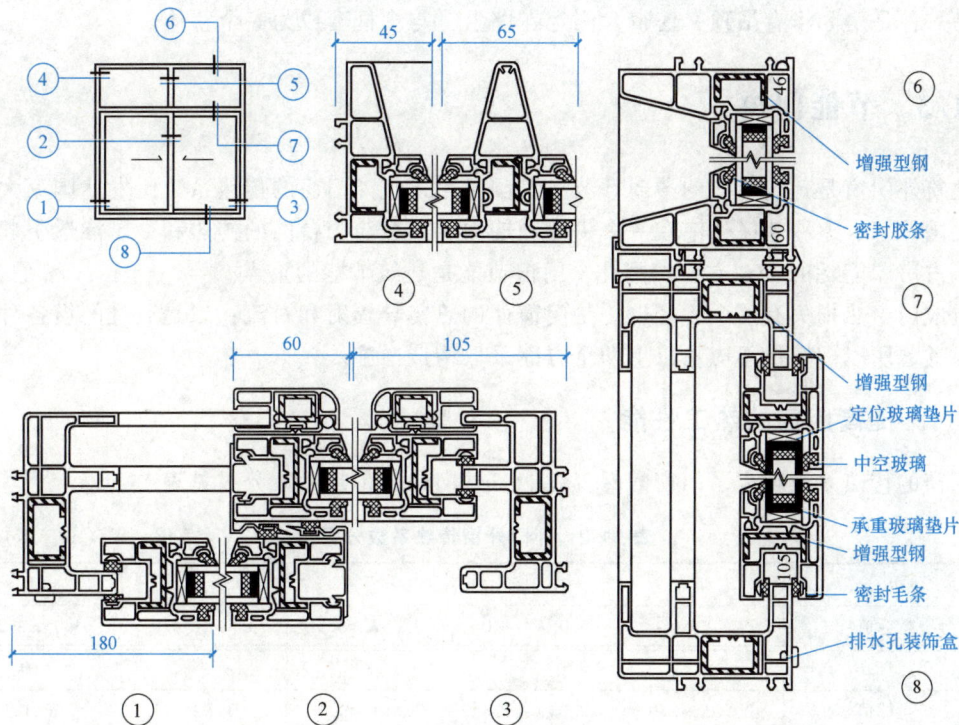

图 11-18 塑钢推拉窗构造示例

1. 贴脸板

贴脸板是在门洞四周所钉的木板，其作用是掩盖门框与墙的接缝，也是由墙到门的过渡。贴脸板常用 20mm 厚木板，宽 20～100mm。为节省木材，现在也采用胶合板、刨花板等，或多层板、硬木饰面板替代木板。

2. 筒子板

当门框的一侧或两侧均不靠墙面时，除了将抹灰嵌入门框边的铲灰口内，或者同压缝条盖住与墙的接缝外，也往往包钉木板，称为筒子板。

贴脸板、筒子板门框之间应连接可靠。高标准建筑中，贴脸板与筒子板均依照设计铲线角，或用木线嵌压，如图 11-19 所示。

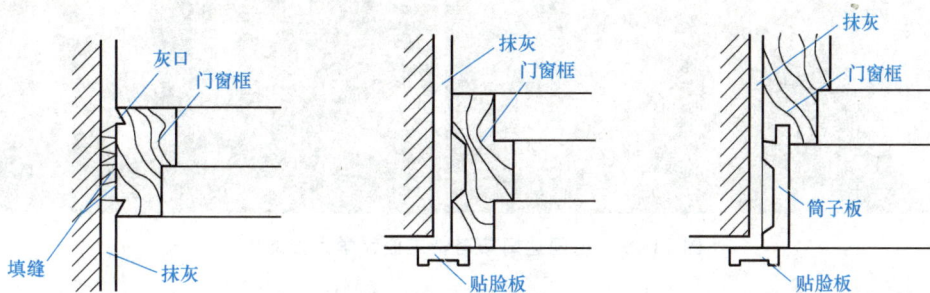

图 11-19 门窗装饰构造

3. 窗帘盒

窗帘盒有两种形式：一种是房间有吊顶，窗帘盒应隐蔽在吊顶内，在做吊顶时一同完成；另一种是房间没有吊顶，窗帘盒固定在墙上，与窗框套成为一个整体。

■ 11.3 节能门窗

建筑外门窗是建筑节能的薄弱环节，我国民用建筑外门窗的传热系数比发达国家大 2~4 倍。我国严寒、寒冷地区住宅在一个供暖周期内通过窗与阳台门的传热和冷风渗透引起的热损失，占房屋能耗的 45% 左右。因此，门窗节能是建筑节能的重点。

造成门窗热损失有两个途径：一是门窗面的热传导辐射和对流；二是通过门窗各种缝隙冷风渗透。所以门窗保温应从以上两个方面采取构造措施。

11.3.1 提高门窗的热工性能

门窗的传热系数代表了门窗的保温性能。外门外窗传热系数分级见表 11-2。

表 11-2 外门外窗传热系数分级 [单位：W/(m² · K)]

分级	1	2	3	4	5
分级指标值	$K \geq 5.0$	$5.0 > K \geq 4.0$	$4.0 > K \geq 3.5$	$3.5 > K \geq 3.0$	$3.0 > K \geq 2.5$
分级	6	7	8	9	10
分级指标值	$2.5 > K \geq 2.0$	$2.0 > K \geq 1.6$	$1.6 > K \geq 1.3$	$1.3 > K \geq 1.1$	$K < 1.1$

1）严寒和寒冷地区外门窗可以通过增加门窗层数或玻璃层数来提高保温性能。传统方式的双层外窗、设置门斗是非常有效的保温措施。伴随建筑节能标准的不断深化，双玻窗和三玻窗被越来越多地应用在大量性民用建筑中。暖边中空玻璃，充惰性气体可以大幅提高窗玻璃的热工指标。例如：2007 年德国达姆斯塔特工业大学，在国际太阳能十项全能竞赛中参赛作品的 4 层玻璃窗（图 11-20）传热系数达到了 0.5W/m² · K，达到了一些节能住宅的外墙标准。

图 11-20 德国达姆斯塔特工业大学太阳能屋

2）采用比较复杂的边框断面，在保障门窗刚度的前提下，减小断面尺寸，减小热损失。现代金属门窗和塑钢门窗的断面均设计得比较复杂（图 11-21），传导路径的增加甚至被切断可以大幅提高门窗边框的热阻。以铝塑铝复合门窗为例，其门窗外面两侧是铝合金型材，中间隔热体是改性多腔 PVC 型材，既有铝合金的高强度，又有塑料隔热的特点，具有非常好的隔热节能效果，从而达到节能目标。

图 11-21　复杂断面窗料示例

3）采用特种玻璃如真空玻璃、吸热玻璃、反射玻璃等措施达到节能要求。玻璃的热工性能对门窗的节能有很大的影响，部分建筑采用聚碳酸酯制品（PC 板）用来制作门窗透明部分，使得门窗的热工指标得到很大提高。聚碳酸酯制成的实心板和空心板，有采光通风透光率高的特点，结构强度较高，其撞击强度是普通玻璃的 250~300 倍，是同等厚度亚克力板的 30 倍，是钢化玻璃的 2~20 倍。

11.3.2　提高门窗的密闭性指标

门窗缝隙是冷风渗透的根源，因此为减少冷风渗透可采用大窗扇，扩大单块玻璃面积以减少门窗缝隙。同时，合理减少可开窗扇面积，在满足夏季通风的条件下扩大固定窗扇的面积，也是减少门窗缝隙冷风渗透的途径之一。

严寒及寒冷地区传统民居有冬季糊窗缝的习惯，这对改善室内条件有明显作用。《建筑节能工程施工质量验收规范》外窗气密性与水密性指标均有规定，外门窗的气密性、水密性、抗风压性能是节能门窗的重要指标参数。《建筑外门窗气密、水密、抗风压性能分级及检测方法》的几个主要指标见表 11-3~表 11-5。

表 11-3　建筑外门窗气密性能分级表　　　　　　　　　　　[单位：$m^3/(m \cdot h)$]

分级	1	2	3	4	5	6	7	8
单位缝长分级指标值 q_1	4.0 $\geq q_1 > 3.5$	3.5 $\geq q_1 > 3.0$	3.0 $\geq q_1 > 2.5$	2.5 $\geq q_1 > 2.0$	2.0 $\geq q_1 > 1.5$	1.5 $\geq q_1 > 1.0$	1.0 $\geq q_1 > 0.5$	$q_1 \leq 0.5$
单位面积分级指标值 q_2	12.0 $\geq q_2 > 10.5$	10.5 $\geq q_2 > 9.0$	9.0 $\geq q_2 > 7.5$	7.5 $\geq q_2 > 6.0$	6.0 $\geq q_2 > 4.5$	4.5 $\geq q_2 > 3.0$	3.0 $\geq q_2 > 1.5$	$q_2 \leq 1.5$

表 11-4　建筑外门窗水密性能分级表　　　　　　　　（单位：Pa）

分级	1	2	3	4	5	6
分级指标 ΔP	$100 \leq \Delta P < 150$	$150 \leq \Delta P < 250$	$250 \leq \Delta P < 350$	$350 \leq \Delta P < 500$	$500 \leq \Delta P < 700$	$\Delta P \geq 700$

表 11-5　建筑外门窗抗风压性能分级表　　　　　　　（单位：kPa）

分级	1	2	3	4	5	6	7	8	9
分级指标 P_3	1.0 $\leq P_3 < 1.5$	1.5 $\leq P_3 < 2.0$	2.0 $\leq P_3 < 2.5$	2.5 $\leq P_3 < 3.0$	3.0 $\leq P_3 < 3.5$	3.5 $\leq P_3 < 4.0$	4.0 $\leq P_3 < 4.5$	4.5 $\leq P_3 < 5.0$	$P_3 \geq 5.0$

门窗的密封和密闭措施包括框与墙、框与扇、扇与扇、窗扇与玻璃等部位的处理。框和墙之间的缝隙密封，可用弹性松软型材料、聚乙烯泡沫、密封膏以及边框铲灰口等；框与扇

间的密闭，可用橡胶条、橡塑条、泡沫密闭条以及高低缝、回风槽等；扇与扇之间的密闭，可用密闭条、高低缝及缝外压条等；窗扇与玻璃之间的密封，可用密封膏和各种弹性压条等措施。

■ 11.4 门窗遮阳

用于遮阳的方法很多，如在窗口悬挂窗帘、利用门窗构件自身遮光以及窗扇开启方式的调节变化等。利用窗前绿化、雨篷、挑檐、阳台、外廊及墙面花格，也可以达到一定的遮阳效果。在窗前设置遮阳板进行遮阳对采光和通风都会带来不利影响。因此，在设置遮阳设施时，应对采光、通风、日照、经济、美观做慎重考虑，以达到功能、技术、艺术的统一。

建筑上设置的遮阳板按其位置可分为水平遮阳、垂直遮阳、综合遮阳及挡板遮阳四种形式。

1. 水平遮阳

在窗口上方设置具有一定宽度的水平方向遮阳板，能够遮挡从窗口上方照射下来的高度角较大的阳光，适用于南向及其附近朝向的窗口，如图 11-22a 所示。寒冷地区冬季为避免遮阳影响日照，应控制其出挑宽度，以达到理想的均衡效果。水平遮阳板可做成实心板式百叶板。在较高大的窗口，可在不同高度设置双层或多层水平遮阳板，以减少板的出挑宽度。

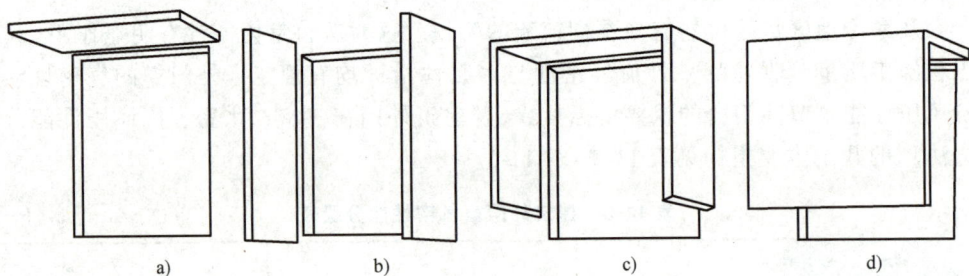

图 11-22 固定式外遮阳的分类

被动式遮阳如图 11-23 所示，将冬季与夏季的不同需求，通过固定水平挑檐尺寸兼顾解决。

2. 垂直遮阳

在窗口的两侧设置垂直方向的遮阳挡板，可以有效遮挡从窗口两侧射过来的阳光，如图 11-22b 所示。根据光线的来向和具体处理的不同，垂直遮阳板可以垂直于墙面也可以与墙面形成一定的夹角。垂直遮阳主要适用于偏南或西向的窗口。

3. 综合遮阳

综合遮阳是以上两种遮阳板的综合，能够遮挡从窗口左右两侧及前上方射来的阳光，如图 11-22c 所示。遮阳效果比较均匀，主要适用于南向、东南、西向的窗口，但对室内照度有较大影响。

4. 挡板遮阳

在窗口前方，离开窗口一定距离设置与窗户平行方向的垂直遮阳板，可以有效遮挡正面

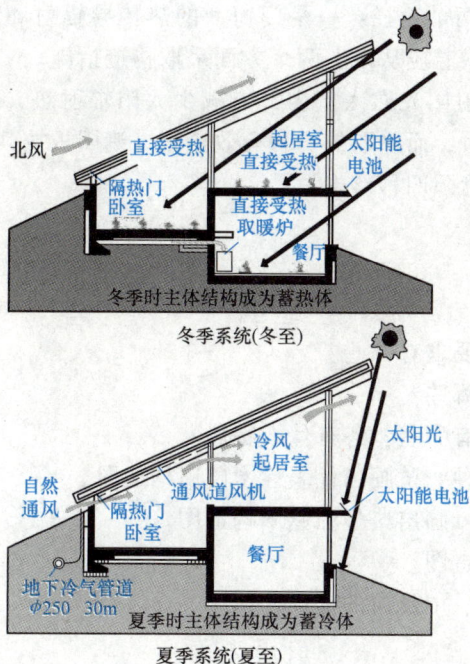

北风

直接受热　起居室　太阳能
直接受热　电池
隔热门
卧室　直接受热
取暖炉
餐厅

冬季时主体结构成为蓄热体

冬季系统(冬至)

太阳光

自然
通风

冷风
起居室

通风道风机

太阳能电池

隔热门
卧室

餐厅

地下冷气管道
φ250　30m

夏季时主体结构成为蓄冷体

夏季系统(夏至)

图 11-23　被动式遮阳设计

窗口高度角较小的阳光，主要适用于东西向及其附近的窗口，但不利于通风，且对视线有遮挡，如图 11-22d 所示。遮阳板可以做成固定的，也可以做成活动的。活动式挡板可以灵活调节，遮阳通风采光效果较好，但构造复杂，需经常维护；固定式则坚固、耐用、经济。

设计时，应根据不同的使用要求，采用不同的遮阳形式，如图 11-24 所示。

图 11-24　建筑遮阳案例

本 章 小 结

1. 门窗的构造设计应满足以下要求：防风雨、保温、隔声；开启灵活、关闭紧密；便于擦洗和维修方便；坚固耐用、耐腐蚀。

2. 门窗的基本组成包括门窗框、门窗扇、门窗五金和门窗装饰附件等部分。

3. 造成门窗热损失有两个途径：一是门窗面的热传导辐射和对流；二是通过门窗各种缝隙冷风渗透。所以门窗保温应从以上两个方面采取构造措施。

4. 遮阳是为了防止直射阳光照入室内，以减少太阳辐射热，避免夏季室内过热，以及保护室内物品不受阳光照射，而采取的一种有效措施。遮阳板按其位置可分为水平遮阳、垂直遮阳、综合遮阳及挡板遮阳四种形式。

习　　题

1. 门窗的分类与设计要求有哪些？
2. 门窗的构造组成有哪些？
3. 门窗框的施工分类有哪些？各有什么特点？
4. 木门扇的构造分几种？试画出代表性木门扇构造图。
5. 门窗遮阳如何分类？画出典型的遮阳构造图。
6. 试画出双层木窗构造图。
7. 试画出木质弹簧门、中悬窗的框扇构造。

第 12 章

变 形 缝

学习目标

　　掌握变形缝的概念和类型，了解变形缝装置的种类和构造特征。掌握伸缩缝的概念和设置要求，了解伸缩缝的构造做法。掌握沉降缝的概念和设置要求，了解沉降缝的构造做法。掌握抗震缝的概念和设置要求，了解抗震缝的构造做法。

■ 12.1　概述

12.1.1　变形缝的概念

　　建筑物在气温变化、地基不均匀沉降及地震等外界因素作用下，结构内部产生附加应力和变形，如果处理不当，会使建筑物产生裂缝甚至倒塌，造成破坏，进而影响建筑物的使用与安全。为此可以采取两种办法来解决：一种是加强建筑物整体性，使其具有足够强度和刚度抵抗这些破坏应力，避免产生破裂；另一种是在变形敏感部位将结构断开，预留一定缝隙，使建筑物分成能自由变形、不受约束的若干独立的部分，各部分建筑物因有足够的变形宽度，不会造成破损。防止建筑物在某些因素作用下引起开裂甚至破坏而预留的构造缝称为变形缝。图 12-1 所示为建筑墙体变形缝外观，图 12-2 所示为变形缝混凝土槽口构造图。

图 12-1　墙体变形缝外观

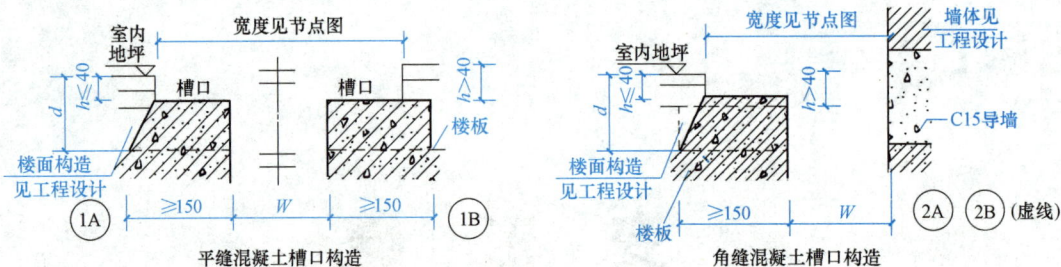

图 12-2　变形缝混凝土槽口构造

a）平缝混凝土槽口构造　b）角缝混凝土槽口构造

12.1.2　变形缝的类型

变形缝有三种：伸缩缝、沉降缝和抗震缝。它们的功能各不相同，但是其构造要求基本相同，即变形缝的构造应保证建筑物各独立部分能自由变形、互不影响的要求，同时满足实用和美观的要求。不同部位的变形缝应根据其部位和需要分别采取防水、防火、保温、防虫等安全防护措施，并使其产生位移或变形时不受阻碍，不被破坏（包括面层）。高层建筑及防火要求高的建筑物，室内变形缝应做防火处理，即室内变形缝四周基层应采用不燃烧材料，表面装饰层也应采用不燃或难燃材料。变形缝内不得敷设电缆以及可燃气体和易燃、可燃液体管道，若必须穿过变形缝，应在穿过处加设不燃烧材料套管，且采用不燃烧材料将管套两端空隙紧密填塞。

变形缝的设置既要满足其变形需要，还要根据其功能满足防水、防火、保温、美观等要求。变形缝内需填塞止水带、阻火带和保温带，并采用镀锌薄钢板、铝合金板、不锈钢板或橡胶嵌条及各种专用胶条等盖缝。

12.1.3　变形缝装置

建筑变形缝装置是在建筑变形缝部位，由专业厂家制造并指导安装的满足建筑结构使用功能又能起到装饰作用的产品。该装置主要由铝合金型材"基座"、金属或橡胶"盖板"以及连接基座和盖板的金属"滑杆"组成。建筑变形缝装置的种类和构造特征见表 12-1。

表 12-1　建筑变形缝装置的种类和构造特征

使用部位	构造特征							
	金属盖板型	金属卡锁型	橡胶嵌平型	防震型	承重型	阻火带	止水带	保温层
楼面	√	√	单列双列	√	√	—	√	—
内墙、顶棚	√	√	—	√	—	√	—	—
外墙	√	√	橡胶	√	—	—	√	√
屋面	√	—	√	√	—	—	√	√

注：表中√表示某类型变形缝装置适用于建筑的某使用部位，—表示不适用于某使用部位。

1）金属盖板型变形缝装置（图 12-3）由基座、不锈钢或铝合金盖板和连接基座和盖板的滑杆组成，基座固定在建筑变形缝两侧，滑杆呈 45°安装，在地震力作用下滑动变形，使盖板保持在变形缝的中心位置。金属盖板型变形缝的用途最广泛，适用于各部位，被大量应用于各类公共建筑。楼面盖板型变形缝适用于楼面活荷载小于等于 $3.0kN/m^2$ 的情况。

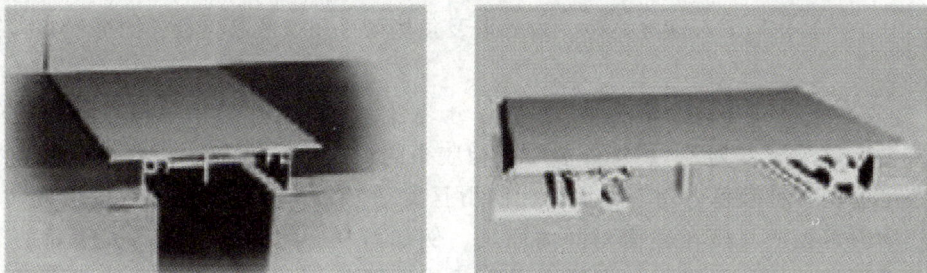

图 12-3　楼面盖板型变形缝装置

2）金属卡锁型变形缝装置的盖板由两侧的 C 形基座卡住，在地震力作用下，盖板在卡槽内位移，变形并复位。

卡锁型盖板两侧封闭于槽内，比盖板型美观，尤其适用于内、外墙及顶棚时，比较安全，并有一定装修要求的建筑。详见图 12-4 和图 12-5。

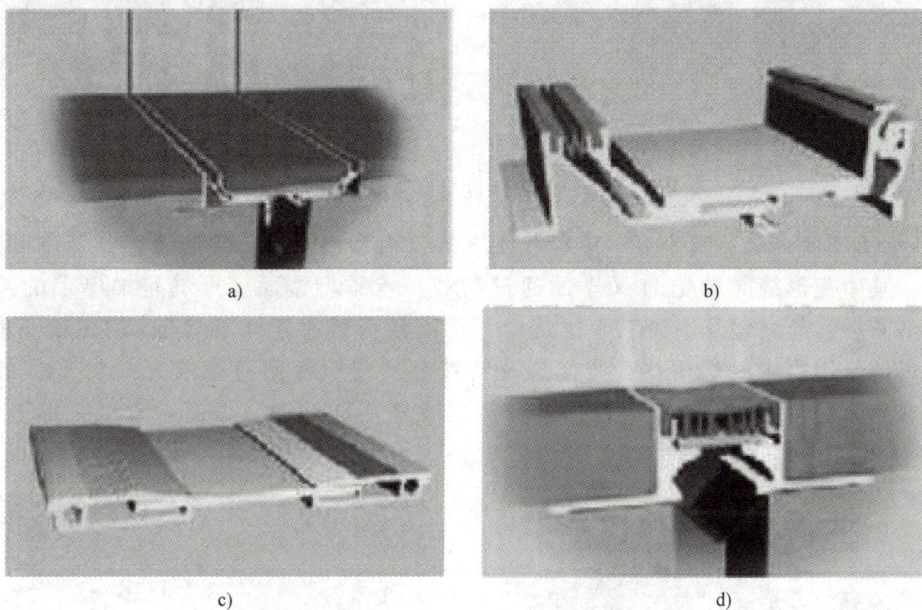

a)

b)

c)

d)

图 12-4　楼面卡锁型变形缝装置

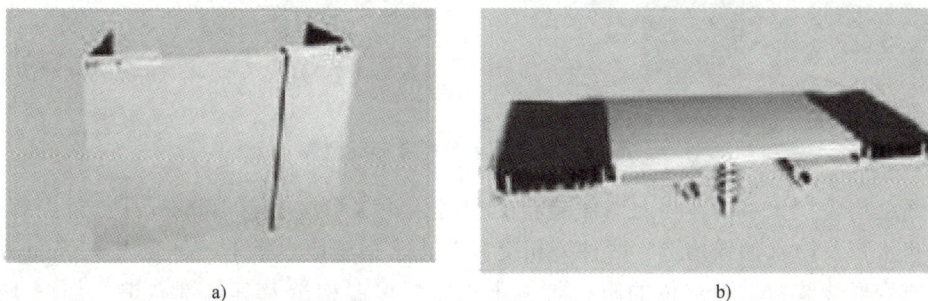

a)

b)

图 12-5　外墙卡锁型

3）防震型变形缝装置的特点是连接基座和盖板的金属滑杆带有弹簧复位功能，楼面金属盖板两侧呈45°盘形 ＼／ 。基座也是同角度 ⌐＼ 型。在地震力作用下，盖板被挤出上移，但在弹簧作用下可恢复原位。内外墙及顶棚可采用橡胶条盖板，同样设有弹簧复位功能。

4）橡胶嵌平型（简称"嵌平型"）变形缝装置，窄的变形缝用单根橡胶条嵌镶在两侧的基座上，称为"双列"。用于外墙时，橡胶条的形状可采用 WW 折线型。嵌平型盖板的橡胶条可选用多种颜色，用于楼面缝时防滑且美观，尤其采用橡胶于盖板组成"双列"时。盖板槽内可做成与所在楼面相同的面层，例如石材，尤其适用于高大空间的高级装修。用于高层建筑的外墙缝时，橡胶嵌平型是安全防坠落的一种选择。外墙嵌平型变形缝装置图 12-6 所示。

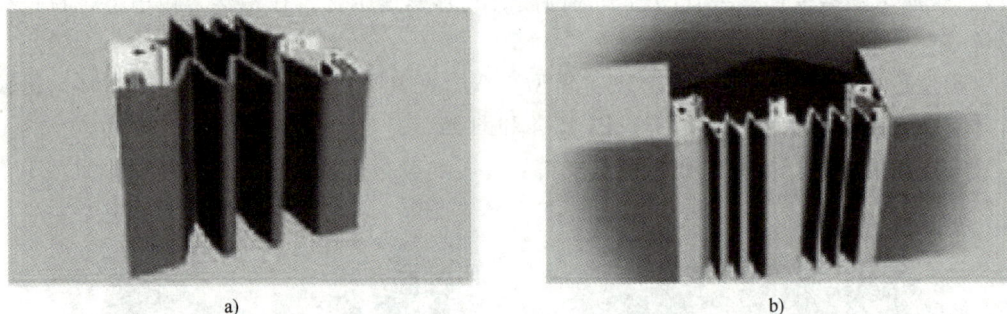

a)   b)

图 12-6　外墙嵌平型变形缝装置

5）承重型变形缝装置是有一定荷载要求的盖板型楼面变形缝装置，其基座和盖板断面加厚，其中变形缝能承受 1t 叉车的通过荷载。承重型楼面变形缝是加厚了的盖板型，用于大型商场、航站楼及一般工业建筑中，楼面活荷载小于 $4.0kN/m^2$ 的条件下有 1t 的叉车通过的使用需求时选用；工业建筑及特殊公共建筑楼面荷载较大，大于 1t 的叉车、电瓶车或货车通过变形缝时，应根据工程需要在选用时注明。楼面承重型变形缝装置如图 12-7 所示。

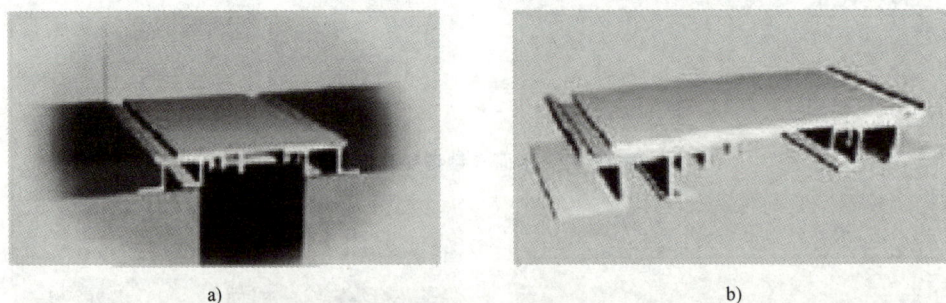

a)   b)

图 12-7　楼面承重型变形缝装置

楼面缝均应设止水带，与内墙面缝相交接时，止水带应上卷 100mm 高；屋面缝与外墙缝设有止水带及防水加强构造，两种缝相交接时止水措施应上搭下、外盖内 150mm 高。

建筑变形缝装置不同部位的阻火带、止水带、保温构造及其细部构造，如图 12-8～图 12-11 所示。

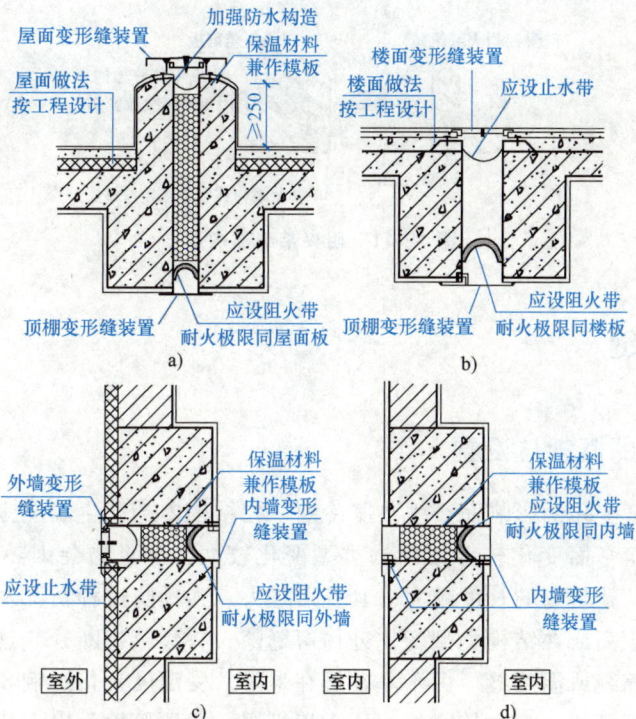

图 12-8 建筑变形缝装置不同部位的阻火带、止水带、保温构造示意图

a）屋面与顶棚变形缝剖面 b）楼面与顶棚变形缝剖面 c）外墙与内墙变形缝平面 d）内墙变形缝平面

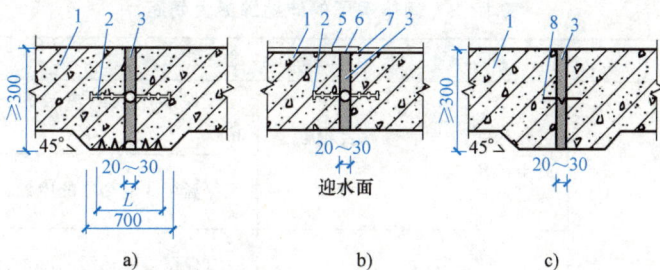

图 12-9 变形缝防水细部构造

a）中埋式止水带变形缝 b）中埋式止水带变形缝二 c）金属止水带变形缝

1—混凝土结构 2—中埋式止水带 3—填缝材料 4—外贴止水带 5—防水层 6—隔离层 7—密封材料 8—金属止水带

注：外贴式止水带 $L \geqslant 300$，外贴防水卷材 $L \geqslant 400$，外涂防水涂层 $L \geqslant 400$

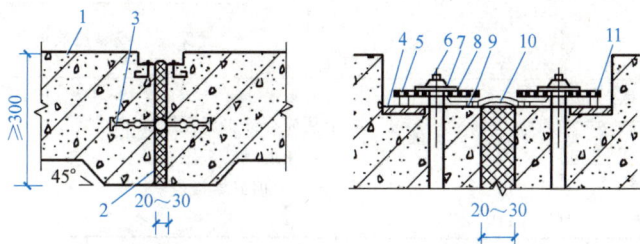

图 12-10 止水带细部构造

1—混凝土结构 2—填缝材料 3—中埋式止水带 4—预埋钢板 5—紧固件压板 6—预埋螺栓
7—螺母 8—垫圈 9—紧固件压块 10—欧来伽形止水带 11—紧固件圆钢

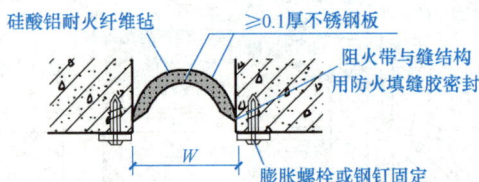

图 12-11　阻火带细部构造

12.2　伸缩缝

12.2.1　伸缩缝的概念与设置

建筑物因受温度变化的影响而产生热胀冷缩，在结构内部产生温度应力，若建筑物长度超过一定限度，建筑平面变化较多或结构类型变化较大，建筑物会因热胀冷缩导致变形增大，从而产生开裂。建筑物的长度越大，其变形越大。为预防这种情况发生，常常沿建筑物长度方向每隔一定距离或在结构类型变化处预留缝隙，将建筑物断开。这种因温度变化而设置的缝隙就称为伸缩缝或温度缝。由于基础埋在地下，受温度变化影响较小，不必断开，因此伸缩缝从基础顶面开始，将建筑物的墙体、楼板层、屋顶等地面以上构件全部分开。砌体房屋和钢筋混凝土结构房屋的伸缩缝最大间距见表 12-2 和表 12-3。

表 12-2　砌体房屋的伸缩缝最大间距

砌体类别	屋盖或楼盖类别		间距/m
各种砌体	整体式或装配整体式钢筋混凝土结构	有保温层或隔热层的屋盖、楼板	50
		无保温层或隔热层的屋盖	40
	装配式无檩体系钢筋混凝土结构	有保温或隔热层的屋盖、楼板	60
		无保温层或隔热层的屋盖	50
	装配式有檩体系钢筋混凝土结构	有保温层或隔热层的屋盖、楼板	75
		无保温层或隔热层的屋盖	60
普通黏土、空心砖砌体	黏土瓦或石棉水泥瓦屋顶 木屋顶或楼板层 砖石屋顶或楼板层		100
石砌体			80
硅酸盐砖、硅酸盐砌块和混凝土砌块砌体			75

注：1. 层高大于 5m 的混合结构单层房屋伸缩缝的间距可以按照表中数值乘以 1.3 后采用。但若墙体采用硅酸盐砖、硅酸盐砌块和混凝土砌筑、伸缩缝间距不得大于 75m。

2. 严寒地区、不采暖的温度差较大且变化频繁地区，墙体伸缩缝的间距，应按表中数值予以适当减少后采用。

3. 墙体的伸缩缝内应嵌入轻质可塑材料，在进行立面处理时，必须使用缝隙能起伸缩作用。

表 12-3 钢筋混凝土结构房屋的伸缩缝最大间距

结构类型		室内或土中/m	露天/m
排架结构	装配式	100	70
框架结构	装配式	75	50
	现浇式	55	35
剪力墙结构	装配式	65	40
	现浇式	45	30
挡土墙、地下室墙壁等结构	装配式	40	30
	现浇式	30	20

注：1. 若有充分依据或可靠措施，表中数值可以增减。

2. 若屋面板上部无保温或隔热措施，框架、剪力墙结构的伸缩缝间距，可以按表中露天栏的数值选用，排架结构可以按适当低于室内栏的数值选用。

3. 排架结构的柱顶面（从基础顶面算起）低于 8m 时，宜适当减少伸缩缝间距。

4. 外墙装配内墙现浇的剪力墙结构，其伸缩缝最大间距按现浇式一栏的数值选用。滑模施工的剪力墙结构，宜适当减小伸缩缝间距。现浇墙体在施工中应采取措施减少混凝土收缩应力。

另外，也可采用附加应力钢筋，以加强建筑物的整体性，抵抗可能产生的温度应力，使之少设缝或不设缝，但需经过计算才能确定。

伸缩缝是把基础以上的建筑构件全部分开，并在两个部分之间留出适当的缝隙，以保证伸缩缝两侧的建筑构件能在水平方向自由伸缩。缝宽一般为 20~40mm。

1）砌体结构。砌体结构的墙和楼板及屋顶结构布置可采用单墙承重方案，也可采用双墙承重方案。变形缝最好设置在平面图形有变化处，便于隐蔽处理。

2）框架结构。框架结构的伸缩缝结构一般采用悬臂梁方案，也可采用双梁双柱方式，但施工较复杂。

3）钢结构。普通钢结构工业建筑在温度效应作用下产生结构变形，由于温度应力及温度伸缩将造成比较严重的后果，故而在设计和施工时应考虑温度作用的重要性。对于一般钢结构工业建筑，可以通过划分温度区段、设置温度缝或把温度作用施加于结构整体模型进行计算来考虑。

建筑结构形式有砌体结构、钢筋混凝土结构、钢结构等，钢筋混凝土结构中又有框架结构、框-剪结构、剪力墙结构等，种类较多；建筑大小、形状、高度千姿百态，而建筑所处位置的工程地质条件、气候条件、使用功能、装饰标准等更是千差万别；建筑材料的特性和施工因素对建筑有着很大影响。因此判断某一结构要不要设缝，设什么缝和在什么位置设缝，或者采用何种办法来抵消结构收缩和温度影响，都应根据结构的具体情况经综合分析后再做决定。

12.2.2 伸缩缝节点构造

1. 墙体伸缩缝构造

根据墙体的材料、厚度及施工条件的不同，伸缩缝可以做成平缝、错口缝、企口缝等截面形式。为防止外界自然条件如雨、雪等对墙体及室内环境的侵袭和渗漏，变形缝外墙一侧常用岩棉等 A 级防火材料塞缝，或用不锈钢板等金属板包裹硅酸铝纤维毡，用防火填缝胶密封。变形缝必须考虑防火，设置阻火带。当缝隙较宽时，缝口可用镀锌薄钢板、彩色薄钢板、薄型铝板等金属调节片做盖缝处理。内墙为了美观，可用具有一定装饰效果的金属片等防火面层材料覆盖。盖板一边固定在墙上，另一边悬拖着，以便于适应建筑结构伸缩变形。

所有填缝及盖缝材料的安装构造均应保证结构在水平方向伸缩自由。内墙面和外墙面变形缝构造如图 12-12~图 12-13 所示。

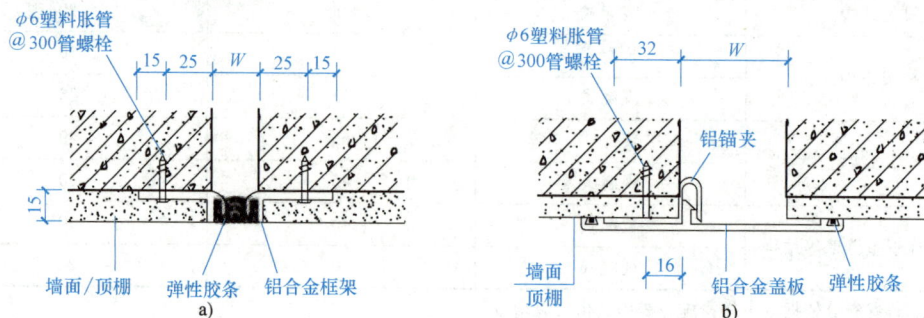

图 12-12　内墙面变形缝构造

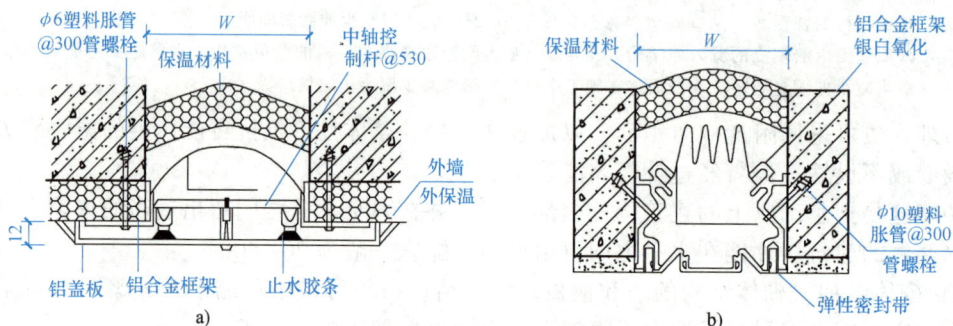

图 12-13　外墙面变形缝构造

2. 楼地板层伸缩缝构造

楼地板层伸缩缝的位置与缝宽大小应与墙体、屋顶变形缝一致，缝内常用可压缩变形的防火材料（如岩棉、金属等）做封缝处理，上面再铺橡胶、塑料地板、地砖或金属盖板等地面材料，以满足地面平整、光洁、防滑、防水及防尘等功能。顶棚的盖缝条只能单边固定，加设不妨碍构件之间变形需要的盖缝板，以保证构件两端能自由伸缩变形。楼地面及顶板的变形缝构造如图 12-14~图 12-20 所示。

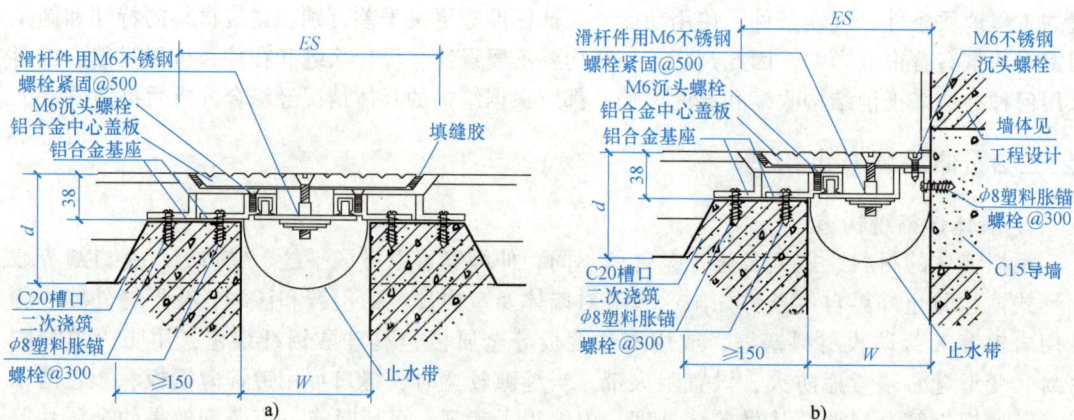

图 12-14　楼面盖板型变形缝

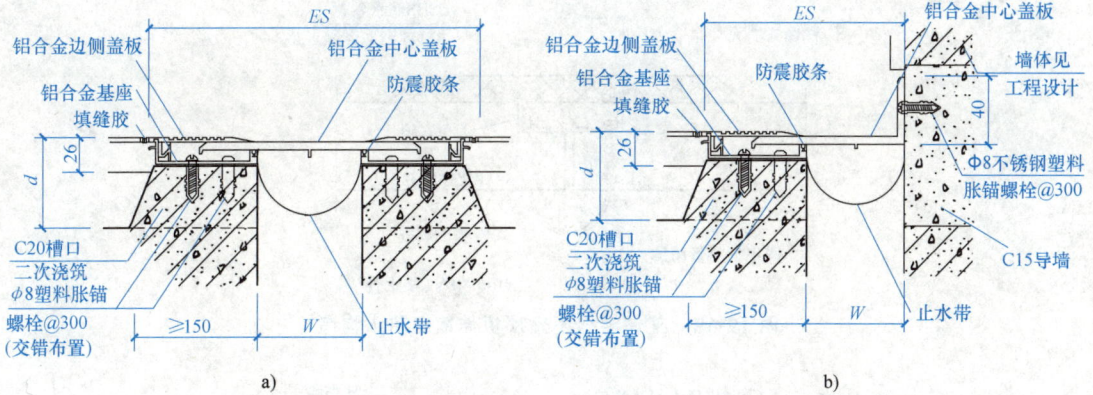

图 12-15　楼面卡锁型变形缝

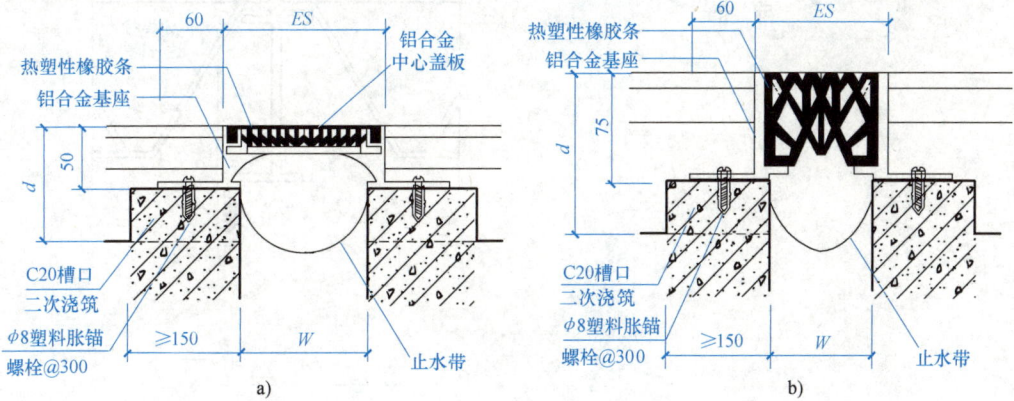

图 12-16　楼面嵌平型变形缝

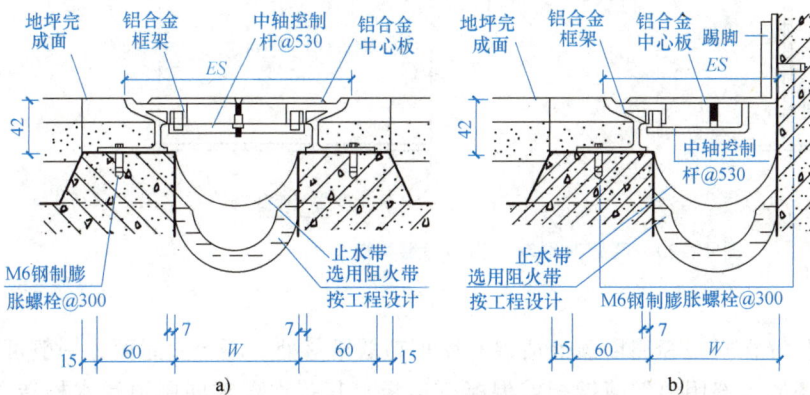

图 12-17　防滑型楼地面变形缝

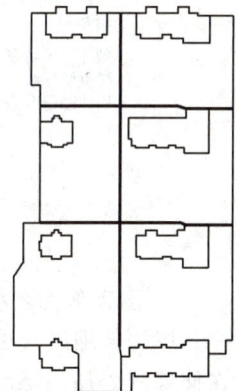

图 12-18　某小区地下
室顶板伸缩缝位置

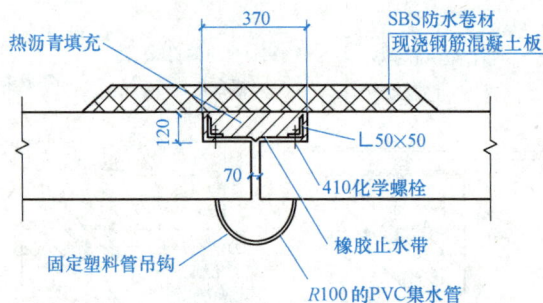

图 12-19　某住宅地下室顶板伸缩缝防水构造

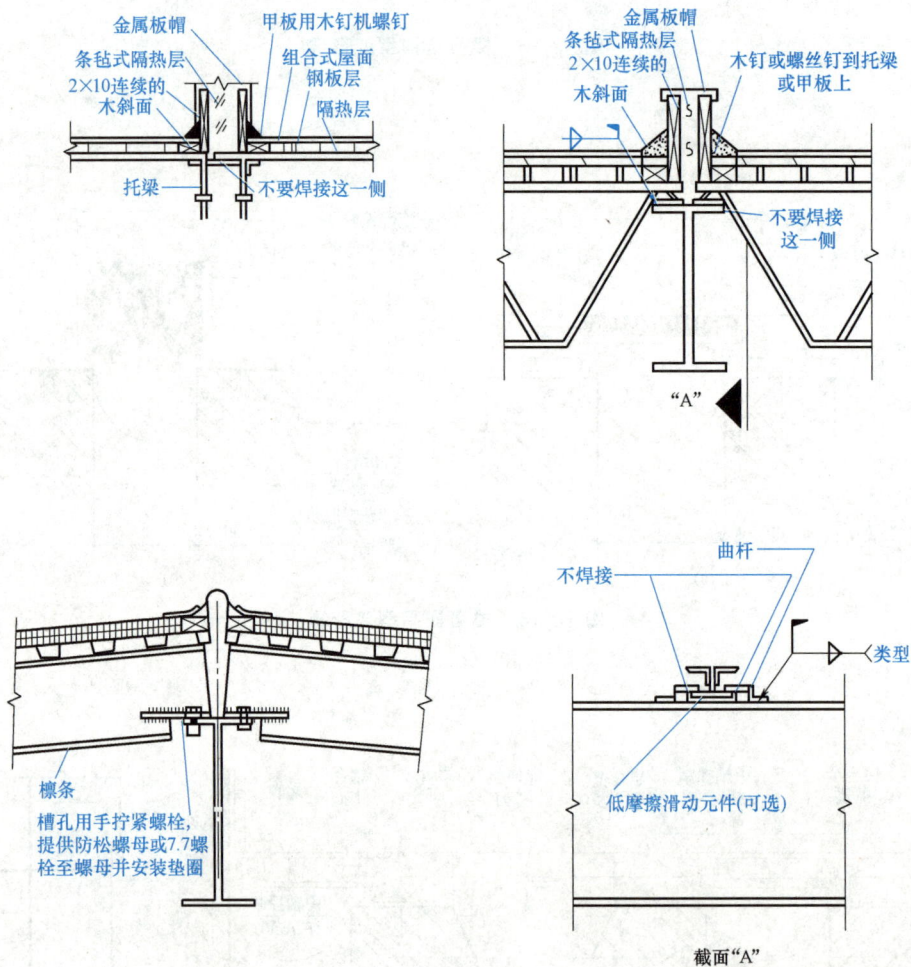

图 12-20　国外典型钢结构伸缩缝构造

3. 屋顶伸缩缝构造

屋顶伸缩缝常见的位置在同一标高屋顶处或墙与屋顶高低错落处。不上人屋面，一般可在伸缩缝处加砌矮墙，矮墙顶部用镀锌薄钢板或混凝土盖板，其基本要求同屋顶泛水构造，不同之处在于盖缝处应能允许自由伸缩而不造成渗漏。上人屋面为了便于行走，缝两侧一般不砌小矮墙，此时应切实做好屋面防水，避免雨水渗漏。在变形缝内部应采用具有自防水功能兼具 A 级防火性能的柔性材料来塞缝，如岩棉等，以防止热桥的产生并能防火。屋顶变形缝的构造如图 12-21~图 12-24 所示。

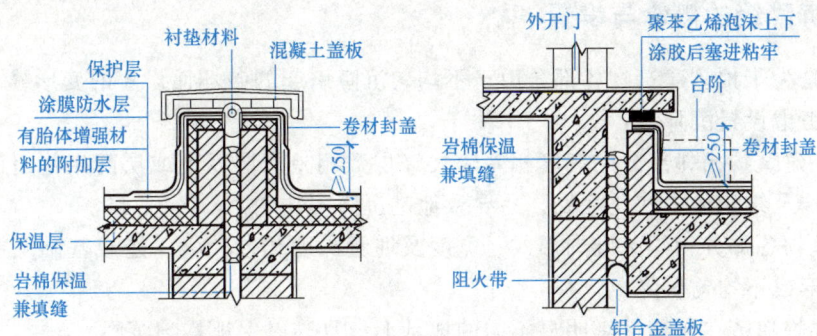

图 12-21 屋顶变形缝

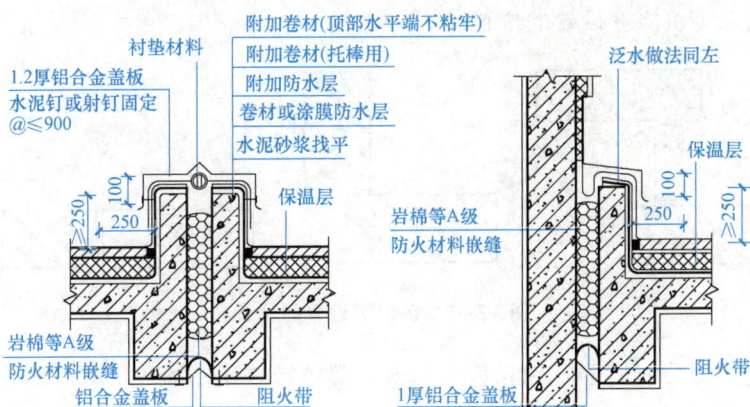

图 12-22 倒置式屋顶变形缝

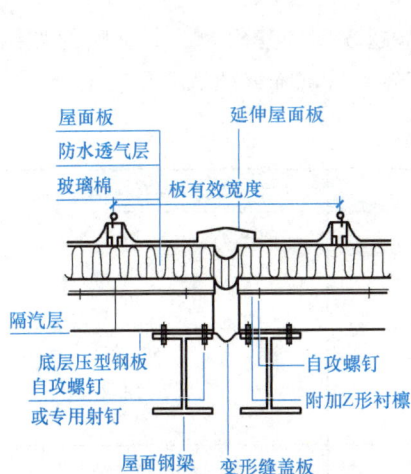

图 12-23 钢结构屋面变形缝

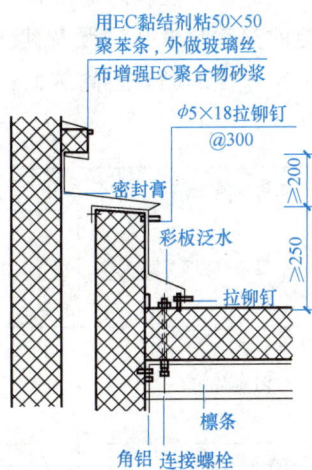

图 12-24 金属夹芯板屋面变形缝

12.3 沉降缝

12.3.1 沉降缝的概念与设置

沉降缝是为了预防建筑物各部分由于不均匀沉降引起的破坏而设置的变形缝。凡属下列情况时均应考虑设置沉降缝：

1）同一建筑物相邻部分的高度相差较大（层数相差两层以上或层高相差超过10m）或荷载大小悬殊及结构形式变化之处，易导致地基沉降不均匀。

2）建筑物各部分相邻基础的形式、宽度及埋置深度相差较大，造成基础底部压力有很大差异，易形成不均匀沉降。

3）建筑物建造在压缩性有明显不同的地基上，且难以保证均匀沉降。

4）建筑物体形比较复杂，连接部位又比较薄弱。

5）新建建筑物与既有建筑物相毗连。

图12-25所示为沉降缝设置的位置。

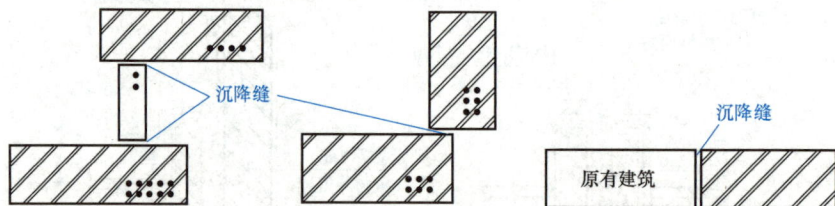

图12-25 沉降缝设置的位置

沉降缝构造复杂，给建筑、结构设计和施工都带来一定的难度。因此，在工程设计时，应尽可能通过合理的选址、地基处理、建筑体型的优化、结构选型和计算方法的调整及施工程序上的配合（如高层建筑与裙房之间采用后浇带的办法）来避免或克服不均匀沉降，从而达到不设或尽量少设沉降缝的目的。

沉降缝的宽度与地基情况及建筑高度有关，地基越软弱的建筑物，其沉陷的可能性越大，沉降后所产生的倾斜距离越大，要求的缝隙宽度越大。沉降缝的宽度见表12-4。

表12-4 沉降缝的宽度

地基性质	建筑物高度或层数	缝宽/mm
一般地基	$H<5m$	30
	$H=5\sim10m$	50
	$H=10\sim15m$	70
较弱地基	2～3层	50～80
	4～5层	80～120
	5层以上	>120
湿陷性黄土地基	—	≥30～70

注：沉降缝两侧单元层数不同时，由于高层影响，地层倾斜往往很大，因此宽度应按高层确定。

12.3.2 沉降缝的构造

沉降缝与伸缩缝最大的区别在于伸缩缝需保证建筑物在水平方向的自由伸缩变形,而沉降缝主要应满足建筑物各部分在垂直方向的自由沉降变形,故应将建筑物从基础到屋顶全部断开。沉降缝一般兼具伸缩缝的作用,其构造与伸缩缝基本相同。为了沉降变形与预留出维修空间,应在调节片或盖缝板构造上保证两侧墙体在水平方向或垂直方向均能自由变形。

1. 基础沉降缝

基础沉降缝的构造处理方案有双墙式、挑梁式、交叉式和简支水平构件式。

(1) 双墙式 双墙式基础沉降缝的方案是将双墙下的基础大放脚断开留缝。这种做法施工简单、造价低,但是容易出现两墙之间间距较大或基础偏心受压的情况,有可能向中间倾斜,因此这类沉降缝适用于基础荷载较小的房屋,如图12-26所示。

(2) 挑梁式 若沉降缝两侧基础埋深相差较大或新建建筑与既有建筑相毗连,可以采用挑梁式基础沉降缝方案。即将沉降缝一侧的墙和基础按一般构造做法处理,而另一侧采用支撑基础梁、基础梁上支撑轻质墙的做法如图12-27所示。

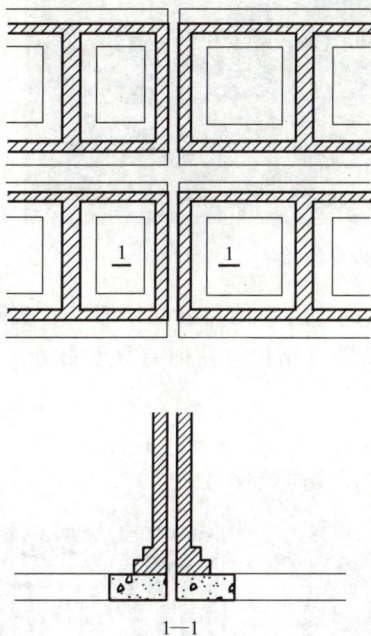

图12-26 双墙或双柱承重方案易造成基础偏心

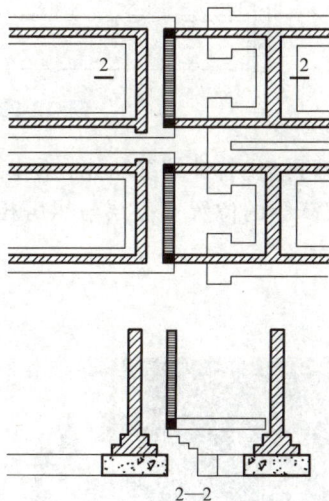

图12-27 悬臂挑出梁承重方案

(3) 交叉式 交叉式基础沉降缝的处理方案是将沉降缝两侧的基础做成墙下独立基础,交叉设置,在各自的基础上设置基础梁以支撑墙体,如图12-28所示。这种做法受力明确,效果较好,但其施工难度大,造价偏高。

(4) 简支水平构件式 用一段简支的水平构件做过渡处理,如图12-29所示。该方式多用于连接两个建筑物的架空走道等,但在抗震设防地区需谨慎使用。

2. 外墙沉降缝

一般地,外墙沉降缝外侧缝口应根据缝的宽度不同,采用两种形式的金属调节片盖缝。

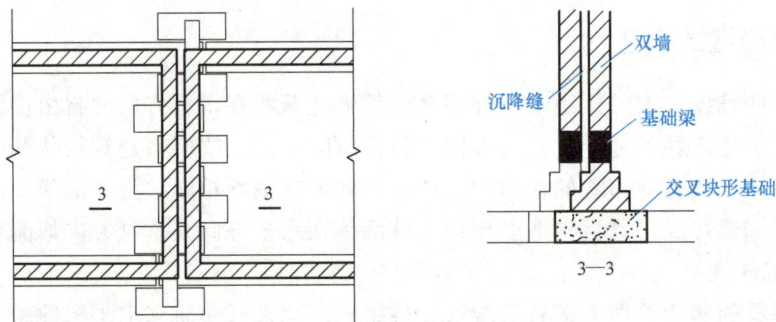

图 12-28　双墙基础交叉排列式方案

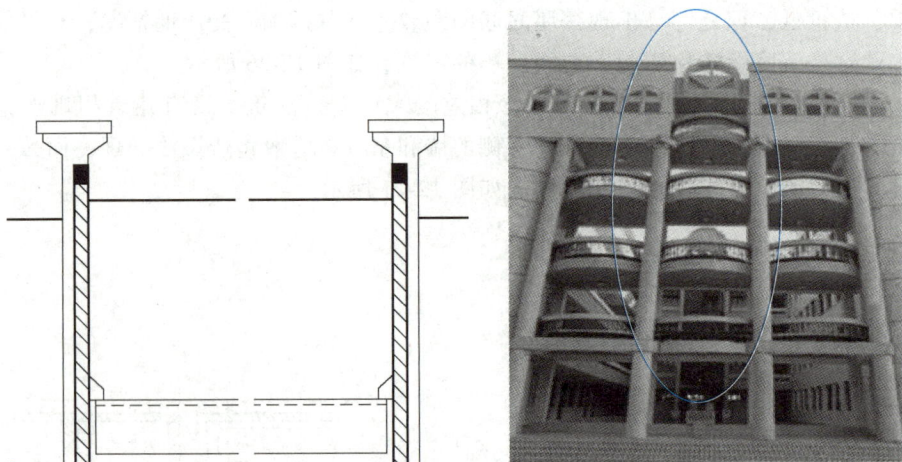

图 12-29　用简支水平构件来设变形缝

因沉降缝可以代替伸缩缝功能，所以内墙沉降缝及外墙内侧缝口的盖缝同伸缩缝。实际案例中设置沉降缝的位置（高层与裙房相邻处，或高度、荷载、结构、新旧差异明显处），如图 12-30 所示。

a)

b)

图 12-30　设置沉降缝的位置（高层与裙房相邻处，或高度、荷载、结构、新旧差异明显处）
a）某建筑高层与裙房之间设沉降缝　b）华东电管局结构高差及荷载悬殊处

c) d)

图 12-30 设置沉降缝的位置（高层与裙房相邻处，或高度、荷载、结构、新旧差异明显处）（续）

c）相邻部分结构差异大 d）某建筑在原来内庭院中加建新老建筑相邻

3. 屋顶沉降缝

屋顶沉降缝应充分考虑不均匀沉降对屋面防水和泛水带来的影响，泛水金属皮或其他构件应考虑沉降变形与维修余地。屋顶变形缝盖缝如图 12-31 所示。

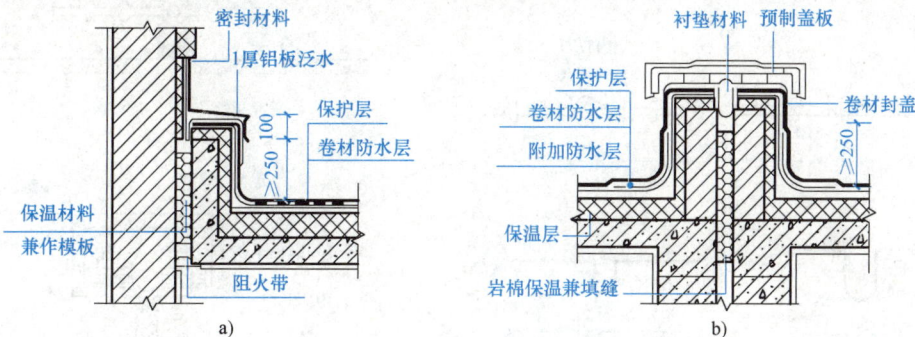

图 12-31 屋顶变形缝盖缝

a）有高差处 b）无高差处

4. 楼板沉降缝

楼板层应考虑沉降变形对地面交通和装修带来的影响，顶棚盖缝处理也应充分考虑变形方向，以尽可能减少变形后产生缺陷。承重型楼地面和单列嵌平型楼地面变形缝如图 12-32、图 12-33。

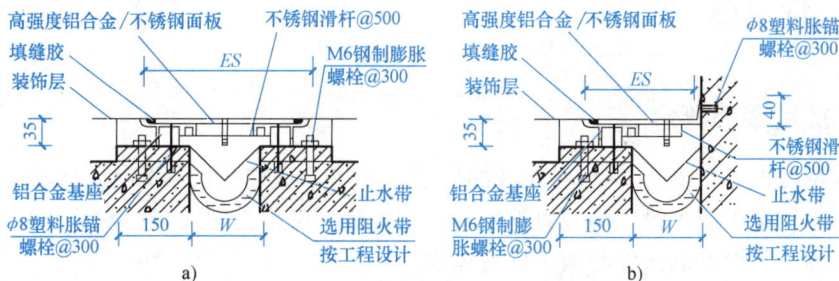

图 12-32 承重型楼地面变形缝

a）楼地面 b）楼地面与墙面相交处

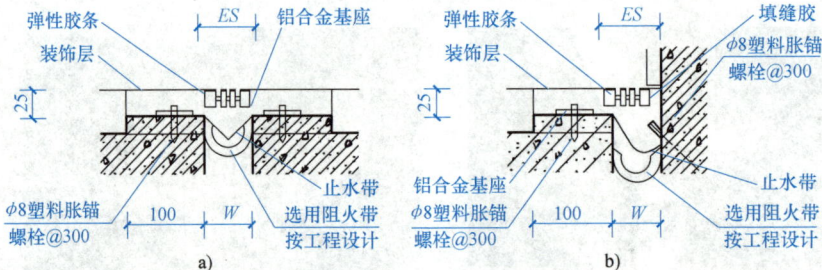

图 12-33　单列嵌平型楼地面变形缝
a）楼地面　b）楼地面与墙面相交处

5. 地下室沉降缝

为使地下室变形缝处能保持良好的防水性，必须做好地下室墙身及地板层的防水构造，其措施是在结构施工时，在变形缝处预埋止水带，如图 12-34 和图 12-35 所示。止水带中间空心圆或弯曲部分，须对准变形缝，以适应变形需求。

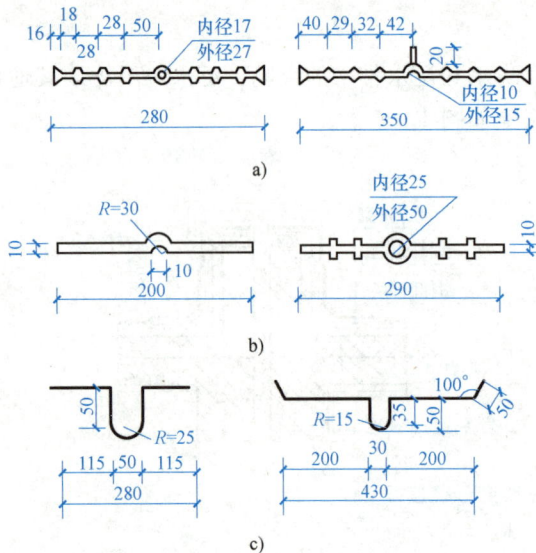

图 12-34　地下室变形缝构造
a）塑料止水带　b）橡胶止水带　c）金属止水带

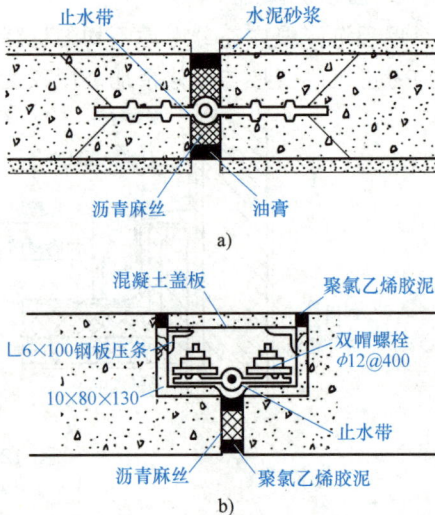

图 12-35　止水带安装方式
a）内埋式　b）可卸式

12.4　抗震缝

12.4.1　抗震缝的概念

建造在抗震设防烈度为 7~9 度地区的房屋，为了防止建筑物各部分在地震时，相互撞击引起破坏，按抗震要求设置的垂直缝隙即为抗震缝，又称为防震缝。对于层数和结构形式不同的建筑物，其设缝的条件与构造均有差别。

抗震设防烈度 6 度以下的地区可以不进行抗震设防。设防烈度为 10 度的地区，建筑抗震设计应按相关专门规定执行。设防烈度 7~9 度的地区，应按一般规定设防震缝，将房屋划分成若干体型简单、结构刚度均匀的独立单元。图 12-36 所示为对防震不利的建筑体型和设防震缝后断开的建筑平面。

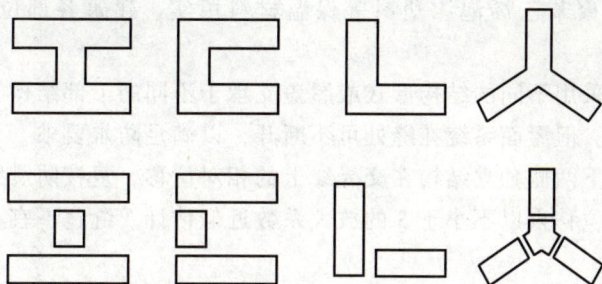

图 12-36　对防震不利的建筑体型和设防震缝后断开的建筑平面

12.4.2　抗震缝的设置要求

抗震缝应沿着建筑物全高设置，缝的两侧应布置双墙或双柱，或一墙一柱，以使各部分结构都具有较好的刚度。抗震缝的设置原则依抗震设防烈度、房屋结构类型和高度不同而异。对多层砌体房屋，应重点考虑采用整体刚度较好的横墙承重或纵、横墙混合承重的结构体系；在设防烈度 8 度和 9 度地区，有下列情况之一时宜设抗震缝：

1）房屋立面高差在 6m 以上。

2）房屋有错层，且楼板高差大于层高 1/4。

3）房屋各组成部分结构刚度、质量截然不同。

抗震缝的宽度与房屋高度和抗震设防烈度有关。对多层和高层钢筋混凝土结构房屋，应尽量选用合理的建筑结构方案，不设抗震缝。若必须设置抗震缝，其最小宽度见表 11-5。设防烈度为 8 度地区的高层建筑物按建筑总高度的 1/250 考虑，见表 12-5。

表 12-5　抗震缝的最小宽度

建筑物高度/m	设计烈度	抗震缝最小宽度/mm	
≤15	按设计烈度	多层砖房	50~70
		多层钢筋混凝土房屋	70
>15	6	高度每增高 5m	在 70 基础上加 20
	7	高度每增高 4m	
	8	高度每增高 3m	
	9	高度每增高 2m	

12.4.3　抗震缝的构造

抗震缝的构造与伸缩缝、沉降缝的构造基本相同。同时抗震缝应与伸缩缝、沉降缝统一布置，且应满足抗震缝的设计要求。一般情况下，抗震缝的基础可不分开，但在平面复杂的建筑中，或者建筑相邻部分刚度差别很大时，基础将被分开。另外，如果抗震缝与沉降缝结合设置，基础应该断开。

建筑物的抗震，一般只考虑水平地震作用的影响，因此，抗震缝构造及要求与伸缩缝相

265

似，但不应做成错缝和企口缝。由于抗震缝一般较宽，构造上更应注意做好盖缝的牢固、防风、防雨等防护构造，使之具有适应变形的能力。寒冷地区的外缝口必须用具有弹性的软质聚氯乙烯泡沫塑料、聚苯乙烯泡沫塑料等保温材料填实。建筑各部位抗震缝的构造如图12-37～图12-42所示。

当大跨屋盖分区采用不同的结构形式或屋盖支承于不同的下部结构时，在结构交界区域设置抗震缝是必需的，但屋面系统在缝处可不断开，以满足防水要求。

建议按设防烈度下两侧独立结构在交界线上的相对位移，复核防震缝的宽度。也可按多遇地震下的最大相对位移乘以不小于3的放大系数近似估计。缝宽不宜小于150mm。

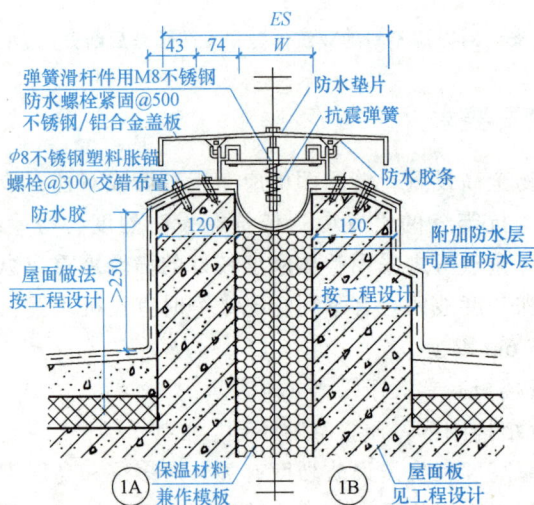

图 12-37 屋面防震型变形缝（一）

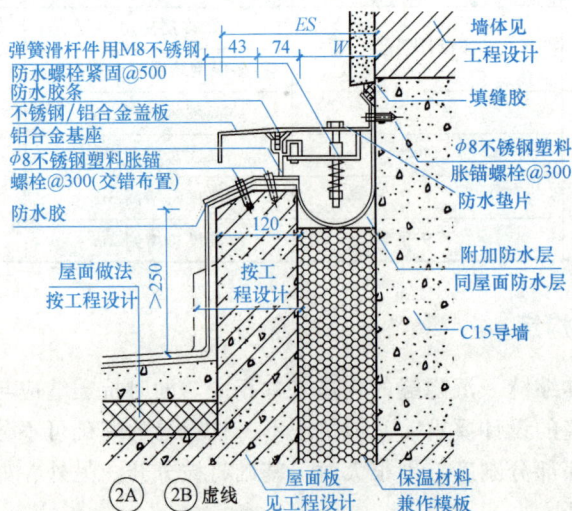

图 12-38 屋面防震型变形缝（二）

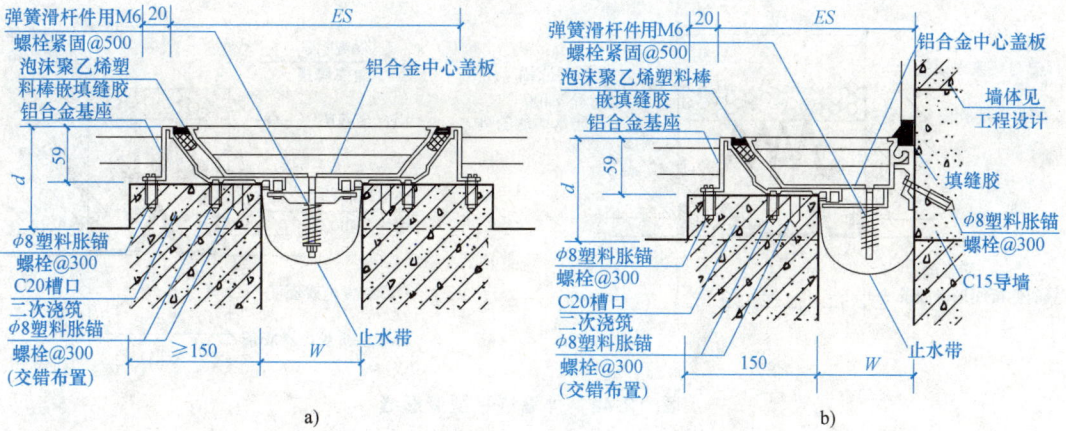

图 12-39 楼面防震型变形缝

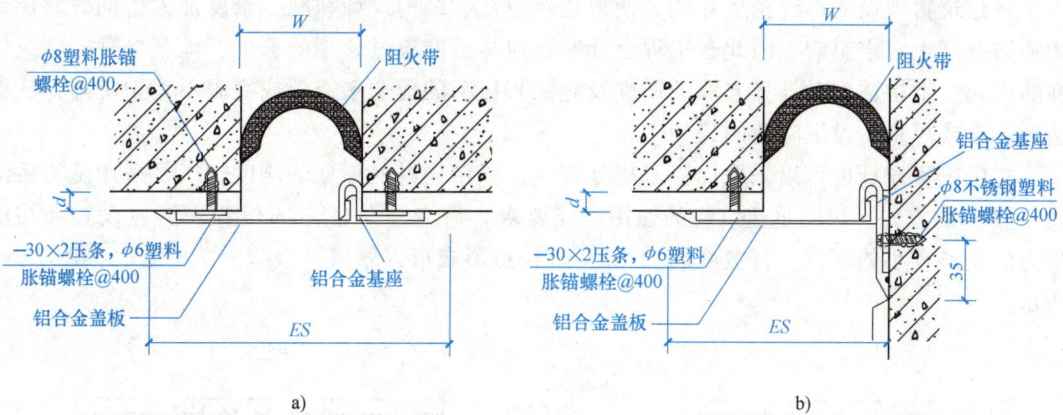

图 12-40 内墙面、顶棚盖板型、卡锁型变形缝

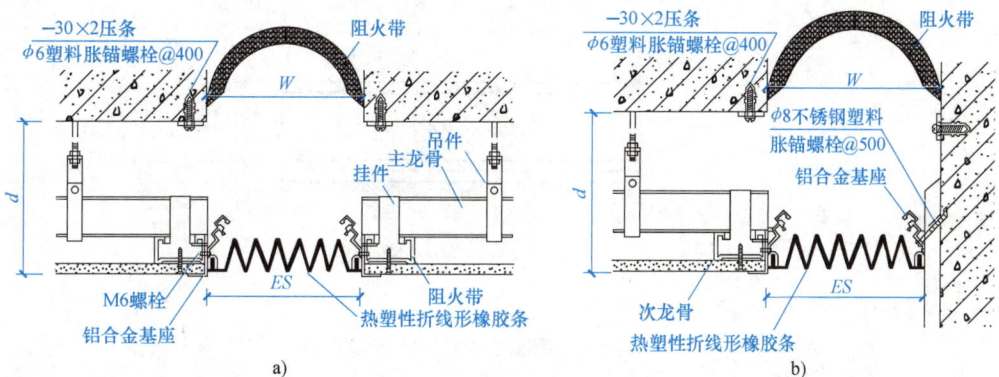

图 12-41 吊顶嵌平型变形缝

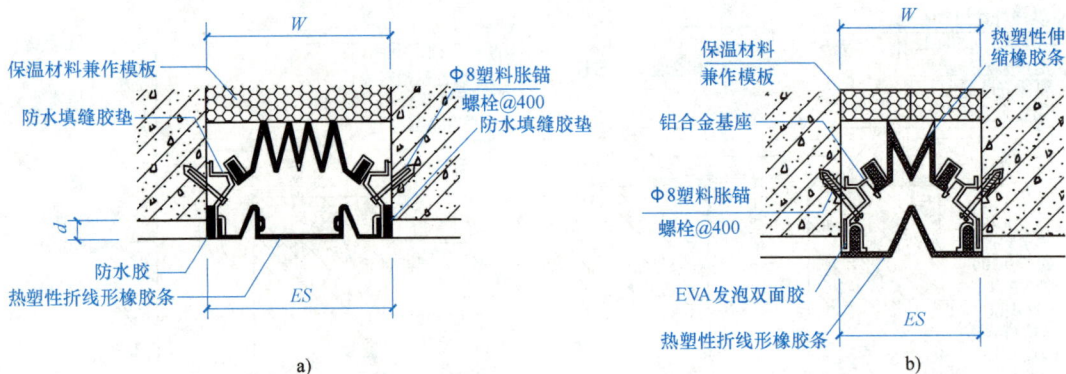

图 12-42　外墙嵌平型变形缝

12.5　不设变形缝对抗变形

在建筑物中设变形缝构造复杂，使得建筑设计、结构设计和施工难度加大，同时对建筑物的造型产生一定影响。因此在工程设计时，应尽可能通过合理的选址、地基处理、建筑体型的优化、结构选型和计算方法的调整及施工程序上的配合来避免或克服不均匀沉降，从而达到不设或尽量少设沉降缝的目的。

实际工程设计中可以采取加强基础处理，加强结构易变形处的刚度，以及采用施工后浇缝（带）的方式，以满足建筑物的使用功能要求。后浇缝（带）的位置一般应设置在结构受力的变形较小的部位，其宽度约为1m，其构造形式可以做成平直缝或阶梯缝，如图 12-43 所示。

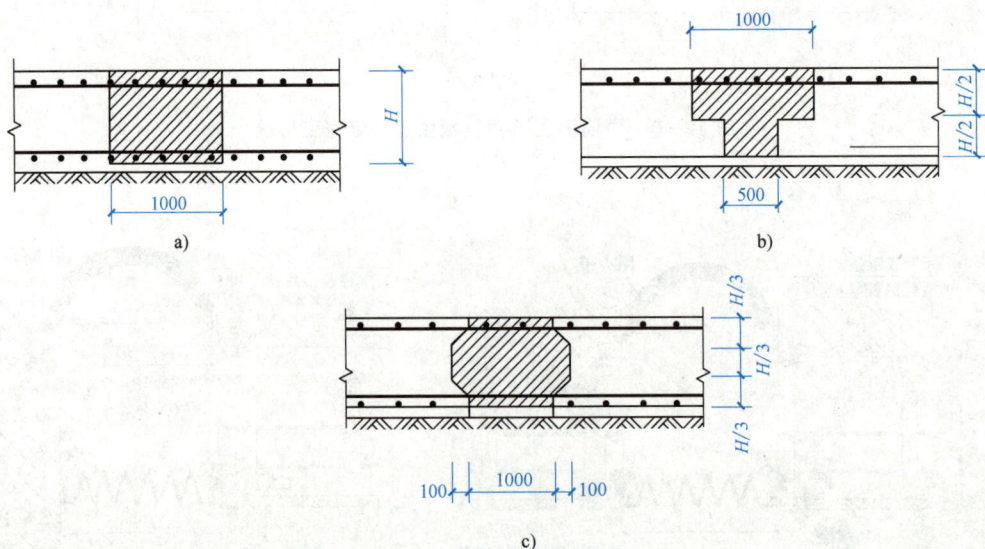

图 12-43　后浇缝（带）构造示意图

1. 建筑物设变形缝带来的负面影响

1）必须做盖缝处理，否则缝内容易落入杂物、雨雪、小动物等，也容易破坏、老化而不耐久。

2）在楼面、屋面、地下室和外墙等变形缝处，容易发生渗漏。

3）当采用双墙双柱设缝的方案时，特别是紧邻的双柱，其庞大体积往往会给装修带来一定困难等。

2. 不设变形缝对抗变形的实例讨论

（1）整浇厚板基础 如图12-44所示，加强基础部分，使得高层和其裙房能赖以均匀沉降，但其基础底板厚达2.8m，而且8600m³混凝土需一次浇筑完成。

（2）悬挑基础梁 裙房部分不设基础，由高层部分基础上伸出悬臂梁来支承，以求得同步沉降，如图12-45所示。

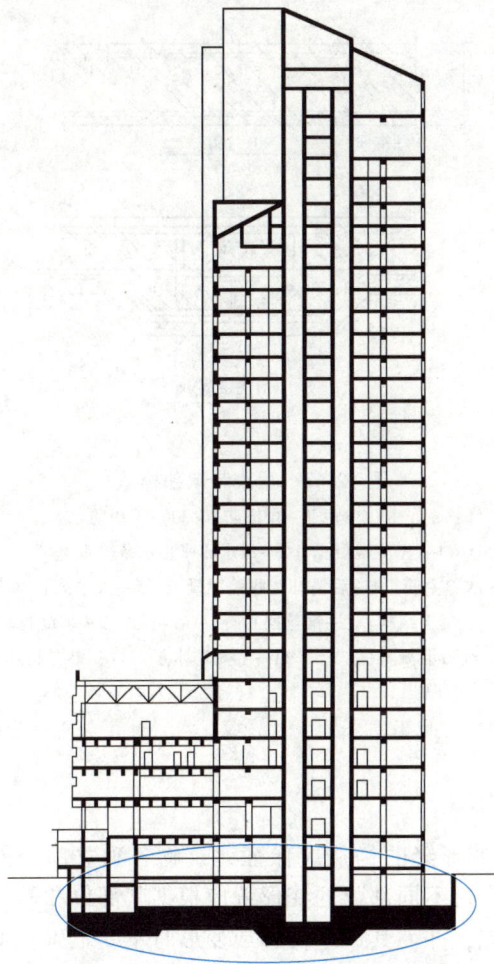

图12-44 整浇厚板基础

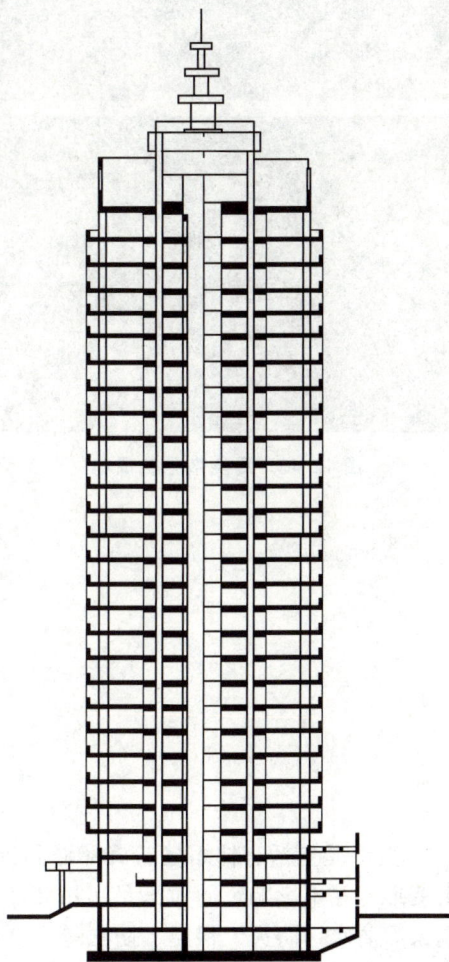

图12-45 悬挑基础梁

（3）后浇带法 其做法是：在高层和裙房之间留出一段800~1000mm宽的后浇带板。高层部分可以与裙房同时开始施工，但应预先计算好两部分的沉降量，以其差值作为两边应在同一水平面上水平构件的标高差值。等高层部分结构封顶约两周后，估计其主要沉降量已接近完成，这时两边应在同一平面上的水平构件也已持平，再将后浇板带浇筑成形。这种方法已得到了越来越广泛的应用。后浇带施工现场及细部构造，如图12-46和图12-47所示。

图 12-46 后浇带施工现场

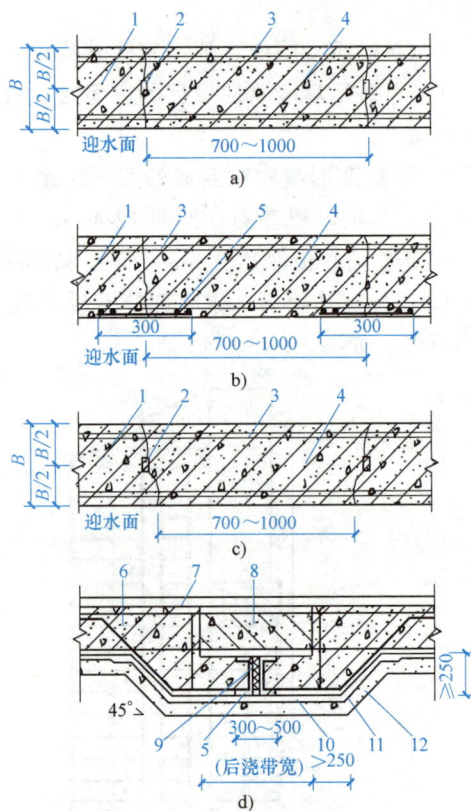

图 12-47 后浇带细部构造

a)、b)、c) Ⅱ~Ⅳ级防水 d) 工级防水
1—先浇混凝土 2—遇水膨胀止水条（胶）
3—结构主筋 4—后浇补偿收缩混凝土 5—外贴式止水带
6—混凝土结构 7—钢丝网片 8—后浇带 9—填缝材料
10—细石混凝土保护层 11—卷材防水层 12—垫层混凝土

本 章 小 结

1. 变形缝包括有伸缩缝、沉降缝和抗震缝。变形缝的构造应保证建筑物各独立部分能自由变形，互不影响，同时满足实用和美观的要求。不同部位的变形缝应根据其部位和需要分别采取防水、防火、保温、防虫等安全防护措施，并使其产生位移或变形时不受阻碍，不被破坏（包括面层）。

2. 为预防建筑物会因热胀冷缩导致变形增大，从而产生开裂，常常沿建筑物长度方向每隔一定距离或在结构类型变化处预留缝隙，将建筑物断开。这种因温度变化而设置的缝隙就称为伸缩缝或温度缝。伸缩缝从基础顶面开始，将建筑物的墙体、楼板层、屋顶等地面以上构件全部分开。

3. 沉降缝是为了预防建筑物各部分由于不均匀沉降引起的破坏而设置的变形缝。沉降缝与伸缩缝最大的区别在于伸缩缝需保证建筑物在水平方向的自由伸缩变形，而沉降缝主要应满足建筑物各部分在垂直方向的自由沉降变形，故应将建筑物从基础到屋顶全部断开。

4.建造在抗震设防烈度为7~9度地区的房屋，为了防止建筑物各部分在地震时，相互撞击引起破坏，按抗震要求设置的垂直缝隙即为抗震缝，又称为防震缝。抗震缝的构造与伸缩缝、沉降缝的构造基本相同。同时抗震缝应与伸缩缝、沉降缝统一布置，且应满足抗震缝的设计要求。一般情况下，防震缝的基础可不分开，但在平面复杂的建筑中，或者建筑相邻部分刚度差别很大时，基础将被分开。另外，如果抗震缝与沉降缝结合设置，基础应该断开。

习　题

一、简答题

1. 什么是变形缝？变形缝有哪几种？
2. 伸缩缝的设置要求有哪些？如何确定其宽度？
3. 设置伸缩缝时，基础需要断开吗？为什么？
4. 什么情况下需要设置沉降缝？
5. 抗震缝的设置要求有哪些？
6. 后浇带的设置要求有哪些？

第13章

装配式建筑构造

学习目标

了解装配式建筑的概念、特点、分类及适用范围；了解装配式混凝土建筑结构体系，掌握各种结构类型的特点、组成及适用范围；了解装配式建筑的构件类型；掌握装配式混凝土建筑构件的连接方式及其节点构造等。

■ 13.1 装配式建筑概述

装配式建筑是实现建筑工业化的重要手段，也是未来建筑业的发展方向。我国的建筑工业化始于 20 世纪 50 年代第一个五年计划时期，国务院在 1956 年 5 月发布的《关于加强和发展建筑工业的决定》中明确提出："为了从根本上改善我国的建筑工业，必须积极地有步骤地实行工厂化、机械化施工，逐步完成对建筑工业的技术改造，逐步完成向建筑工业化的过渡"。经过 20 多年的实践，1978 年国家基本建设委员会正式提出，建筑工业化以建筑设计标准化、构件生产工业化、施工机械化以及墙体材料改革为重点。改革开放 40 多年来，我国的建筑工业化进程不断在加快，由黏土砖升级到混凝土，进而再升级为泵装混凝土。随着大型装备生产能力与建造技术的不断发展成熟，《国务院办公厅关于大力发展装配式建筑的指导意见》（国办发〔2016〕71 号）正式提出了装配式建筑的发展目标："力争用 10 年左右的时间，使装配式建筑占新建建筑面积的比例达到 30%。"发展装配式建筑是建造方式的重大变革，这意味着建筑业的手工操作即将转化成为工业化集成建造，质量通病将通过工厂化生产大量减少，手工误差将被精细化工业生产大量避免，并且有利于节约资源能源、减少施工污染、提升劳动生产效率和质量安全水平。

13.1.1 装配式建筑的概念

装配式建筑是由预制部品部件在工地装配而成的建筑，即将预制部品部件通过系统集成的方法在工地装配，实现建筑主体结构构件预制，非承重围护墙和内隔墙非砌筑并全装修的建筑。装配式混凝土建筑的施工流程如图 13-1 所示。

建造装配式建筑是一个系统集成过程，即以工业化生产方式的系统性建造体系为基础，实现装配式建筑核心内容，即四大系统（建筑结构系统、建筑外围护系统、建筑内装系统、建筑设备与管线系统）一体化和策划、设计、生产及施工等一体化的过程，装配式建筑的

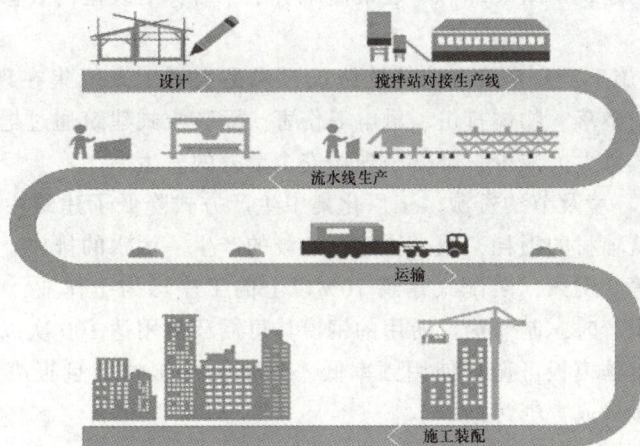

图 13-1　装配式混凝土建筑的施工流程

系统集成如图 13-2 所示。装配式建筑应采用模数与模数协调、模块与模块组合的标准化设计方法，实现四大系统的系统集成。

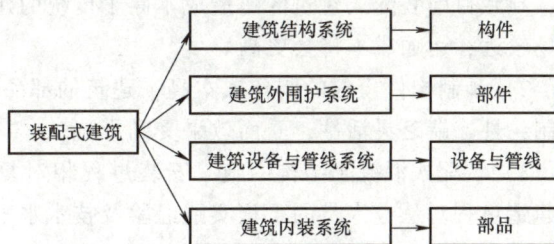

图 13-2　装配式建筑系统集成

装配式建筑采用装配率作为重要的评价指标，反映了预制装配等工业化建造技术的应用水平。装配率是指单体建筑室外地坪以上的主体结构、围护墙和内隔墙、装修和设备管线等采用预制部品部件的综合比例，具体计算方法可参考《装配式建筑评价标准》GB/T 51129 的相关规定。

13.1.2　装配式建筑的特点

与采用传统建造方式的建筑相比，装配式建筑对房屋的建设模式和生产方式产生了深刻变革，建筑设计呈现出流程精细化、设计模数化、配合一体化、成本精确化和技术信息化的特征，从而使装配式建筑凸显出诸多优势，如有利于提高施工质量、加快施工进度、提高建筑品质、文明施工及安全管理、保护环境及节约资源等。但我国尚处于建筑产业化的初期阶段，不可避免地显露出一些劣势，如建造成本高、尺寸限制等。

1. 装配式建筑的优势

1）有利于提高施工质量。装配式构件是在工厂里预制生产，能最大限度地改善墙体开裂、渗漏等质量通病，材料的强度、耐火性、抗冻融性、隔声保温等性能指标能够得到保证，有利于提高建筑的整体安全等级、防火性和耐久性。

2）有利于加快施工进度。装配式建筑是在完成各类构件生产之后，将其运送到施工场地，由专业人员对其进行安装和拼接，与传统建筑工程施工相比，机械化程度高，能保证吊装的连续性，施工过程简单，缩减了不必要的施工工序，进度比传统施工方式加快 30% 左右。

3）有利于提高建筑品质。由于室内安装、精装修工厂化，管道、装修成品等在工厂生产完成之后，运送到建筑中组装即可。建筑使用若干年后，更改室内装修也比采用传统施工方式时容易得多。

4）有利于文明施工及安全管理。传统施工方式是大量工人聚集在现场，交叉作业多，容易对工人造成高空坠落、物体打击、触电等伤害。而装配式建筑通过把大量的作业转移到工厂，使现场工人数量大大减少，降低了现场安全事故的发生率。

5）有利于保护环境及节约资源。工厂化集中生产方式降低了建筑主材的消耗；装配化施工方式降低了建筑辅材的损耗，减少了建筑垃圾的产生、污水的排放、噪声的干扰、有害气体及粉尘的排放等。例如，装配式建筑70%以上的工序均为干作业，大大减少了对水资源的浪费；工业化生产时，制作构件所用的钢模具可循环使用达100次以上，报废后还可回炉，而现场制作模具的模板可循环使用频率低，一般仅5~8次，且报废后通常采用烧毁的方式处理，会进一步造成大气污染。

2. 装配式建筑的劣势

1）我国还处于建筑产业化的初期阶段，由于产业链配套、技术、人工等各方面的原因，导致目前装配式建筑的建造成本高于传统的建筑施工方式，如果构件生产工厂距离施工现场较远，运输成本将会更高。

2）预制构件模板的制作成本高，建筑的部品部件须尽量统一，从而对建筑造型有较大的制约性，缺乏灵活性，立面效果受到影响。

3）装配式混凝土结构的施工安装过程相对复杂，施工质量要求高，增加了施工难度，其建造过程对从业人员的工程实践经验及技术水平、管理能力要求更高。

4）构件工厂化生产因模具限制及运输（水平垂直）的限制，构件尺寸不能过大；对现场垂直运输机械的要求也较高，需使用大型的吊装机械。此外，对施工过程中的设计优化很难实现，增加了后期改造难度。

13.1.3 装配式建筑的分类

根据建筑的使用功能、建筑高度、造价及施工等不同，组成建筑结构构件的梁、柱、墙等可以选择不同的建筑材料及不同的材料组合，如钢筋混凝土、钢材、木材等。装配式建筑根据主要受力构件和材料的不同可以分为三大类：装配式混凝土建筑、装配式钢结构建筑和装配式木结构建筑。装配式建筑的结构体系分类，如图 13-3 所示。

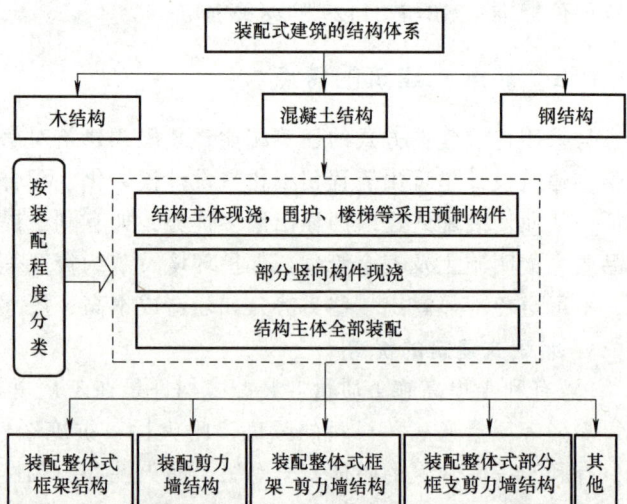

图 13-3 装配式建筑体系分类

1. 装配式混凝土建筑

装配式混凝土建筑（简称PC）是结构系统由混凝土部件（预制构件）构成的装配式建筑。混凝土是一种具有流动性的松散材料，施工时必须使用模具塑形，在水化反应过程中逐渐硬化成型。因此，既可以在施工现场浇筑，也可以在工厂预制成不同构件单元，然后运送到现场进行组装。混凝土构件之间的连接可以采用类似于钢结构的机械连接，也可采用现浇钢筋混凝土组装成整体，还可采用焊接或后张预应力的方法形成受力结构。按照装配化的程度，分为全装配式混凝土结构和装配整体式混凝土结构。全装配式混凝土结构是预制混凝土构件采用干连接（如螺栓、焊接等）方式形成整体的结构形式，通常应用于单层厂房、低层建筑或抗震设防要求较低的多层建筑。装配整体式混凝土结构是预制混凝土构件通过可靠的连接方式进行连接并与现场后浇混凝土、水泥基灌浆料形成整体的结构形式，具有较好的整体性和抗震性，广泛应用于大部分多层建筑和全部高层装配式混凝土建筑等。

2. 装配式钢结构建筑

装配式钢结构建筑是结构系统由钢部（构）件构成的装配式建筑。钢结构普遍以装配式施工为主，在单层工业厂房、大跨度公共建筑、高层及超高层建筑中已经普及应用，在国内住宅领域中发展也较快，只需要解决好防火、防锈以及内外墙板的保温、隔声、防水等问题。钢结构由于工厂化生产、装配化施工的固有特性，具有机械化程度高、尺寸精度好、容易装配连接、施工周期短、抗震性能好等优点。但与钢筋混凝土结构相比，其造价仍然偏高，再者适用于钢结构住宅的围护体系价格也偏高，导致钢结构住宅的整体成本较高。随着与混凝土结合成"组合结构"或"混合结构"的应用研究，装配式钢结构建筑将进一步提高经济性。

3. 装配式木结构建筑

装配式木结构建筑是结构系统由木结构承重构件组成的装配式建筑。木结构由于木材纵横向不同性的力学特征，往往采用锯、切、刨、钻、钉等方法进行加工，需要使用大量的机械，因此一般在工厂加工成不同的构件或部品，现场通过螺栓和螺钉连接。木结构虽然比较轻、施工简便，但由于我国木材资源不够丰富，制约了木结构的发展，在美国、加拿大、日本等国家，木结构建筑是主要的住宅建筑形式。随着经济的全球化发展，充分利用国外木材资源发展国内建筑，特别是小城镇建筑和农村房屋，是未来的发展方向。

综上，不同的装配式建筑结构形式，其生产工艺和特点有很大差别，因此实现建筑工业化的方法就包括很多种。钢结构和木结构一般都是在工厂生产，然后运输到现场进行装配，其本身就接近于装配式建筑。而混凝土结构既可以现场浇筑，也可以工厂预制生产后装配化施工；既可以采用普通钢筋，也可采用预应力钢筋；从低层到超高层、从小开间到大跨度，应用方法灵活多变，甚至可以与钢结构、木结构形成混合结构，是目前国内主流的建筑结构形式。

本章重点介绍装配式混凝土建筑的结构体系（13.2节）、构件类型（13.3节）以及构件的连接和节点构造（13.4节）。

13.2 装配式混凝土建筑结构体系

通常情况下任何形式的钢筋混凝土现浇结构体系建筑，如框架结构、框架-剪力墙结构、剪力墙结构、部分框支剪力墙结构等，都可以实现装配式。但因为抗震等因素，目前国内尚无所有结构构件均实现预制的装配式建筑。装配式混凝土结构体系主要包括：装配整体式框架结构、装配式剪力墙结构、装配整体式框架-剪力墙结构、装配整体式部分框支剪力墙结构。

13.2.1 装配整体式框架结构

装配整体式框架结构是全部或部分框架梁、柱等采用预制构件建造而成的混凝土结构体系，如图 13-4 所示。结构体系的传力路径明确、装配效率高、现浇湿作业较少、内部空间自由度好，是最适合进行预制装配化的结构形式。装配式框架结构由多个预制部分组成，如预制柱、预制梁、预制楼梯、预制叠合楼板、预制外墙板等，各部分在工厂进行标准化预制生产，现场采用塔式起重机等大型设备安装。竖向构件多采用套筒灌浆连接方式，水平构件

图 13-4　装配式混凝土框架结构

的梁板多采用叠合现浇方式，梁接头采用钢筋锚固或焊接、机械连接等后浇筑混凝土接头。这种结构形式具有一定的适用范围，在需要设计开敞大空间的建筑中比较常见，如仓库、厂房、商场、教学楼、办公楼、医院、酒店等建筑，近几年也逐渐在住宅建筑中使用。根据抗震设防烈度，装配整体式框架结构的最大适用高度范围为 30~70m。

13.2.2 装配式剪力墙结构

根据主要受力构件的预制及连接方式，装配式剪力墙结构可分为装配整体式剪力墙结构、预制叠合剪力墙结构、多层剪力墙结构等。

1. 装配整体式剪力墙结构

装配整体式剪力墙结构中，全部或部分剪力墙采用预制构件，构件之间的拼接采用湿式连接，结构性能和现浇结构基本一致，主要按照现浇结构的设计方法进行设计，如图 13-5 所示。在施工现场拼装后，采用墙板间竖向连接缝现浇、上下墙板间主要竖向受力钢筋浆锚连接以及楼面梁板叠合现浇以形成整体。该结构体系的工业化程度高，预制比例可达 70%，室内空间完整，几乎无梁柱外露，施工简易，但剪力墙间距小，建筑平面布置及空间灵活度一般。

图 13-5　装配整体式剪力墙结构

这种结构形式适用于住宅、公寓、宿舍、酒店等内部空间布局规律且多由小空间组成的建筑类型。由于预制墙中的竖向接缝对剪力墙的刚度有一定影响，根据抗震设防烈度，装配整体式剪力墙结构的最大适用高度范围为70~140m。

2. 预制叠合剪力墙结构

预制叠合剪力墙是指采用部分预制、部分现浇工艺生产的剪力墙结构。在工厂制作、养护成型的部分称为预制剪力墙板，如图13-6所示。预制剪力墙外墙板饰面可根据需要在工厂一体化生产制作。预制剪力墙板运送到施工现场，在整层墙体全部布置完成以后，进行整体混凝土浇筑，以保证结构受力的完整性。此时预制剪力墙板可兼做外侧模板使用，不需要另外支模，可以大大提高施工效率。施工完成后，预制部分与现浇部分共同参与结构的受力。目前，预制叠合剪力墙结构主要应用于多层或者低烈度区的高层建筑。

图13-6　预制剪力墙板

3. 多层剪力墙结构

多层剪力墙结构是在高层装配整体式剪力墙基础上进行简化，并参照相关行业标准，开发出的一种主要用于多层建筑的装配式结构，适用于6层及以下、建筑设防类别为丙类建筑。这种结构体系构造简单、施工方便，可在广大城镇地区多层住宅中推广使用。

13.2.3　装配整体式框架-剪力墙结构

装配整体式框架-剪力墙结构是框架和剪力墙共同工作的一种结构体系，既具备了框架结构的优点，又综合了剪力墙结构的优势，可以充分发挥框架结构平面布置灵活和剪力墙抗侧刚度大的特点。该装配式结构将框架部分的某些构件在工厂预制，如梁、柱等，然后在现场进行装配，将框架结构叠合部分与剪力墙等关键节点和受力构件在现场浇筑完成，从而形成共同承担水平荷载和竖向荷载的整体结构，如图13-7所示。

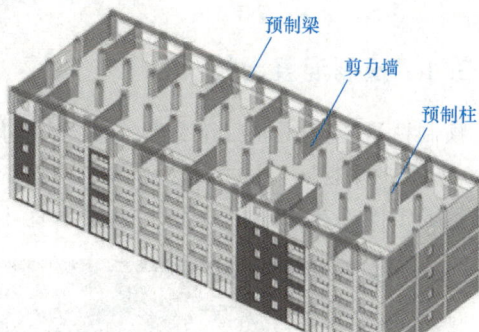

图13-7　装配式框架-剪力墙结构

这种结构形式中的框架部分采用与装配整体式框架结构相同的预制装配技术，由于对各种结构形式的整体受力研究不够充分，装配整体式框架-剪力墙结构中的剪力墙一般采用现浇形式，不宜采用预制形式。该结构体系的工业化程度高、施工难度较高、内部空间自由度较好，由于结合了框架结构和剪力墙结构的特点，适用于广泛的建筑类型，如公寓、商场、教学楼、办公楼、医院、酒店等。根据抗震设防烈度，装配整体式框架-剪力墙结构的最大适用高度范围为 80~150m。

13.2.4　装配整体式部分框支剪力墙结构

剪力墙结构的平面布置具有局限性，为了满足功能需求，有时需要将结构下部的几层墙体做成框架，形成框支剪力墙，框支层的空间加大，可以满足大空间的功能需求。将底部一层或多层做成部分框支剪力墙的结构形式称为部分框支剪力墙结构。转换层以上的全部或部分剪力墙采用预制墙板，称为装配整体式部分框支剪力墙结构，如图 13-8 所示。该结构形式可用于底部带有商业使用功能的多高层公寓、住宅、酒店等建筑类型。根据抗震设防烈度，装配整体式部分框支剪力墙结构的最大适用高度范围为 40~120m。

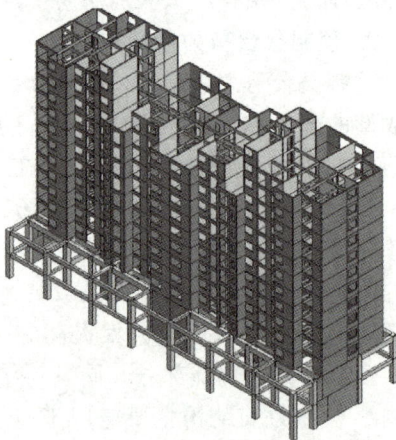

图 13-8　装配整体式部分框支剪力墙结构

13.3　装配式混凝土建筑构件类型

预制混凝土构件是指在工厂或现场预先制作的混凝土构件。常用的装配式混凝土建筑预制构件包括预制柱、预制梁、叠合楼板、预制墙板（剪力墙、外挂墙板、内墙板）、预制楼梯、预制阳台板、预制空调板等，如图 13-9 所示。

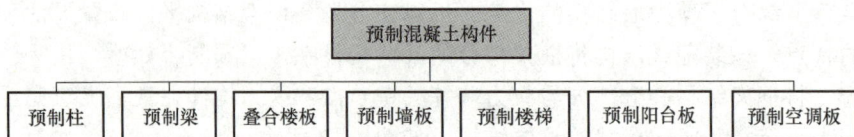

图 13-9　预制混凝土构件类型

13.3.1　预制混凝土柱

预制柱是装配式混凝土结构的主要竖向受力构件，一般采用矩形的截面形式，如图 13-10 所示。预制框架柱之间通常采用成熟的钢筋套筒灌浆连接技术，实现预制柱上下层之间的钢筋牢固连接。矩形柱截面边长不宜小于 400mm，圆形柱截面直径不宜小于 450mm，

图 13-10　预制混凝土柱

且不宜小于同方向的梁宽1.5倍。

13.3.2　预制混凝土梁

　　根据制造工艺和施工方法的不同，预制混凝土梁可分为预制实心梁和预制叠合梁，如图13-11所示。预制实心梁的制作简单，但构件自重较大，多用于厂房和多层建筑中。叠合梁是在梁的高度上分两次浇捣混凝土的梁，第一次在预制场做成预制梁；梁的横截面一般为矩形、凹口形或T形等；第二次在施工现场进行，当预制梁和预制板吊装安放完成后，再浇捣上部的混凝土使其连成整体。叠合梁便于和预制柱底叠合楼板连接，使结构整体性增强，应用十分广泛。

a)　　　　　　　　　　　　　　　　b)

图 13-11　预制混凝土梁

a）预制实心梁　b）预制叠合梁

　　如图13-12所示，当采用叠合梁时，框架梁的后浇混凝土叠合层厚度不宜小于150mm；采用凹口截面预制梁时，凹口的深度不宜小于50mm，凹口边厚度不宜小于60mm。

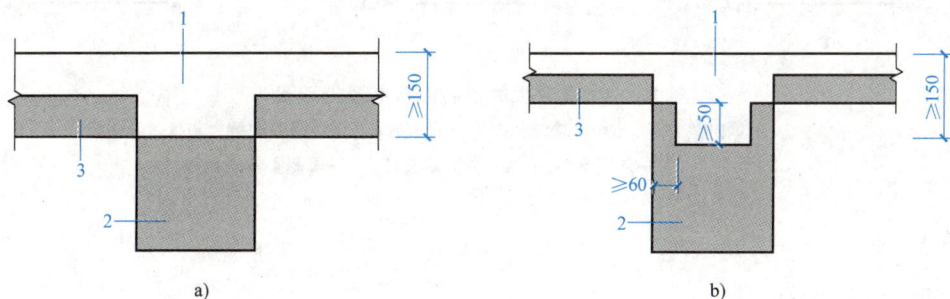

a)　　　　　　　　　　　　　　　　b)

图 13-12　叠合框架梁截面示意

a）矩形截面预制梁　b）凹口截面预制梁

1—后浇混凝土叠合层　2—预制梁　3—预制板

13.3.3　叠合楼板

　　叠合楼板是一种预制装配和现浇混凝土相结合的整体板，如图13-13所示。根据不同的材料和构造形式，叠合楼板主要包括钢筋桁架叠合板、预应力平板叠合板、预应力带肋叠合板、预应力夹心叠合板、预应力空心叠合板等。叠合板的下半部分为预制，上半部分为现浇，叠合成为一个整体，结合了预制和现浇混凝土的各自优点。从受力的角度，相比全预制装配式楼板而言，可提高结构的整体性和抗震性能。从制作工艺的角度，叠合楼板的主要受力部分在工厂制造，机械化程度高，易于保证质量，且预制部分的模板可重复使用。后浇混凝土以预制底板作为模板，不需要再为现浇层支撑模板，相比全混凝土现浇楼板可减少支模工作量和现场湿作业。

图 13-13　叠合楼板

叠合楼板可根据预制板的接缝构造、支座构造、长宽比，按单向板或双向板设计。当预制板直接采用分离式接缝时，如图 13-14a 所示，宜按单向板设计。对于长宽比不大于 3 的四边支承叠合板，当其预制板之间采用整体式接缝或无接缝时，如图 13-14b、c 所示，可按

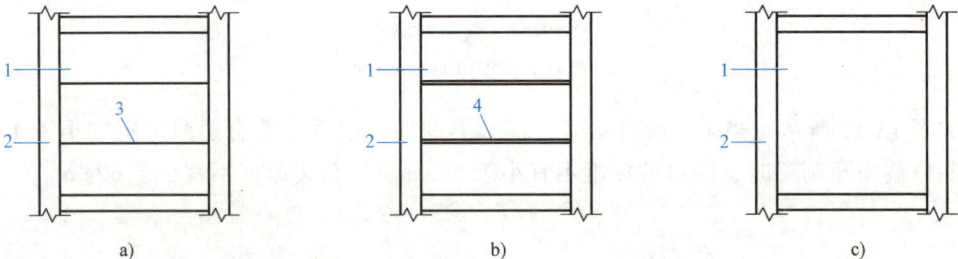

图 13-14　叠合板的预制板布置形式示意

a）单向叠合板　b）带接缝的双向叠合板　c）无接缝双向叠合板

1—预制板　2—梁或墙　3—板侧分离式接缝　4—板侧整体式接缝

双向板设计。

13.3.4　预制墙板

墙板除了应满足结构要求外，还需满足保温隔热、防潮防水、抗冻、耐久、美观等功能要求。根据不同的结构体系，外墙板按受力情况可分为预制剪力墙、外挂墙板和轻质隔墙；按板材本身构造可分为单一材料外墙板和复合材料外墙板。

1. 预制剪力墙

预制剪力墙是预制装配式混凝土剪力墙结构的主要抗侧力构件，起到抵御地震和风荷载的作用，包括整体预制墙、单层叠合剪力墙、双层叠合剪力墙等类型。

1）整体预制墙。将剪力墙体在工厂预制完成后运输至施工现场，通过套筒灌浆连接、浆锚搭接连接或底部浇筑预留后浇区等方式与主体结构连接的预制构件，如图 13-15 所示。

a)   b)   c)

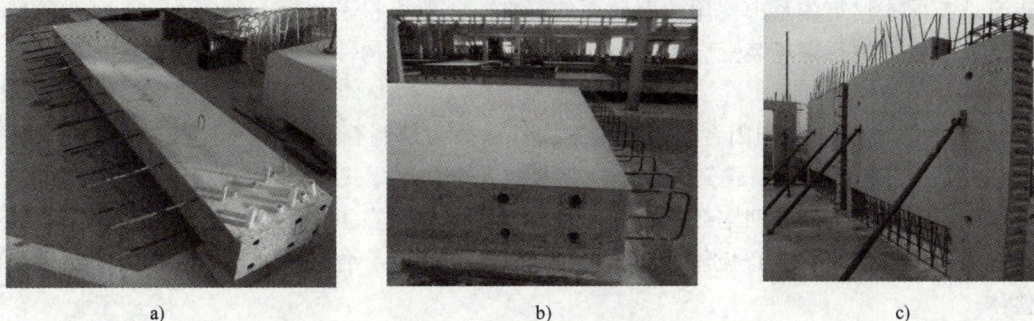

图 13-15 整体预制墙

a）套筒灌浆连接 b）浆锚搭接连接 c）底部浇筑预留后浇区

2）单层叠合剪力墙。将预制混凝土外墙作为模板，在外墙内侧绑扎钢筋，支模并浇筑混凝土，预制混凝土外墙板通过粗糙面和叠合筋与现浇混凝土结合成整体。该体系中的预制外墙板在施工时作为内侧现浇混凝土墙的模板，也称为预制混凝土外墙模板（PCF）。带建筑饰面的预制外墙板不仅可以作为外墙模板，而且使建筑立面免去二次装修，可省去施工脚手架。

3）双层叠合剪力墙。如图 13-16 所示，由两片不小于 50mm 厚的钢筋混凝土预制板组成，内外墙板通过桁架钢筋连接为整体。每块墙板设置吊点，在工厂生产完成后，运输到施工现场安装，并在双面叠合剪力墙板的中间部分现浇混凝土，与桁架钢筋和内外预制混凝土板形成整体，共同承受结构竖向和水平荷载。该技术具有尺寸精度高、质量稳定、防水性好、结构整体性强、施工效率高和节能环保等优点。

图 13-16 双层叠合剪力墙

2. 外挂墙板

外挂墙板是由混凝土板和门窗等围护构件组成的完整结构构件，在建筑整体中主要起外围护作用，不分担主体结构的荷载。根据制作和功能的不同，预制外挂墙板可分为预制混凝土夹心保温外挂墙板和预制混凝土非保温外挂墙板。预制混凝土夹心保温外挂墙板是集围护、保温、防水、防火等功能于一体的重要装配式构件，由外叶墙板内叶墙板、保温材料、三部分组成。外叶墙板仅作为保护层使用，厚度不宜小于 60mm；内叶墙板的厚度不宜小于 90mm；保温材料的厚度不宜小于 30mm，且不宜大于 100mm。

3. 轻质隔墙

轻质隔墙是分隔室内空间的主要构件，质量轻，坚固耐用，强度高，并且免涂，不裂缝，易于施工，防火、防水、隔声效果较好，环保节能，使用寿命长，是一般工业建筑、居住建筑、公共建筑的非承重内隔墙的主要材料。根据材料的不同可分为多种类型，如蒸压轻质加气混凝土隔墙板、陶粒轻质隔墙板、轻钢龙骨隔墙等。

13.3.5 其他预制构件

1）预制楼梯。预制楼梯是将楼梯各个构件在工厂预制生产，然后运送至施工现场进行安装，是装配式建筑体系中使用频率较高的部件。一般可将平台板、楼梯段、平台梁等部位做成单独的构件进行现场装配，也可将楼梯整体做成一个构件，以减少吊装次数，提高施工效率。

2）预制阳台板。预制阳台板为悬挑式构件，分为预制叠合式和全预制式两种类型，如图 13-17 所示，其中全预制式又分为全预制板式和全预制梁式。全预制式阳台的表面可以和模具表面一样平整或做成凹陷效果，地面坡度和排水口也在工厂预制完成，节省了工地制模和昂贵的支撑费用。在叠合板体系中，可将预制阳台板、叠合楼板和叠合墙板等一次性浇筑成整体。

3）预制空调板。预制空调板通常是全板预制的类型，板上部钢筋预留出足够的长度伸入相邻楼板的现浇层内一同浇筑成整体，如图 13-18 所示。

a)   b)

图 13-17　预制阳台板

图 13-18　预制空调板

a）预制叠合式阳台板　b）全预制式阳台板

13.4　装配式混凝土建筑节点构造

装配式建筑主要通过节点、接缝连接成整体。因此，其节点质量直接影响到建筑物的整体性、稳定性和使用效果与年限，其主要的节点构造包括构件之间的连接构造和外墙板的接缝构造。

13.4.1　节点的连接方式

构件节点及接缝处的纵横向连接宜根据接头受力、施工工艺等要求选用合适的连接方式，常用的连接方式有：套筒灌浆连接、浆锚搭接连接、机械连接、焊接、绑扎连接、螺栓连接、锚固板连接等。

（1）套筒灌浆连接　套筒灌浆连接技术利用内部带有凹凸的铸铁或钢质圆形套筒，将被连接的钢筋由两端分别插入套筒，然后用灌浆机向套筒中注入水泥基灌浆料，待灌浆料硬化后，套筒和被连接的钢筋牢固地结合成为整体。由于灌浆料具有微膨胀性和高强的特点，保证了套筒中被填充部分具有充分的密实度，使其与被连接的钢筋之间有很强的黏结力，这种连接方法的优点是具有较高的连接可靠性、抗拉及抗压强度等。

（2）浆锚搭接连接　浆锚搭接连接是在预制混凝土构件中预留孔道，在孔道中插入需要搭接的钢筋，并灌注水泥基灌浆料而实现的钢筋搭接连接方式。该技术是将搭接钢筋拉开一定距离后进行搭接的方式，连接钢筋的拉力通过剪力传递给灌浆料，再通过剪力传递到灌浆料和周围混凝土之间界面上。主要方式包括：螺旋箍筋约束浆锚搭接连接、金属波纹管浆锚搭接连接以及其他采用预留孔洞插筋后灌浆的方式。

（3）机械连接　机械连接是通过连贯于两根钢筋之间的套筒来实现钢筋的力传递。该技术解决了大直径钢筋连接的难题，是一项新型钢筋连接工艺，具有接头强度高于钢筋母材、速度快、无污染、节省钢材等优点。主要方式包括：钢筋套筒挤压连接、钢筋直（锥）螺纹套筒连接。套筒挤压连接是将两根钢筋插入一个特制钢套管内，采用挤压机和压模在常温下对套管加压，使其紧固成一体。螺纹套筒连接是将两根钢筋的端部和套管预先加工成螺纹，然后将两根钢筋端部旋入套筒形成机械式钢筋接头。

（4）焊接　依靠构件上的预埋件，通过连接钢板或钢筋焊接而成，是受力钢筋之间通过熔融金属直接传力。这种做法的优点是施工简单、速度快；缺点是局部应力集中，容易造成锈蚀，对预埋件要求精度高，耗钢量也大。

（5）绑扎连接　将需要连接的钢筋通过钢丝绑扎起来的一种连接方式，使之符合工程上所需要的搭接长度。绑扎连接是钢筋连接中最简单的方法，在钢筋绑扎连接过程中，扎丝在交叉节点处必须扎牢，尤其是在搭接部分的中心和两端。

（6）螺栓连接　节点以普通螺栓或高强螺栓现场连接以传递轴力、弯矩与剪力的连接形式，可分为全螺栓连接和栓焊混合连接两种方式。全螺栓连接主要用于装配式钢框架结构中柱、梁连接，装配式剪力墙结构中预制楼梯的牛腿安装。栓焊连接是多层、高层钢框架结构中最常见的梁、柱节点连接形式。

（7）锚固板连接　钢筋锚固板是解决钢筋拥堵的新方法，螺母与垫板合二为一，与钢筋直螺纹连接。这种方法工艺简单、操作方便，有利于加快钢筋工程的施工速度，可减少钢筋的锚固长度，节约40%～50%的锚固用钢材，克服了传统弯筋锚固拥挤和混凝土浇筑困难的问题。

13.4.2　构件的连接构造

构件之间的连接主要包括：预制构件之间的连接、预制围护构件与主体结构之间的连接等。例如，装配整体式混凝土框架结构的连接构件主要有：柱-柱连接、梁-梁连接、梁-柱连接、叠合板连接等。装配整体式剪力墙结构的连接构件主要为预制墙板的连接，同时还应考虑外挂墙板、阳台板等预制构件与主体结构的连接等。

1. 预制构件的连接

（1）柱-柱连接　柱-柱连接中受力钢筋的常用连接方式包括套筒灌浆连接、挤压套筒连接、机械连接、钢筋焊接等，本节主要介绍套筒灌浆连接和挤压套筒连接的构造。

1）套筒灌浆连接。当建筑层数较多时，如建筑高度大于12m或层数超过3层时，柱的纵向钢筋采用套筒灌浆连接可以保证结构的安全。预制柱中钢筋接头处套筒外侧箍筋的混凝土保护层厚度不应小于20mm；套筒之间的净距离不应小于20mm，以保证施工过程中套筒之间的混凝土可以浇筑密实。预制柱顶及后浇节点区混凝土上表面应设置粗糙面，凹凸深度不小于6mm；预制柱底面与后浇核心区之间应设置接缝，柱底接缝宽度宜为20mm，并采用灌浆料填实。预制柱底接缝构造示意如图13-19所示。

2）挤压套筒连接。上、下层相邻预制柱的纵向受力钢筋采用挤压套筒连接时，柱底后浇段的箍筋应满足以下要求：套筒上端第一道箍筋距套筒顶部不应大于20mm，柱底部第一道箍筋距柱底面不应大于 50mm，箍筋间距不宜大于 75mm。柱底后浇段箍筋配置示意如图 13-20 所示。

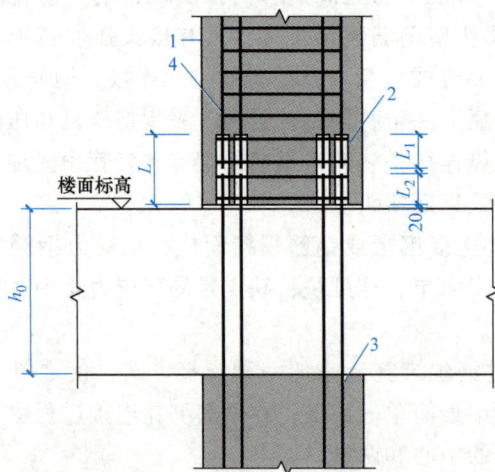

图 13-19   预制柱底接缝构造示意

1—预制柱   2—套筒连接器   3—下部预制柱主筋   4—上部预制柱主筋

L—钢筋套筒连接器全长 h_b—梁高 L_1—预制固定端 L_2—现场插入端

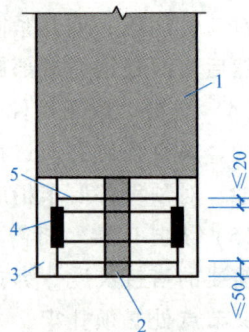

图 13-20   柱底后浇段箍筋配置示意

1—预制柱   2—支腿   3—柱底后浇段

4—挤压套筒   5—箍筋

（2）梁-梁连接

1）叠合梁连接。叠合梁可采用对接连接的方式，叠合梁连接点示意如图 13-21 所示。连接处应设置后浇段；梁下部纵向钢筋在后浇段内宜采用机械连接、套筒灌浆连接或焊接连接；后浇段内的箍筋应加密，箍筋间距不应大于 $5d$（d 为纵向钢筋直径），且不应大于 100mm。

2）次梁与主梁后浇段连接。对于叠合楼盖结构，次梁与主梁的连接可采用后浇混凝土节点，即主梁上预留后浇段，混凝土断开而钢筋连通，以便

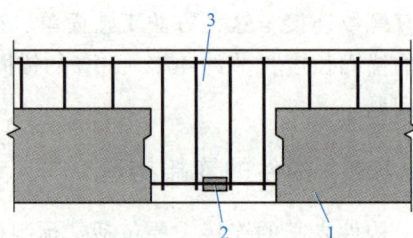

图 13-21   叠合梁连接点示意

1—预制梁   2—钢筋连接接头   3—后浇段

穿过和锚固次梁钢筋，如图 13-22 所示。根据主梁和次梁的位置关系，在端部节点处，次梁下部纵向钢筋深入主梁后浇段内的长度不应小于 $12d$（d 为纵向钢筋直径）；次梁上部纵向钢筋应在主梁后浇段内锚固；当采用弯折锚固时，锚固直段长度不应小于 $0.6l_{ab}$（l_{ab} 为基本锚固长度）；弯折锚固的弯折后直段长度不应小于 $12d$。在中间节点处，两侧次梁的下部纵向钢筋深入主梁后浇段内长度不应小于 $12d$；次梁上部纵向钢筋应在现浇层内贯通。

（3）梁-柱连接   整浇式节点是梁-柱连接的常用方式之一，是指柱与梁通过后浇混凝土形成刚性节点，这种节点的优点是梁柱构件外形简单、制作和吊装方便、整体性好。采用预制柱及叠合梁的装配整体式框架节点，梁纵向受力钢筋应伸入后浇节点区内锚固或连接，并针对不同位置的节点进行合理设计。

1）对框架中间层中节点，节点两侧的梁下部纵向受力钢筋宜锚固在后浇节点核心区内（图 13-23a），也可采用机械连接或焊接的方式连接（13-23b），梁的上部纵向受力钢筋应贯

穿后浇节点核心区。

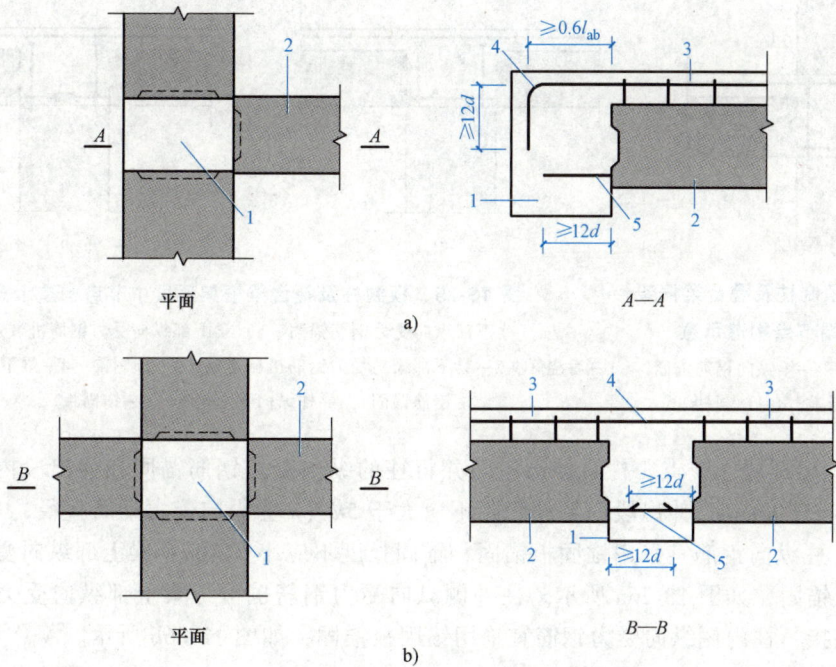

图 13-22 主次梁连接节点构造示意

a) 端部节点（弯折锚固） b) 中间节点

1—主梁后浇段 2—次梁 3—后浇混凝土叠合层 4—次梁上部纵向钢筋 5—次梁下部纵向钢筋

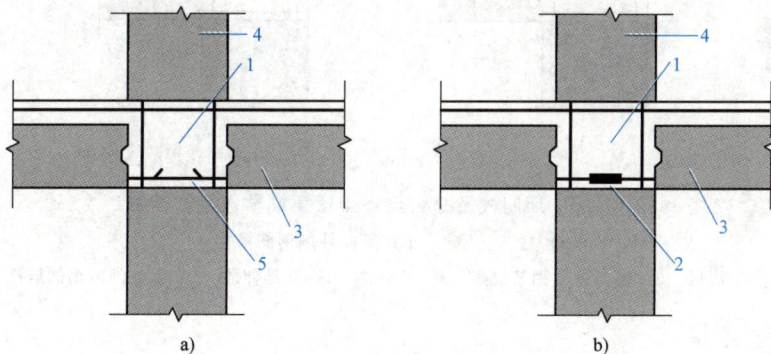

图 13-23 预制柱及叠合梁框架中间层中节点构造

a) 梁下部纵向受力钢筋锚固 b) 梁下部纵向受力钢筋机械（焊接）连接

1—后浇区 2—梁下部纵向受力钢筋机械（焊接）连接 3—预制梁 4—预制柱 5—梁下部纵向受力钢筋锚固

2）对框架中间层端节点，当柱截面尺寸不满足梁纵向受力钢筋的直线锚固要求时，宜采用锚固板锚固，如图 13-24 所示，也可采用 90°弯折锚固。

3）对框架顶层中节点，梁纵向受力钢筋的构造应符合第1）条的规定。柱纵向受力钢筋宜采用直线锚固；当梁截面尺寸不满足直线锚固要求时，宜采用锚固板锚固，如图 13-25所示。

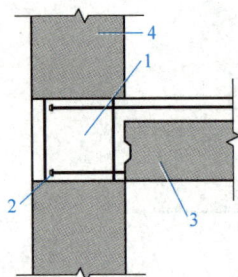

图 13-24　预制柱及叠合梁框架
中间层端节点构造示意

1—后浇区　2—梁纵向钢筋锚固
3—预制梁　4—预制柱

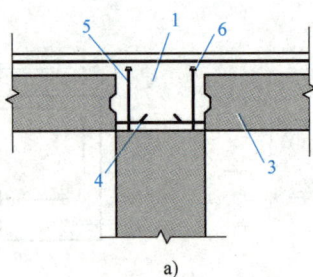

a)　　　　　　　　　　b)

图 13-25　预制柱及叠合梁框架顶层中节点构造示意
a）梁下部纵向受力钢筋锚固　b）梁下部纵向受力钢筋机械连接
1—后浇区　2—梁下部纵向受力钢筋机械连接　3—预制梁　4—梁下部纵向受力
钢筋锚固　5—柱纵向受力钢筋　6—锚固板

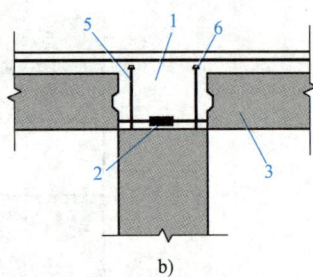

4）对框架顶层端节点，柱宜伸出屋面并将柱的纵向受力钢筋锚固在伸出段内，伸出段长度不宜小于 500mm，伸出段内箍筋间距不应大于 5d（d 为纵向受力钢筋直径），且不应大于 100mm；柱纵向钢筋宜采用锚固板锚固，锚固长度不应小于 40d；柱上部纵向受力钢筋宜采用锚固板锚固，如图 13-26a 所示。柱外侧纵向受力钢筋也可与梁上部纵向受力钢筋在后浇节点区搭接，柱内侧纵向受力钢筋宜采用锚固板锚固，如图 13-26b 所示。

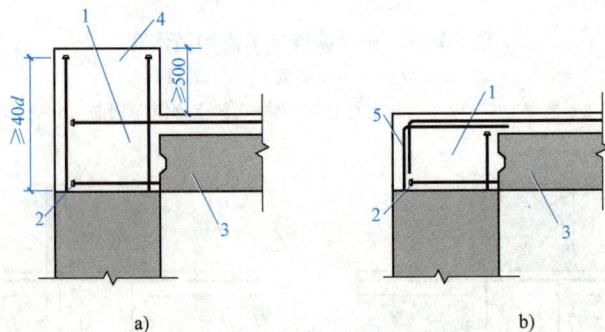

a)　　　　　　　　　　b)

图 13-26　预制柱及叠合梁框架顶层端节点构造示意
a）柱向上伸长　b）梁柱外侧钢筋搭接
1—后浇区　2—纵向受力钢筋锚固　3—预制梁　4—柱延伸段　5—梁柱外侧钢筋搭接

（4）叠合板连接

1）分离式拼缝。当叠合板按照单向板设计时，几块叠合板各自作为单向板进行设计，板侧采用分离式拼缝连接，如图 13-27 所示。单向叠合板板侧的分离式接缝宜配置附加钢筋，接缝处紧邻预制板顶面宜设置垂直于板缝的附加钢筋，附加钢筋伸入两侧后浇混凝土叠合层锚固长度不应小于 15d（d 为附加钢筋直径），间距不宜大于 250mm。

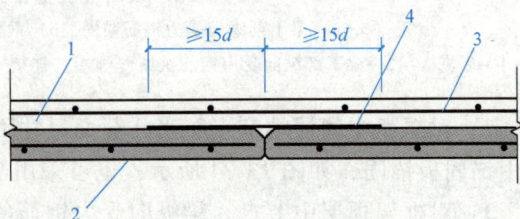

2）整体式拼缝。当叠合板按双向板设

图 13-27　单向叠合板侧分离式拼缝构造示意图
1—后浇混凝土叠合层　2—预制板
3—后浇层内钢筋　4—附加钢筋

计时，同一块板内可采用整块的叠合双向板或几块叠合板通过整体式接缝组合成的双向叠合板。整体式接缝一般采用后浇带的形式，如图13-28所示。后浇带宽度不宜小于200mm，以保证钢筋在后浇带内连接或锚固的空间；后浇带两侧板底纵向受力钢筋可在后浇带中焊接、搭接或弯折锚固等。当采用弯折锚固时，叠合板厚度不应小于10d（d为弯折钢筋直径的较大值），且不应小于120mm；钢筋锚固长度不应小于l_a（l_a为受拉钢筋最小锚固长度）；两侧钢筋在接缝处重叠的长度不应小于10d，钢筋弯折角度不应大于30°，弯折处沿接缝方向应配置不少于2根通长构造钢筋，且直径不应小于6mm。

3）支座节点构造。叠合板通过现浇层与叠合梁或墙连接为整体，叠合楼板现浇层钢筋与梁或墙之间的连接和现浇结构相同，不同之处在于叠合楼板下层钢筋与梁或楼板的连接。板端支座处，预制板内的纵向受力钢筋宜从板端伸出并锚入支承梁或墙的后浇混凝土内，锚固长度不应小于5d（d为纵向受力钢筋直径），且宜伸过支座中心线，如图13-29a所示。板侧支座处，当预制板内的板底分布钢筋伸入支

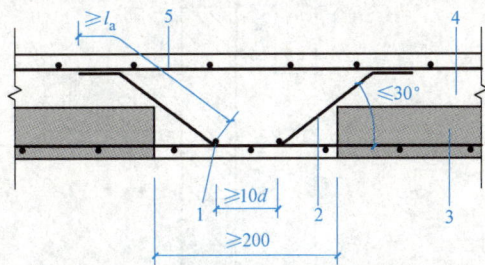

图13-28　采用后浇带形式的板侧整体式接缝构造示意

1—通长构造钢筋　2—纵向受力钢筋　3—预制板
4—后浇混凝土叠合层　5—后浇层内钢筋

承梁或墙的后浇混凝土时，应符合板端支座处的构造要求；当板底分布钢筋不伸入支座时，宜在紧邻预制板顶面的后浇混凝土叠合层中设附加钢筋，附加钢筋间距不宜大于600mm，在板的后浇混凝土叠合层内锚固长度不应小于15d（d为附加钢筋直径），在支座内锚固长度不应小于15d且宜伸过支座中心线，如图13-29b所示。

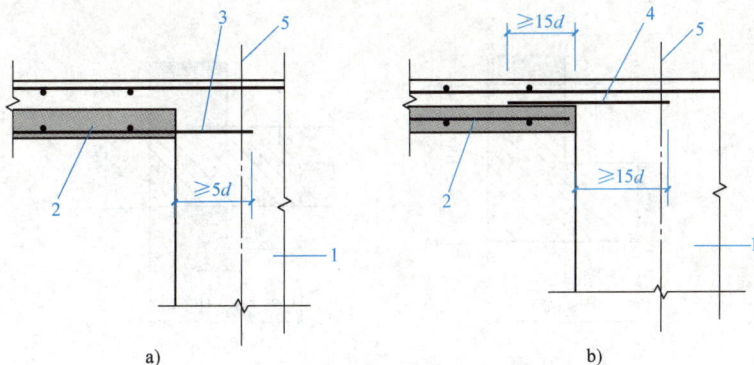

图13-29　叠合板端及板侧支座构造示意

a）板端支座　b）板侧支座

1—支撑梁或墙　2—预制板　3—纵向受力钢筋　4—附加钢筋　5—支座中心线

（5）预制墙板连接　装配整体式剪力墙结构预制墙板的连接方式可分为水平连接、竖向连接以及叠合梁与预制墙板的连接。

1）水平连接节点（竖向缝）。根据墙体相交情况，水平连接节点可分为一字形、T形、L形、十字形等，相邻预制剪力墙之间应采用整体式接缝连接。当接缝位于纵横墙交接处的约束边缘构件区域时，约束边缘构件的阴影区域宜全部采用后浇混凝土，并在后浇段内设置封闭的箍筋，如图13-30所示。当接缝位于纵横墙交接处的构造边缘构件区域时，构造边缘

构件宜全部采用后浇混凝土，如图 13-31 所示；当仅在一面墙上设置后浇段时，后浇段的长度不宜小于 300mm，如图 13-32 所示。当接缝位于非边缘构件位置时，相邻预制剪力墙之间应设置后浇段，后浇段的宽度不应小于墙厚且不宜小于 200mm；后浇段内应设置竖向钢筋（不少于 4 根）和水平分布筋，水平分布筋在后浇段内的锚固、连接应符合现行国家标准《混凝土结构设计规范》的有关规定。

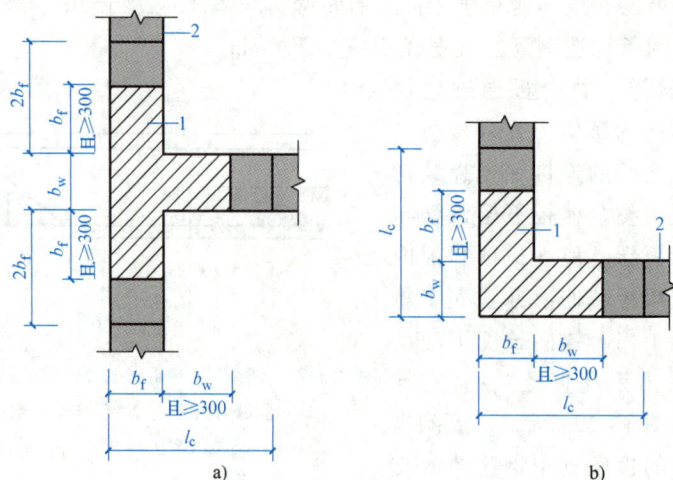

图 13-30　约束边缘构件阴影区域全部后浇构造示意

a）有翼墙　b）转角墙

1—后浇段　2—预制剪力墙（阴影区域为斜线填充范围，指约束边缘构件范围）

l_c—约束边缘构件沿墙肢的长度　b_f—约束边缘构件垂直方向的墙厚　b_w—约束边缘构件水平方向的墙厚

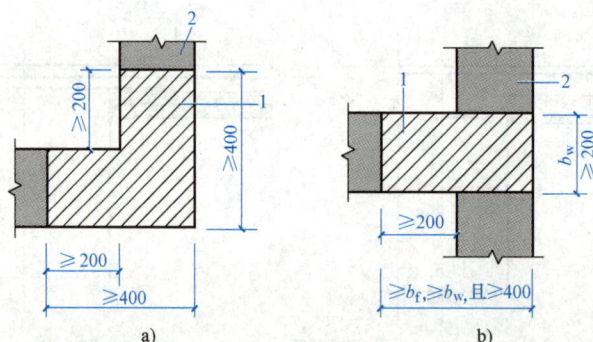

图 13-31　构造边缘构件全部后浇构造示意

a）转角墙　b）有翼墙

1—后浇段　2—预制剪力墙（阴影区域为斜线填充范围）

2）竖向连接节点（水平缝）。竖向连接节点按墙体所在部位即受力性质可分为预制结构内墙板间的竖向连接节点、预制结构外墙板间的竖向连接节点。墙板底部接缝宜设置在楼面标高处，接缝高度宜为 20mm，采用灌浆料填实。上下层墙板的竖向钢筋可采用套筒灌浆连接和浆锚搭接的形式，边缘构件的竖向钢筋应逐根连接；墙板的竖向分布筋，当仅部分连接时，被连接的同侧钢筋间距不应大于 600mm，如图 13-33 所示，通过套筒灌浆连接技术实现钢筋连接。预制外墙板的竖向连接可采用图 13-34 所示的节点构造形式，通过钢筋浆锚接头实现钢筋连接。

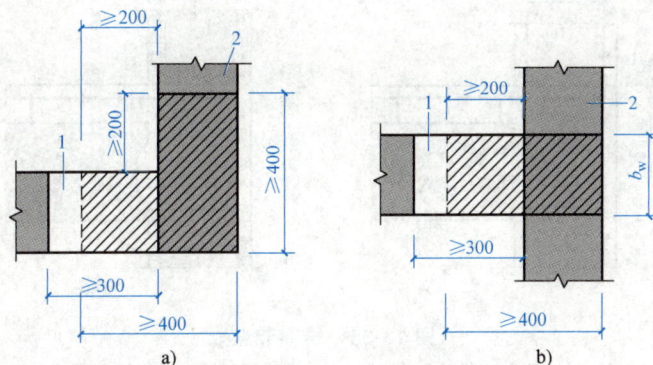

图 13-32　构造边缘构件部分后浇构造示意

a）转角墙　b）有翼墙

1—后浇段　2—预制剪力墙（阴影区域为斜线填充范围）

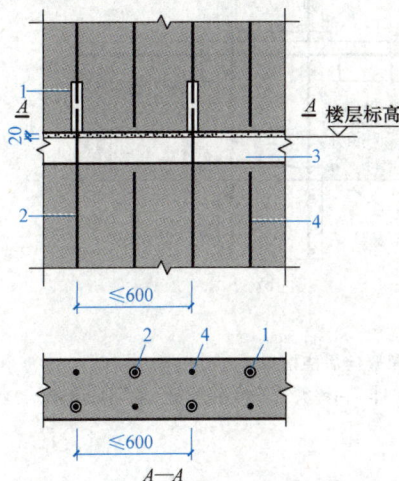

图 13-33　预制墙竖向分布钢筋连接构造示意

1—套筒灌浆　2—连接的竖向分布钢筋　3—水平后浇
带或后浇圈梁　4—未连接的竖向分布钢筋

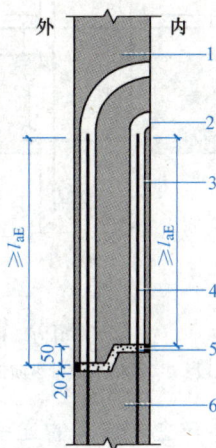

图 13-34　预制外墙板竖向连接节点构造

1—上层预制外墙板　2—灌浆孔　3—金属波纹浆锚管　4—连
接钢筋　5—坐浆层　6—下层预制外墙板　l_{aE}—抗震锚固长度

3）叠合梁与预制墙板的连接。根据叠合梁与预制墙板的位置关系，其连接构造形式可分为端部节点和中间节点。参考国家建筑标准设计图集《装配式混凝土结构连接节点构造（楼盖结构和楼梯）》，叠合梁与预制墙板的连接可采用图 13-35 和图 13-36 所示的构造形式。预制梁底部钢筋伸入剪力墙后浇带的长度不应小于 12d（d 为板底钢筋直径）；端部节点时，竖向后浇带或后浇槽口外侧水平钢筋内侧弯折长度为 15d。

（6）楼梯与支承构件连接　预制楼梯与支承结构之间宜采用简支连接，预制楼梯宜一端设置固定铰支座，另一端设置滑动铰支座，如图 13-37 所示。构件制作时，楼板上下端各预留两个孔，不需预留胡子筋，成品保护及运输简单。预制楼梯端部在支承构件上的最小搁置长度应更根据抗震设防烈度确定。该方式应先施工梁板，待现场楼梯平台达到强度要求后再进行构件安装，梯板吊装就位后采用强度不小于 40MPa 的灌浆料灌实除空腔外的梯板预留孔，施工方便快捷。

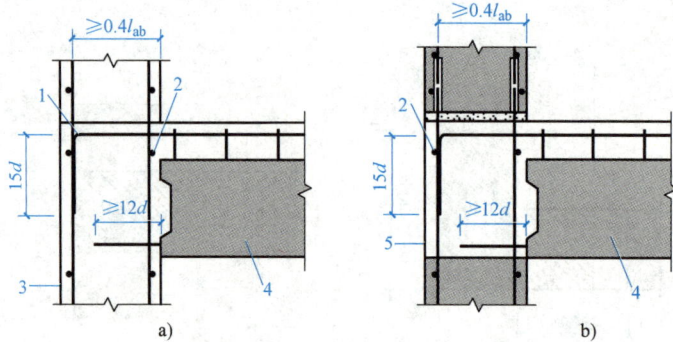

图 13-35　端部节点

a）剪力墙留竖向后浇段　b）剪力墙留竖向后浇槽口

1—竖向后浇带外侧水平钢筋内侧弯折　2—水平后浇带纵向钢筋　3—剪力墙留竖向后浇段

4—预制梁　5—剪力墙留后浇槽口　l_{ab}—基本锚固长度

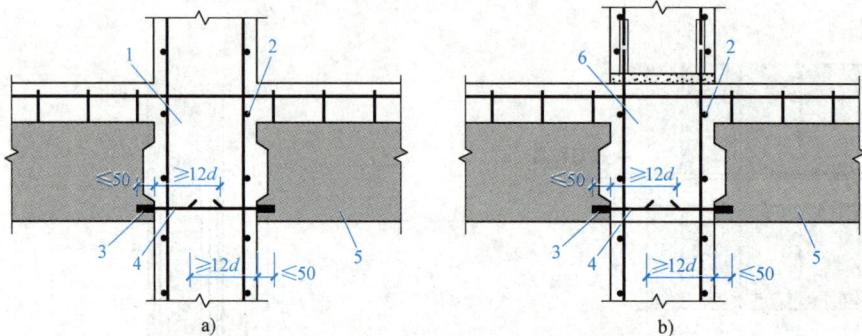

图 13-36　中间节点

a）剪力墙留竖向后浇段　b）剪力墙留竖向后浇槽口

1—剪力墙竖向后浇段　2—水平后浇带纵向钢筋　3—预埋机械连接接头　4—连接纵筋　5—预制梁　6—剪力墙留后浇槽口

2. 预制构件与主体结构的连接

（1）外挂墙板与主体结构的连接　外挂墙板作为建筑的外围护结构或装饰构件，必须可靠的固定在主体结构上。外挂墙板与主体结构宜采用柔性连接，连接节点应具有足够的承载力和适应主体结构变形的能力，并应采取可靠的防腐、防锈和防火措施。

外挂墙板与主体结构的连接形式可采用点支承或线支承。当采用点支承连接时，如图 13-38 所示，可区分为平移式外挂墙板和旋转式外挂墙板两种形式。它们与主体结构的连接点，又可分为承重节点和非承重节点两类。连接点数量和位置应根据外挂墙板形状、尺寸确定，并具有适应外挂墙板温度变形的能力。一般情况下，外挂墙板与主体结构连接宜设置 4 个支承点：当下部两个为承重节点时，上部两个宜为非承重节点；相反，当上部两个为承重节点时，下部两个宜为非承重节点。

当采用线支承节点连接时，如图 13-39 所示，外挂墙板顶部与梁连接，其结合面应采用粗糙面并设置键槽；粗糙面的面积不宜小于结合面的 80%，凹凸深度不小于 6mm；键槽的深度不宜小于 30mm，宽度不宜小于深度的 3 倍且不宜大于深度的 10 倍；键槽的间距宜等于键槽宽度；键槽端部的斜面倾角不宜大于 30°。外挂墙板顶部与梁连接处应设置连接钢筋，连接钢筋宜采用双排设置，水平间距不宜大于 200mm，上筋与下筋的垂直距离不宜小于 150mm。外挂墙板的底端应设置不少于 2 个仅对墙板有平面外约束的限位连接件，间距不宜大于 4m，同时墙板的两侧不应与主体结构连接。

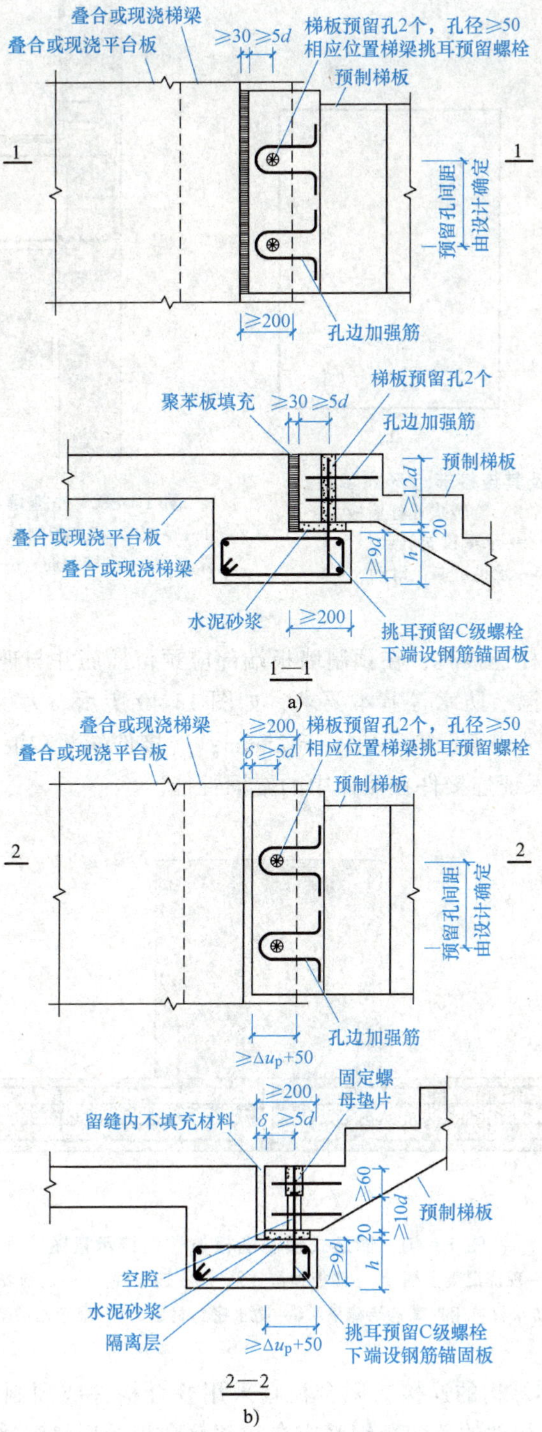

图 13-37 高端固定铰支座、低端滑动铰支座连接

a）高端支承固定铰支座 b）低端支承滑动铰支座

h—挑耳厚度（由设计确定，且不小于梯板厚度） d—预留螺栓直径

δ—预制梯板与梯梁之间的留缝宽度（由设计确定，且应大于 Δu_p） Δu_p—结构弹塑性层间位移

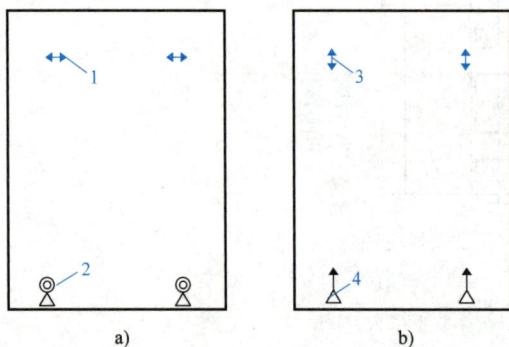

图 13-38 外挂墙板及其连接节点形式示意
a）平移式外挂墙板 b）旋转式外挂墙板
1—可水平滑动 2—承重铰支节点
3—可竖向滑动 4—承重可向上滑动

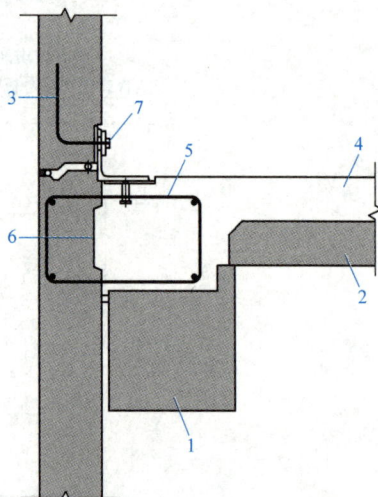

图 13-39 外挂墙板线支承连接节点示意图
1—预制梁 2—预制板 3—预制外挂墙板 4—后浇混凝土 5—连接钢筋 6—剪力键槽 7—墙底限位连接件

侧连式预制墙板与柱连接时，在预制墙板端部应预留插筋并与现浇柱锚固形成整体，墙板之间的缝隙应满足保温、防水等基本要求，如图 13-40 所示。为了确保墙体的抗火性能，墙体内连接件一端距墙体表面距离不宜小于 25mm；连接件端部在混凝土板中的单侧锚固长度不宜小于 30mm，以保证连接件在墙体中的锚固性能。

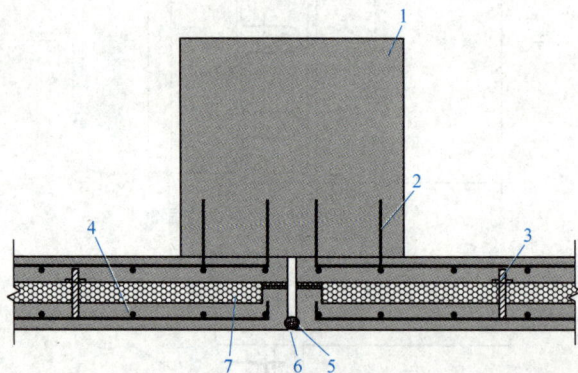

图 13-40 侧连式预制墙板与柱连接示意图
1—现浇混凝土柱 2—墙板预留插筋 3—连接件 4—预制墙板
5—防水材料用聚苯乙烯棒条 6—防水密封材料 7—聚苯乙烯泡沫层

（2）阳台板与主体结构的连接 阳台板宜采用叠合构件或预制构件。预制构件应与主体结构可靠连接，叠合构件的负弯矩钢筋应在相邻叠合板的后浇混凝土中可靠锚固。当叠合构件中预制板底为构造配筋时，叠合板支座处的预制板内纵向受力钢筋宜从板端伸出并锚入支承墙或梁的后浇混凝土中，锚固长度不应小于 5d（d 为纵向受力钢筋直径），且宜过支座中心线。预制阳台板封边应与主体结构之间预留缝防水，并做密封处理。叠合式和全预制板式阳台板的连接节点，如图13-41和图13-42所示。

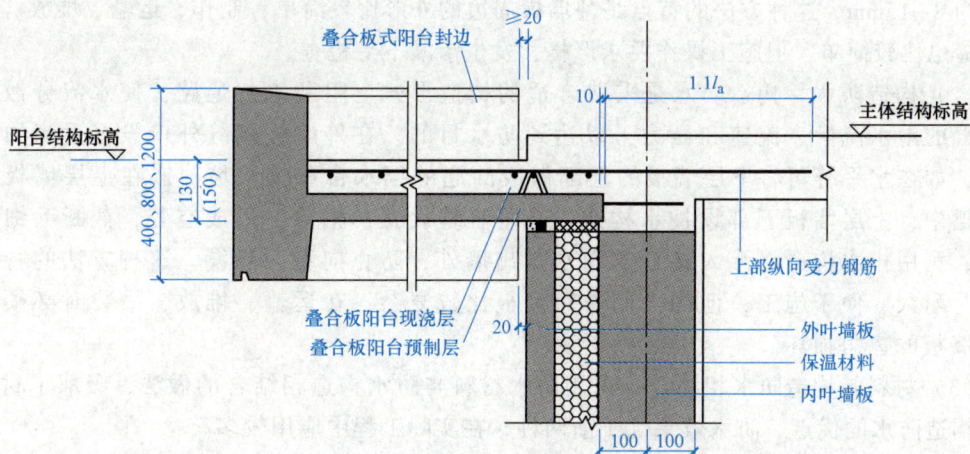

图 13-41　叠合式阳台板连接节点

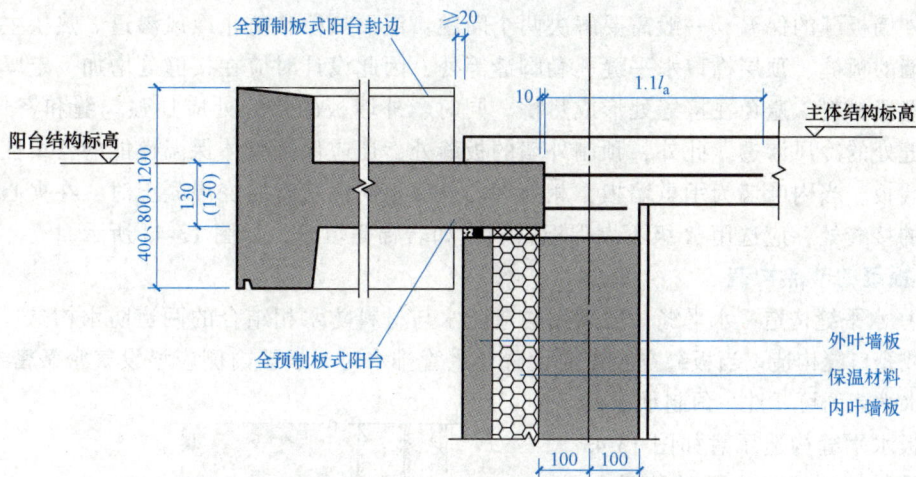

图 13-42　全预制板式阳台板连接节点

12.4.3　外墙板缝的节点构造

装配式混凝土建筑预制外墙板本身具有良好的防水、保温等性能，但其板缝处受到温度变化、构件及填缝材料的收缩、结构受外力后变形及施工的影响，板缝处不可避免地出现变形，容易产生裂缝，导致外墙性能产生问题。因此，外墙板缝部位应采取可靠的措施，满足防排水、保温等综合性能。

1. 板缝的防水

（1）材料防水　材料防水是靠防水材料阻断水的通路，以达到防水目的或增加抗渗漏能力。一般只采用砂浆或细石混凝土，难免出现裂缝与毛细管渗水，因此需要在接缝处填塞密封材料，如预制外墙板的接缝可采用耐候性密封胶等防水材料，以阻断水的通路。接缝处的背衬材料宜采用发泡氯丁橡胶或发泡聚乙烯塑料棒；接缝中用于第二道防水的密封胶条，宜采用三元乙丙橡胶、氯丁橡胶或硅橡胶等。外墙板接缝宽度宜为 10~35mm，接缝胶深度一般为 8~15mm。这种方法的特点是外墙板周边的外形比较简单，制作、运输、堆放、吊装和嵌缝也比较简单，但施工操作要求严格，发生渗漏不易检查。

（2）构造防水　构造防水是采取合适的构造形式，阻断水的通路，使水流分散，减少接缝的雨水流量、流速和压力，以达到防水目的。在外墙板接缝外口设置适当的线型构造，如在水平缝可将下层墙板的上部做成凸起的挡水台和排水坡，嵌在上层墙板下部的凹槽中，上层墙板下部设披水构造；在垂直缝设置沟槽等，形成空腔，截断毛细管的通路，利用排水构造将渗入接缝的雨水排出墙外，防止向室内渗漏。这种方法的特点是经济、耐久、便于施工，但构件制作时模板比较复杂，在运输、堆放、吊装时必须注意防止墙板的边角损坏。

（3）材料与构造防水相结合　采用防水材料与防水构造相结合的做法，吸取了材料防水与构造防水的优点，防水效果优于前两种，在实际工程中应用较多。

2. 板缝的保温

严寒和寒冷地区为了避免外墙板缝处内墙面产生结露而影响使用，应在该部位加强保温措施。外墙板缝的保温，一般需要解决两个问题：消灭热桥和防止冷风渗透。热桥主要位于两端山墙的板缝、顶层檐口水平缝、勒脚缝等处，因此设计时应在接缝处增加一定厚度的高效轻质保温材料，避免在接缝处形成热桥。同时，外墙板的接缝处应加强勾缝和密封处理，避免板缝处的冷风渗透。此外，预制外墙的板缝处，还应保持墙体保温性能的延续性。对于夹心外墙板，当内叶墙为承重墙板，相邻夹心外墙板间浇筑有后浇混凝土时，在夹心层中保温材料的接缝处，应选用 A 级不燃保温材料，如岩棉等填充，如图 13-43 所示。

3. 板缝的节点构造

（1）水平缝构造　水平缝一般采用构造防水与材料防水相结合的两道防水构造，宜采用高低缝或企口缝构造。当板缝空腔需要设置导水管排水时，板缝内侧应增设气密条密封构造，加强防水性能的可靠性。预制承重夹心外墙板水平缝构造示意如图 13-43 所示，预制外挂墙板水平缝构造示意如图 13-44 所示。

（2）垂直缝构造　垂直缝一般也采用构造防水和材料防水相结合的两道防水构造，可采用平口或槽口构造。预制承重夹心外墙板垂直缝构造示意如图 13-45 所示，预制外挂墙板垂直缝构造示意如图 13-46 所示。

其他斜缝、T 形缝、十字缝及变形缝等，应针对具体部位做相应的防水、保温或防火处理。与水平夹角小于 30°的斜缝可按水平缝构造设计，其余斜缝按垂直缝构造设

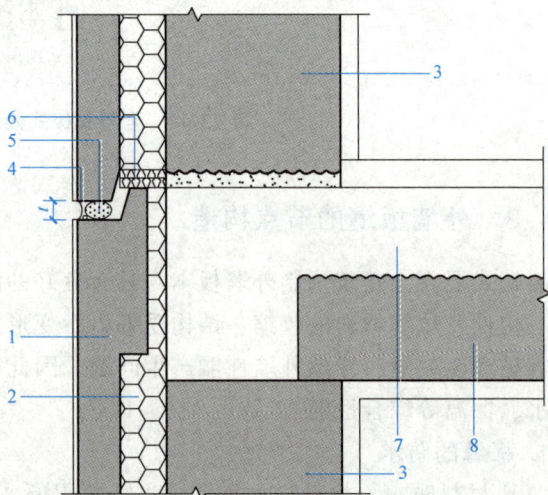

图 13-43　预制承重夹心外墙板水平缝构造示意（高低缝）

1—外叶墙板　2—夹心保温层　3—内叶承重墙板　4—建筑密封胶
5—发泡芯棒　6—A 级保温材料（岩棉）　7—叠合板后浇层　8—预制楼板

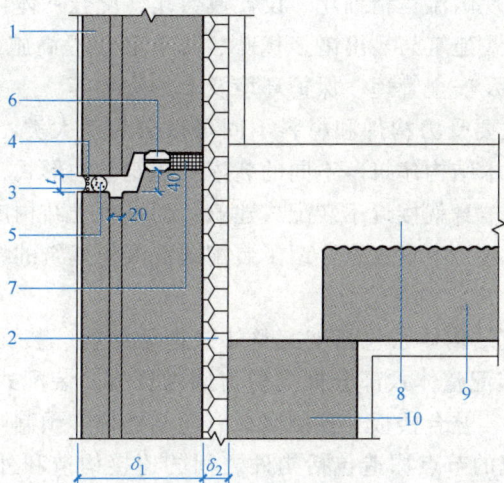

图 13-44　预制外挂墙板水平缝构造示意（高低缝）

1—外挂墙板　2—内保温层　3—外层硅胶　4—建筑密封胶　5—发泡芯棒
6—橡胶密封条　7—耐火接缝材料　8—叠合板后浇层　9—预制楼板　10—预制梁

计。预制外墙板立面接缝不宜形成 T 形缝，外墙板十字缝部位每隔 2~3 层应设置排水管引水处理，板缝内侧应增设气密条密封构造，当垂直缝下方为门窗等其他构件时，应在其上部设置引水外流排水管。外墙变形缝的构造设计应符合建筑相应部位的设计要求，有防火、防水或节能要求的建筑变形缝应设置阻火带、止水带或填充保温材料，采取合理的防御措施。

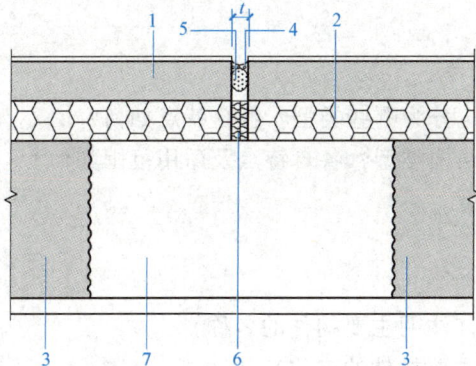

图 13-45　预制承重夹心外墙板垂直缝构造示意（平口）

1—外叶墙板　2—夹心保温层　3—内叶承重墙板
4—建筑密封胶　5—发泡芯棒　6—A 级保温材料（岩棉）
7—边缘构件后浇混凝土

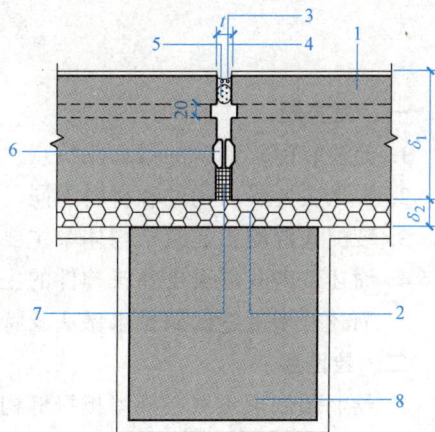

图 13-46　预制外挂墙板垂直缝构造示意（槽口）

1—外挂墙板　2—内保温层　3—外层硅胶
4—建筑密封胶　5—发泡芯棒　6—橡胶密封条
7—耐火接缝材料　8—预制柱

本 章 小 结

1. 装配式建筑是由预制部品部件在工地装配而成的建筑。与采用传统建造方式的建筑相比，装配式建筑设计呈现出流程精细化、设计模数化、配合一体化、成本精确化和技术信息化的特征，从而使装配式建筑凸显出诸多优势，如有利于提高施工质量、加快施工进度、提高建筑品质、文明施工及安全管理、保护环境及节约资源等。

2. 装配式建筑根据主要受力构件和材料不同可以分为三大类：装配式混凝土建筑、装配式钢结构建筑和装配式木结构建筑。不同的装配式建筑结构形式，其生产工艺和特点有很大差别，钢结构和木结构本身就接近于装配式建筑；而混凝土结构应用方法灵活多变，是目前国内主流的建筑结构形式。本章重点介绍了装配式混凝土建筑的结构体系、构件类型和节点构造。

3. 装配式混凝土建筑结构体系包括装配整体式框架结构、装配式剪力墙结构、装配整体式框架-剪力墙结构、装配整体式部分框支剪力墙结构等。装配式混凝土建筑的主要构件类型包括预制柱、预制梁、叠合楼板、预制墙板、预制楼梯、预制阳台板、预制空调板等。

4. 装配式混凝土建筑的节点构造包括构件之间的连接构造和外墙板的接缝构造。构件之间的连接主要包括：预制构件之间的连接、预制围护构件与主体结构之间的连接等。外墙板接缝部位是材料干缩、温度变形和施工误差的集中点，应采取可靠的措施，满足防排水、保温等综合性能。

5. 外墙板缝的防水有材料防水、构造防水、材料与构造防水相结合三种方式，一般采用构造防水与材料防水相结合的两道防水构造。水平缝宜采用高低缝或企口缝构造，垂直缝可采用平口或槽口构造。当板缝空腔需要设置导水管排水时，板缝内侧应增设气密条密封构造。

习　题

一、简答题

1. 简述装配式建筑的概念及特点。
2. 根据主要受力构件和材料不同，装配式建筑分为哪些类型？各自特点如何？
3. 装配式混凝土建筑结构体系主要包括哪些结构类型？各自特点及适用范围如何？
4. 简述装配式混凝土建筑构件的主要连接类型。
5. 简述外墙板缝的防排水做法及特点。

二、绘图题

1. 绘制预制承重夹心外墙板接缝构造示意图（注明主要构件的名称）。
2. 绘制预制外挂墙板接缝构造示意图（注明主要构件的名称）。

第14章

工业建筑设计概述

学习目标

了解工业建筑的特点和类型划分，了解工业建筑设计原则、设计步骤，熟悉一般工业厂房的构成与结构特点，掌握单层工业厂房的一般设计方法，掌握单层工业厂房的基本构造原理与设计方法。

工业建筑是从事各类工业生产及为生产服务的建筑、构筑物的总称。直接从事生产的房屋，包括主要生产用房、辅助生产用房，被称为"厂房"或"车间"；而为生产服务的储藏运输、水塔等房屋设施不是厂房，但也属于工业建筑。这些厂房和辅助建筑及设施有机地组织在一起就构成了一个完整的工厂。

■ 14.1 概述

14.1.1 工业建筑的特点

工业建筑在设计原则、材料选择和建筑技术等方面与民用建筑有相同之处，都要体现适用、安全、经济、美观的建筑方针。然而，由于工业建筑要以满足工业生产为前提，生产工艺的要求对建筑设计、建筑技术和施工方式均有很大的影响，使得工业建筑有别于民用建筑，具有以下特点：

1. 建筑设计方面

1）工艺设计是厂房建筑设计的基础。建筑设计无论在平面布置、剖面、造型或构造处理上，都应围绕生产工艺的要求，为工人创造良好的劳动环境。

2）规模与体量宏大。根据生产工艺流程的需要，厂房内通常设置有不同的机械设备（如各类机床、锻锤、冶炼炉、轧机等）和生产、检修所需的起重运输设备（如各类起重机、辊道、火车等）。这些设备的设置对厂房的面积和内部空间的要求都较大，有些厂房根据生产工艺的特点，还可设计成多跨连片的。这样，要求厂房的面积就更大。

3）现代工业生产技术发展迅速，生产体制变革和产品更新换代频繁，厂房在向大型化和微型化两极发展；同时普遍要求工业建筑在使用上具有更大的灵活性，以利发展和扩建，并便于生产、运输机具的设置和改装。

2. 建筑技术方面

1）构造设计特征明显。厂房大多采用排架结构或框架结构，因而其外墙不是承重结构，仅起围护作用，可采用轻质、装配式外墙。由于厂房空间大，设备、产品、运输车辆也大，因此其大门的尺寸和屋面的面积也较民用建筑大。多跨厂房内常在屋顶上设置各种天窗以解决天然采光和自然通风，这使得屋面排水、防水的构造复杂。由于普通厂房通过天窗采光和通风，因此除特殊厂房（如洁净厂房等）外基本不设吊顶。

2）技术复杂。由于生产性质及工艺过程不同，厂房内可能产生对人体有害的因素，如生产过程中产生大量的余热、水及水蒸气、烟、灰尘、噪声、振动和冲击作用以及火灾、爆炸危险等，在建筑技术设计上应采取相应措施。生产过程中还可能产生对结构不利的影响，如结构受到高温作用引起的破坏；结构受水、水蒸气及腐蚀性介质的影响而降低其耐久性和保温隔热等性能。

3）结构问题突出。厂房结构承受的荷载既有结构、设备的自重等静荷载，还有起重机械设备产生的较大的动荷载。单层厂房常设置一台或多台起重机，其起重量自几千牛至几百千牛不等，由于跨度大，屋顶及起重机荷载大，多采用钢筋混凝土排架结构；对特别偏大的或有重型起重机、高温或地震烈度较高地区的厂房，宜采用钢排架结构。在多层厂房中，由于楼面荷载较大，广泛采用钢筋混凝土框架结构。

3. 施工方面

1）为了缩短建设周期、降低造价，单层工业厂房大多采用预制构件装配而成；大量的预制吊装工程需要大吨位的起重机等机械化施工设备。

2）由于厂房体量较大，故各构件对施工安装精度和其他技术条件要求较高。

3）厂房中各种生产设备、管线等工程复杂，施工时更需各工种之间密切协作。

14.1.2 工业建筑的类型

随着社会的发展，工业生产规模不断扩大，为满足生产向专业化发展的需求，出现了不同规模的工业区（或称工业园区），集中一个行业的各类厂房，或集中若干行业的工厂在小区总体规划的要求下进行设计。工厂的生产工艺也越来越复杂，生产类型日益增多。

在建筑设计与研究时，工业建筑可按其用途、结构形式、层数及内部生产环境状况等多种途径进行分类。常见的分类方式可以有以下几种：

1. 按工业建筑的用途分类

（1）生产类工业建筑　这类工业建筑是指各类工厂的主要产品从原材料至成品加工装配过程中的各个厂房，可分为主要生产厂房、辅助生产厂房等。在主要生产厂房中常布置有较大的生产设备和起重运输设备，建筑面积大，职工人数多，在全厂生产中占主要地位；辅助生产厂房是指不直接加工产品而只是为主要生产厂房服务的厂房建筑，如机械修理厂房、工具厂房、模型厂房等。

（2）贮藏类工业建筑　这类工业建筑是贮存原材料、半成品与成品的房屋，由于所贮藏物质的不同，在防火、防潮、防爆、防腐蚀、防变质等方面有不同的要求，设计时应根据不同要求按有关规范，采取妥善措施。

（3）动力用工业建筑　这类工业建筑是为全厂生产提供能源与动力的场所，如发电站、变电所、锅炉房、煤气站、乙炔站、氧气站、压缩空气站等。

（4）其他辅助工业建筑　这类工业建筑是指工业建筑中的配套用房如水泵房、污水处理站，各类汽车库等；还包括生活福利用房如生活间、办公楼、保健室等。

2. 按工业建筑的结构划分

当前广泛采用的厂房结构是平面结构体系，一般都采用装配式，以适应建筑工业化。平面结构体系是由横向骨架与纵向连系构件组成。横向骨架包括屋面大梁（或屋架）、柱子、柱基础，横向骨架有排架结构和刚架结构两种主要形式；纵向连系构件是指屋面板（或檩条）、吊车梁、联系梁（或圈梁）、支撑系统等构件，它们共同作用，以保证厂房结构的整体刚度和稳定性。工业建筑构件示意如图14-1所示。

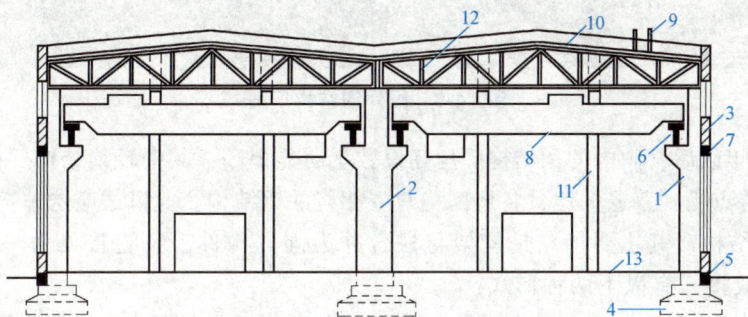

图 14-1　工业建筑构件示意图

1—边列柱　2—中列柱　3—外墙　4—杯形基础　5—基础梁
6—吊车梁　7—联系梁　8—起重机　9—屋面检修梯
10—屋面板　11—山墙（抗风柱）　12—钢屋架　13—地面

（1）排架结构　排架是目前单层厂房中最基本、最普遍的结构形式。它的主要特点是构件预制，将屋架看成是一根刚度很大的横梁，屋架与柱子的连接为铰接，柱子与基础的连接为刚接。排架结构优点是其有一定的刚度和抗震能力，同时，由于排架结构的构件是分开制作，然后装配而成，因此能够充分发挥工业化生产与施工的优势。

排架结构可以由一种材料或几种材料组成，常见有以下几种类型。

1）装配式钢筋混凝土排架结构。这种结构是单层工业厂房中应用最广泛的一种。这种结构坚固耐久，可预制装配，与钢结构相比可节约钢材、造价较低、抗腐蚀性好，但其自重大，抗震性能不如钢结构。可用于单跨、双跨、多跨、等高以及不等高形式的大中型厂房。该结构常采用钢屋架与钢筋混凝土柱组成的排架。采用钢屋架可以使屋面自重降低，屋架跨度一般都较大（24~48m），适用于大型厂房。

2）木、钢木屋架与砌体混合结构。它与钢筋混凝土排架不同之处是用砌块墙、壁柱来代替钢筋混凝土柱，屋架可用木屋架或钢木轻型屋架。这种结构构造简单，但承载能力及抗震性能较差，故仅用于无起重机或起重机起重量不超过50kN、跨度不大于15m、柱距4~6m的小型厂房。砖混结构厂房如图14-2所示。

3）钢结构。其主要承重构件全部由钢材制成。这种结构的优点就是抗震以及抗振动性能好，构件较钢筋

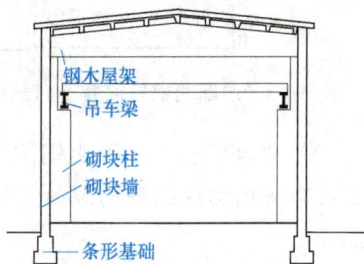

图 14-2　砖混结构厂房

混凝土结构轻，施工速度快；缺点是钢结构易锈蚀，耐火性差，使用时应采取防腐防锈等措施。适用于起重机荷载大、高温或振动大的厂房，也适用于要求建设速度快，需要早投产的工业厂房。钢结构厂房如图14-3所示。

图14-3　国外钢结构厂房

进入2000年以后，国内的钢结构厂房建设数量明显提高，其中轻钢结构厂房以其造价低、建设周期短的特点受到普遍关注，各地区均建立相应的钢结构企业以适应这种发展趋势。

（2）刚架结构　其主要特点是屋架与柱合并为同一构件，其连接处为一整体刚接，柱与基础一般为铰接。有以下两种形式：

1）装配式钢筋混凝土门式刚架结构（图14-4）。优点是构件种类小，制作简便，室内空间宽敞，一般比钢筋混凝土排架结构经济些。适用于跨度不超过18m、檐高不超过10m，无起重机或起重机起重量在100kN以下的建筑。目前在中小型单层厂房和仓库建筑中广泛应用。

2）钢刚架结构（钢结构）（图14-5）。主要承重构件全部用钢材做成，这种结构抗震性能好，与钢筋混凝土相比构件较轻，承载能力好，刚度大，施工速度快，但耗钢量大，钢结构也易锈蚀，耐火性较差，使用时应采取相应的防护措施，适用于跨度较大、空间较高、起重机起重量大的重型、有振动荷载的厂房，如大型炼钢厂房、水压机厂房、有重型锻锤的锻工厂房等。对于要求建设速度快、早投早产早受益的工业厂房，也可采用钢结构。

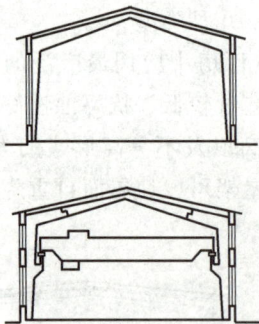

图14-4　装配式钢筋混凝土门式刚架结构

图14-5　钢刚架结构

（3）网架结构　屋面由钢网架承重，一般用在大跨度厂房、机库等建筑的结构方案上。柱子可以采用钢柱或钢筋混凝土柱支撑，厂房平面具有较大的灵活性与适应性，如图14-6所示。

（4）板架合一的空间结构　即屋面板与梁合为一体，常见结构形式有双T板、单T板、V形折板、各类壳体等大跨度结构体系。

图 14-6　网架结构厂房

3. 按厂房层数分

（1）单层厂房　单层厂房在工业建筑中有着广泛的应用，它一般用于机械制造、冶金等工业部门。这类厂房便于水平方向组织生产工艺流程，尤其对运输量大、设备、加工件及产品笨重，原料、燃料、成品及半成品所需堆放的面积大，出现地沟、地坑的车间有较大的适应性。同时，单层厂房也便于工艺改革。但单层厂房占地面积大，围护结构面积多，道路和技术管网较长，维修管理费高；厂房扁长，立面处理比较单调。

单层厂房按跨数有单跨与多跨之分。多跨大面积厂房在实践中采用较多，单跨用得较少。但有的厂房，如飞机装配厂房和飞机库常采用跨度很大（36~100m）的单跨厂房。

（2）多层厂房　食品、电子、精密仪器、纺织、印刷、服装等轻工业部门，其设备和产品轮廓小、重量轻，并适合在垂直方向上布置工艺流程。多层厂房占地面积小，管道集中，生产中可通过升降机等垂直运输设施解决产品的生产运输流程，厂房宽度都不很大，因此这类建筑的天然采光、自然通风和屋面排水都易于解决，保温隔热措施也较经济。近年来一些中小型机械加工装配类厂房也有向多层发展的趋势，为了减轻厂房结构的荷载，可将重的生产设备布置在底层，轻的依次布置在上面各层。

（3）层次混合的厂房　根据生产需求，混合布置楼层的生产车间。层次混合的厂房可以有效利用建筑空间，降低工程造价。

4. 按厂房内部生产环境状况划分

（1）冷加工厂房　常温环境下进行生产的厂房，如机械加工及装配厂房等。生产要求厂房内部卫生状况正常，有良好的采光与通风。

（2）热加工厂房　在高温或熔化状态下进行生产，并在生产过程中会散发出大量的余热、烟尘或有害气体等的厂房，如炼钢、轧钢、铸工、锻工等厂房。热加工厂房应加强通风措施以降低温度，排除烟尘，改善厂房内的劳动卫生条件，并采取有效的结构材料或隔热保护措施。

（3）恒温恒湿厂房　在恒定的空气温度和湿度条件下进行生产的厂房，如棉纺织厂、精密仪表厂等。这些厂房室内除装有空调设备外，围护结构也要采取相应的措施，以减少室外环境对室内温湿度的影响。

（4）洁净厂房　在无尘、无菌的超净条件下进行生产的厂房，如进行集成电路、制药、精密仪表加工、食品、化妆品等生产的厂房。这类厂房通过净化设备，将空气中的粉尘、微生物量控制在允许范围以下，同时厂房围护结构须严密，以保证产品质量。

（5）其他种状况的厂房　有爆炸可能性的厂房，应注意泄压和隔离；有大量腐蚀物作用的厂房，应注意在建筑材料及构造上做可靠的防腐蚀措施；还有防微振、高度隔声、防电磁波干扰等厂房。

厂房内部生产状况是确定厂房平、立、剖面及围护结构形式和构造的主要因素之一，设计应根据具体规范给予充分注意。

■ 14.2　工业建筑的平面设计

14.2.1　单层厂房平面设计

民用建筑的平面及空间组合设计主要是由建筑设计人员根据建筑使用功能的要求进行的，而单层厂房平面及空间组合设计是在工艺设计和工艺布置的基础上进行的，生产工艺是工业建筑设计的首要依据。单层厂房有适应性强及适用范围广的特点，尤其适用于工艺过程为水平布置的、平面运输量大、使用重型设备的高大厂房和连续生产的多跨大面积厂房。

1. 厂房设计影响因素

在满足生产工艺的基础上，厂房建筑设计应使其平面形成规整合理，简洁，以便尽量减少占地面积，利于节能，简化构造处理。厂房的设计应符合厂房建筑模数协调标准，使构件生产满足工业化生产的要求。对厂区建筑群体、构筑物、道路、绿化应有统一的景观设计，对厂房体型、立面、色彩等应根据使用功能、结构形式、建筑材料做必要的建筑艺术处理，使其具有特色，并与全厂的景观协调。

单层厂房的设计应主要考虑以下几方面因素：

（1）生产工艺流程的影响　生产工艺流程是指工厂内产品的生产、加工、制作过程，即生产原料按生产要求的程序，通过生产设备及技术手段进行生产加工，制成半成品或成品的全部过程。不同类型的厂房，由于其产品、规格、型号的不同，生产工艺流程也不相同，厂房设计应首先满足生产工艺要求，设计人员需要与工艺人员密切配合，掌握相应的工艺流程条件。

（2）生产状况对平面设计的影响　不同性质的厂房，在生产操作时会出现不同的生产状况。生产环境或有特殊要求，或生产过程对环境有污染、生产过程有爆炸危险等，以及可能危害人体、影响设备和建筑安全时，均应采取有效处理措施。厂房的平面应按生产要求、生产者心理和生理卫生要求，结合环境气候条件布置采光、通风口，选择天窗形式，使厂房有良好的采光通风条件。

（3）生产设备布置对平面设计的影响　厂房应按生产和运输设备布置、操作检修要求及经济性决定空间尺度，选择柱网和结构形式。平面设计应力求厂房体型简单，构件种类少；合理利用厂房内外空间布置生活辅助用房，安排各种管线、风口、操作平台、联系走道和各种安全设施。

（4）起重运输设备对平面设计的影响　为了运送原材料、成品和半成品，厂房内应设置起重运输设备，起重运输设备影响厂房的平面布置和平面尺寸。各种形式的起重机与土建设计关系密切，常见的起重机包括梁式起重机、桥式起重机、龙门吊等类型，起重机的起重量指标决定了起重机的工作性质，也影响厂房的平面结构设计和构造设计。

（5）厂房、厂区的总体格局满足安全、规划、环保等各方面要求。

2．单层厂房的平面形式（表 14-1）

如无特殊原因，单层厂房的平面形式常采用正方形、矩形及 L 形。面积相等时正方形周长最短，平面形式越接近正方形，墙体周长与面积的比值越小，这意味着节能与节地。所以单层厂房设计中，当生产工艺允许时，建筑物的形状，宜采用正方形或接近正方形。

表 14-1　平面形式与墙体周长

	方形	矩形	L 形
平面形式	□	▭	L形
面积	30.5m×30.5m=930.25m²	61m×15.25m=930.25m²	45.75m×15.25m+15.25m×15.25m=930.25m²
外墙周长	122m	152.5m	152.5m

除表中所列三种平面形式外，根据生产工艺的要求，热加工厂房和需要进行某种隔离的厂房，可以采用 U 形平面 E 形平面，如图 14-7 所示。这种厂房的特点是各部宽度不大，厂房周长较长，室内采光、通风条件良好，缺点是构造复杂，防震不利，为避免破坏，需设防震缝。U 形和 E 形平面由于外墙较长，造价及维修费都高，室内的各种工程管线也较长，因此这种平面形式，只在有工艺需要时才采用。

图 14-7　厂房的常用平面形式

3．柱网选择

无论是单层厂房还是多层厂房，承重结构柱子在平面上排列时所形成的网格称为柱网。柱网的尺寸是由柱距和跨度组成的，柱子纵向定位轴线间的距离称为跨度，横向定位轴线间的距离称为柱距，厂房柱网的选择也就是确定跨度和柱距。

柱网尺寸是根据生产工艺、建筑材料、结构形式、施工技术水平、地基承载能力及有利于建筑工业化等因素来确定的。

矩形厂房的不同柱网结构所需的构件数量参见表 14-2。

表 14-2　矩形平面 144m×24m 单层厂房各种柱网构件数量比较

构件名称	单位	柱网（柱距×跨度）				备注
		6m×24m	12m×24m	18m×24m	24m×24m	
屋架	榀	25	13	9	7	跨度均为 24m
柱	根	50	26	18	14	不包括抗风柱
基础	个	50	26	18	14	伸缩缝单基础双杯口
总计		125	65	45	35	

（1）跨度尺寸的确定因素

1）生产工艺中生产设备的大小及布置方式。设备大则占地面积大，设备布置成纵向或横向，单排、双排、多排或交错布置都影响跨度尺寸，如图 14-8 所示。

图 14-8　某联合厂房

1—高压室　2—变压器室　3—变配电所　4—卫生间　5—焊材二级库　6—前室　7—直线加速器探伤室
8—干燥间　9—重型汽车装配区　10—冷凝器装配区　11—高配室　12—冷水机房
13—清洁区　14—水压试验场地　15—伸缩式油漆间　16—喷丸室　17—空压站

2）厂房内部通道的宽度。不同类型的运输设备所需通道宽度是不同的，这也同样影响跨度尺寸。

3）跨度尺寸应满足《厂房建筑模数协调标准》的要求，根据 1）、2）两项条件所得尺寸，最终调整符合模数标准的要求。当屋架跨度小于等于 18m 时，采用扩大模数 30M 的数列，即跨度尺寸是 18m、15m、12m、9m 和 6m；当屋架跨度大于 18m 时，采用扩大模数 60M 的数列，即跨度尺寸是 24m、30m、36m、42m 等；当生产工艺布置有明显优越性时，跨度尺寸也可采用 21m、27m、33m。

（2）柱距尺寸的确定　我国单层工业厂房设计主要采用装配式钢筋混凝土结构体系，其基本柱距是 6m，而相应的结构构件如基础梁、吊车梁、联系梁、屋面板、横向墙板等均已配套成型，并有供设计者选用的工业建筑全国通用构件标准图集，设计、制作、运输、安装都积累了丰富的经验。这种体系至今仍广泛采用。柱距尺寸还受到材料的影响，当采用砖混结构的砖柱时，其柱距宜小于 4m，可为 3.9m、3.6m、3.3m 等。

（3）扩大柱网　随着科学技术的发展，厂房内部的生产工艺，生产设备，运输设备等也在不断地变化更新。为了使厂房能适应这种变化，厂房应有相应的灵活性和通用性，扩大柱网可以较好地满足这种要求。扩大柱网也就是扩大厂房的跨度和柱距。

扩大柱网的优点如下：

1）可以提高厂房面积的利用率。为使设备基础与柱子基础不致相撞，宜在柱周围留出适当的距离。在标准 6m 柱距的厂房中，若柱间布置设备，则扩大柱网可以提高面积的利用率，减少柱子与基础占用的使用面积，如图 14-9 所示。

2）有利于大型设备的布置和产品的运输。现代工业企业中，如重型机械厂、飞机制造厂、火箭制造厂等，其产品具有高、大、重的特点，柱网越大，越能满足生产设备的布置及产品的装配和运输。

3）能适应生产工艺变更及生产设备更新的要求。柱网扩大后，使生产工艺流程的布置有较大的灵活性。

4）能减少构件数量、加快施工进度，但增加了构件重量。

5）减少柱基础土石方工程量。

14.2.2　多层厂房平面设计

单层厂房有很多优点，但在某些工业企业中采用多层厂房也是合理和必要的，尤其是那些在生产上需要垂直运输或分层加工的企业。随着科学技术的发展，产品日益向小、专、精的方向发展，加工设备也趋向自控化、微型化、轻量化，从而解决了生产及设备荷载过大的问题，使生产可以在多、高层厂房中进行。

图 14-9　扩大柱网影响示意

1. 多层厂房的优点

与单层厂房相比，多层厂房具有以下优点：

（1）占地面积小，节约土地　多层厂房减小了用地面积，因而缩短了工艺流程和各种工程管线的长度，减少了基础设施的投入，进而节约了基本建设投资。

（2）外围护结构面积小，利于节能　多层厂房的外围护结构单位面积比率小，供暖地区可以降低冬季供暖费用，对于空调房间则可以减少空调费用，且相对容易保障特殊的生产环境要求，从而获得节能的效果。

2. 多层厂房的平面设计应遵循的原则

1）充分满足生产工艺流程的需要，合理解决层间功能协调问题。厂房的平面布置，应根据生产工艺流程、工段组合、交通运输、采光通风以及生产上的各种技术要求综合确定。

2）结构选择经济合理。多层厂房的结构选型一般由专业人员负责，但是由于它与工艺布置、建筑处理及室内空间、室外造型有着密切的联系，建筑师应具备这方面的基础知识，以便在平面空间组合设计中进行综合考虑。多层厂房按常用的结构材料划分为钢结构、钢筋混凝土结构、混合结构三大类；按照结构形式划分为梁板结构、无梁楼盖结构，还有大跨度桁架式框架结构。多层厂房不同于单层厂房，除底层外，设备荷载全部由楼板承受，因此结构柱网的尺寸受到比较大的限制，柱网选择应满足工艺要求，在结构上要经济合理。在楼板荷载的许可条件下，多层厂房的跨度越大，厂房的工艺布置灵活性和通用性越好。

3）合理解决厂房的交通、运输与安全疏散。在多层厂房中，不仅有水平交通运输，而

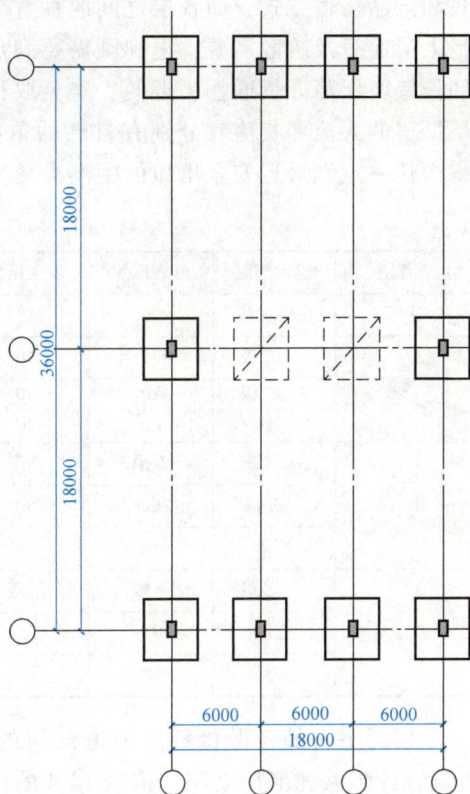

且增加了垂直交通运输，以保障各层车间之间的联系。多层厂房设计时应预先考虑设备安装方式和产品运输方式，而各层之间的垂直交通运输则主要通过楼梯、电梯来解决。楼梯主要满足人员通行及疏散需要，电梯则需要满足人员通行、货物运输及车辆运送等需求。楼电梯间的位置要保障人货通畅、近便，避免取得迂回，货运电梯厅须留有货运回转、堆放空间。多层厂房的人流和货流宜分别有自己的单独出口。不同生产类别厂房的主要疏散要求（以厂房内任一点到最近安全出口的距离衡量）见表14-3。

表14-3　厂房内任一点到最近安全出口的距离　　　（单位：m）

生产类别	耐火等级	单层厂房	多层厂房	高层厂房	地下、半地下厂房或厂房的地下室、半地下室
甲	一、二级	30	25		
乙	一、二级	75	50	30	
丙	一、二级	80	60	40	30
	三级	60	40	—	—
丁	一、二级	不限	不限	50	45
	三级	60	50		
	四级	50	—	—	
戊	一、二级	不限	不限	75	60
	三级	100	75		
	四级	60	—	—	

多层厂房内的疏散楼梯、走道及门的宽度应按实际人数核算，其疏散宽度指标根据《建筑设计防火规范》规定，按表14-4的标准设计。

表14-4　厂房内的疏散楼梯、走道和门的每100人最小疏散净宽度

厂房层数/层	1~2	3	≥4
最小疏散净宽度/(m/百人)	0.60	0.80	1.00

4）注重功能分区，合理安排生产辅助用房。在多层厂房设计时，工艺流程规定了各个工序、厂房之间的联系，进行空间组合时，应该以此为依据，布置各个厂房（工部）的相互位置，以免物料运输时产生迂回、往返交叉等不合理现象。多层厂房中各工段、厂房的布置，需要根据工艺要求、生产设备、运输量及建设用地的具体情况等多方面因素综合考虑确定，而设计人员在掌握工艺流程的基础上，综合解决工艺和土建的矛盾，为设计出合理、先进的方案创造条件。

14.2.3　生活间设计

在厂房中除布置各生产部门外，为了保障工人的身心健康，提高产品质量和劳动生产率，还需要设置各种辅助和生活用房，例如存衣室、厕所、盥洗室、淋浴室、休息室以及行政技术管理办公室等，用来满足工人在生产中的生活福利和生产管理的需要。

1. 生活间的组成

工业建筑应根据工业企业生产特点、实际需要、使用方便的原则设置生活间，一般来说，生活间包括下面几个方面的内容。

（1）生产卫生用室　生产卫生用室，包括浴室、存衣室、盥洗室，其面积大小和卫生

用具的数量，应根据厂房的卫生特征级别来确定。《工业企业设计卫生标准》第7条将厂房卫生特征分为4级，见表14-5。该标准规定卫生特征为1级、2级的厂房内应设置浴室；3级宜在厂房附近或在厂区设置集中浴室；4级可在厂区或居住区内设置集中浴室。

表14-5　厂房卫生特征分级与洁具数量

卫生特征	1级	2级	3级	4级
有毒物质	易经皮肤吸收，引起中毒的剧毒物质（如有机磷农药、三硝基甲苯、四乙基铅等）	易经皮肤吸收或有恶臭的物质，或高毒物质（如丙烯腈、吡啶、苯酚等）	其他毒物	不接触有害物质和粉尘，不污染或轻度污染身体（如仪表、金属冷加工、机械加工等）
粉尘		严重污染全身，或对皮肤有刺激的粉尘（如炭黑、玻璃棉等）	一般粉尘（棉尘）	
其他	处理传染性材料、动物原料（如皮毛等）	高温作业、井下作业	体力劳动强度Ⅲ级或Ⅳ级	
洁具类型	每洁具使用人数上限（人/洁具）			
淋浴	3	6	9	12
盥洗龙头	20~30		31~40	

注：虽易经皮肤吸收，但易挥发的有毒物质（如苯等）可按3级确定。

（2）厂房生活用室　厂房生活用室包括休息室、就餐场所、厕所等服务设施。生活用室的配置应与产生有害物质或有特殊要求的车间隔开，应尽量布置在生产劳动者相对集中、自然采光和通风良好的地方。

1）厂房内部应根据生产特点和实际需要设置休息室或休息区，休息室内应设置清洁饮水设施。女工较多的企业，应在厂房附近清洁安静处设置孕妇休息室或休息区。

2）就餐场所的位置不宜距厂房过远，但不能与存在职业性有害因素的工作场所相邻设置，并应根据就餐人数设置足够数量的洗手设施。就餐场所及所提供的食品应符合相关的卫生要求。

3）厕所不宜距工作地点过远，并应有排臭、防蝇措施，严寒和寒冷地区应设在室内。厂房内的厕所，一般应为水冲式，同时应设洗手池、洗污池，除有特殊需要，厕所的蹲位数应按使用人数设计。

（3）妇女卫生室　对于当班人数中女工大于100人的工业企业，应设妇女卫生室。妇女卫生室由等候间和处理间组成。等候间应设洗手设备及洗涤池，处理间内应设温水箱及冲洗器。冲洗器的数量应根据设计计算人数确定，人数最多班组女工人数为100~200人时，应设1具冲洗器，女工数大于200人时，每增加200人增设1具冲洗器。

2. 生活间的布置

生活间与厂房的关系，应根据总平面人流、货运、厂房的工艺特点和大小、生活间的规模等因素综合比较，合理解决。应力求使工人进场后经过生活间到达工作地点的路线最短，避免和主要货运线交叉，不妨碍厂房采光、通风和扩建等要求。生活间的位置有三种布置方式：

（1）厂房内部式生活间　在一般跨度较大的厂房内，承重结构往往占有较大的空间，生活间或生产辅助用房可以布置在生产上难以利用的空间中，如图 14-10 所示。

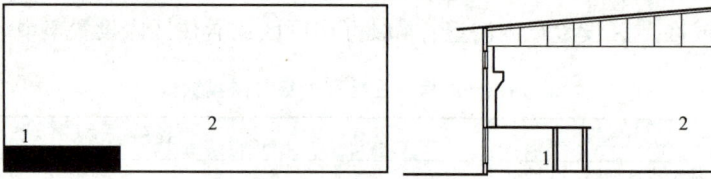

图 14-10　厂房内部式生活间

1—生活间　2—厂房

（2）毗邻式生活间　这种布置方式的主要优点是与车间联系方便，设计时，可将一些不需要大空间的辅助房间并入生活间，有利于布置行政管理用房，从而节省厂房面积。因此，一般厂房常采用这种方式，如图 14-11 所示。

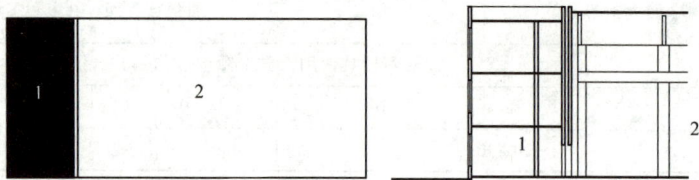

图 14-11　毗邻式生活间

1—生活间　2—厂房

（3）独立式生活间　独立式生活间适用于生活间规模较大的工业建筑。这种布置方式平面布置灵活，利用率较高且不影响厂房生产活动，其缺点是占地面积大、与厂房联系不直接。

独立式生活间与厂房的连接方式有三种，如图 14-12 所示。

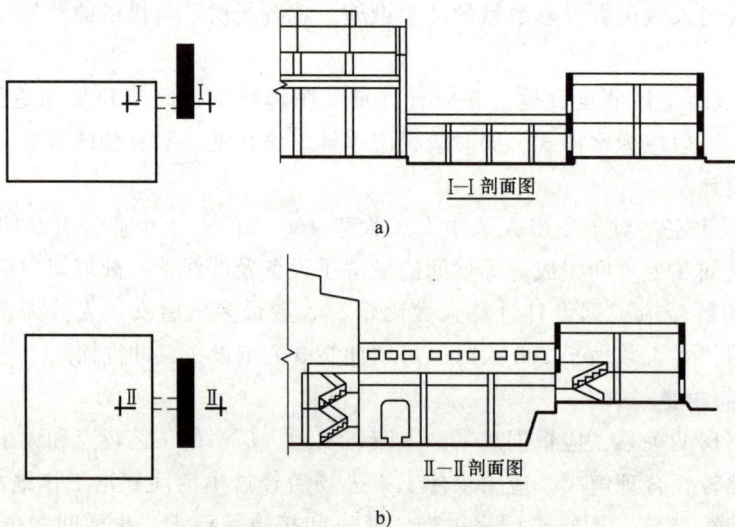

I—I 剖面图

a)

II—II 剖面图

b)

图 14-12　独立式生活间

a）走廊连接　b）天桥连接

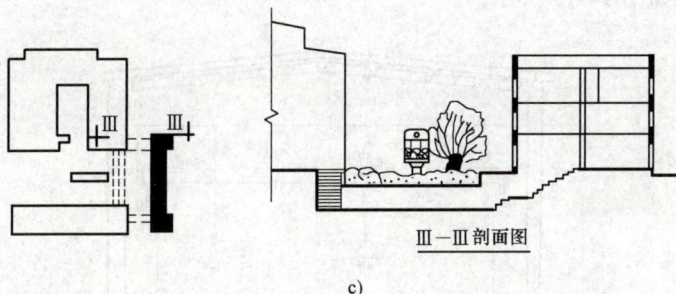

Ⅲ—Ⅲ剖面图

c)

图 14-12 独立式生活间（续）

c）地道连接

■ 14.3 工业建筑的剖面设计

14.3.1 单层厂房剖面高度设计

单层厂房剖面设计是在平面设计的基础上进行的，剖面设计着重解决建筑空间满足生产要求的问题。生产工艺对厂房剖面设计影响很大，如生产设备的体积、工艺流程、生产特点、操作要求、被加工件的大小和重力、起重运输设备的类型及起重量、其他运输工具的要求等，都影响着剖面形式，具体设计要求是：

1）确定合理的厂房高度，使其满足生产工艺要求的足够空间。

2）解决厂房采光和通风，使其具有良好的室内环境。

3）选择结构方案和围护结构形式，满足建筑工业化要求。

1. 厂房高度的确定

单层工业厂房的高度是指室内地面到屋架下弦或屋面梁下表面最低点的垂直距离，一般情况下是指屋架下表面高度，即柱顶与地面之间的高度。所以，单层厂房的高度也可以指地面到柱顶的高度。

为保证厂房内外运输方便和缩短门前坡道的长度，一般单层厂房的室内外地面高差不宜太大，但要考虑到防止雨水侵入，室内外地面高差通常为 100~150mm。

在通常地形较为平坦的情况下，为了便于工艺布置和生产运输，整个厂房地坪应采取统一标高；在山区建厂时，由于地形起伏不同，形成复杂的地貌，从经济角度考虑，应依山就势，因地制宜。

厂房内部有无起重机，对于柱顶标高的确定有很大影响。

1）无起重机厂房的柱顶标高。在无起重机的厂房中，柱顶标高通常是按最大生产设备的高度 H 和安装检修时所需的高度两部分之和来确定。柱顶标高应符合扩大模数 3M 数列的要求，同时，厂房高度还需满足采光和通风的要求。一般无起重机厂房的柱顶标高不小于 3.9m。

2）有起重机厂房的柱顶标高。有起重机厂房的柱顶高度由起重机的设备要求 H_2 及轨顶标高 H_1 决定。影响厂房高度的因素还包括产品与设备高度 h_1、安全操作空间 h_2、被吊装物品尺寸 h_3、吊装空间 h_4、吊钩与轨顶间距 h_5、起重机附属设备高度 h_6、起重机附属设备

运行空间 h_7 等，如图 14-13 所示。

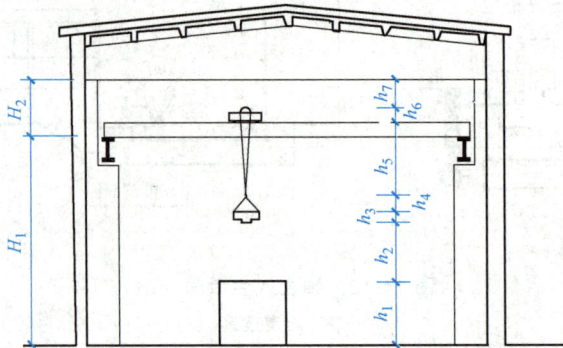

图 14-13　影响厂房高度设计的因素

2. 厂房高度的调整

确定厂房高度时，应在满足生产要求的前提下，充分利用空间，不可轻易提高柱顶标高。对于多跨厂房和有特殊设备要求的厂房，厂房高度需做相应的调整。在工艺要求有高差的多跨厂房中，当高差不大于 1.2m、地块所占面积较小时，不宜设置高度差。在剖面设计中，尽量采用平行等高跨，使构件统一，这样施工方便，较为经济。

对于厂房内局部有特殊设备，为了柱顶标高统一，通常在厂房一端屋架与屋架之间的空间布置个别高大的设备，或降低局部地面标高，如设置地坑来放置大型设备，以减少厂房空间高度。图 14-14 所示是某厂的变压器修理工段的剖面图，在修理大型变压器芯子时，需将芯子从变压器外壳抽出，如将变压器放在地面上操作，就要抬高整个厂房高度，增加造价，如将修理的变压器置于低于地坪的地坑里，既满足了修理要求，又降低了厂房高度，做到既经济又实用。

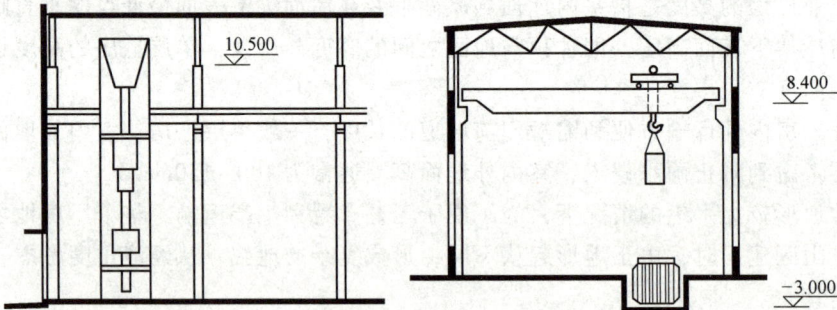

图 14-14　厂房的高度调整

14.3.2　采光设计

工业厂房的自然采光要求对剖面设计也有直接影响。单层工业厂房的采光可分为侧窗采光、高侧窗采光、天窗采光三种方式。

决定工业建筑采光的主要技术指标是其采光等级与窗地面积比。厂房的窗地面积比和采光有效进深关系见表 14-6。

表 14-6　厂房的窗地面积比和采光有效进深关系

采光等级	侧面采光		顶部采光
	窗地面积比	采光有效进深/m	窗地面积比
I	1/3	1.8	1/6
II	1/4	2.0	1/8
III	1/5	2.5	1/10
IV	1/6	3.0	1/13
V	1/10	4.0	1/23

1. 侧窗和高侧窗采光

侧窗采光是将采光口布置在外墙上的一种采光方式，其特点是构造简单，施工方便，造价低廉，视野开阔，有利于消除疲劳。侧窗采光分单侧采光和双侧采光两种。

当厂房进深不大时，可采用单侧采光。单侧采光的有效深度约为工作面至窗口上沿距离的一倍，即 $B = 2H$。这种采光方式，光线在深度方向衰减较大，光照不均匀。增加高侧窗对室内进深方向的照度提高有一定程度的改善。

双侧采光是单跨厂房中常见的形式，它提高了厂房采光均匀程度，可满足较大进深的厂房。

2. 天窗采光

当厂房的跨度较大或厂房高度无法满足侧窗的天然采光需要时，工业建筑通常设置天窗。天窗采光通常用于大进深或连续多跨的厂房，其照度均匀，采光效率高，但构造复杂，造价较高。

采光天窗按剖面形状划分为矩形天窗、锯齿形天窗、下沉式天窗、平天窗、梯形天窗，M 形天窗等，如图 14-15 所示。

（1）矩形天窗　矩形天窗的采光特点与侧窗采光类似，天窗一般为南北向布置，光线较均匀，通风效果良好，积尘少，易于防水，但增加厂房屋面的荷载，对抗震不利，且构造复杂，造价较高。为了保证厂房天然采光的均匀度，天窗的高宽度一般取 1/3 ~ 1/2 的厂房跨度，相邻两天窗的距离应大于或等于相邻两天窗高度之和的 1.5 倍，如图 14-15a 所示。

（2）锯齿形天窗（图 14-15d）　将厂房的屋顶剖面形式，设计成锯齿形，在两齿之间设天窗，其特点是窗口一般朝北向开设，光线不直接射入室内，光线比较均匀柔和，无炫光。斜巷顶板反射的光线，可以增加室内的照度，它适于光线稳定并对温湿度有要求的厂房，如纺织厂房、印染厂房等。

（3）下沉式天窗（图 14-15e）　通常将屋顶的一部分屋面板布置在屋架下弦，利用上下弦之间的屋面板位置的高差作为采光口和通风口，形成下沉式天窗。

（4）平天窗（图 14-15g、h）　在屋面板上直接设置水平或接近水平的采光口称为平天窗。这种天窗构造简单、造价低廉，由于其透光材料水平设置，故采光效率高。在采光面积相同的条件下，平天窗的照度比矩形天窗高 2 ~ 3 倍。平天窗虽有上述优点，但也存在一些问题，如平天窗不能通风，如必须通风，在构造上还须采取通风措施；在供暖地区容易在玻璃上结露，形成水滴下落，影响使用；在炎热地区，通过平天窗透过的太阳辐射热，往往大于允许值；在直接阳光作用下，工作面上眩光较重，影响工作。另外，平天窗还存在容易积

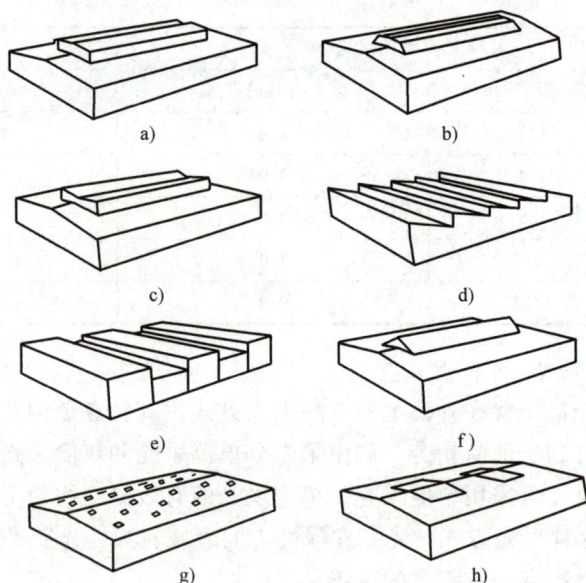

图 14-15　采光天窗形式及布置

a）矩形天窗　b）梯形天窗　c）M形天窗　d）锯齿形天窗　e）横向下沉式天窗

f）三角形天窗　g）平天窗（点状）　h）平天窗（块状）

灰和污染，玻璃破碎易伤人等问题。由于这些原因，平天窗适用于一些冷加工厂房，在工业建筑中未得到广泛应用。

14.3.3　通风设计

厂房的通风方式有两种，即自然通风和机械通风。自然通风是利用空气的自然流动将室外的空气引入室内，将室内的空气和热量排至室外，这种通风方式与厂房的结构形式、进出风口的位置等因素有关，它受地区周围环境的影响较大，通风效果不稳定。机械通风是以风机为动力，使厂房内部空气流动，达到通风降温的目的。它的通风效果比较稳定，并可根据需要进行调节，但设备费用较高，耗电量较多。在无特殊要求的厂房中，尽量以自然通风的方式解决厂房的通风问题。自然通风是以利用热压和风压来实现通风换气的。

1. 热压原理

厂房内部生产过程中所产生的热量，提高了室内空气的温度，使空气体积膨胀，密度变小而自然上升，当厂房下部的门窗敞开时，室外空气进入室内，使室内外的空气压力趋于平衡。如将天窗开启，由于热空气的上升，天窗内侧的气压大于天窗外侧的气压，使室内热气不断排出。如此循环，从而达到通风的目的。这种通风方式称为热压通风，如图14-16 所示。

2. 风压原理

当风吹向建筑物时，遇到建筑物而受阻，在迎风面空气压力增大，超过了大气压力形成正压区；当气流通过房屋两侧和上方时，风速加大，使建筑物的侧面和顶面形成

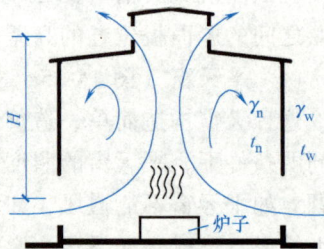

图 14-16　热压通风示例

了一个小于大气压力的负压区。建筑物背风一面会形成涡流,出现一个负压区。根据这个现象,将厂房的进风口设在正压区,排风口设在负压区,使室内外空气更好地进行交换。这种利用风的流动产生的空气压力差而形成的通风方式称为风压通风。

在厂房剖面和通风设计时,要根据热压和风压原理考虑两者共同对厂房通风效果的影响,恰当地设计进、排风口的位置,选择合理的通风天窗形式,组织好自然通风。

14.3.4 多层厂房剖面设计

1. 层数的确定

多层厂房层数的确定受到多种因素的制约。随着经济与社会的发展、生产设备的更新、工艺条件变革以及城市用地条件的限制等因素的影响,多层厂房建设逐年增多。厂房的层数,应取决于生产规模相对于生产工艺流程潜在的叠加可行性。在设备荷载和工艺条件允许的前提下,轻工厂房按照自然层布置工艺流程、组织生产。多层厂房很好地解决了用地矛盾,节约了用地。

2. 层高的确定

多层厂房的层高同生产工艺及设备、采光与通风、结构与设备空间和建筑造价等因素关系密切。概括起来包括以下几个方面:

(1)生产工艺及设备 生产与设备需求是多层工业建筑层高设计的决定因素,大型设备及起重机等较重荷载的生产设施一般布置在首层,满足层高与承载需要;轻工及荷重不大的生产部门放置在上面楼层,这可以减低设备需求的空间,降低层高,节约造价。

(2)采光与通风 环境卫生指标对多层工业建筑同样起到制约作用。在多层厂房中,天然采光主要靠侧窗来实现,与单层厂房类似,单面采光的楼层侧窗口上沿高度不宜低于进深的1/2,当进深过大时,应增加净高或采用人工照明措施。

自然通风同样与侧窗面积有关。室内卫生条件与每层厂房的换气次数、厂房内容积及工人总量相关。机械排风或空调系统同样影响多层厂房的层高设计。

(3)结构与设备空间 多层厂房的结构与设备空间对层高的影响同样应在设计时给予重视。与单层厂房剖面由柱顶标高决定不同,多层厂房的建筑设计是需要预留楼层结构与设备空间的,不同的结构形式、设备所需的高度不同。工业建筑楼面荷重较大,楼板较厚,使得一些特殊的结构体系更适合多层厂房,如无梁楼盖等。这方面的设计需要多专业的密切配合、相互协作才可以完成。

(4)技术经济指标 层高与造价密切相关,合理降低层高,可以节省投资。相关研究显示,层高提高100mm,住宅的造价提高约10%,而单层工业建筑的造价提高约为1.4%,多层工业建筑的层高对造价的影响介于二者之间。

14.4 厂房立面和体型设计

工业建筑形体与立面设计受到建筑规模、功能、结构、经济性、材料、施工技术条件等因素的多方面限制,同时应体现出工业建筑自身的特点。厂房的体型与生产工艺、平面形状、空间设计、环境气候条件有密切的关系,立面设计时,需要在基本形体组合的基础上进行。建筑立面设计必须符合我国的建设方针,根据建筑功能需要、技术水平、经济条件,运用建筑构图的基本原理和处理手法，使建筑具有简洁、朴素、大方、新颖的外观形象。

14.4.1 厂房的体型特点

工业建筑的体型一般比较规则而建筑体量相对较大，空间的内外环境联系比较直接。工业建筑的体型与内部的生产特征有着密切的联系，体型设计应正确表现建筑物本身的特征，做到形式与内容一致，同时符合建筑构图的一般规律，并与周围的环境相协调。组合空间时应突出重点，强调中心，恰当地确定体型和各部分的比例。建筑体型宜简洁，但须避免单调枯燥，统一中求变化，并使建筑的体量和外形与其周围的空间相呼应。

厂房的立面设计是基于厂房体型基础上的艺术处理，在形式、材料、色彩、机理等多方面通过形式美的法则，加以运用，获得良好的外观效果。影响厂房立面设计的因素很多，归纳起来主要有以下几点：

1. 使用功能影响

生产工艺流程、生产状况、运输设备，不仅对厂房的平面、剖面设计有影响，还对厂房体型和立面设计有直接影响。建筑的形象应反映建筑的内容，运用形式美原则对建筑立面展开处理，同样可以获得强烈的视觉效果。

2. 结构、材料的影响

结构形式对体型和立面的设计有着直接的影响，采用不同的结构方案对厂房的形体与立面影响巨大，屋顶结构形式、外墙材料特点、门窗特征的不同均能处理出特定的立面效果。

3. 环境、气候的影响

环境与气候直接影响厂房的体型和立面设计。例如：北方气候寒冷，厂房在冬季有保温的要求，故厂房平面较集中，体形系数小，厂房的体型和立面一般应比较封闭，开窗面积较小，显得稳重（图14-17）；南方炎热地区强调通风、散热，窗洞口面积较大，为减小太阳辐射热的影响，常常设置遮阳板，建筑物的形象开敞，有明快之感，平面布局较灵活。

图14-17 北方多层厂房案例

14.4.2 立面处理方法

工业建筑立面设计的要素主要体现在柱子、外墙、门窗、檐口等部件，利用建筑构图的规律对这些部件有机地组合与划分，使立面简洁大方、比例恰当，达到完整匀称、节奏自然、色调质感，协调统一的效果。下面仅以外墙面的划分为例说明立面设计的方法。

1. 垂直划分

根据砌块或板材的墙体结构特点，利用承重的柱子、壁柱、向外突出的窗间墙、竖向条形组合窗等构成竖向线条，可改变单层厂房扁平的比例关系，使厂房立面挺拔、有力。为使墙面整齐美观，门窗洞口和窗间墙的排列，多以一个柱距为一个单元，在立面中重复使用，使整个墙面产生统一的韵律。当墙面很长时，隔一定距离插入一个变化的单元，可避免立面单调而又有节奏感。在采用大型墙板时，为取得垂直划分的效果，垂直布置的墙板与竖向条窗有节奏的重复，能形成强烈的韵律感，墙体下面又有大面积的带形窗，使厂房的立面取得以垂直线条为主又有水平联系的挺拔和稳重的效果。墙面垂直划分如图 14-18 所示。

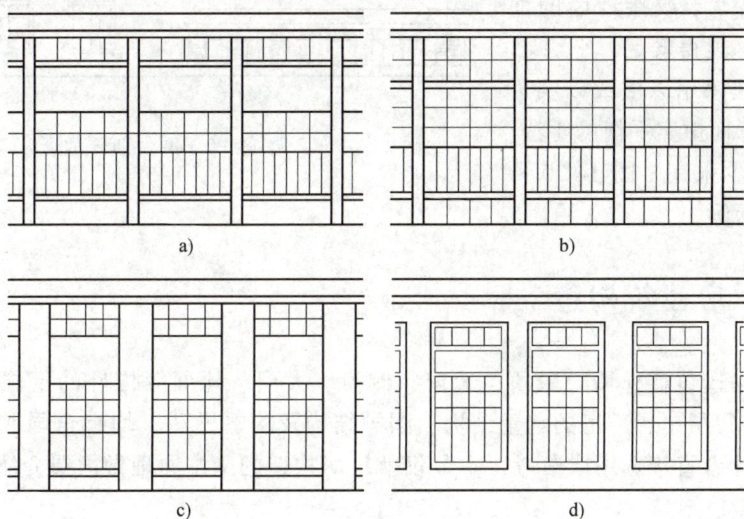

图 14-18　墙面垂直划分

2. 水平划分

水平划分通常的处理方法是在水平方向设整排的带形窗，使窗洞口上下的窗间墙构成水平横线条。若再采用通长的水平窗眉线、窗台线、遮阳板、勒脚线，则水平横线条的效果更为显著。也可采用不同材料、不同色彩来处理水平的窗间墙，使厂房立面显得明快、大方。墙面水平划分如图 14-19 所示。

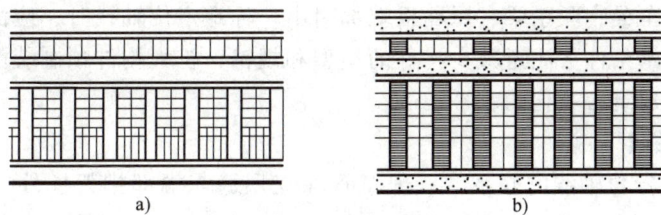

图 14-19　墙面水平划分

3. 混合划分

墙面的水平划分与垂直划分通常不是单独存在的，一般都是结合运用，以其中某种划分为主，或以两种方式混合运用，互相结合，相互衬托，不分明显的主次，而构成水平与垂直的有机结合，取得生动和谐的效果。

在厂房立面中，窗洞口面积的大小是根据采光和通风要求来确定的。窗与墙的比例关系有以下三种情况：

1）窗面积大于墙的面积，立面以虚为主，显得轻巧、明快。

2）墙面积大于窗的面积，立面以实为主，显得敦实、稳重。

3）窗面积等于或接近墙的面积，虚实平衡，显得安定、平稳。

设计中往往采用以虚或以实为主的立面处理，而虚实平衡的手法，显得平淡而较少采用。图 14-20 所示为混合划分示例。

图 14-20　混合划分示例

■ 14.5　厂房建筑构造

单层厂房构造包括外墙、屋顶、天窗、侧窗、大门、地面等构件的定位及做法，如图 14-21 所示。在我国单层厂房的承重结构、围护结构及构造做法，均有全国或地方通用的标准图，可供设计者直接选用或参考，本节仅就厂房构造的基本原理做简要介绍。

14.5.1　定位轴线

厂房定位轴线是确定厂房主要承重构件位置、设备定位及施工放线的基准线。在厂房建筑平面图中，有纵向定位轴线与横向定位轴线之分，平行于厂房长度方向的定位轴线称纵向定位轴线，与之相垂直的称横向定位轴线。纵向定位轴线通过横向主要承重构件（屋架）端头标注，在平面图中由下向上依次按Ⓐ Ⓑ Ⓒ……编号。而横向定位轴线是通过纵向主要承重构件（屋面板、托架等）端头标注，由左向右依次按① ② ③……标注。两相邻的主要纵向定位轴线间距称为跨度，是从屋架或屋面大梁端头引出。而相邻横向定位轴线间距称为柱距或柱步，是从吊车梁、联系梁、屋面板端部引出。标定定位轴线时，应满足生产工艺的要求，并在可能的技术条件下注意减少构件的类型和规格，扩大构件预制装配化的程度及其互换通用性，以提高建筑工业化的水平。

1. 横向定位轴线

（1）柱与横向定位轴线的联系　一般位置除变形缝与端部排架柱外，柱子的中心线与横向定位轴线重合。这时屋架支于柱子中心线上，而屋面板、联系梁、外墙板、吊车梁的长度皆以柱子中心线为准，如图 14-22 所示。柱距相同时，这些构件的长度相同，连接构造也可以一致。

（2）变形缝处柱与横向定位轴线的联系　横向伸缩缝、防震缝处的柱应采用双柱及两

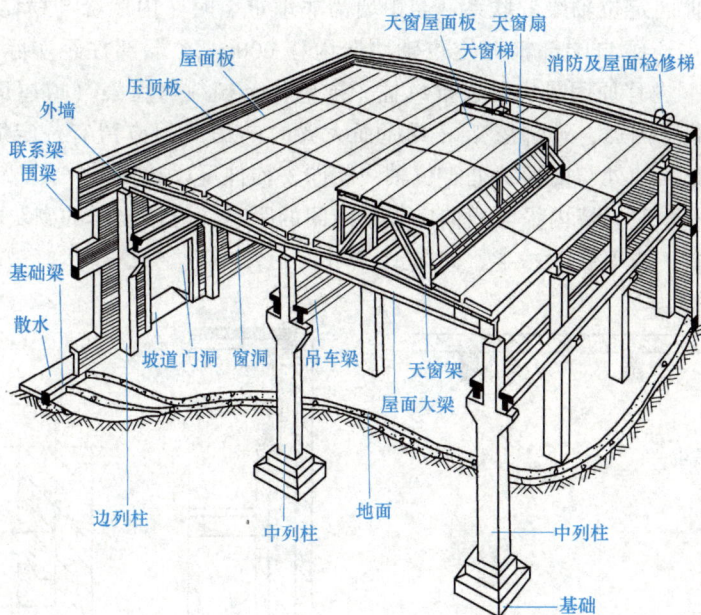

图 14-21　厂房的构造组成

条横向定位轴线，柱的中心线均应自定位轴线向两侧各移 600mm，两条横向定位轴线所需缝的宽度 a_e 应符合现行有关国家标准的规定。这时定位轴线是从纵向构件缝的边缘处标注。缝宽为 a_e，两条轴线间插入距 a_i，此时 a_i 在数值上等于 a_e，即 $a_i = a_e$，如图 14-23 所示。

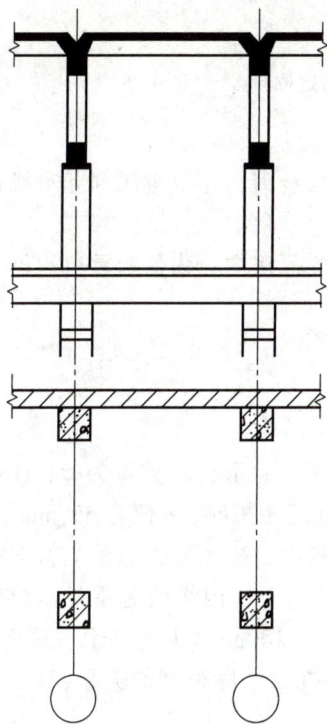

图 14-22　普通柱与横向定位轴线

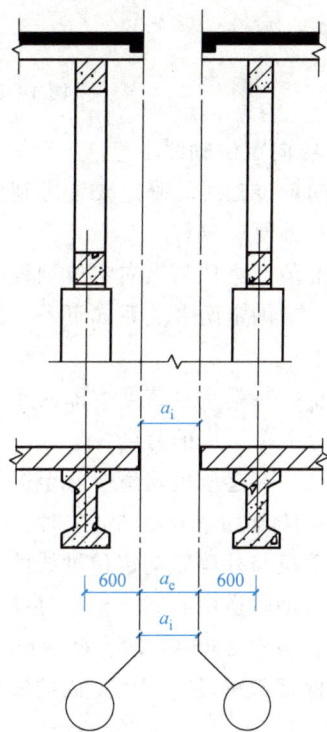

图 14-23　横向变形缝柱与定位轴线

（3）山墙与横向定位轴线的联系　当山墙为非承重墙时，内墙缘与横向定位轴线重合。端部排架柱子的中心线自端部横向定位轴线向内移600mm，端部柱距实际减少了600mm，如图14-24a所示。内移原因是山墙设抗风柱，抗风柱上端须与屋架（或屋面大梁）上弦相连接，传递风荷载，因此，端部屋架（或屋面大梁）与山墙间应留有一定缝隙，以保证抗风柱通至屋架上弦。此处与变形缝处定位轴线相同，构件可以通用。

山墙为砌体承重时，墙内缘与横向定位轴线间的距离，应按砌体的砌块材料类别分别为半块或半块的倍数，或墙厚的一半，如图14-24b所示。

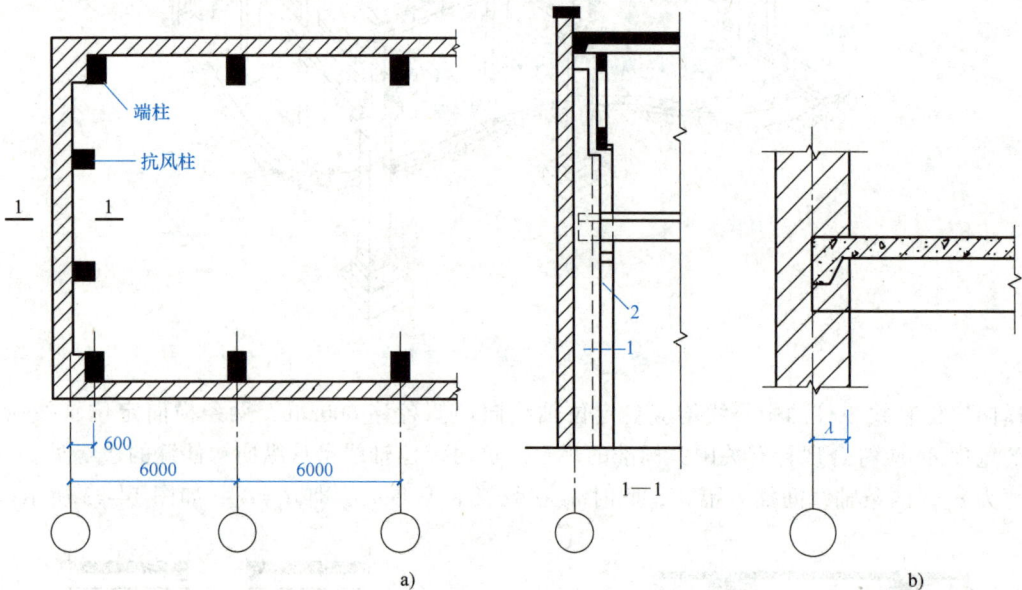

图 14-24　山墙与横向定位轴线的定位

2. 纵向定位轴线

纵向定位轴线的确定要考虑到墙、柱等构造简单，结构合理，还要考虑到起重机行走安全，检修方便。

（1）墙、边柱与纵向定位轴线的联系　有桥式起重机的厂房中，为使起重机规格与结构相协调，须确定两者关系如下

$$L_k = L - 2e$$

式中　L_k——起重机跨度，即两条起重机轨道中心间距；

　　　L——厂房的跨度；

　　　e——起重机轨道中心至纵向定位轴线间的距离。轿式起重机起重量为Q，$Q>750kN$时，e取1000mm；$Q \leqslant 750kN$时，e取750mm。当采用梁式起重机时，e值为500mm。

起重机与外墙纵向定位轴线的联系如图14-25所示。图中，B为桥式起重机桥架端部构造长度，即轨道中心线至桥架外缘的尺寸；C_b为桥架外缘到上柱内缘的起重机运行安全净空尺寸，当$Q \leqslant 500kN$时，$C_b \geqslant 60mm$，当$Q \geqslant 63kN$时，$C_b \geqslant 100mm$；h为是上柱截面高度。

为保证起重机在跨度方向的安全净空要求，根据起重机与厂房跨度的关系，从图13-25中得知

$$e-(h+B) \geqslant C_b$$

由于起重机形式、起重量、厂房跨度、高度、柱距等不同，设走道板与否，外墙、边柱与纵向定位轴线联系方式出现下述两种情况：

1）封闭结合。当无起重机、有悬挂式起重机、柱距为 6m，$Q \leqslant 200kN$ 时，可取封闭结合，即柱外缘，墙内缘与纵向定位轴线重合，如图 14-26a 所示。

如图 $Q \leqslant 200kN$ 时，查起重机样本 $B \leqslant 260mm$，$C_b \geqslant 60mm$，柱距不大，起重机较轻，此时 h 可取 400mm。则

$$e-(h+B) = [750-(400+260)] mm = 90mm > 60mm$$

符合规定，故可采用封闭结合。

2）非封闭结合。柱距为 6m，起重机起重量为 $500kN > Q > 300kN$ 的厂房中，边柱外缘与纵向定位轴线间应加设联系尺寸 a_c。联系尺寸应为 300mm 或其整数倍数，但围护结构为砌体时，联系尺寸可采用 50mm 或其整数倍数。

如 $Q > 300kN$ 时，查起重机样本 $B \geqslant 300mm$，$C_b \geqslant 60mm$。柱距较大，起重机较重时，$h \geqslant 400mm$。则

$$e-(h+B) = [750-(300+400)] mm = 50mm < 60mm$$

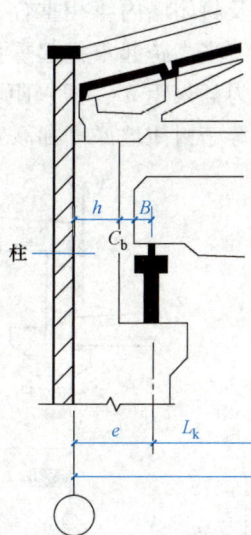

图 14-25　起重机与外墙
纵向定位轴线

为满足起重机安全行走，必须保证 C_b 值又不使起重机尺寸复杂化，于是将边柱外移，这样就使得纵向定位轴线与柱子外缘和墙的内缘产生了距离，也就是屋架端部与外墙内缘有一缝隙，而称非封闭结合，如图 14-26b 所示。

但应注意，出现非封闭结合时，必须保证屋架和柱子的搭接长度大于 300mm。若无起重机或只有悬挂起重机时，当采用带有承重壁柱的外墙，壁柱断面尺寸足够支承屋顶构件时，宜采用墙内缘与纵向定位轴线相重合的形式，当壁柱断面尺寸较小不足以支承屋顶构件时，墙内缘与纵向定位轴线相距（砖或砌块）半块或半块的倍数。

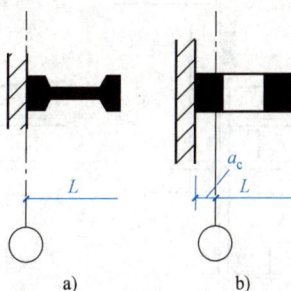

图 14-26　边柱定位轴线与外墙关系
a）封闭结合　b）非封闭结合

承重外墙的墙内缘与纵向定位轴线间的距离宜为（砖或砌块）半块的倍数，或使墙的中心线与纵向定位轴线相重合。

（2）中柱与纵向定位轴线的联系

1）等高跨中柱。等高跨中柱，宜设置单柱和一条纵向定位轴线，柱的中心线宜与纵向定位轴线相重合。上柱截面高一般取 600mm，既保证了屋架与柱的搭接长度，又保证了起重机安全行走。

等高跨中柱，当相邻跨内的桥式起重机起重量、厂房柱距或构造要求需设插入距时，中柱可采用单柱及两条纵向定位轴线，插入距 a_i 应符合 3M 模数，柱中心线宜与插入距中心线相重合。

2）高低跨中柱

① 高低跨处采用单柱。两侧起重机起重量 $Q \leqslant 200kN$ 时，纵向定位轴线与高跨上柱外

缘及封闭墙内缘相重合，如图 14-27a 所示。

当高跨起重机起重量 $Q = 300 \sim 500kN$ 时，则高低跨处采用两条纵向定位轴线，两轴线间距为插入距 a_i，插入距与联系尺寸 a_c 相同（图 14-27b），或等于墙体厚度 t（图 14-27c），或等于封闭墙厚度加联系尺寸（图 14-27d）。

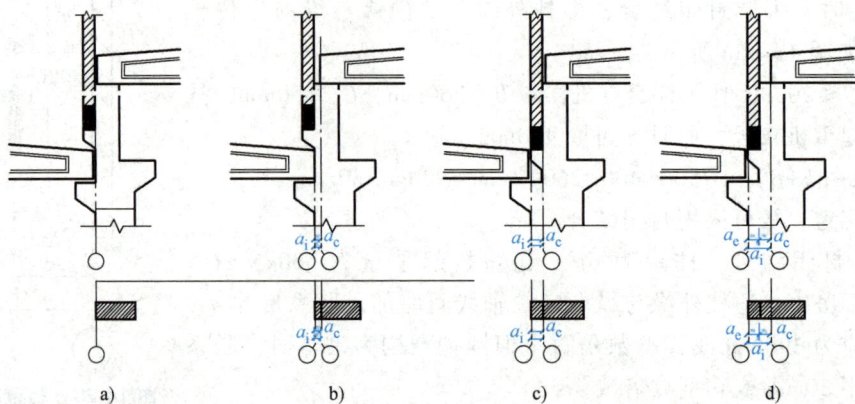

图 14-27　高低跨单中柱与纵向定位轴线的定位

② 高低跨处采用双柱。应采用两条纵向定位轴线，并依照起重机条件设插入距，柱与纵向定位轴线的定位规定和边柱相同，如图 14-28 所示。

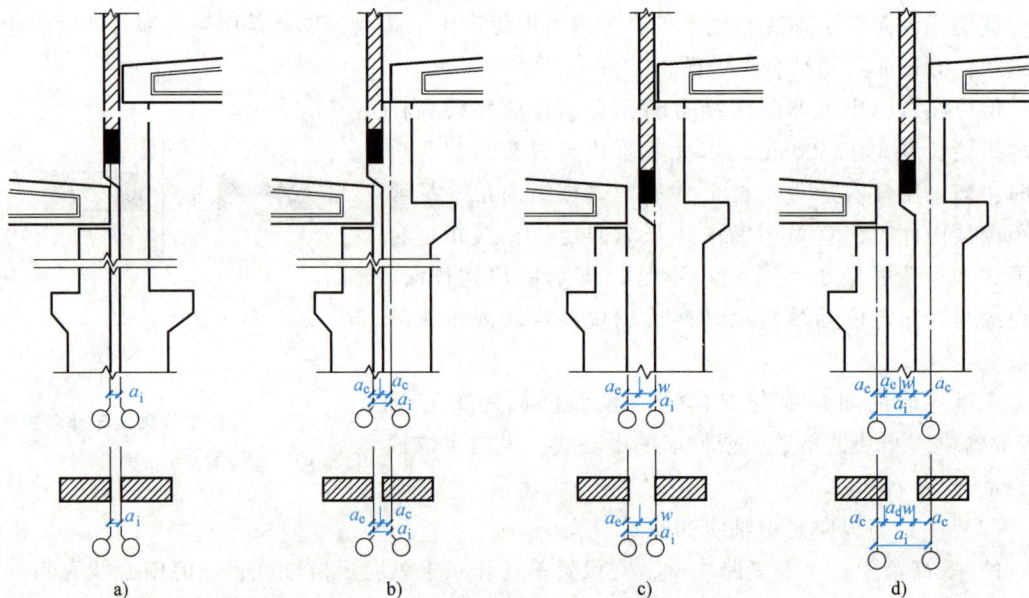

图 14-28　高低跨双柱与纵向定位轴线的定位

（3）纵向变形缝处的柱与纵向定位轴线的联系　当多跨厂房总宽度较大时，或高差较大时，需要设纵向变形缝。装配体系厂房的纵向变形缝主要解决屋面变形问题，中列柱一般设单排柱。

1）等高跨厂房设纵向变形缝。此时，可采用单柱并设两条纵向定位轴线，屋架或屋面梁一侧支承在柱头上，另一侧（变形缝一侧）支承在活动支座上，如图 14-27c 所示。

2）高低跨处设纵向伸缩缝。此时，可采用单柱处理。低跨的屋架或屋面梁可搁置在活动支座上，高低跨处应采用两条纵向定位轴线，并设插入距 a_i，根据两跨起重机配置不同，定位轴线与分隔墙构造如图 14-29 所示。

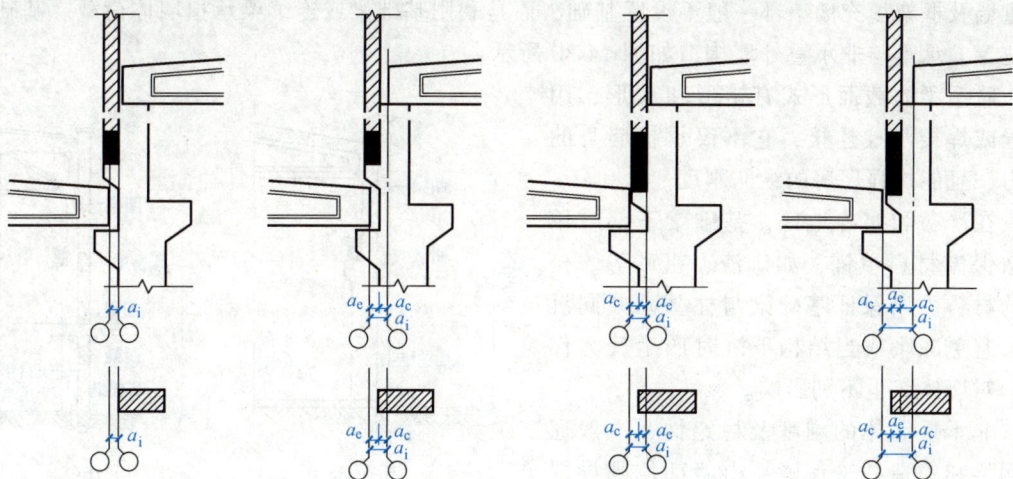

图 14-29　高低跨变形缝单柱与定位轴线的定位

当高低跨处两侧高差较大或起重机起重量差异较大时，宜采用双柱处理，并设变形缝，各跨成独立体系。另外，不论等高或不等高厂房，设纵向防震缝时，均应采用双柱及两条纵向定位轴线。

3. 纵横跨相交处定位轴线

有纵横跨相交的厂房，在相交处设有变形缝，因此两侧结构是各自独立体系，所以各自有独立柱列和定位轴线。

以上所述单层厂房定位轴线的定位方法，均为贯彻《建筑模数协调标准》和《厂房建筑模数协调标准》，只有这样才能使厂房建筑主要构配件的几何尺寸达到标准化和系列化，有利于工业化生产。

14.5.2　外墙构造

厂房的外墙，按承重情况可分为承重墙、自承重墙及骨架墙等类型，其施工方式可分为砌筑墙与板材装配墙两种基本类型。

承重墙一般用于中小型厂房，当厂房跨度小于 15m，起重机吨位不超过 5t 时，可做成条形基础支承的承重砖墙，当厂房纵墙长度较大不能满足刚度需求时，应设壁柱或横墙支撑。当厂房跨度和高度较大、起重运输设备的起重量较大时，通常由钢筋混凝土排架柱来承受屋盖与起重运输等的荷载，而外墙只承受自重，仅起围护作用，通常墙的荷重由基础梁承担，这种墙称为自承重墙。骨架墙根据使用条件的不同分为填充墙和板材墙，骨架墙仅起到围护与分隔空间的作用，便于建筑施工和设备安装，适用于高大、有振动的厂房。

1. 砌筑墙

由于定位轴线与屋面构件密切相关，砌筑墙的定位轴线也需要与之呼应。内墙和承重外墙的定位方式与民用建筑相同，墙下设条形基础或带基础梁的独立基础；当承重墙的高度超过 4m 时，应加设圈梁；当屋架或屋面梁荷载较重时，应设置垫块，防止墙体局部承压不足。

非承重墙的定位轴线与屋面构件密切相关，通常做法是沿墙内墙皮与定位轴线重合。自承重墙及框架填充墙下部一般不设置基础，而是利用基础梁或连续梁承担墙体荷载。基础梁的位置、承重与非承重外墙构造如图 14-30 所示。

联系梁的截面形式有矩形和 L 形，用螺栓或焊接与柱连接，它不仅承担墙身的重力，且能加强厂房的纵向刚度。

在严寒和寒冷地区，基础梁下部应用松散保温材料填铺，如矿渣、粗砂等。松散的材料可以保证基础梁与柱基础共同沉降，避免冻胀或当结构下沉时产生反力作用，对墙体产生不利影响。

非承重墙体的刚度及稳定性，一般通过圈梁和构造柱来保障，山墙部位则设置抗风柱。为避免屋面构件与山墙抗风柱冲突，单层厂房端部定位轴线与端部排架柱和屋架并不重合，如图 14-24 所示。

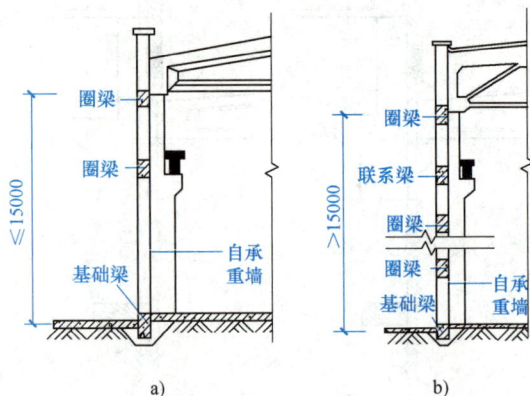

图 14-30　砌筑外墙与基础梁构造
a）外墙支承于基础梁上（高度≤15m）
b）联系梁上部外墙支承于连系梁上（高度>15m）

2. 板材装配墙

发展大型板材墙是墙体改革和加快厂房建筑工业化的重要措施之一，它能减轻劳动强度，充分利用工业废料，节省耕地，加快施工速度，促进建筑工业化。此外，震害调查表明，板材墙的抗震性能也远比砖墙优越，故地震区宜优先采用大型板材墙。

（1）墙板分类　板材墙按照构造层次可分为单一材料墙板和复合材料墙板。

1）单一材料墙板由各种材料的混凝土板制作，钢筋混凝土槽形板和空心板是传统单层工业厂房中使用较多的类型，其制作简单、强度高、连接简单、抗震性能高，但是保温隔热性能差。配筋轻骨料混凝土墙板的主要优点是自重轻、保温性能好。

2）复合墙板由两种以上材料组合而成，其面板有薄预应力钢筋混凝土板、石棉水泥板、铝板、不锈钢板、玻璃钢板等，夹心材料包括矿棉毡、玻璃棉毡、泡沫玻璃、泡沫塑料、泡沫橡皮、木饰板、各种蜂窝板等轻质材料。复合墙板的特点是不同材料各尽所长，充分发挥面层材料的承重、防护性能和芯层材料的热工、隔声性能。这类墙板的主要缺点是制造工艺较复杂，用作保温时，易产生热桥等不利影响。

（2）墙板构造　厂房的墙板与柱（排架）的连接，一般分为柔性连接和刚性连接两类。

1）柔性连接适用于地基不均匀沉降较大或有较大振动影响的厂房，这种方法多用于自承重墙，如图 14-31 所示。

2）刚性连接是在柱子和墙板中，先分别设置预埋件，安装时用角钢或钢筋把它们焊接牢。刚性连接的优点是施工方便，构造简单，厂房的纵向刚度好；缺点是对不均匀沉降及振动较敏感，墙板面要求平整，预埋件要求准确。刚性连接构造如图 14-32 所示。

（3）压型钢板墙面　压型钢板是目前常采用的轻质墙板，这种墙板通常是悬挂在柱子之间的横梁上，横梁一般为钢筋混凝土或型钢预制构件，通过预埋件与柱子焊接牢固。横梁的

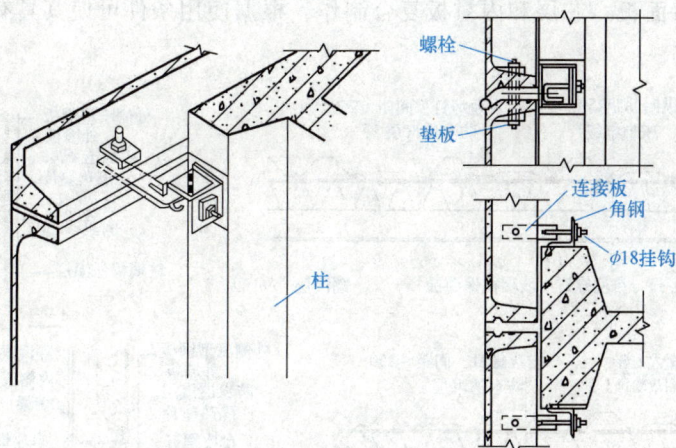

图 14-31　柔性连接构造

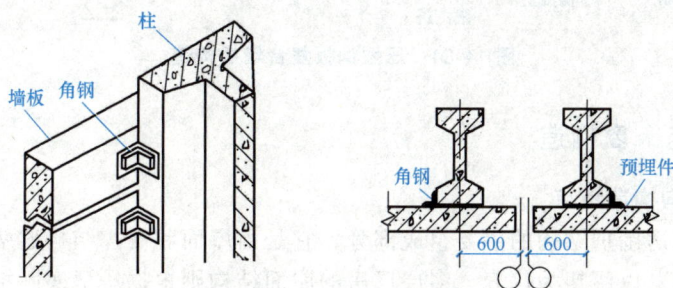

图 14-32　刚性连接构造

间距应配合压型钢板的长度来设计，压型钢板与横梁连接采用螺栓与铁卡子。为防止雨水经板缝进入室内，压型钢板应迎向主导风向铺设，搭接一个板陇。板陇顶部安装螺栓时，应衬以 5mm 厚的毡垫儿。压型钢板墙面构造如图 14-33 所示。

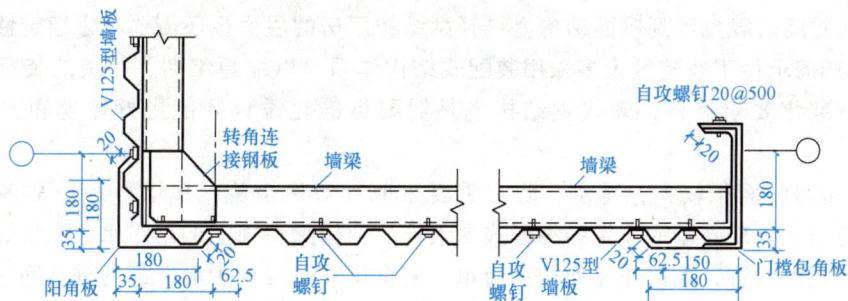

图 14-33　压型钢板墙面构造

墙板类型一般分为单层板、复合板、夹芯板。单层板一般由彩色钢板或镀锌钢板轧制，适用于非保温厂房。

复合墙板以檩条、墙梁或专用固定支架作为墙板支撑的骨架，骨架外侧设单层压型钢板作外墙板，内侧设装饰板，内外板之间设保温及隔热系统，如图 14-34 所示。

夹芯板通常由面板、芯层和内衬板复合制作，根据使用条件可使其具有保温、隔声、防火等功能。

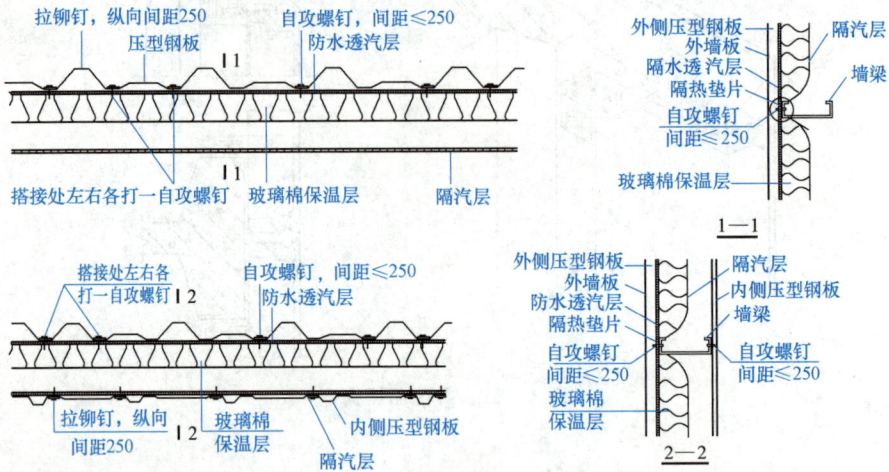

图 14-34　压型钢板复合墙板构造

14.5.3　屋面与天窗构造

1. 屋面的结构构造特点

屋面是单层厂房围护结构的主要组成部分，它是由屋面和支撑结构这两部分组成。对于单层厂房屋面结构，以屋架为代表，多层厂房的屋面结构则根据厂房实际结构确定。屋面应满足防排水、保温隔热、防火、防护、隔声等功能要求。

工业厂房屋面的作用、设计要求和构造与民用建筑基本相同，在某些方面也存在一定的差异，主要表现在：

1）工业建筑规模较大，屋面承受的总荷载较高，屋面必须具有足够的强度和整体刚度。在北方，冬季大面积屋面积雪经常带来房屋倒塌事故；单层厂房的屋面经常设置天窗，不等高屋面侧墙荷载也落到屋面结构上；轻型结构厂房的屋面板还需要考虑稳定性问题。

2）生产需求使工业建筑大多采用装配式结构体系，以缩短工期。传统的装配式结构体系对设计标准化要求严格，现代钢结构也是需要标准化设计才能更好体现和发挥其优势作用。

3）厂房屋面面积较大，排水、防水需要采取针对性措施。单层厂房经常多跨成片布置，有时跨间又出现高差或设置各种形式的天窗，为排除屋面上的雨雪水，需设置天沟、檐沟、雨水斗及雨水管，如何使屋面构造简单、安全可靠是设计中应考虑的重点问题。

4）厂房的特殊功能要求令屋面较为复杂。工业建筑经常因工艺需要对围护结构提出特定的功能需求，如恒温恒湿、防火、防爆、防振动、防腐蚀等需求，在设计厂房屋面时，应根据具体情况，选择合理、经济的结构构造方案，减轻屋面自重，降低造价。

2. 屋面的类型及组成

单层厂房屋面是由屋面的面层部分和基层部分组成。而常常也将这面层部分叫作屋面，因此，屋面做法则主要是指基层以上部分的做法。厂房屋面的基层分为有檩体系和无檩体系两种（图 14-35）。

（1）有檩体系 在屋架（或屋面梁）上弦搁置檩条，在檩条上铺小型屋面板（或瓦材）称为有檩体系。其特点是构件小、重量轻、吊装方便。但构件数量多，施工烦琐，工期长。故多用在施工机械起吊能力较小的施工现场。

（2）无檩体系 无檩体系是在屋架（或屋面大梁）上弦直接铺设大型屋面板。其特点是构件大、类型少，便于工业化施工，但要求有较强的施工吊装能力。无檩体系目前在工程中广为应用。

3. 屋面的排水设计

与民用建筑类似，厂房屋面的基本排水方式分为有组织排水和无组织排水两种，但是因为工业建筑屋面面积较大，屋面形式有时比较复杂，所以排水方式也可以根据实际需要进行组合。

1）无组织排水。无组织排水特点是构造简单，经济合理，尤其适合容易积灰及有腐蚀介质的屋面。生产厂房建筑面积较大时，也有

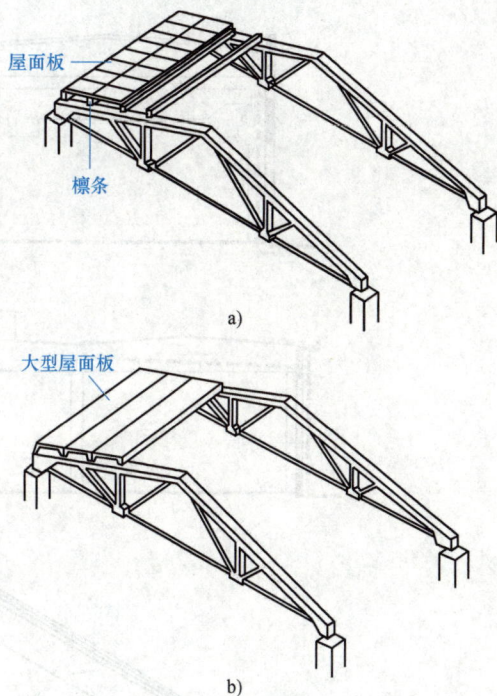

图 14-35 单层厂屋面结构体系
a）有檩体系 b）无檩体系

采用缓长坡无组织排水形式，可以有效避免有组织排水带来的问题。但在寒冷地区，供暖厂房或在生产中有热量散出的厂房，屋檐处容易结冰，拉坏檐口，有时落下伤人，应谨慎使用。

2）有组织排水。有组织排水主要包括天沟排水和雨水斗排水两种类型。在民用建筑中，内排水及女儿墙排水均为雨水斗排水方式，而工业建筑中，因为屋面面积较大，长天沟、内天沟及檐沟排水都是比较常见的屋面排水方式，如图 14-36 所示。

4. 屋面的防水设计

工业建筑使用的屋面防水材料与民用建筑相同，但因基层的差别，使得工业建筑防水构造有其自身的特殊性。

（1）柔性卷材防水屋面 柔性卷材防水屋面接缝严密，防水比较可靠，有一定的抗变形能力，因此对气温变化和振动有一定的适应能力，被广泛应用于建筑平屋顶。经多年使用实践，发现大型预制钢筋混凝土板作基层的卷材屋面，因基层变形导致开裂的情况非常严重。

柔性卷材防水屋面的构造重点是板缝处的防水处理，一般的构造方法是在板缝左右干铺一层防水卷材，然后再将防水层满铺其上，附加卷材可以保障防水层不会因基层变形而开裂。

（2）自防水屋面 自防水屋面构造做法与坡屋顶的民用建筑基本相同，屋面的防水材料可分为块材、板材两大类，现代工业建筑大多采用带保温层的压型钢板作为屋面，其构造做法如图 14-37 所示。

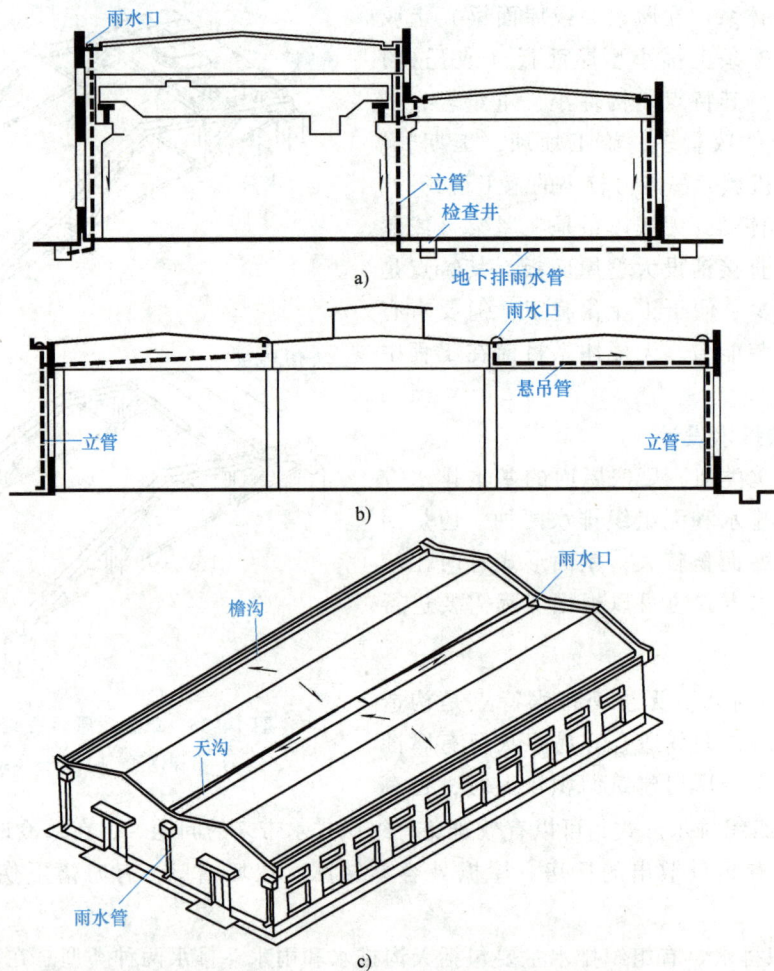

图 14-36　厂房屋面有组织排水

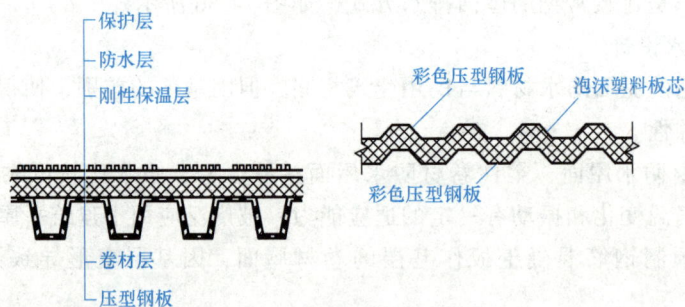

图 14-37　压型钢板屋面

5. 天窗

在大跨度和多跨的单层厂房中，为了满足天然采光和自然通风的要求，常在厂房的屋顶上设置各种类型的天窗。按照天窗的形式，天窗可分为矩形天窗、平天窗、下沉式天窗、锯齿形天窗、M 型天窗等。

（1）矩形天窗　矩形天窗既可采光又可通风，而且防雨和防太阳辐射能力较好，在单层厂房中被广泛应用。但矩形天窗的天窗架支撑在屋架上弦，增加了房屋的荷载，增大了建筑物的体积和高度。

矩形天窗主要有天窗架、天窗扇、天窗屋面板、天窗侧板及天窗端壁板组成，如图14-38所示。天窗架是天窗的承重结构，直接支承在屋架上弦，窗架的材料与屋架一致，常用的有钢筋混凝土天窗架和钢天窗架；考虑到采光和通风的要求，天窗架一般是大跨度的 $1/3 \sim 1/2$。

矩形天窗沿厂房纵向布置，在厂房屋面两端和变形缝两侧的第一柱间常不设天窗。这样一方面可以简化构造，另一方面还可作为屋面检修和消防通道。在每段天窗的端部，应设置上天窗屋面的消防检修梯。

天窗扇采用钢材、木材、塑料等材料制作。天窗设计应考虑开启灵活方便，通常选择上悬窗或中悬窗，利用机械或手动联动开启。

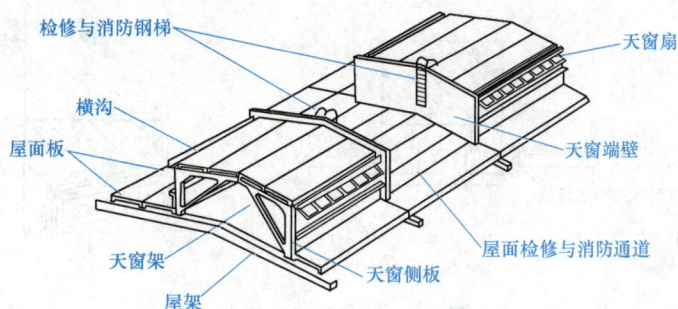

图 14-38　矩形天窗组成

在天窗扇下部，需设置天窗侧板，防止雨水溅入厂房及防止因屋面积雪挡住天窗扇开启，侧板的形式应与屋面板构造相适应。矩形天窗构造如图14-39所示。

在利用矩形天窗解决热压通风时，宜在矩形天窗两侧加挡风板，挡风板的高度不宜超过安装檐口的高度，且应把端部封闭，以防止侧面吹来的风影响天窗排气。挡风板的做法如图14-40所示。

（2）平天窗　平天窗的类型有采光板、采光罩、采光带及三角形天窗四种。平天窗的采光效率比矩形天窗高、布置灵活、采光均匀、构造简单、施工方便、造价低，适用于一般冷加工厂房。平天窗的类型虽然很多，但其构造要点是基本相同的，包括井壁、横岗、透光材料、防护措施、通风设施等。

（3）下沉式天窗　矩形天窗使厂房高度增加，集中荷载加大，对抗震也不利，为克服这种天窗的缺点，出现了下沉式天窗，即在屋顶结构中，把部分屋面板铺在上弦上，其余屋面板铺在下弦上。上弦与下弦之间的空间构成在任何风向下均处于负压区的排风口。下沉式天窗和矩形天窗相比有很多优点：它降低了厂房高度，减少了风荷载；由于不设天窗架和挡风板，它减少了屋架上的集中荷载；节省了材料，降低了造价；由于重心下降，抗震性能好；通风稳定可靠。其缺点是：屋架上下弦受扭；屋面排水处理复杂；当设窗扇时，因受屋架形式的限制，构造复杂。

下沉式天窗有井式天窗、纵向下沉式天窗和横向下沉式天窗三种形式。

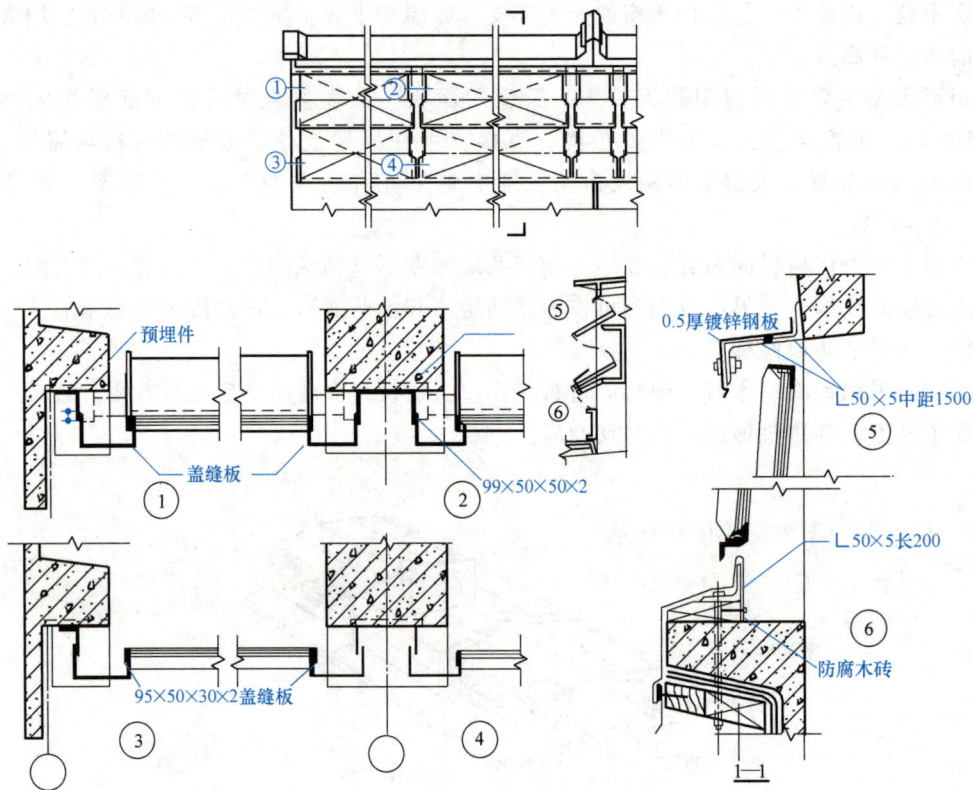

图 14-39　矩形天窗构造

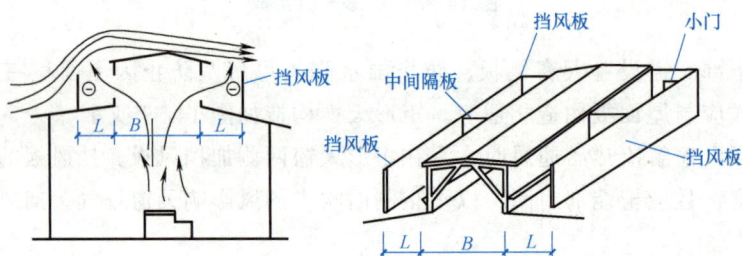

图 14-40　矩形天窗挡风板做法示意

1）井式天窗是每隔一个柱距或几个柱距将一定范围内的屋面板下沉，形成一个天井。处于屋顶中部的称为中井式天窗，设在边部的称为边井式天窗（图 14-41a）。

2）纵向下沉式天窗是沿厂房纵向将部分屋面板下沉而形成，根据需要可布置在屋脊处或屋脊两侧（图 14-41b）。

3）横向下沉式天窗是沿厂房横向将一个柱距内的屋面板下沉而形成（图 14-41c）。这种天窗采光均匀，排气路线短。在东西朝向的厂房中，采用横向下沉式天窗可减少直射阳光对厂房的影响。

14.5.4　侧窗与外门

在工业建筑中，侧窗不仅要满足采光和通风的要求，还要根据生产工艺的特点满足其他特殊要求。例如：有爆炸危险的厂房，侧窗应便于防爆泄压；有恒温要求的厂房，侧窗应有

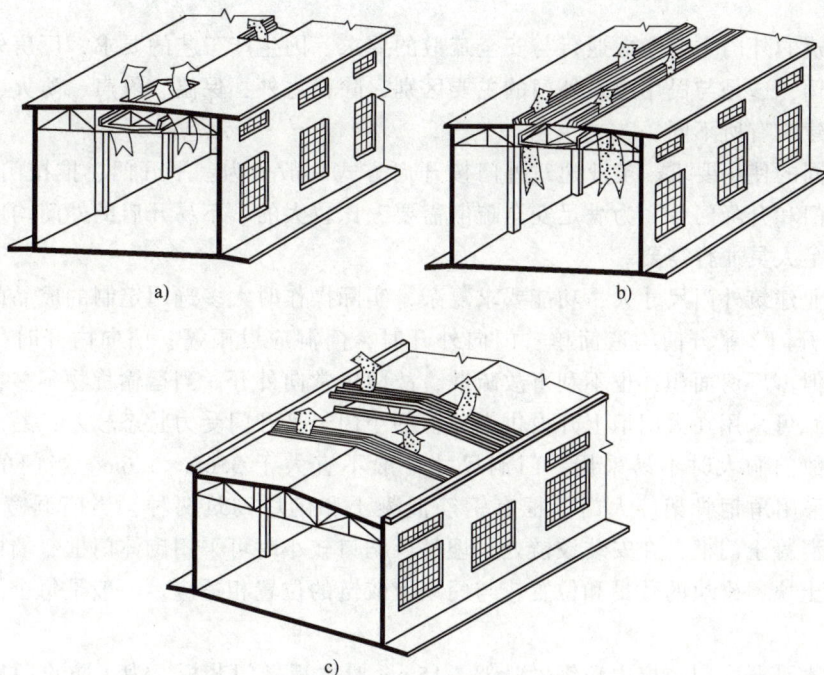

图 14-41　下沉式天窗

a) 井式天窗　b) 纵向下沉式天窗　c) 横向下沉式天窗

足够的保温隔热性能；有些厂房侧窗要求防尘和密闭。工业建筑的侧窗面积较大，高度较高，开启不便，在设计时应考虑坚固耐久、开关灵活、经济美观的要求。

1. 侧窗

工业建筑普遍采用的侧窗材料有木窗、钢制窗、塑钢窗和铝合金窗，由于钢制窗有坚固、耐久、防火、采光率高等优点，传统工业建筑大量选择钢制窗。

工业建筑侧窗的开启方式主要分为上悬窗、中悬窗、平开窗、固定窗和立转窗。不同材料不同位置的侧窗适用不同的开启方式（图 14-42），平开窗主要用于低位侧窗及需要布置消防扑救口的外窗部位，其特点是开启面积大、开关方便、通风效果好、构造简单；上悬窗主要应用于高侧窗，可用机械联动开启，利于防爆泄压；中悬窗的位置与上悬窗类似，最便于联动开启；立转窗则比较适合需要引导通风兼有遮阳作用的外窗。

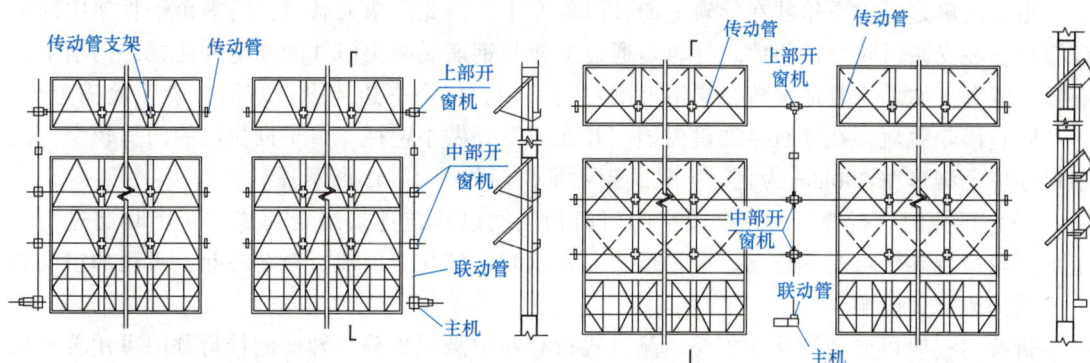

图 14-42　侧窗开启类型

2. 外门

工业建筑的外门主要考虑通行与安全疏散的要求。因生产工艺的要求，厂房外门须通行各种类型车辆，这是与民用建筑外门的主要区别，除此之外，保温、隔声、防火、防爆等需求也与民用建筑有所不同。

根据不同的使用要求，工业建筑外门按开启方式一般分为：平开门、推拉门、折叠门、卷门、上翻门和升降门等。为满足安全疏散需要，比较大的、不易开启的外门均应辅以平开小门，以满足人员通行需要。

由于工业建筑外门尺寸大，功能要求复杂，实际操作时大多选用定制的成品门。

（1）平开门　平开门构造简单，门向外开时，门洞应设雨篷；门向内开时，虽免受风雨的影响，但占厂房面积，也不利事故疏散，故门扇常向外开。当运输货物不多，大门不需经常开启时，可采用在大门扇上开设供人通行的小门。平开门受力状态较差，易产生下垂或扭曲变形，故门洞大时不易采用。门洞尺寸一般不宜大于 3.6m×3.6m。当门的面积大于 5m^2 时，宜采用角钢骨架。大门门框有钢筋混凝土和砌块砌筑两种，当门洞宽度大于 3m 时，设钢筋混凝土门框，在安装铰链处预埋件。洞口较小时可采用砌体门框，墙内砌入有预埋件的混凝土块，砌块的数量和位置应与门扇上铰链的位置相适应。一般是每个门扇设两个铰链。

常用钢木平开大门门扇由角钢做骨架，15mm 厚木板做门芯板，为了防止门扇变形，中间设有角钢的横撑和交叉支承以增强门扇的刚度。寒冷地区要求保温的大门可采用双层木板，中间填以保温材料，并在门扇下沿与地面空隙处、门扇与门框、门扇与门扇的缝隙处加钉橡皮条或水龙带，以防止风沙吹入。

（2）推拉门　推拉门的开关是通过滑轮沿着导轨向左右推拉来实现的，门扇受力状态较好，构造简单，不易变形，常设在墙的外侧。雨篷沿墙的宽度最好为门宽的两倍。工业厂房中广泛采用推拉门，但推拉门不宜用于密闭要求高的厂房。

推拉门由门扇、门轨、地槽、滑轮及门框组成。门扇可采用木门、钢板门、空腹薄壁钢门等，每个门扇宽度不大于 1.8m。根据门洞的大小，平面可布置成单轨双扇、双轨双扇、多轨多扇等形式，其中常用者为单轨双扇。推拉门支承的方式可分上挂或和下滑式两种。当门的高度小于 4m 时，用上挂式，即门扇通过滑轮挂在门洞上方的导轨上。当门扇高度大于 4m 时，多用下滑式，在门洞上下均设导轨，门扇沿上下导轨推拉，下面的导轨承受门扇的重力。推拉门位于墙外，门上方需设雨篷。

由于门扇是通过滑轮挂在导轨上的，门扇变小，因此门扇太高时，门扇角钢骨架中间只设横撑，在安装滑轮处设斜撑。导轨是通过支架与钢筋混凝土门框的预埋件连接，门扇下边有导向装置。如果安装地滑轮，它沿地槽左右移动，门扇下边还设铲灰刀，清除地槽尘土。为了防止滑轮脱轨，在导轨尽端设门挡，并在门框处做小壁柱。由于推拉门的门缝较大，门扇尺寸应比洞口宽 200mm 为宜。上悬式钢木推拉门如图 14-43 所示。

（3）折叠门　折叠门由几个较窄的门扇相互间以铰链连接组合而成，开启时通过门扇上下滑轮沿着导轨可左右移动。这种形式在开启时可使几个门扇折叠在一起，占用的空间较少，适用于较大门洞。

折叠门一般可分为侧挂式折叠、侧悬式折叠和中悬式折叠三种。侧挂折叠门可用普通铰链，靠框的门扇如为平开门，在它侧面一般只挂一扇门，不适于较大的洞口。侧悬式和中悬

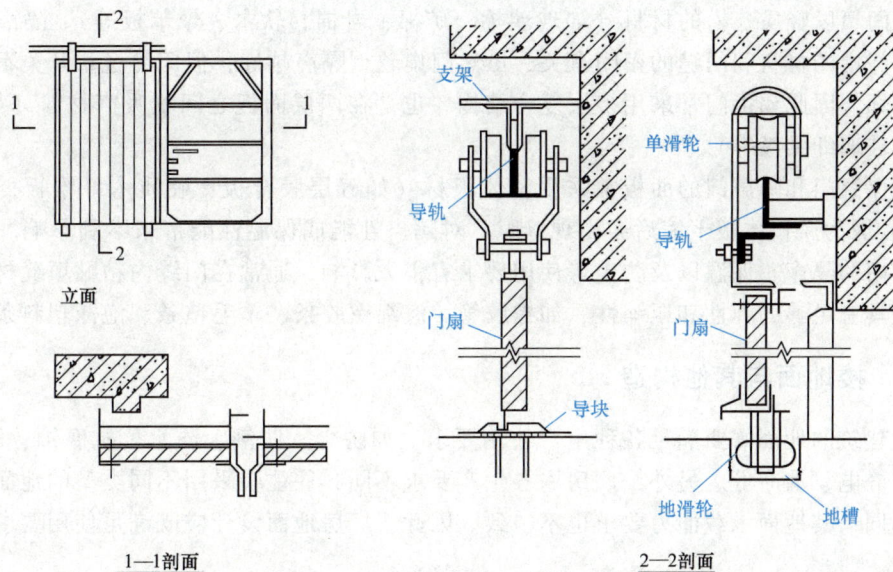

立面

1—1剖面

2—2剖面

图 14-43　上悬式钢木推拉门构造

式折叠门，在洞口上方设有导轨，各门扇间除下部用铰链连接外，在门扇顶部还装有带滑轮的铰链，下部装有地槽滑轮，折叠门开闭时，上下滑轮沿导轨移动，带动门扇折叠，它们适用于较大的洞口。滑轮铰链安装在门扇侧边为侧悬式，开关较灵活。中悬式折叠门是滑轮铰链装在门扇中部，门扇受力较好，但开关比较费力。

（4）特殊要求的门

1）防火门。防火门用于加工易燃品的厂房或仓库。根据厂房对防火门耐火等级的要求，门扇可以采用钢板、木板外贴石棉板再包以镀锌薄钢板或木板外直接包镀锌薄钢板等构造措施。当采用后两种方式作防火门时，考虑被烧时木材的碳化会放出大量气体，因此在门扇上应设泄气孔。室内有可燃气体时，为防止液体流淌，扩大火灾蔓延，防火门下宜设门槛，高度以液体不流淌到门外为准。

自重下滑防火门是将门上导轨做成 5%~8% 的坡度，火灾发生时，易熔合金熔断后，重锤落地，门扇依靠自重下滑关闭，如图 14-44 所示。易熔合金的熔点为 70℃，含有铋（BI）50%，铅（Pb）25%，锡（Sn）12.5%。当洞口尺寸较大时，可做成两个门扇相对下滑。

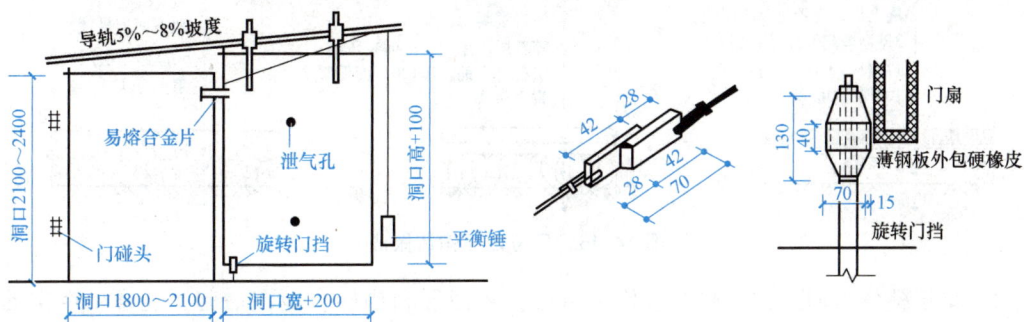

图 14-44　自重下滑防火门

2）保温门、隔声门。保温门要求门扇具有一定热阻值和门缝密闭处理措施，故常在门扇两层板间填以轻质疏松的材料（如玻璃棉、矿棉、岩棉、软木、聚苯板等）。隔声门的隔声效果与门扇的材料和门缝的密闭有关，虽然门扇越重隔声越好，但门扇过重开关不便，五金也易损坏，因此隔声门常采用多层复合结构，也是在两层面板之间填吸声材料（如矿棉、玻璃棉、玻璃纤维板等）。

一般保温门和隔声门的面板常采用整体板材（如五层胶合板、硬质木纤维板，热压纤维板等），因为企口木板干缩后会出现缝隙，对隔声性能或保温性能带来不利影响。门缝密闭处理对门的隔声、保温以及防尘等使用要求有很大影响，通常在门缝内粘贴填缝材料，填缝材料应具有足够的弹性和压缩性，如橡胶管、海绵橡胶条、羊毛毡条、泡沫塑料条等。

14.5.5 楼地面与其他构造

工业建筑的地面需要满足各种生产使用要求，如防尘、防潮、防水、抗腐蚀、耐冲击、耐磨、防静电、洁净等。另外，厂房内各生产要求不同，往往会采用不同类型的地面；根据荷载的不同，其地面承载能力要求也不一致。因此，厂房地面设计应既满足使用要求，又经济合理。

1. 地面构造

厂房地面的组成与民用建筑基本相同，一般由面层、垫层、附加层和基层组成。基层是地面的最底层，是经过处理的地基。垫层是地面的结构层，起承载作用，垫层的厚度主要取决于垫层的材料及作用在面层上的荷载，地面垫层的材料可使用 C10 混凝土、碎石、砂土等。面层直接承受作用于地面上各种外来因素的影响，如碾压、摩擦、冲击、高温、冷冻、腐蚀等，面层与附加层通常混设在一起，还应考虑生产工艺的特殊要求，如防水、防尘、防静电、防火、防爆等。

（1）面层构造　厂房地面的面层根据材料和做法的不同分为以下几种（图 14-45）。

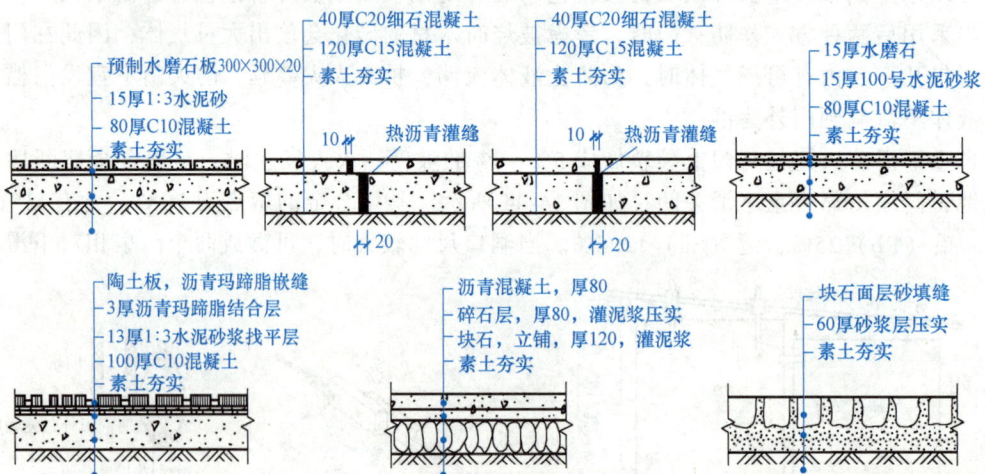

图 14-45　厂房地面构造做法

1）单层整体地面。在一些低造价项目中，将面层和垫层合做在一起，通常由夯实的黏土、灰土、三合土等直接铺设在基层上。这种地面造价低、施工方便、耐高温、易处理，故可用于高温厂房。

2）现浇面层。现浇整体式面层与民用建筑地面做法相同。由于地面荷载由垫层或楼板结构层承受，所以面层的厚度小，可相对节约面层材料。常见的地面包括：水泥砂浆地面，细石混凝土地面，水磨石地面，沥青砂浆地面，环氧树脂地面，水玻璃混凝土地面，菱苦土地面等。

3）贴铺类面层。贴铺类面层是用各种砖（面砖）、石、混凝土、金属板等材料铺设而成，其特点是承载力较大，维修方便。贴铺类面层做法与民用建筑地面构造基本相同。

（2）地沟　地沟是为了容纳各种管道而设置的，如电缆、供暖、动力、排水等。地沟由地板、地沟侧壁和盖板组成，常用的材料有砖和混凝土。地沟的深度和宽度应根据管线的铺设与检修需要确定，地沟盖板一般采用预制钢筋混凝土或铸铁制作，盖板应考虑检修需要而隔一定间距设置便于开启的拉手。当有地下水影响时，常常将地沟底板与沟壁做成整体现浇的混凝土地沟。

当地沟穿过外墙时，应注意室内与室外地沟接合处的构造，避免发生不均匀沉降，通常设置沉降缝将其断开。

（3）变形缝　现浇类地面垫层应设置变形缝。当厂房内地面使用不同材料或承受荷载差异较大时，也应在交界处设缝。

2. 钢梯

在厂房中，由于生产操作和设备检修需要，常设置各种钢梯以满足垂直交通使用。钢梯的宽度一般为 600~800mm，其形式有直梯和斜梯两种。钢梯选择可参照国家标准图集。当厂房相对湿度较大或有腐蚀性介质作用时，构件断面尺寸应大一级。除直梯外，其他楼梯均应设有扶手和栏杆。

作业台钢梯是工业建筑最常见的钢铁类型，其坡度有 45°、59°、73°、90°等，如图 14-46 所示。作业台钢梯一般选用定型构件，其踏步一般采用花纹钢板，焊接在斜梁上；钢梯边梁的下端和预埋钢板焊接，边梁的上端固定在作业平台钢梁或钢筋混凝土梁的预埋件上。

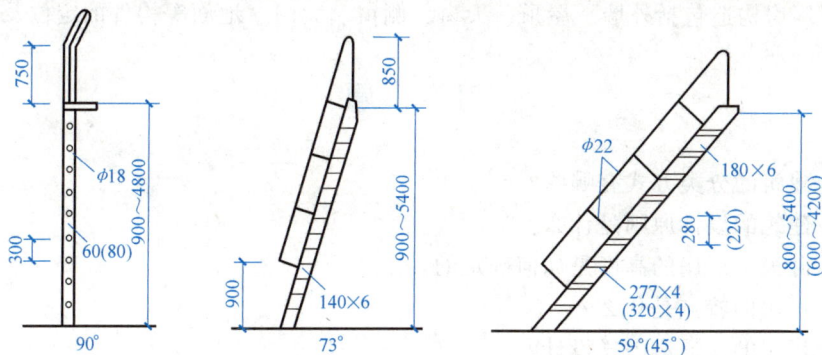

图 14-46　钢梯示例

厂房屋顶如没有楼梯可以到达，应设置专用梯从室外地面通至屋顶，相邻厂房或从厂房屋面通至局部高起的屋面的高差在 2m 以上时也应该设置消防检修梯。

消防检修梯一般沿外墙设置，且多设在端部山墙处，其位置应按《建筑设计防火规范》的规定设置。消防检修梯多为直梯，底端应高出室外地面 1.0~1.5m，以防止无关人员攀登。钢梯与墙之间的间距不小于 250mm。梯梁用焊接的角钢埋入墙内。

3. 走道板

走道板是为维修起重机轨道及检修起重机而设。走道板均沿吊车梁顶面铺设，在边柱和中柱均可设置走道板。其构造一般由支架、走道板及栏杆组成。支架和栏杆均采用钢材制作，走道板所用材料有木板、钢板及钢筋混凝土板等。

4. 隔断

在单层厂房中，根据生产状况的不同，需要进行分割；有时因生产和使用的要求，也需在厂房内分隔出办公室、工具库、临时库房等。分隔空间的隔断常采用木板、隔墙、金属网、钢筋混凝土板等。隔墙与隔断构造做法与民用建筑相同。

本 章 小 结

1. 工业建筑是从事各类工业生产及为生产服务的建筑物、构筑物的总称。

2. 单厂的设计应主要考虑以下几方面因素：生产工艺流程的影响；生产状况对平面设计的影响；生产设备布置对平面设计的影响；起重运输设备对平面设计的影响；厂房、厂区的总体格局满足安全、规划、环保等各方面要求。

3. 多层厂房的平面设计应遵循以下原则：充分满足生产工艺流程的需要，合理解决层间功能协调问题；结构选择经济合理；合理解决厂房的交通、运输与安全疏散；注重功能分区，合理安排生产辅助用房。

4. 厂房剖面设计着重的问题：确定合理的厂房高度，使其满足生产工艺要求的足够空间；解决厂房采光和通风，使其具有良好的室内环境；选择结构方案和围护结构形式，满足建筑工业化要求。

5. 厂房的体型与生产工艺、平面形状、空间设计、环境气候条件有密切的关系，立面设计时，需要在基本形体组合的基础上进行，建筑立面应根据建筑功能、技术水平、经济条件，运用建筑构图的基本原理和处理手法，使建筑具有简洁、朴素、大方、新颖的外观形象。

6. 单层厂房构造包括外墙、屋顶、天窗、侧窗、大门、地面等构件的定位及做法。

习 题

1. 工业建筑的分类方式有哪些？

2. 工业建筑的设计原则是什么？

3. 图示并说明厂房的高度是如何确定的。

4. 单层厂房的特点是什么？

5. 多层厂房的交通应怎样设计？

6. 厂房立面设计有几种表现形式？

7. 厂房的生活间布置有几种形式？

8. 厂房的采光形式有哪些？天窗形式包括哪些？

9. 图示单层工业厂房的山墙定位轴线与结构构件的关系。

10. 工业建筑屋顶结构方案有哪些？

11. 现代工业建筑外墙材料有哪几类？

12. 厂房的通风方式有几种？各自特点与设计要求是什么？

参 考 文 献

[1] 清华大学建筑学院，等. 建筑设计资料集：第1分册　建筑总论 [M]. 3版. 北京：中国建筑工业出版社，2017.

[2] 中南建筑设计院股份有限公司. 建筑工程设计文件编制深度规定 [M]. 北京：中国建材工业出版社，2016.

[3] 刘加平. 建筑物理 [M]. 4版. 北京：中国建筑工业出版社，2019.

[4] 朱昌廉，魏宏杨，龙瀛. 住宅建筑设计原理 [M]. 3版. 北京：中国建筑工业出版社，2011.

[5] 彭一刚. 建筑空间组合论 [M]. 3版. 北京：中国建筑工业出版社，2008.

[6] 程大锦. 建筑：形式、空间和秩序 [M]. 4版. 刘从红，译. 天津：天津大学出版社，2018.

[7] 芦原义信. 外部空间设计 [M]. 尹培桐，译. 南京：江苏凤凰文艺出版社，2017.

[8] 维特鲁威. 建筑十书 [M]. 陈平，译. 北京：北京大学出版社，2017.

[9] 史密特. 建筑形式的逻辑概念 [M]. 肖毅强，译. 北京：北京科学技术出版社，2018.

[10] 黄锰. 技术视阈 [M]. 北京：中国建筑工业出版社，2012.

[11] 陆可人，欧晓星，刁文怡. 房屋建筑学 [M]. 3版. 南京：东南大学出版社，2013.

[12] 黄艳雁. 建筑构造 [M]. 武汉：武汉大学出版社，2014.

[13] 董黎. 房屋建筑学 [M]. 2版. 北京：高等教育出版社，2016.

[14] 常宏达，杨金铎. 房屋建筑构造 [M]. 3版. 北京：中国建材工业出版社，2016.

[15] 蒋跃楠，史国帧. 苏南地区大型地下室顶板伸缩缝的防水构造设计 [J]. 金陵科技学院学报，2015（2）：39-42.

[16] 黄开龙，姜军. 钢结构工业建筑温度作用及温度伸缩缝设计措施 [J]. 施工技术，2014，43（增刊）：391-393.

[17] 霍定励. 浅析膨胀加强带代替伸缩缝在高层建筑中的应用 [J]. 中华民居（下旬刊），2014（3）：334-335.

[18] 公成. 工业及民用建筑抗震缝、伸缩缝、沉降缝探讨 [J]. 林产工业，2015，42（5）：53-55.

[19] 汪杰，李宁，江韩，等. 装配式混凝土建筑设计与应用 [M]. 南京：东南大学出版社，2018.